항균잉크란?

코로나19 바이러스
"친환경 99.9% 항균잉크 인쇄"
전격 도입

언제 끝날지 모를 코로나19 바이러스
99.9% 항균잉크(V-CLEAN99)를 도입하여 「안심도서」로
독자분들의 건강과 안전을 위해 노력하겠습니다.

(주)시대고시기획

Clean Zone

본 도서는 항균잉크로 인쇄하였습니다.

항균+
99.9%
안심도서

항균잉크(V-CLEAN99)의 특징

- 바이러스, 박테리아, 곰팡이 등에 항균효과가 있는 산화아연을 적용

- 산화아연은 한국의 식약처와 미국의 FDA에서 식품첨가물로 인증받아 **강력한 항균력**을 구현하는 소재

- 황색포도상구균과 대장균에 대한 테스트를 완료하여 **99.9%의 강력한 항균효과** 확인

- 잉크 내 중금속, 잔류성 오염물질 등 **유해 물질 저감**

TEST REPORT

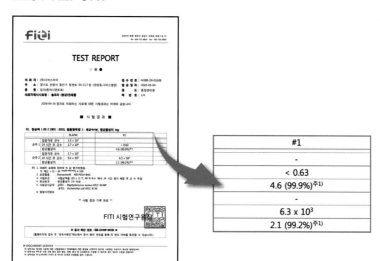

	#1
	-
	< 0.63
	4.6 (99.9%)주1)
	-
	6.3 x 10³
	2.1 (99.2%)주1)

Clean Zone

SD에듀
(주)시대고시기획

3D프린터개발
산업기사
[필기]

SD에듀
(주)시대고시기획

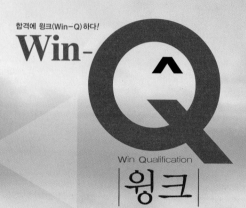

4차 산업시대를 이야기할 때 대상이 되는 산업군을 이야기하면 로봇, 드론, 무선통신, 클라우드, 인공지능, 빅데이터 등을 거론하게 됩니다. 이 가운데 도입된 3D 프린팅 관련 기술은 그 이름도 귀엽고, 산업이 될 수 있을 만한 내용일까 싶을 만큼 작고 장난스러운 분야라는 이미지로 다가옵니다. 하지만 3D프린터운용기능사 수준과 산업기사 종목에서 주는 내용의 구별은 작지 않으며, 규합된 기술 영역들은 상당히 먼 미래의 산업까지 전망하여 개설된 종목이라는 생각을 지울 수 없게 합니다.

3D 프린터 개발과 관련 내용은 NCS에서 전자영역으로 구분하고 있지만, 집필하는 내내 '적층가공'이라는 가공 영역의 기계를 제작하는 모습이 떠오르지 않을 수 없을 만큼, 기계분야의 주요 기술 내용들도 다루고 있으며, 범용화된 사용자 프로그램도 능숙히 다룰 수 있는지 묻고 있는 것을 발견할 수 있었습니다. 따라서 3D프린터개발산업기사의 영역은 조금 과장을 보태면 그 분야가 범산업적이라고 생각할 수 있을만큼 확장성을 갖는 분야라고 평가하고 싶습니다. 이 분야의 지식을 조금 확장하거나 응용하면 다룰 수 있는 기술로는 제어기 설계, 소재 이해, 프로그램 가공, 코딩을 비롯한 프로그래밍에 관한 지식을 갖출 수 있게 하고 있습니다. 무엇보다 이 종목에서 '적층가공'에 대해 직접 논하고 있지 않지만, 적층가공이 갖는 가공법의 신기성(新奇性)은 다른 가공법과 구별될 수밖에 없어 미래에 확장성을 갖게 되는 기술이라고 말할 수밖에 없게 만드는 요소입니다.

이 종목은 시행된 지 얼마 되지 않아, 문제도 얼마 공개되지 않은 시점에서 CBT화 되어 앞으로 문제은행이 얼마나 다룰지는 알 수 없지만, 현재는 응시자도 많지 않고, 문제의 수준과 영역이 분명히 정립되었다고 할 수 없을 시기여서 위에서 언급한 가공, 설계, 전자회로, 재료, 프로그램 분야 모두 일정한 난이도를 갖기는 힘든 까닭에 일찍이 도전하면 수험생들께서는 어렵지 않게 합격할 수 있을 것으로 생각합니다. 필자는 빈 땅에 울타리를 박아 길목을 만드는 심정으로 적게나마 공개된 문제와 공개된 출제경향, 유사 종목에서 다루는 기술 내용, 바뀐 법령을 바탕으로 교재를 집필하였습니다. '할 수 있는지'를 묻는 자격제도의 성격만큼 이 교재를 통해 성실히 공부한다면 충분히 만점에 가까운 수험 능력을 갖출 수 있을 것으로 기대합니다.

모쪼록 수험생들께서 자격 취득 이후에도, 발전하고 변화하는 산업사회 앞자리에 서시기를 바라며 대한민국이 계속 기술 강국 자리를 유지할 수 있도록 돕고 이끌어 가시기를 기원합니다.

물 많은 고장의 물 나는 동네에서 저자 꿈그리미

시험 안내

개요

3D 프린터 개발은 시장의 요구사항을 토대로 3차원의 형상을 제작하기 위하여 제어 회로, 기계 장치, 제어 프로그램, 소프트웨어 프로그램 등을 사용하여 설계하고 제품을 개발할 수 있도록 제어 시스템을 사용하여 3D 프린터를 제작할 수 있도록 전문인력 양성을 통해 우수한 기술 인력을 확보하고자 자격제도를 제정하였습니다.

진로 및 전망

글로벌 3D 프린팅 산업은 해마다 지속적인 성장률을 보이고 있으며 특히 제품 및 서비스 시장은 그 변화 폭이 큽니다. 최근 S/W 대기업 및 제조업체의 3D 프린터 시장 진출로 항공우주, 자동차, 덴탈, 패션, 군사, 전자, 유통, 운동화 등 다양한 분야에서 시장의 변화가 다원화되고 있는 분야입니다. 현재 산업계에서 3D 프린터를 사용하여 제품을 생산할 수 있는 업종 및 3D 프린터 제작업체, 수리업체 등 3D 프린터가 이용되는 관련 분야로 진출할 수 있습니다.

시험일정

구 분	필기원서접수 (인터넷)	필기시험	필기합격 (예정자)발표	실기원서접수	실기시험	최종 합격자 발표일
제4회	8.16~8.19	9.14~10.3	10.13	10.25~10.28	11.19~12.2	12.16

※ 상기 시험일정은 시행처의 사정에 따라 변경될 수 있으니, www.q-net.or.kr에서 확인하시기 바랍니다.

시험요강

❶ 시행처 : 한국산업인력공단(www.q-net.or.kr)
❷ 관련 학과 : 전문대학 및 대학의 3D 프린터 관련학과
❸ 시험과목
   ㉠ 필기 : 1. 3D 프린터 회로 및 기구 2. 3D 프린터 장치 3. 3D 프린터 프로그램 4. 3D 프린터 교정 및 유지보수
   ㉡ 실기 : 3D 프린터 개발실무
❹ 검정방법
   ㉠ 필기 : 객관식 4지 택일형 과목당 20문항(과목당 30분)
   ㉡ 실기 : 복합형[(필답형(1시간, 45점) + 작업형(4시간 정도, 55점)]
❺ 합격기준
   ㉠ 필기 : 100점을 만점으로 하여 과목당 40점 이상, 전과목 평균 60점 이상
   ㉡ 실기 : 100점을 만점으로 하여 60점 이상

출제기준[필기]

필기과목명	주요항목	세부항목	세세항목
3D 프린터 회로 및 기구	회로 개발	설계 조건 분석	• 설계 계획 수립 • 설계 조건 분석 • 기구 도면의 이해
		제어 회로 설계	• 설계 조건 • 전자 회로 • 전자 부품의 특성, 용량, 규격
		설계 신뢰성 확보	• 검사용 지그의 활용 • 신뢰성 분석
	기구 개발	기구 검토	• 3D 프린터 기구 구조
		기구 설계	• 2D 스케치 • 3D 엔지니어링 객체 형성 • 개체 조립
		기구 안전성 확보	• 안전성 시험 항목의 종류 • 검사 방법의 이해
	소재 관리	소재 선정	• 소재의 규격 및 종류 • 소재의 사용 적합성 • 소재의 성능
		소재물성 관리	• 소재의 기술 자료 • 소재의 재료 관리 방안 • 소재의 위험성
		소재물성 테스트	• 소재의 물성 • 물성 테스트 시험 항목의 이해
3D 프린터 장치	빌드 장치 개발	노즐 설계	• 3D 프린터 노즐의 구조 이해 • 노즐의 종류 이해 및 선정 • 노즐 도면의 이해와 설계
		광학 모듈 설계	• 3D 프린터 광학 모듈의 구조 이해 • 광학 모듈의 종류 이해 및 선정 • 광학 모듈 도면의 이해와 설계
		하이브리드 시스템 설계	• 하이브리드 구성의 이해 • 하이브리드형 노즐의 종류 이해 및 선정 • CNC 구조의 이해와 연동 메커니즘 이해 • 하이브리드형 3D 프린터 도면의 이해와 설계
		레이저 장치	• 레이저 장치와 원리 • 레이저 장치의 문제점 등
	구동 장치 개발	이송 장치 개발	• 이송 장치의 이해 • 구동 부품의 종류 및 선정 • 동작해석 프로그램의 이해
		수평 인식 장치 개발	• 자동수평 방식의 이해 • 센서의 종류 및 특성
		소재 사용 장치 개발	• 소재 재사용 제어 방식 • 제어 방식 핵심 부품의 종류 및 특성

필기과목명	주요항목	세부항목	세세항목
3D 프린터 프로그램	제어 프로그램 개발	제어 프로그램 개발계획 수립	• 3D 프린터 제어 프로세스 • 3D 프린터 하드웨어 • 마이크로프로세서 • 데이터 통신
		제어 프로그램 개발	• 제어 알고리즘 • 시스템 인테그레이션 • G-코드 개요
		제어 프로그램 검증	• G-코드 명령어 • G-코드 프로그래밍 • 프로그램 디버깅
	응용 소프트웨어 개발	프로그램 호환성 검토	• 프로그래밍 언어 및 종류 • C 언어 • 프로그램의 개요
		사용자 인터페이스 프로그램 개발	• G-코드와 M-코드 • 보조 프로그램 • 인터페이스 디자인 • 3D 프린터 기술 방식
		CAM 시뮬레이션 (적층 시뮬레이션)	• CAM 시뮬레이터 • CAD/CAM
3D 프린터 교정 및 유지보수	품질보증	성능 개선	• 성능 검사 항목 선정 • 성능 검사 항목의 이해 • 성능 검사 항목 선정 기준
		신뢰성 검증	• 신뢰성 시험 항목 • 신뢰성 시험 방법 및 합격 기준
		규격인증 진행	• 항목별 안전 규격의 이해 • 항목별 안전 규격의 기준 설정 • 장비 구조별 인증 절차 및 기준 • 계측 장비 활용 및 관리 • 인증규격을 활용한 제품 설계
	3D 프린팅 안전 관리	안전수칙 확인	• 장비 및 소재의 위해요소
		예방점검 실시	• 장비 및 소재의 점검 항목
		대책 수립	• 위해 및 안전 관리 사고 사례 분석 및 예방대책
		장비 유지 관리	• 장비의 유지 보수 관리

출제기준[실기]

실기과목명	주요항목	세부항목
3D 프린터 개발 실무	회로 개발	설계조건 분석
		제어 회로 설계
		설계신뢰성 확보
	기구 개발	기구 검토
		기구 설계
		기구 안정성 확보
	구동 장치 개발	이송 장치 개발
		수평 인식 장치 개발
		소재 사용 장치 개발
	제어 프로그램 개발	제어 프로그램 개발계획 수립
		제어 프로그램 개발
		제어 프로그램 검증
	응용 소프트웨어 개발	프로그램 호환성 검토
		사용자 인터페이스 프로그램 개발
		CAM 시뮬레이션
	소재 관리	소재 선정
		소재물성 관리
		소재물성 테스트
	3D 프린팅 안전관리	안전수칙 확인
		예방점검 실시
		대책 수립
		장비 유지관리

CBT 응시 요령

산업기사 종목 전면 CBT 시행에 따른
CBT 완전 정복!

"CBT 가상 체험 서비스 제공"
한국산업인력공단(http://www.q-net.or.kr) 참고

1

수험자 정보 확인

시험장 감독위원이 컴퓨터에 나온 수험자 정보와 신분증이 일치하는지를 확인하는 단계입니다. 수험번호, 성명, 생년월일, 응시종목, 좌석번호를 확인합니다.

2

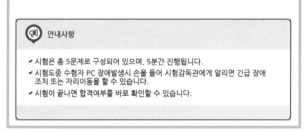

안내사항

시험에 관한 안내사항을 확인합니다.

3

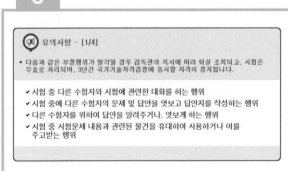

유의사항

부정행위에 관한 유의사항이므로 꼼꼼히 확인합니다.

4

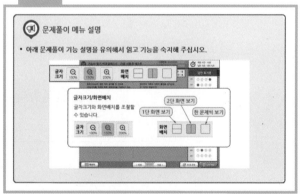

문제풀이 메뉴 설명

문제풀이 메뉴의 기능에 관한 설명을 유의해서 읽고 기능을 숙지해 주세요.
- 글자크기와 화면배치 조절
- 전체 또는 안 푼 문제 수 조회
- 남은 시간 표시
- 답안 표기 영역, 계산기 도구, 페이지 이동
- 안 푼 문제 번호 보기 및 답안 제출

5

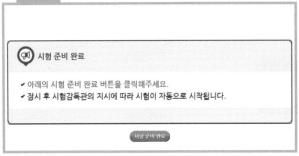

시험 준비 완료

시험 안내사항 및 문제풀이 연습까지 모두 마친 수험자는 시험 준비 완료 버튼을 클릭한 후 잠시 대기합니다.

6

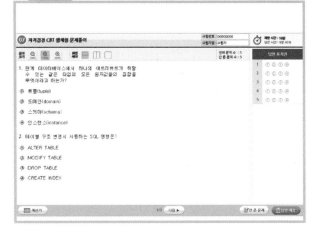

시험 화면

시험 화면이 뜨면 수험번호와 수험자명을 확인하고, 글자크기 및 화면배치를 조절한 후 시험을 시작합니다.

CBT 완전 정복 Tip

① **내 시험에만 집중할 것**
CBT 시험은 같은 고사장이라도 각기 다른 시험이 진행되고 있으니 자신의 시험에만 집중하면 됩니다.

② **이상이 있을 경우 조용히 손을 들 것**
컴퓨터로 진행되는 시험이기 때문에 프로그램상의 문제가 있을 수 있습니다. 이때 조용히 손을 들어 감독관에게 문제점을 알리며, 큰 소리를 내는 등 다른 사람에게 피해를 주는 일이 없도록 합니다.

③ **연습 용지를 요청할 것**
응시자의 요청에 한해 연습 용지를 제공하고 있습니다. 필요시 연습 용지를 요청하며 미리 시험에 관련된 내용을 적어놓지 않도록 합니다. 연습 용지는 시험이 종료되면 회수되므로 들고 나가지 않도록 유의합니다.

④ **답안 제출은 신중하게 할 것**
답안은 제한 시간 내에 언제든 제출할 수 있지만 한 번 제출하게 되면 더 이상의 문제풀이가 불가합니다. 안 푼 문제가 있는지 또는 맞게 표기하였는지 다시 한 번 확인합니다.

7

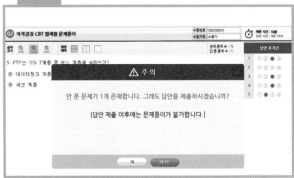

답안 제출

[답안 제출] 버튼을 클릭하면 답안 제출 승인 알림창이 나옵니다. 시험을 마치려면 [예] 버튼을 클릭하고 시험을 계속 진행하려면 [아니오] 버튼을 클릭하면 됩니다. 답안 제출은 실수 방지를 위해 두 번의 확인 과정을 거칩니다. [예] 버튼을 누르면 답안 제출이 완료되며 득점 및 합격여부 등을 확인할 수 있습니다.

이 책의 구성과 특징

핵심이론

필수적으로 학습해야 하는 중요한 이론들을
각 과목별로 분류하여 수록하였습니다.
시험과 관계없는 두꺼운 기본서의 복잡한
이론은 이제 그만!
시험에 꼭 나오는 이론을 중심으로 효과적
으로 공부하십시오.

---

01 | 3D 프린터 회로 및 기구

핵심이론 01   3D 프린터 기구

① 3D 프린터 구동 기구 구조
  ㉠ 3차원 공간에 한 층씩 적층하여 쌓아 올리는 방식
  ㉡ 노즐이 이동하거나, 베드가 이동하여 모델링된 분사점
    으로 이동
  ㉢ 3차원 구동을 하는 구조 : 2차원 평면 + 1차원(Z축) 이동
  ㉣ 3D 프린터를 사용하는 시스템을 결정하기 위해 분석해
    야 하는 요소
    • 기구부의 구조
    • X, Y, Z축의 구동 범위(각 모터의 회전당 이동 거리)
    • 각 축당 구동 범위를 고려하여 Work Space 추정
    • 적층 레이어 정도(사이즈)를 파악
  ㉤ 3D 프린터 설계조건 : 구동 방식, Work Space, 모터(토크,
    전력, 크기, 연결성) 등을 반영
② 3D 프린터 구동 메커니즘
  ㉠ 벨트 구동
    • 모터가 벨트를 회전시켜 노즐을 원하는 위치로 이동
      시키는 방법
    • 신속 구동 가능, 상대적으로 저렴하고 효율적인 기구
      를 형성
  ㉡ 볼 스크루 구동

② 병렬 로봇
  • 엔드 이펙터(End-effector)가 두 개 이상의 다리에
    의해 지지
  • 회전각 중대를 위해 2개의 다리가 1개의 유니버설
    조인트로 이동 플랫폼에 연결
  • 고속, 고가속력이며 자중에 비해 강성이 높고, 고정
    밀도를 표현
③ 서보모터 시스템
  ㉠ 서보모터 : 제어기의 제어에 따라 제어량을 따르도록
    구성된 제어 시스템에서 사용하는 모터. 정확한 구동을
    위해 큰 가속을 내거나 급정지에 적합하도록 구성
    • DC 모터
      - 고정자로 영구자석을 사용하고, 회전자(전기자)로
        코일을 사용하여 구성
      - 전기자에 흐르는 전류의 방향을 전환함으로써 자력
        의 반발, 흡인력으로 회전력을 생성
      - 특성
        ⓐ 기동 토크가 큼
        ⓑ 인가전압에 대하여 회전 특성이 직선적으로 비례
        ⓒ 입력전류에 대하여 출력 토크가 직선적으로 비례
        ⓓ 출력 효율이 양호
        ⓔ 가격이 저렴
    • AC 모터

■ Industrial Engineer 3D Printer Development

㉡ 리졸버 : 서보기구에서 회전각을 검출하는 데 전기적
  원리를 사용하여 검출하는 전기기기, 인코더에 비해
  기계적 강도가 높고, 내구성이 우수. 모터 회전자의
  아날로그식 위치측정 센서
㉢ 커플링 : NC 기계의 동력전달을 위해 서보모터와 볼
  스크루축을 직접연결하여 연결 부위의 백래시 발생을
  방지하는 기계요소
㉣ 인코더 : 전기, 자기, 광학 등 디지털 신호를 발생시켜
  위치 및 속도검출이 가능하도록 하는 기구
㉤ 태코미터 : 회전속도계이며, rpm 등 회전수를 지시하는
  계기, 자동차 내부 계기판에 있음
㉥ 퍼텐쇼미터 : 회전체의 각도를 검출하는 용도나 볼륨
  조절 용도로도 사용, 전체 행정 거리를 0~10V의 신호
  전압으로 검출하는 원리를 사용. 퍼텐쇼미터의 출력은
  아날로그 전압을 출력
③ 3D 프린터의 서보기구
  • 서보모터(DC/AC), 드라이브, 위치 센서로 구성
  • 드라이브의 역할 : 부여된 목표 입력에 대한 추종 응답
    특성을 갖고 정밀한 움직임을 갖도록 서보모터에
    적합한 형태로 변환, 공급
  • 위치 센서 : 인코더, 리졸버 등을 이용

[핵심예제]

1-1. 3D 프린터 구동에 대한 설명으로 옳지 않은 것은?
① 공간 이동을 위해 최소 3개 이상의 구동축이 필요하다.
② 노즐이 프린팅될 부분으로 이동한다.
③ 각 층에서 2차원 평면운동을 할 수 있는 구조여야 한다.
④ 일반적인 2차원 평면운동은 ?, θ축을 사용한다.

정답 ④

1-2. 3D 프린터에 적용하고 있는 모션 구동 방식으로 옳지 않은
것은?
① 벨트 구동 구조
② 볼 스크루 구동 구조
③ 리니어모터
④ 직렬 로봇

정답 ④

1-3. 서보모터 시스템에 사용되는 구성요소로 전기, 자기, 광학
등 디지털 신호를 발생시켜 위치 및 속도검출이 가능하도록 하
는 기구는?
① DC 모터
② 리졸버
③ 인코더
④ 태코미터

정답 ③

1-4. 회전운동을 직선운동으로 바꾸어 주는 3D 프린터 구동부
품은?   [2019년 제4회]
① 레이저
② 익스트루더
③ 리니어모터
④ 마이크로프로세서

정답 ③

1-5. 서보모터 시스템의 제어 방식은?   [2019년 4회]

핵심예제

출제기준을 중심으로 출제빈도가 높은 기출
문제와 필수적으로 풀어보아야 할 문제를 선
정했습니다. 각 문제마다 핵심을 찌르는 명
쾌한 해설이 수록되어 있습니다.

최근 기출복원문제

최근에 출제된 기출문제를 복원하여 가장 최신의 출제경향을 파악하고 새롭게 출제된 문제의 유형을 익혀 처음 보는 문제들도 모두 맞힐 수 있도록 하였습니다.

2021년 제 4 회

3D프린터개발산업기사

최근 기출복원문제

제1과목 3D 프린터 회로 및 기구

01 3D 프린터 구동에 관한 설명으로 옳지 않은 것은?

① 3축 구동이 필요한 기계이다.
② 모터를 이용하여 벨트를 구동하기도 한다.
③ 볼 스크루를 이용하여 모터를 작동시킨다.
④ 직선으로 직접 구동되는 모터를 리니어모터라고 한다.

해설
3D 프린터는 모터를 이용해 벨트를 구동하는 방식과 볼 스크루를 구동하는 방식이 있으며, 리니어모터를 이용하여 직선운동을 시키기도 한다.

02 병렬로봇에 대한 설명으로 옳지 않은 것은?

03 다음에서 설명하는 스테핑모터의 종류는?

• 회전자와 고정자에 극성을 일치시켜 스텝을 형성한다.
• 회전 방향과 전류의 극성은 서로 무관하다.

① 가변 릴럭턴스형   ② 영구자석형
③ 하이브리드형   ④ 무회전형

해설
스테핑모터의 종류
• 가변 릴럭턴스형(VR(Variable Reluctance) Type] : 회전자와 고정자에 극성을 일치시켜 스텝을 형성하며, 회전 방향과 전류의 극성은 서로 무관하다.
• 영구자석형(PM(Permanent Magnet) Type] : 회전 방향은 전류의 극성에 따르며 회전자에 영구자석을 적용하고 구조가 간단하여 저렴하다.
• 하이브리드형(Hybrid Type) : 가변 릴럭턴스형과 영구자석형의 복합형으로 회전 방향은 전류의 극성에 따른다. 2극식 구동방식이며, 고정자 영구자석을 8극 배치한다.

04 서보모터 시스템에 대한 설명으로 옳지 않은 것은?

① 리졸버는 서보기구에서 회전각을 검출하는 데 전기적 원리를 사용하여 검출하는 전기기기이다.
② 커플링은 NC 기계의 동력 전달을 위해 서보모터와 볼

제 1 회

3D프린터개발산업기사

실전 모의고사

01 다음 설명하는 3D 프린터 구동 장치는?

• 원하는 각도를 조정하는 간단한 원리와 구조의 모터
• 위치검출기를 사용하지 않고 자체 회전하여 조정
• 정·역 전환 및 변속이 용이

① 서보모터
② 리니어모터
③ 스테핑 모터
④ DC 모터

해설
위치검출을 위해 서보모터, 리니어모터, DC모터는 위치검출기가 필요하다.
① 서보모터는 제어기의 제어에 따라 제어량을 따르도록 구성된 제어 시스템에 사용하는 모터에 대한 일반적인 명칭이다.
② 리니어모터는 직선 이송에 사용한다.

해설
리니어모터
• 직선으로 직접 구동되는 모터
• 일렬로 배열된 자석 사이에 위치한 코일에 전류를 흐르게 함으로 운동
• 구조가 간단하고 공간 차지가 적으며, 비접촉식이어서 소음 및 마모 적음
• 고가이며 감성(剛性)에 약점

03 $R_1 = 5\,\Omega$, $R_2 = 10\,\Omega$, $R_3 = 10\,\Omega$, $V = 10$V일 때 다음 회로에 흐르는 전류량 i는?

실전 모의고사

최신 경향의 문제들을 철저히 분석하여 꼭 풀어봐야 할 문제로 구성된 실전 모의고사를 수록하였습니다. 중요한 이론을 최종 점검하고 새로운 유형의 문제에 대비할 수 있습니다.

GUIDE

목차

빨
빨리보는
간
간단한
키
키워드

당신의 시험에 **빨간불**이 들어왔다면!
최다빈출키워드만 모아놓은
합격비법 핵심 요약집 **빨간키**와 함께하세요!
그대의 합격을 기원합니다.

PART 01 | 3D 프린터 회로 및 기구

■ **3D 프린터 구동 기구 구조**

X, Y축 평면 + Z축

■ **3D 프린터 구동**

벨트구동, 볼 스크루 구동, 리니어 모터 구동, 병렬 로봇

■ **스테핑 모터**

• 센서 없이 방 회로계에서 위치제어

• 스테핑 모터의 분해능 × 펄스 수 = 회전각

■ **직류 회로에서 저항을 R, 전류를 I, 전압을 V라 할 때 옴의 법칙**

$I = \dfrac{V}{R}[\mathrm{A}]$

■ **키르히호프 법칙**

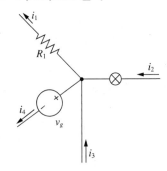

■ 제너다이오드

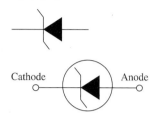

Cathode ○ ── ▶ ── ○ Anode

■ H-bridge 회로

```
                    △
          1K              1K
Forward Input ─WW─┤      ├─WW─ Reverse Input
              1K   (M)   1K
          ─WW─┤      ├─WW─
            ⏚      ⏚
```

■ PCB 설계 과정

회로도설계, 풋프린트, DRC, Netlist, Artwork, PCB 제작

■ 지그의 3요소

• 위치 결정면
• 위치 결정구
• 클램프

■ 신뢰성 고려사항

스트레스, 통계적 여유, 안전도, 과잉도, 추가 신뢰도, 인적요소, 보전성, 경제성

■ 평균고장간격(MTBF)

$$평균고장간격 = \frac{전체\ 가동\ 시간}{고장\ 횟수} = \frac{1}{고장률}$$

안심Touch

■ 익스트루더
- 핫엔드
- 콜드엔드
- 제팅헤드

■ 3D 프린팅 방법 분류
- 소재분사방식(Material Jetting)
- 광중합 방식(Vat Photopolymerization)
- 분말소결 방식(Powder Bed Fusion)
- 결합제 분사 방식(Binding Jetting)
- 직접 에너지 증착 방식(DED ; Directed Energy Deposition)
- 판재적층 방식(Sheet Lamination)
- 소재압출 방식(Material Extrusion)

■ 3각법 설계도면 그리기

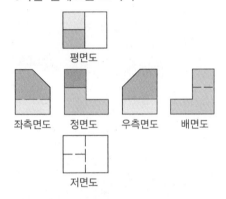

평면도 / 좌측면도 / 정면도 / 우측면도 / 배면도 / 저면도

■ 3D 형상모델링의 종류
- 와이어프레임 모델링
- 서피스 모델링
- 솔리드 모델링

■ 기구 설계용 3D 프로그램
CATIA, Inventor, CREO(Pro-engineer), SolidWorks, NX(Unigraphics) 등

■ 안정성시험 항목
넘어짐, 정밀도, 내구성, 재질·재료 안정성, 사용 환경

■ **계통 오차의 종류**

계기오차, 환경오차, 개인오차

■ **플라스틱**

소성 변형(Plastic Deformation)이 어원

■ **열가소성 수지**

나일론(PA), 아세탈(POM), PET, PBT, 폴리에틸렌(PE), 폴리프로필렌(PP) 등

■ **열경화성 수지**

페놀, 멜라민, 에폭시, 불포화 폴리에스터 등

■ **금속 프린팅 방법**

접합제 분사법, 금속 분사법, PBF, DED, SL, 광중합, ME

■ **소재시험**

인장시험, 파단시험, 피로시험, 충격시험, 경도시험

PART 02 | 3D 프린터 장치

- **노즐에 적용되는 유체원리**

  연속의 법칙

- **노즐을 사용하는 공정**

  FDM, Direct-Print, Jetting 등

- **Jetting**
  - 열팽창에 의한 방식
  - 압전 액추에이터 이용 방식
  - 바인더(Binder) Jetting

- **노즐 설계 규격서의 포함 내용**

  성능, 크기, 재료토출속도, 수량, 비용, 노즐재료, 마감, 사용재료, 유지관리, 수명, 안전사항, 운용환경, 노즐온도

- **광학 기술을 적용하는 3차원 프린팅 방식**

  광조형(Stereolithography) 및 선택적 소결(Selective Laser Sintering), 박판 성형(Laminated Object Manufacturing) 공정 등

- **광 전달 순서**

  광원 → 집광 장치/광학계 → 주사 장치를 통한 주사 → 수지의 광경화

- $2 W_0 = \left(\dfrac{4\lambda}{\pi} \times \dfrac{F}{D} \right)$, $\mathrm{DOF} = \left(\dfrac{8\lambda}{\pi} \times \dfrac{F}{D} \right)^2$

- **광학계 구성물**
  - 주사방식 : 빔 익스펜더, 반사경, 주사 장치, 초점 렌즈
  - 전사방식 : 패턴 생성기, 릴레이 렌즈/반사경, 전사 렌즈

■ 광학 설계 규격서의 포함 내용
성능(품질, 속도), 광원, 가공속도, 수량, 비용, 재료, 마감

■ 하이브리드(Hybrid) 3D 프린팅 종류
- DMLS + CNC 머시닝
- DP + 광조형
- FDM + DP
- FDM + UC
- 로봇 기반

■ 간섭성이 야기하는 레이저의 특징
강한 직진성, 단색성, 지향성, 고휘도

■ 광 증폭 활성 매질에 따른 레이저의 분류
고체 레이저, 기체 레이저, 액체 레이저, 반도체 레이저, 자유전자 레이저, X선 레이저

■ 레이저 발생 장치
전반사경 → 조리개 → 안전장치 → 전원공급장치 → 부분 반사경 → 출력

■ IEC 60825-1의 레이저 장치 위험등급

위험도 높아짐 →
- 등급 1
- 등급 1M
- 등급 2
- 등급 2M
- 등급 3R
- 등급 3B
- 등급 4

■ 레이저의 위험요소
시력 손상, 전기위험, 부가적 위험(화상, 발화, 용융 등)

■ 이송장치
서보모터, 인코더, 리니어모터, 스테핑모터

■ 동력전달장치
마찰차, 기어, 로프, 벨트, 체인, 리니어 가이드

■ 이송장치 부품 선정 시 고려사항
이송분해능, 이송정밀도, 반복정밀도, 백래시, 이송속도, 이송하중

안심Touch

■ **수평장치 인식방법**

접촉식/비접촉식, 수동/자동

■ **수평 조정 필요 없는 프린팅**

SL 계열

■ **조형 방식별 소재 재사용**

- FDM 공정 : 사용되는 재료가 열경화성 수지인지, 열가소성 수지인지에 따라 조형된 재료의 재사용 여부 결정
- 선택적 소결 공정(SLS) : 고분자 파우더(Polymer Powder)를 사용하므로 남은 파우더의 재사용 가능

PART 03 | 3D 프린터 프로그램

■ 3D 프린터 제어 흐름도

전처리	제어 프로그래밍	제어동작
CAD Data를 공간 Data로 바꾸는 단계	공간 Data를 제어코드로 바꾸는 단계	제어코드를 프린터에서 실행하는 단계

■ 개발 환경 구성

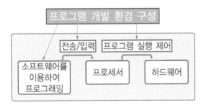

프로그램 개발 환경 구성

전송/입력 | 프로그램 실행 제어

소프트웨어를 이용하여 프로그래밍 | 프로세서 | 하드웨어

■ 마이크로프로세서 구조

프로그램 카운터, 레지스터, ALU, ACC, SREG, SP

■ 통합개발환경

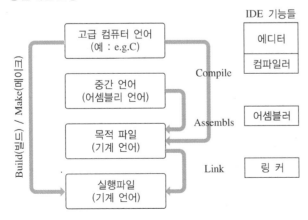

Build(빌드) / Make(메이크)

고급 컴퓨터 언어 (예 : e.g.C)

중간 언어 (어셈블리 언어)

목적 파일 (기계 언어)

실행파일 (기계 언어)

Compile

Assembls

Link

IDE 기능들

에디터

컴파일러

어셈블러

링 커

안심Touch

■ 프로토콜(Protocol)

객체와 객체 간에 정해진 규약

■ 마이크로프로세서 제어포트

I/O 포트(입출력 포트), A/D 포트, PWM 포트, 통신포트, 그 외(인터럽트, 타이머, 카운터 등)

■ A/D 변환 과정
- 샘플링
- 양자화
- 부호화

■ 온도센서

접촉식(열전쌍, 서미스터), 적외선 비접촉식(능동식, 수동식)

■ 3D 프린터에서의 G코드
- 예 M140 S60 : 베드 온도를 60℃로 설정하고 제어권을 즉시 호스트로 넘겨라.
- 예 G1 F1800 X50.814 Y58.114 Z0.2 E0.02 : 직선이송, 속도는 1,800mm/min, 목표 좌표(50.814, 58.114, 0.2), 재료압출의 길이 0.02mm

■ 직렬통신과 병렬통신의 비교
- 직렬통신 : 하나의 신호선, 시간 소요, 종류(USART, SPI, I2C, Ethernet, USB, SATA 등)
- 병렬통신 : 한 번에 전송, 빠른 전송, 비용 소요

■ 수준별 언어

기계어, 어셈블리어, 원시언어(고급언어)

■ 언어변환기

컴파일러, 어셈블러, 프리프로세서, 인터프리터

- **세대별 언어**
  - 1세대(기계어)
  - 2세대(어셈블리어)
  - 3세대(고급언어)
  - 간이언어
  - 4세대(3세대보다 높은 기능언어)

- **OS 분류**

  싱글태스킹/멀티태스킹, 분산OS, 임베디드OS

- **그래픽 사용자 인터페이스(GUI ; Graphic User Interface)**

  프로그램과 대화하는 방법을 아이콘 등 그래픽을 이용한 방법을 사용

- **자동화 발전 순서**

  수치제어(NC) → 컴퓨터를 이용한 수치제어(CNC) → 컴퓨터를 이용한 멀티제어(DNC) → 유연생산체제(FMS) → 공장자동화(FA)

안심Touch

PART 04 | 3D 프린터 교정 및 유지보수

■ **ME 방식 부분별 이상**

   필라멘트 이상, 베드 수평도, 노즐-베드 간격, 베드 온도, 구동부

■ **성능검사**

   노즐 온도 측정, 필라멘트 공급 성능, 수평도, 구동부 위치정밀도

■ **Torture Test**

   출력 시 불량이 발생하기 쉬운 다양한 형상을 정의하여 출력하고, 출력물의 품질을 통해 프린터의 성능을 시험

■ **3D 프린터 작동상 문제점**

   정착 불량, 토출불량, 장력부족, 잔여물 발생

■ **필라멘트 공급 문제**

   익스트루더 회전, 필라멘트 공급 안 됨

■ **전기/소프트웨어 문제**

   COM포트인식, 프린터 무반응

■ **출력 불량**

   출력물 수축, 휨

■ **베드 위치정밀도**

   수평도, 영점조정

■ **신뢰성 평가 척도**

고장률, 평균고장간격(MTBF), 평균고장시간(MTTF)

• 고장률 $= \dfrac{\text{고장 횟수}}{\text{가동시간}}$

• 평균고장간격(MTBF) $= \dfrac{\text{전체 가동시간}}{\text{고장 횟수}} = \dfrac{1}{\text{고장률}}$

• 평균고장시간(MTTF) $= \dfrac{\text{장비가동시간}}{\text{특정한 시간부터 발생한 고장 횟수}}$

■ **신뢰성 시험 종류**

목적에 따른 적합/결정, 개발단계에 따른 개발·성장 등, 실험실/현장, 가속/정상, 정형/비정형

■ **고장 유형**

손상, 파손, 절단, 파열, 조립 및 설치

■ **고장 형태**

유관, 무관, 간헐, 중복, BIT, 부품기인, 입증 여부

■ **고장 분석 방법**

상황분석법(파레토 차트, 플로 차트), 특성요인분석, FMECA, QFD

■ **전기용품 및 생활용품 안전 관리 제도 수준별 인증분류**

안전인증, 안전확인, 공급자적합성확인

■ **주요 국가별 안전인증 기준**

국가명	전화번호	로 고
대한민국	전기용품안전인증(KC)	KC
미 국	미국 연방정부 안전기준(UL)	UL
미 국	미국 연방정부 전파인증(FCC)	FCC
유 럽	유럽공동체 안전인증(CE)	CE
일 본	일본 전기용품 안전인증기준(PSE)	PSE
중 국	중국 안전 및 품질인증(CCC)	CCC

■ 시험규격에 따른 시험

내전압 시험, 누설전류시험, 절연저항시험, 접지도통시험

■ EMC 시험의 구성

- 전자파 장애(EMI ; Electro Magnetic Interference) 시험
- 전자파 내성(EMS ; Electro Magnetic Susceptibility) 시험

■ 삼차원프린팅 관련 제품 이용자 숙지사항

- 액상수지(SLA, DLP) 사용 시 폐기물 처리, 특수장갑 사용, 가정 밖 사용
- 분말(SLS) 사용 시 유해미세분말 주의
- 고형(FFF, LOM) 사용 시 냄새, 독성가스 주의

■ 3D 프린팅 유해 요소

장비가 갖는 유해 요소, 전기에 의한 요소, 일반 요소

■ 3D 프린팅 소재 위해요소

대기, 분진, 소음, 발암물질, 화학물질

■ 화재의 분류

- A급 화재(일반화재)
- B급 화재(기름화재)
- C급 화재(전기화재)
- D급 화재(금속화재)

■ 무재해 운동 3원칙

무, 참가, 선취

MEMO

합격에 윙크(Win-Q)하다!

Win-Q^

3D프린터개발산업기사

PART 1 3D 프린터 회로 및 기구
PART 2 3D 프린터 장치
PART 3 3D 프린터 프로그램
PART 4 3D 프린터 교정 및 유지보수

학습 전, 다음 내용을 확인하여 주시기 바랍니다.

해당 위치	수정 전	수정 후
107쪽 [핵심예제 6-3]	정답 ③	정답 ①
108쪽 [핵심이론 07 ③ ㉡]	$D=\left(\dfrac{t}{T}\right)\times100$	$D=\left(\dfrac{t}{T+t}\right)\times100$

잘못된 내용으로 불편을 드려 죄송합니다. 더 좋은 책을 만들기 위해 노력하는
시대에듀가 되겠습니다.

합격의 공식
시대에듀

제 **1** 편

---◇---

핵심이론

+

핵심예제

PART 01

3D 프린터 회로 및 기구

3D 프린터 기구

① 3D 프린터 구동 기구 구조
- ㉠ 3차원 공간에 한 층씩 적층하여 쌓아 올리는 방식
- ㉡ 노즐이 이동하거나, 베드가 이동하여 모델링된 분사점으로 이동
- ㉢ 3차원 구동을 하는 구조 : 2차원 평면 + 1차원(Z축) 이동
- ㉣ 3D 프린터를 사용하는 시스템을 결정하기 위해 분석해야 하는 요소
  - 기구부의 구조
  - X, Y, Z축의 구동 범위(각 모터의 회전당 이동 거리)
  - 각 축당 구동 범위를 고려하여 Work Space 추정
  - 적층 레이어 정도(사이즈)를 파악
- ㉤ 3D 프린터 설계조건 : 구동 방식, Work Space, 모터(토크, 전력, 크기, 연결성) 등을 반영

② 3D 프린터 구동 메커니즘
- ㉠ 벨트 구동
  - 모터가 벨트를 회전시켜 노즐을 원하는 위치로 이동시키는 방법
  - 신속 구동 가능, 상대적으로 저렴하고 효율적인 기구를 형성
- ㉡ 볼 스크루 구동
  - 모터가 볼 스크루를 회전시키면서 회전당 피치만큼의 위치를 이동
  - 상대적으로 정밀 위치제어가 가능하고 안정적인 구동
- ㉢ 리니어모터
  - 직선으로 직접 구동되는 모터
  - 일렬로 배열된 자석 사이에 위치한 코일에 전류를 흐르게 함으로써 운동 발생
  - 구조가 간단하고 공간 차지가 작으며, 비접촉식이어서 소음 및 마모가 작음
  - 회전형 모터에 비해 강성이 약하고 고가임

- ㉣ 병렬 로봇
  - 엔드 이펙터(End-effector)가 두 개 이상의 다리에 의해 지지
  - 회전각 증대를 위해 2개의 다리가 1개의 유니버설 조인트로 이동 플랫폼에 연결
  - 고속, 고가속력이며 자중에 비해 강성이 높고, 고정 밀도를 표현

③ 서보모터 시스템
- ㉠ 서보모터 : 제어기의 제어에 따라 제어량을 따르도록 구성된 제어 시스템에서 사용하는 모터. 정확한 구동을 위해 큰 가속을 내거나 급정지에 적합하도록 구성
  - DC 모터
    - 고정자로 영구자석을 사용하고, 회전자(전기자)로 코일을 사용하여 구성
    - 전기자에 흐르는 전류의 방향을 전환함으로써 자력의 반발, 흡인력으로 회전력을 생성
    - 특 성
      - ⓐ 기동 토크가 큼
      - ⓑ 인가전압에 대하여 회전 특성이 직선적으로 비례
      - ⓒ 입력전류에 대하여 출력 토크가 직선적으로 비례
      - ⓓ 출력 효율이 양호
      - ⓔ 가격이 저렴
  - AC 모터
    - 동기형, 유도형으로 단상, 3상으로 구분
    - 브러시가 없어(Brushless) 보수에 유리
    - 코일이 고정자(Status)에 있어 방열성 높음
    - 정류 한계가 없기 때문에 고속 회전 시 높은 토크가 가능
    - DC 모터에 비해 대용량에 사용
    - 동기형은 회전자에 영구자석을 사용하므로 구조가 복잡하고, 위치검출이 필요(유도형은 회전자와 고정자의 상대적인 위치검출 센서가 필요치 않음)
    - DC 모터에 비해 속도 조절이 어려움

ⓛ 리졸버 : 서보기구에서 회전각을 검출하는 데 전기적 원리를 사용하여 검출하는 전기기기, 인코더에 비해 기계적 강도가 높고, 내구성이 우수. 모터 회전자의 아날로그식 위치측정 센서

ⓒ 커플링 : NC 기계의 동력전달을 위해 서보모터와 볼 스크루축을 직접연결하여 연결 부위의 백래시 발생을 방지하는 기계요소

ⓔ 인코더 : 전기, 자기, 광학 등 디지털 신호를 발생시켜 위치 및 속도검출이 가능하도록 하는 기구

ⓜ 태코미터 : 회전속도계이며, rpm 등 회전수를 지시하는 계기. 자동차 내부 계기판에 있음

ⓗ 퍼텐쇼미터 : 회전체의 각도를 검출하는 용도나 볼륨 조절 용도로도 사용. 전체 행정 거리를 0~10V의 신호 전압으로 검출하는 원리를 사용. 퍼텐쇼미터의 출력은 아날로그 전압을 출력

ⓢ 3D 프린터의 서보기구
- 서보모터(DC/AC), 드라이브, 위치 센서로 구성
- 드라이브의 역할 : 부여된 목표 입력에 대한 추종 응답 특성을 갖고 정밀한 움직임을 갖도록 서보모터에 적합한 형태로 변환, 공급
- 위치 센서 : 인코더, 리졸버 등을 이용

[핵심예제]

1-1. 3D 프린터 구동에 대한 설명으로 옳지 않은 것은?
① 공간 이동을 위해 최소 3개 이상의 구동축이 필요하다.
② 노즐이 프린팅될 부분으로 이동한다.
③ 각 층에서 2차원 평면운동을 할 수 있는 구조여야 한다.
④ 일반적인 2차원 평면운동은 γ, θ축을 사용한다.
정답 ④

1-2. 3D 프린터에 적용하고 있는 모션 구동 방식으로 옳지 않은 것은?
① 벨트 구동 구조
② 볼 스크루 구동 구조
③ 리니어모터
④ 직렬 로봇
정답 ④

1-3. 서보모터 시스템에 사용되는 구성요소로 전기, 자기, 광학 등 디지털 신호를 발생시켜 위치 및 속도검출이 가능하도록 하는 기구는?
① DC 모터
② 리졸버
③ 인코더
④ 태코미터
정답 ③

1-4. 회전운동을 직선운동으로 바꾸어 주는 3D 프린터 구동부 부품은? [2018년 1회]
① 레이저
② 익스트루더
③ 리니어모터
④ 마이크로프로세서
정답 ③

1-5. 서보모터 시스템의 제어 방식은? [2019년 4회]
① 아날로그제어
② 시퀀스제어
③ 개루프제어
④ 폐루프제어
정답 ④

해설

1-1

3D 프린터의 일반적인 구동은 Z축의 상하운동과 카테시안 좌표값을 이용하여 모델링되고 2차원 평면운동을 하게 된다.

1-2

3D 프린터에 적용하고 있는 모션 구동 방식의 예시로 벨트 구동 구조, 볼 스크루 구동 구조, 리니어모터, 병렬 로봇이 있다.

1-3

• 태코미터 : 회전속도계이며, rpm 등 회전수를 지시하는 계기
• 리졸버 : 모터 회전자의 아날로그식 위치측정 센서
• DC 모터 : 전기자에 흐르는 전류의 방향을 전환함으로써 자력의 반발, 흡인력으로 회전력을 생성하는 장치

1-4

리니어모터

• 직선으로 직접 구동되는 모터
• 일렬로 배열된 자석 사이에 위치한 코일에 전류를 흐르게 함으로써 운동 발생
• 구조가 간단하고 공간 차지가 작으며, 비접촉식이어서 소음 및 마모 작음
• 회전형 모터에 비해 강성이 약하며 고가이다.

1-5

서보모터

• 제어기의 제어에 따라 제어량을 따르도록 구성된 제어 시스템에서 사용하는 모터
• 정확한 구동을 위해 큰 가속을 내거나 급정지에 적합하도록 구성
• 서보모터를 이용하여 제어량에 대한 결과를 검출하고 이를 피드백하므로 폐루프 또는 반폐루프 회로를 구성한다.

핵심이론 02 스테핑모터

① 3D 프린터 구성에서 액추에이터 역할을 하는 모터로 3D 프린터의 핵심요소 중 하나

② 스테핑모터의 특징

   ㉠ 모터의 위치제어능력이 중요한 3D 프린터에 센서 없이 제어가 가능하여 많이 사용

   ㉡ 원하는 각도를 조정하는 간단한 원리와 구조의 모터

   ㉢ 각도마다 오차가 적용되지만 누적오차가 적용되지는 않음

   ㉣ 회전의 각각을 스텝이라 함

   ㉤ 위치검출기를 사용하지 않고 자체 회전하여 조정

   ㉥ 제어 프로그램에 의해 회전량을 조정할 수 있음

   ㉦ 회전속도의 제어 또한 간단

   ㉧ 정·역 전환 및 변속이 용이

   ㉨ 동력 생성이나 전달보다 위치, 속도 등의 제어에 주목적이 있음

   ㉩ 피드백제어가 아닌 개방 회로계에서도 위치제어가 가능

③ 스테핑모터의 단점

   ㉠ 특정 주파수에서 진동, 공진현상 발생 가능성이 있음

   ㉡ 관성이 있는 부하에 취약

   ㉢ 고속운전 시에 탈조하기 쉬움

   ㉣ 홀딩 토크(Holding Torque)가 발생

   ㉤ 저속 시 진동 및 공진의 문제가 있음

   ㉥ 토크의 저하로 DC 모터에 비해 효율이 떨어짐

④ 스테핑모터의 종류

   ㉠ 가변 릴럭턴스형[VR(Variable Reluctance) Type] : 회전자와 고정자에 극성을 일치시켜 스텝을 형성. 회전 방향과 전류의 극성은 서로 무관함

   ㉡ 영구자석형[PM(Permanent Magnet) Type] : 회전 방향은 전류의 극성에 따르며 회전자에 영구자석을 적용하고 구조가 간단하며 저렴

   ㉢ 하이브리드형(Hybrid Type) : 복합형으로 회전 방향은 전류의 극성에 따르며 고정자 영구자석을 배치하고 2극식 구동, 고정자 영구자석 8극 배치

⑤ 스테핑모터의 구동 분류

　㉠ 극성수에 따라 : 유니폴라 구동(단극성), 바이폴라 구동(저속 영역에서의 토크 개선), 5상 구동(저속 토크 효율이 저하되고 결선이 복잡하나 분해능이 좋아 많이 사용됨)

　　• 유니폴라 vs 바이폴라

　　　– 유니폴라 : 각 스테핑모터 상(Phase)의 권선에 인가한 입력 전원이 항상 같은 극성을 갖도록 구동시키는 방식

　　　　(전류 인가 순서 : $A \rightarrow \overline{A} \rightarrow B \rightarrow \overline{B}$)

　　　– 바이폴라 : 스테핑모터의 동일 권에 입력펄스의 극성을 바꿔 주는 방식. 두 개의 극성을 동시에 여자시킴으로써 자력의 강도가 높아져 저속에서는 높은 토크를 얻을 수 있는 장점이 있음

　　　　(전류 인가 순서 : $A \times B \rightarrow \overline{A} \times \overline{B}$)

　　• 5상 구동 : 저속에서 토크 효율이 저하되고 결선이 복잡

　㉡ 전압 부여에 따라

　　• 직렬저항 구동

　　• 과전압 구동(2전압 전원 구동)

　　• 초퍼(Chopper) 구동

　　• 런핑 구동

　㉢ 펄스 변화 방법에 따라

　　• 펄스 폭(PWM ; Pulse Width Modulation) 변조에 의한 구동

　　• 펄스 높이(PAM ; Pulse Amplitude Modulation) 변조에 의한 구동

⑥ 스테핑모터 사양

　㉠ 최대정지 토크(홀딩 토크, Holding Torque) : 여자 상태 정지 중 출력축에 가해지는 외부 토크에 대한 최대 토크

　㉡ 자기동 토크(풀인 토크, Pull-in Torque) : 무부하 상태에서 모터가 입력 신호에 동기되어 운동할 수 있는 최대 부하

　㉢ 부하 토크(풀아웃 토크, Pull-out Torque) : 풀인 특성에서의 주파수와 모터 회전을 맞추어 얻어지는 최대 토크

　㉣ 디텐트 토크(Detent Torque) : 무여자 상태 정지 중 출력축에 가해지는 외부 토크에 대한 최대 토크

　㉤ 풀인(Pull-in) – 풀아웃(Pull-out) 특성 : 입력 주파수를 기준으로 모터 구동 시작 토크를 풀인 토크, 풀아웃 토크와의 관계를 풀인 특성, 풀아웃 특성이라 함

　㉥ 회전 각도의 계산

　　• 분해능 × 펄스의 수(단, 분해능은 1step당 회전 각도)

　　• 많이 사용하는 5상과 2상의 분해능

　　　– 5상 : 0.72°/step(1회전 500step으로 구성)

　　　– 2상 : 1.8°/step(1회전 200step으로 구성)

　　• 회전량(°) = 스텝각 × 펄스수

　　• 스텝 각도의 정(확)도 : 이론 스텝 각도와 실제 측정 각도와의 차이

　㉦ 회전속도 : 모터로서의 속도는 rpm을 사용, 스테핑모터는 pps(pulse per second)로 나타내는 사양을 사용

　㉧ 서보드라이버 : 스테핑모터를 구동하며 전기적 신호를 보내는 역할

[핵심예제]

2-1. 스테핑모터에 대한 설명으로 옳지 않은 것은?

① 원하는 각도를 조정하는 간단한 원리와 구조의 모터이다.
② 위치검출기를 사용하여 자체 회전하여 조정한다.
③ 회전속도의 제어 또한 간단하다.
④ 정·역 전환 및 변속이 용이하다.

정답 ②

2-2. 스테핑모터의 사양에 관한 설명 중 바르게 설명한 것은?

① 여자 상태 정지 중 출력축에 가해지는 외부 토크를 자기동 토크라 한다.
② 풀인 특성에서의 주파수와 모터 회전을 맞추어 얻어지는 최대 토크를 최대 정지 토크라 한다.
③ 무여자 상태 정지 중 출력축에 가해지는 외부 토크에 대한 최대 토크를 풀아웃 토크라 한다.
④ 무부하 상태에서 모터가 입력 신호에 동기되어 운동할 수 있는 최대 부하를 풀인 토크라 한다.

정답 ④

2-3. 스테핑모터의 회전속도를 나타내는 단위는?   [2018년 1회]

① pps
② LPs
③ cpm
④ spm

정답 ①

해설

2-1
피드백의 필요가 없어 위치검출기 없이 자체 회전하여 조정한다.

2-2
• 최대 정지 토크(홀딩 토크, Holding Torque) : 여자 상태 정지 중 출력축에 가해지는 외부 토크에 대한 최대 토크
• 자기동 토크(풀인 토크, Pull-in Torque) : 무부하 상태에서 모터가 입력 신호에 동기되어 운동할 수 있는 최대 부하
• 부하 토크(풀아웃 토크, Pull-out Torque) : 풀인 특성에서의 주파수와 모터 회전을 맞추어 얻어지는 최대 토크
• 디텐트 토크(Detent Torque) : 무여자 상태 정지 중 출력축에 가해지는 외부 토크에 대한 최대 토크

2-3
회전속도 : 모터로서의 속도는 rpm을 사용, 스테핑모터는 pps(pulse per second)로 나타내는 사양을 사용

핵심이론 **03** | **기본 회로**

① 전기전자 회로 기초
  ㉠ 전 류
    • 전류는 전자의 이동
    • 전하 : 전자가 가지고 있는 전기량

$$I = \frac{Q}{t} [\text{A}]$$

  ㉡ 옴의 법칙
    • 전원 : 전지 등 전기의 공급원
    • 저항 : 전류의 흐름을 방해하는 성질
    • 도체의 길이가 l이고 단면적이 A일 때 도체의 저항

$$R = \rho \frac{l}{A} [\Omega] (\rho : \text{고유저항, 저항률})$$

    • 직류 회로에서 저항을 R, 전류를 I, 전압을 V라 할 때 옴의 법칙

$$I = \frac{V}{R} [\text{A}]$$

  ㉢ 전 력
    • 전력 : 부하에 가하는 전압(V)과 그 부하에 흐르는 전류(I)의 곱

$$P = VI [\text{W}]$$

    • 전력량 : 전력과 시간의 곱

$$W = Pt = VIt [\text{Wh}]$$

  ㉣ 정전기
    전류가 흐르지 않는 물체에 전자와 양자가 각각 대전 (Electrification)되어 정지된 전기를 띤 상태
  ㉤ 전기장
    • 전하에 의해 정전기력이 작용하는 공간
    • 전하는 극성을 띠고 있으므로 자기장을 형성
  ㉥ 콘덴서(커패시터)
    • 2개의 금속판 전극 사이에 유전체를 놓고 전압을 가하여 전하를 축적하는 소자
    • 정전용량 : 전하를 축적할 수 있는 용량
  ㉦ 자화(Magnetization)
    • 자기유도 : 이미 존재하는 자성에 의해 어떤 물체가 자기적 성질을 띠도록 하는 행위
    • 자화 : 자기유도되어 자성체가 됨
    • 자성체 : 자성을 띤 물체

- 자성체는 N극에서 나가서 S극으로 들어가는 자기력선
  이 생기며, 자기력선이 생기는 영역을 자기장이라 함
◎ 전류가 흐르면 앙페르의 오른나사 법칙에 따라 자기장
  이 형성됨
  - 앙페르의 오른나사 법칙 : 전류의 방향을 나사의 진행
    방향으로 배치할 때 그에 따른 자기장은 오른나사 방향
    으로 생성됨
  - 자기장이 형성된 공간에 전류가 흐르면 전자력이라는
    힘이 발생함
  - 전자력을 이용하여 운동하는 것이 모터
  - 반대로 자기장 내에서 운동을 시키면 전류가 발생하
    며, 이를 이용한 것이 발전기
ⓩ 인덕턴스
  - 전자유도에 의해 생기는 유도기전력의 크기

$$e = -L\frac{\Delta I}{\Delta t}[V]$$

  - 이 관계식에 사용되는 L의 값이 인덕턴스[단위 :
    H(Henry)]
  - 1H의 인덕턴스는 1초당 전류 변화에 의해 코일에 1V
    의 유도기전력이 생기는 것
ⓩ 교 류
  - 직선적 전기의 흐름이 아닌 파동을 갖는 전기의 흐름
  - 사인파 교류 : Sine 그래프를 그리는 것과 같이 위상
    과 극성, 크기가 변하며 생기는 전기의 흐름
  - 사인파 교류의 파장을 정현파라고도 함
  - 주파수 : 1초 동안 반복되는 사이클의 수. 사인파 한
    주기가 1초 동안 몇 번 발생하는지를 설명. Hz 단위를
    사용

$$T = \frac{1}{f}[s], \ f = \frac{1}{T}[Hz]$$

$$[f(Frequency) : 주파수, \ T(Time) : 주기]$$

② 키르히호프 법칙
  ⊙ 전류 법칙 : 다음 그림에 대하여 $i_1 + i_4 = i_2 + i_3$

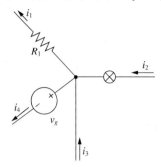

  즉, 들어오고 나가는 전류의 값을 모두 더하면 0
③ 키르히호프 2법칙(전압 법칙) : 닫힌 회로 내에서 모든 전압
  의 합은 0
④ 직렬 회로 : 그림 (a)와 같이 복수의 저항을 전원에 대하여
  연달아 연결한 형태의 회로

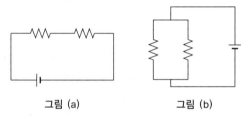

그림 (a)   그림 (b)

⑤ 병렬 회로 : 그림 (b)와 같이 복수의 저항을 전원에 대하여
  나란히 연결한 형태의 회로
⑥ 합성 저항
  ⊙ 직렬 접속 : 각 저항이 직렬로 접속한 경우 전체 저항은
    각 저항의 합과 같음

$$R_T = R_1 + R_2 + R_3$$

  - 이 경우 각 저항에 걸리는 전압은 전체 전압[V]를
    $R_1 : R_2 : R_3$ 비에 따라 나누어 강하됨

ⓛ 병렬 접속 : 각 저항이 서로 병렬로 접속한 경우 전체 저항의 역수는 각 저항의 역수의 합과 같음

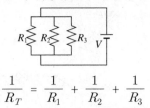

$$\frac{1}{R_T} = \frac{1}{R_1} + \frac{1}{R_2} + \frac{1}{R_3}$$

• 이 경우 각 저항에 걸리는 전압은 같음

ⓒ 직병렬 접속 : 직렬과 병렬로 조합된 회로

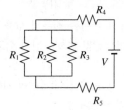

• R_1, R_2, R_3의 합성저항을 R_t라고 하면

$$R_T = R_4 + R_t + R_5$$

• 전압의 강하 또한 R_1, R_2, R_3에서는 R_t와 같고 직류 회로로 변환한 전압은 전체 전압[V]를 $R_4 : R_t : R_5$ 비에 따라 나누어 강하됨

⑦ 교류 회로

ⓐ 전류 흐름 중 극성과 전압값이 변화

ⓑ 리액턴스, 컨덕턴스가 발생

ⓒ RLC 회로 : 교류 전기 회로 중 저항, 코일, 축전기로 이루어진 회로

⑧ 다이오드를 사용한 회로

ⓐ 다이오드는 한쪽 방향으로 전류가 흐르도록 제어하는 반도체 소자

ⓑ 교류 회로에서 다이오드를 적용하면 다이오드 소자 이후로는 정류된 전류가 흐름

ⓒ 정류란 교류의 양극성이 한 극성만 통과되고 나머지 극성은 걸러진 전류

⑨ 등가 회로

ⓐ 테브난의 정리 : 회로의 임의의 지점에서 전류나 전압을 구하며, 복잡한 회로를 하나의 전원과 하나의 임피던스로 단순화하여 정리

• 테브난 전압은 R이 개방되었다고 가정하여 정리

• 테브난 저항은 전원이 단락되었다고 가정하여 정리

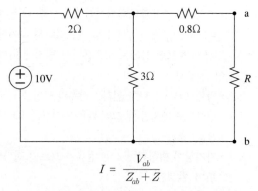

$$I = \frac{V_{ab}}{Z_{ab} + Z}$$

(V_{ab} : 어떤 회로의 양단 간의 전압, Z_{ab} : 회로망 임피던스)

ⓑ 노턴의 정리 : 노턴의 정리와 테브난의 정리는 쌍대관계. 하나의 전원과 하나의 임피던스로 단순화할 때 임피던스를 R_L과 병렬로 배치하여 정리

⑩ 중첩의 원리

ⓐ 선형 회로에 적용

ⓑ 여러 전원과 응답에 대해 산술적인 합과 n배 등의 반응이 나타나는 관계를 '선형'이라 함

즉, 구동원이 A, 응답이 B라 할 때 nA를 인가하면 nB가 응답되고, 구동원이 A 외에도 A'이 있을 때 A'의 응답을 B'라 하면, A + A'의 응답이 B + B'인 관계

ⓒ 여러 전원이 있을 때 전압원은 단락(저항 0), 전류원은 개방(저항 ∞)시키고 전원을 하나씩 남긴 후 전류를 구하여 중첩시키면 흐르는 전류와 등가

[핵심예제]

3-1. 소자의 연결에 대한 설명으로 옳은 것은? [2019년 4회]

① 두 개의 저항을 직렬연결하면 전체 저항은 감소한다.
② 두 개의 저항을 직렬연결하면 각 저항의 전압은 같다.
③ 두 개의 커패시터를 직렬연결하면 전체 용량은 감소한다.
④ 두 개의 인덕터를 직렬연결하면 전체 인덕턴스는 감소한다.

정답 ③

3-2. 회로에 사용되는 정현파의 주기가 10ms일 때 주파수는 얼마인가? [2019년 4회]

① 1Hz   ② 10Hz
③ 100Hz   ④ 1kHz

정답 ③

3-3. 그림과 같은 회로에서 a, b 양단의 전압 V_{ab}는 몇 V인가? [2019년 4회]

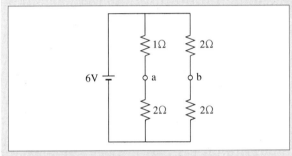

① 1   ② 2
③ 3   ④ 6

정답 ①

3-4. 키르히호프 법칙에 대한 설명으로 틀린 것은? [2018년 1회]

① 하나의 폐회로를 따라 모든 전압을 대수적으로 합하면 0이다.
② 노드에 들어오는 전류는 나가는 전류의 2배가 된다.
③ 노드에 들어오고 나가는 모든 전류의 대수적인 합은 0이다.
④ 하나의 폐회로를 따라 모든 전압강하의 합은 전체 전원전압의 합과 같다.

정답 ②

3-5. 제너 다이오드를 사용하는 회로는?

① 검파 회로   ② 정전압 회로
③ 고압 증폭 회로   ④ 고주파 발진 회로

정답 ②

3-6. 다음 그림에서 i_1 = 5mA, i_2 = 7mA, i_3 = 3mA 라면 i_4의 값은?

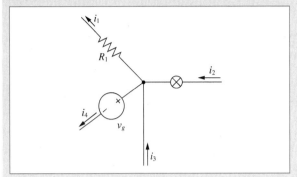

① 3mA   ② 4mA
③ 5mA   ④ 12mA

정답 ③

3-7. 그림에서 R에 걸리는 테브난 전압은?

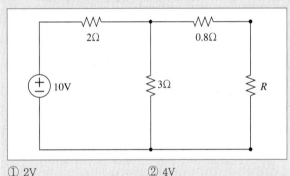

① 2V   ② 4V
③ 6V   ④ 8V

정답 ③

3-8. 직렬연결된 두 저항에 직류 전원이 가해진 다음 회로에서 전류가 I = 100mA일 때 저항 R의 전력 규격으로 적절한 것은? [2018년 1회]

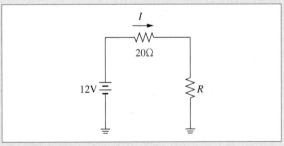

① 1/8W   ② 1/4W
③ 1/2W   ④ 1W

정답 ④

해설

3-1

커패시터는 전하를 축적하므로 전류가 많이 흘러야 많이 담을 수 있는데, 두 개를 직렬로 연결하면 그 회로에는 전류가 적게 흐르기 때문에 용량이 줄어든다.

3-2

$$T = \frac{1}{f}[\text{s}], \quad f = \frac{1}{T}[\text{Hz}]$$

$$f = \frac{1}{0.01\text{s}} = 100\text{Hz}$$

3-3

a 지점의 1Ω에 의해 강하되고 남은 전압은 4V
b 지점의 2Ω에 의해 강하되고 남은 전압은 3V
따라서, V_{ab}는 1V

3-4

②와 ③이 서로 상치되는 말이어서 둘 중 하나가 답임을 알 수 있다. 노드에 들어오고 나가는 모든 전류의 대수적 합은 0이다.

3-5

다이오드를 사용한 회로
• 다이오드는 한쪽 방향으로 전류가 흐르도록 제어하는 반도체 소자
• 교류 회로에서 다이오드를 적용하면 다이오드 소자 이후로는 정류된 전류가 흐른다.
• 정류란 교류의 양극성이 한 극성만 통과되고 나머지 극성은 걸러진 전류

3-6

$$i_1 + i_4 = i_2 + i_3$$
$$5 + i_4 = 7 + 3$$
$$i_4 = 5$$

3-7

테브난 전압(V_{th})은 R이 개방되었다고 생각하고 계산을 한다.

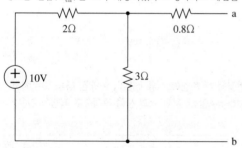

$V_{th} = V_{ab}$이고, 이 등가 회로에서 0.8Ω은 사용되지 않고, 3Ω에는 6V가 걸리므로
$V_{th} = 6\text{V}$

3-7

전류 $I = 0.1\text{A}$는 변함이 없고, 20Ω에서 $2V(= IR = 0.1 \times 20)$의 전압강하가 일어났으므로 R에서 10V의 전압강하가 일어날 것이다.
$W = V \times I = 10\text{V} \times 0.1\text{A} = 1\text{W}$

핵심이론 04 반도체의 종류 및 특성

① 다이오드 : 전압을 일정한 방향으로 인가했을 때만 전류가 흐르는 정류작용을 하는 2단자 반도체 디바이스

② 종류

ⓐ PN 접합 다이오드 : P형 반도체와 N형 반도체를 접합하여 극성이 맞을 때만 전류가 흐르게 함

ⓑ 정전압(Zener) 다이오드
• 낮고 일정한 항복전압 특성
• 역방향으로 일정값 이상의 항복전압이 가해졌을 때 전류가 흐름

ⓒ 쇼트키 배리어 다이오드
• 금속과 반도체가 접촉할 때 생기는 쇼트키 배리어를 이용
• 상승전압이 낮음
• 한쪽 단자가 금속이므로 고속 스위칭이 가능

ⓓ Pin 다이오드
• 정전용량의 감소를 목적
• P형 반도체와 N형 반도체 사이에 진성 반도체를 삽입
• 고속 스위칭이 가능

ⓔ 터널 다이오드
• 터널효과를 이용
• 부성저항 영역을 가짐
• 마이크로파 발생원에 많이 사용

ⓕ 가변용량 다이오드
• PN 접합에 역전압을 인가한 경우에 단자 사이의 정전용량이 변화하는 다이오드
• 라디오 등의 전자 동조 회로에 많이 사용

ⓖ 포토 다이오드
다이오드에 입사되는 빛이 증가함에 따라 흐르는 전류가 증가

ⓗ 발광 다이오드
순방향 전압이 가해졌을 때 발광

③ 기 호

명 칭	기 호
다이오드	
제너 다이오드	Cathode Anode
TVS(양방향 제너)	
포토 다이오드	
가변용량 다이오드	Anode Cathode
터널 다이오드	
발광 다이오드	,
쇼트키 다이오드	

④ 트랜지스터

㉠ N형 반도체와 P형 반도체를 3겹 붙여 제작

㉡ 이미터 전류의 흐름에 따라 PNP형, NPN형으로 제작

㉢ NPN형/PNP형

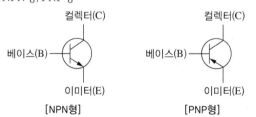

[NPN형]　　　　　　　[PNP형]

㉣ 베이스와 이미터 사이에 순방향 전압을 가하고, 베이스와 컬렉터 사이에 역방향 전압을 가해 주었을 때 트랜지스터는 정상 작동상태

㉤ 증폭 작용, 스위치 역할 : 트랜지스터의 증폭 원리 이용

⑤ 사이리스터

㉠ PNPN 4층의 접합구조로, PNP 트랜지스터와 NPN 트랜지스터가 연결된 것과 등가 회로

㉡ Turn-off 기능이 없는 고내압, 대용량화에 적합한 소자

㉢ 동작 주파수가 낮은 전력 계통에 흔히 사용, 고전압 대전류의 제어가 용이

㉣ 제어 이득이 높고 Gate 신호가 없어져도 On이 유지됨

㉤ 서지전압류에 강하여 고신뢰성

㉥ 소형 경량, 설치 용이

⑥ 전계효과 트랜지스터(FET ; Field Effect Transistor)

㉠ 일반 접합 트랜지스터를 BJT(Bipolar Junction Transistor), FET를 Unipolar Transistor라고 하여 구분함

㉡ 트랜지스터는 Base, Collector, Emitter로 구성되고 FET은 Source, Gate, Drain으로 구성

㉢ 채널이 P형인가, N형인가에 따라 P채널 FET과 N채널 FET로 구분

㉣ J-FET(Junction FET)과 MOS-FET(Metal Oxide Semiconductor FET)으로 구분

㉤ FET은 Gate와 Source 사이에 흘러갈 전류의 역방향 전류를 인가하여 Drain과 Source의 전류를 제어

㉥ MOS-FET은 입력 Gate를 금속산화물 반도체로 만들어서 붙여진 이름

㉦ 기호 예시

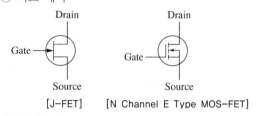

[J-FET]　　[N Channel E Type MOS-FET]

㉧ 특 징

• 트랜지스터의 Emitter-Collector 사이와 달리 Source와 Drain이 도통(道通)되어 있다. 따라서 잡음에 대한 특성이 좋음

• 전자 또는 정공의 축적률이 높고 임피던스가 높음

• Unipolar여서 다수 캐리어(多數 Carrier)만으로 흐름이 생김

• 동특성이 TR에 비해 개선됨

⑦ 이득 : 증폭기와 같은 회로에서 신호 또는 출력을 증폭하여
얻음을 의미
ⓒ 반도체 회로를 이용하면 전류의 증폭을 얻을 수 있음
ⓒ 달링턴 회로

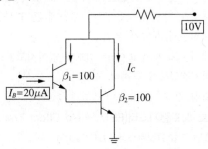

• 각각의 β_1과 β_2에서의 전류 이득이 100과 100일 때,
  달링턴 회로를 사용하면 $\beta_D = \beta_1 \cdot \beta_2$를 얻을 수 있으
  므로 사용
• 그림에 적용하면 I_B는 달링턴 회로를 거쳐
  $\beta_D = \beta_1 \cdot \beta_2 = 100 \times 100 = 10,000$의 이득을 얻으므로
  200mA의 증폭된 전류를 얻음

4-1. 다음 중 정전압 회로에 주로 사용되는 소자로, 바이어스
전류–전압 특성을 가지고 있으며 다음 그림의 기호와 같이 표시
되는 다이오드는?

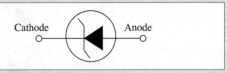

① 반도체 접합 다이오드
② 제너 다이오드
③ 포토 다이오드
④ 버랙터 다이오드

정답 ②

4-2. 전계효과 트랜지스터(FET)의 특징 중 틀린 것은?
① 입출력 임피던스가 높다.
② 다수 캐리어만으로 동작한다.
③ 동특성이 열적으로 불안정하다.
④ 트랜지스터보다 잡음 면에서 유리하다.

정답 ③

4-3. 트랜지스터의 설명으로 틀린 것은? [2018년 1회]
① 바이폴라 트랜지스터(BJT)는 NPN형만 존재한다.
② 트랜지스터를 증폭기로 사용할 때의 동작 영역은 활성 영역
  이다.
③ 전계효과 트랜지스터(FET)는 BJT 보다 열 영향이 작고 잡음
  에 강하다.
④ 트랜지스터를 스위치로 사용할 때는 포화 영역과 차단 영역
  을 사용한다.

정답 ①

4-4. 다음 달링턴 회로에서 전류 I_C의 값은? [2018년 1회]

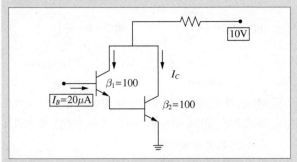

① 10mA   ② 20mA
③ 100mA   ④ 200mA

정답 ④

해설

4-1

정전압(Zener) 다이오드
• 낮고 일정한 항복전압의 특성
• 역방향으로 일정값 이상의 항복전압이 가해졌을 때 전류가 흐른다.

4-2

FET의 특징
• 트랜지스터의 Emitter-Collector 사이와 달리 Source와 Drain이 도통(道通)되어 있다. 따라서 잡음에 대한 특성이 좋다.
• 전자 또는 정공의 축적률이 높고 임피던스가 높다.
• 유니폴라(Unipolar)여서 다수 캐리어(多數 Carrier)만으로 흐름이 생긴다.
• 동특성이 TR에 비해 개선되었다.

4-3

일반 접합 트랜지스터를 BJT(Bipolar Junction Transistor)라 하며, N형 반도체와 P형 반도체를 3겹 붙여 제작한다. 이미터 전류의 흐름에 따라 PNP형, NPN형으로 제작한다.

4-4

I_B는 달링턴 회로를 거쳐
$\beta_D = \beta_1 \cdot \beta_2 = 100 \times 100 = 10,000$의 이득을 얻으므로,
$I_C = I_B \cdot \beta_D = 0.2A = 200mA$의 증폭된 전류를 얻는다.

핵심이론 **05** │ 전원 회로

① 정류 회로 : 교류 전류를 직류로 변환
　㉠ 반파 정류 회로 : 다이오드를 이용하여 교류의 절반만 나타내어 정류

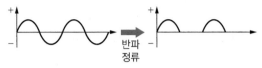

　㉡ 중간 탭 전파 정류 회로 : 두 개의 다이오드를 이용하여 (−)파장도 모두 정류

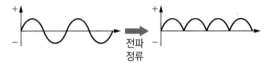

　㉢ 브리지 정류 회로
　　• 4개의 다이오드를 이용한 전파 정류 회로로 정류 효율이 높고 간편하여 널리 사용

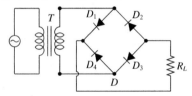

　　• H-bridge 회로

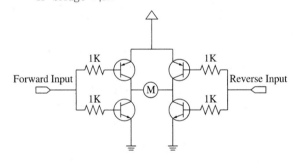

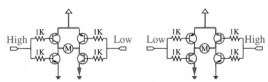

　　－ 회로도와 작동 원리
　　　ⓐ 외형상 알파벳 H와 유사하여 H-bridge회로로 부름
　　　ⓑ 작은 전압으로 큰 전압이나 전류로 증폭할 수 있는 증폭 기능

ⓒ 전류 방향을 전환할 수 있는 방향 전환

ⓓ 보통 DC 모터나 Stepper 모터 등 모터의 드라이버로 활용

ⓔ 전자석시스템 등 전류제어 회로에서 많이 사용

ⓕ 스위치 신호에 따라 각각 Switch On과 Off를 동작시켜 전류의 흐름을 생성

② 평활 회로

㉠ 특징

• 파장이 있는 직류를 평활한 직류로 바꾸는 회로

• 전원 공급 장치의 핵심이 되는 회로

• 일반적으로 LPF(Low Pass Filter)에 속함

㉡ 커패시터 평활 회로

• 정류 회로의 부하저항에 커패시터를 병렬로 연결하면 전류가 약해지는 시기에 커패시터가 방전하여 비교적 평활한 전류를 생성

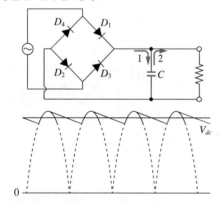

• 전류가 흐를 때 1로 받아뒀다가 흐르지 않을 때 2로 방출하여 그림과 같은 파형 생성

㉢ π형 RC 평활 회로

• 2개의 커패시터와 1개의 저항으로 구성된 필터로 회로 모양이 π자와 비슷

• 커패시터를 2개 사용하여 좀 더 좋은 평활 작용

• 저항을 사용하므로 손실이 있어 부하전류가 적을 때 사용

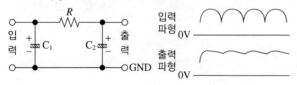

㉣ π형 LC 평활 회로

• 2개의 커패시터와 1개의 인덕터로 구성

• RC형에 비해 인덕터 소비 전력이 적고 맥동이 적어 부하 전류가 많을 때 사용

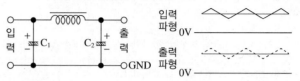

③ 정전압원

㉠ 기본 구성

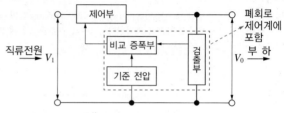

㉡ 제너 다이오드를 이용한 정전압원

• 역방향 항복 전압이 거의 일정하게 유지되는 특성이 있음

• 소비 전력이 낮아, 작은 전압을 안정시킬 때 사용

$$V_0 = V_Z - V_{BE} \approx V_Z$$

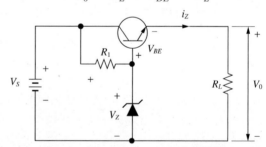

㉢ 정전압 IC를 이용한 정전압원

• 전원 안정화 집적 회로

• 전압 레귤레이터(Voltage Regulator)나 기준 전압 IC(Voltage Reference)로 표시

• 78XX 계열 : 고정된 (+) 전압 출력

예 78M05 IC : 고정 +5[V] 전압, 최대 출력 전류 0.5[A]

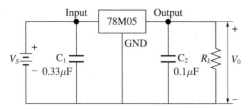

- 79XX 계열 : 고정된 (-) 전압 출력
- 317 계열 : 가변 (+) 전압 출력
  - 예 317T : 가변 출력 범위 : 1.2 ～ 37[V], 최대 출력 전류 : 1.5[A]
- 431 계열 : 가변 (+) 전압 출력
- 337 계열 : 가변 (-) 전압 출력

ⓐ 연산증폭기를 이용한 정전압원

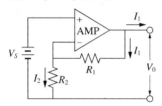

- 옴의 법칙으로 정리하면

$$V_0 = \frac{(R_1 + R_2)}{R_2} V_S$$

즉, 출력 전압을 저항과 입력 전압으로 조정 가능

④ 정전류원

　㉠ 기본 구성

- 정전압원과 달리 검출부가 부하에 직렬로 연결되어 전류를 전압으로 변환하여 검출
- 비교 증폭부에서 검출된 전압 변화량과 기준 전압의 차이를 증폭하여 제어부로 보냄
- 제어부는 입력된 신호에 따라 부하에 공급하는 전압을 조절하여 부하에 흐르는 전류 제어

　㉡ 전압 레귤레이터를 이용한 정전류원

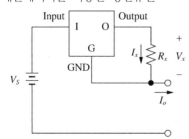

- 고정된 V_x와 가변 R_x를 이용하여 고정된 I_o를 공급

　㉢ 연산 증폭기를 이용한 정전류원

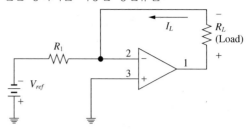

⑤ SMPS(Switching Mode Power Supply)

　㉠ 기본 구성 : 정류회로, DC/DC 컨버터, Feedback 제어 회로

　㉡ 특 징

- DC/DC 변환된 전압이 정전압 회로를 거쳐 안정적인 출력 전원 공급
- 기존 리니어 전원 공급 장치와 비교하여 효율이 높고 장치의 크기가 작으며 다양한 크기의 전원을 함께 모아 제작하기가 용이

　㉢ 고주파 변압기의 유무에 따라 절연형 SMPS, 비절연형 SMPS로 구분

- 절연형 SMPS : 고전압, 누설에서 사용자 보호를 위해 입출력 간 절연한 것으로, 회로 구성에 따라 Flyback, Half-bridge, Full-bridge, Push-pull로 구분
- 비절연형 SMPS : 저전압에 사용하며, 회로 구성에 따라 Buck[강압형(Step-down)], Boost[승압형(Step-up)], Buck-boost[승압-강압(Up-down)]으로 구분

[핵심예제]

5-1. 다음 회로에 대한 설명으로 틀린 것은? [2019년 4회]

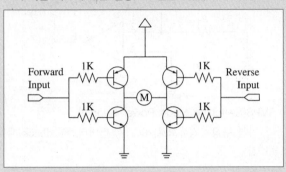

① B-bridge 회로이다.
② DC 모터와 스테핑모터 모두 사용할 수 있다.
③ 정회전, 역회전, 정지 기능을 수행할 수 있다.
④ 작은 전압으로 트랜지스터를 스위칭할 수 있다.

정답 ①

5-2. DC/DC 변환된 전압이 정전압 회로를 거쳐 안정적인 출력 전원을 공급하며 기존 리니어 전원 공급 장치와 비교하여 효율이 높고 장치의 크기가 작으며 다양한 크기의 전원을 함께 모아 제작하기 용이한 전원 공급 장치는?

① 정전류원
② 정교류원
③ Power Supply
④ SMPS

정답 ④

해설

5-1
B-bridge 회로가 아니다. 모양을 따서 H-bridge 회로라고 부를 수 있으며 Forward 신호에 정회전, Reverse 신호에 역회전, 무신호에 정지를 할 수 있는 회로이다.

5-2
SMPS(Switching Mode Power Supply)
• 기본 구성 : 정류회로, DC/DC 컨버터, Feedback 제어 회로
• 특 징
  - DC/DC 변환된 전압이 정전압 회로를 거쳐 안정적인 출력 전원 공급
  - 기존 리니어 전원 공급 장치와 비교하여 효율이 높고 장치의 크기가 작으며 다양한 크기의 전원을 함께 모아 제작하기가 용이하다.
• 고주파 변압기의 유무에 따라 절연형 SMPS, 비절연형 SMPS로 구분된다.
  - 절연형 SMPS : 고전압, 누설에서 사용자 보호를 위해 입출력 간 절연한 것으로, 회로 구성에 따라 Flyback, Half-bridge, Full-bridge, Push-pull로 구분된다.
  - 비절연형 SMPS : 저전압에 사용하며, 회로 구성에 따라 Buck{강압형(Step-down)}, Boost{승압형(Step-up)}, Buck-boost{승압-강압(Up-down)}로 구분

핵심이론 06 전자회로 제작

① OrCAD
  ㉠ CAD(Computer Aided Design)
    • 컴퓨터를 이용한 설계
    • 크게 기계분야 CAD와 전자분야 CAD로 구분
  ㉡ 전자 CAD의 종류 : OrCAD, Pads, Altium
  ㉢ 전기, 전자부품에 대한 정보를 담고 있는 라이브러리 탑재
  ㉣ 전자 회로 설계 시뮬레이션 가능
② PCB 설계 과정
  ㉠ 회로도 설계
    • 라이브러리에 등록된 전자부품들을 불러와 배치
    • 배치된 전자부품의 부품 참조값(Part Reference) 및 값(Value)을 입력
    • 각 부품들을 배선
    • 시뮬레이션을 통해 전자 회로의 동작 상태를 시험하고 검증
  ㉡ Footprint
    • 실제 기판에서 차지하는 모양이나 핀의 형태 등 물리적 정보
    • 각 부품이 가지는 특성을 각각 입력
      예 CAP196, RES400, RESADJ
  ㉢ DRC(Design Rule Check)
    • 전기적 법칙, 연결되지 않은 핀, 부품 참조값 등이 오류가 있는지 검사
    • 오류가 있다면 초록색 원으로 표시
  ㉣ 넷리스트(Netlist) 생성
    • 설계한 전자 회로도의 부품 참조값, 특성, 배선 등의 정보를 통해 PCB 제작을 위한 Netlist 파일을 생성
    • PCB Editor를 활용하여 보드를 제작하기 위한 데이터를 작성하는 단계
  ㉤ PCB 레이아웃(Artwork)
    • PCB Editor 환경설정 : 보드를 제작하기 위한 아트워크 포맷과 설계도의 크기, 배선 간 거리, 배선 두께 등을 설정하는 단계
    • 부품 배치 : PCB 보드 외곽선을 지정하고 부품을 배치

• 배선 및 Copper 처리 : 안내되어지는 Net를 따라 배선, GND는 Copper 처리하여 배선을 하지 않아도 되는 구리판을 그대로 두도록 설정

• 부품 참조값 정리, 보드 치수 기입, 드릴 Legend 생성

• 위와 같은 과정으로 만든 설계 도면을 필요한 부분을 선택적으로 골라 저장하여 아트워크 필름을 생성

• Artwork 필름 생성 : Top, Bottom, Soldermask_top, Soldermask_bottom, Silkscreen_top, Drill_draw, 6개 필름을 생성하여 저장

ⓗ PCB 제작

• Artwork에서 생성된 필름을 통해 PCB 제작 의뢰하거나 노광, 현광, 에칭, 필름박리, 홀 가공 PCB 후처리, 부품 실장의 일련의 과정에 따라 보드를 제작

• PCB 기판에 부품을 접합하는 방법 : 납땜을 통해 기판의 동판과 부품의 리드선을 경화 고정

• 납땜 기판
  - 사용면에 따라 : 단면(저렴), 양면, PCB(비쌈)
  - 납땜 부분의 성분에 따라 : 구리(저렴하나 작업이 어려움), 은, 금
  - 동(구리) 기판 : 인두기를 오래 대고 있으면 동 부분이 금방 떨어지고 납도 잘 붙지 않음
  - 은과 금기판 : 납이 잘 붙고 동기판에 비해 잘 떨어지지 않으며 전기 전도율이 높아 손실률이 적음
  - 단면 기판 : 한쪽엔 소자를 놓고 한쪽은 납땜을 하는 부분으로 구성되며 많이 사용됨
  - 양면 기판 : 앞뒤가 다 납땜이 가능하도록 구성. 앞뒤로 납땜할 경우 사용
  - PCB 기판 : 소자끼리 연결하는 부분 모두가 기판에 새겨져 단면, 양면 기판을 납땜할 때처럼 와이어나 연납을 이용해 이을 필요가 없고 소자 부분만 납땜

• 납의 종류
  - 온도에 따라 녹는점이 다른 납과 무연납, 유연납으로 구분
  - 무연납의 경우 녹는점이 높아 전용 인두기를 사용하지 않으면 납땜이 쉽지 않고 납땜하고 난 뒤에도 깨끗하지 못하므로 초보자가 사용하기엔 적합하지 않음

③ 회로 검증

ㄱ 저항 측정
  • 저항에 전압을 인가하여 전류로 측정
  • 저항 측정 시 단독연결
  • 저항에 전류가 흐르고 있을 때 테스터의 프로브를 연결하면 정확한 측정 불가능
  • 회로에 연결된 저항은 전원이 없더라도 다른 저항값의 영향을 받음

ㄴ 전압 측정 : 측정하고 싶은 부위에 프로브를 병렬로 접촉시켜 측정
  • 아날로그 방식 : 멀티미터 내부에서 나온 전압이 무빙코일과 연결하여 측정
  • 디지털 방식 : 멀티미터 내부에서 나온 전압을 ADC (Analog to Digital Converter)를 통해 나타냄

ㄷ 전류 측정 : 저항과 마찬가지로 측정하고자 하는 회로를 따로 떼어내어 그림과 같이 연결해야 전류 측정이 가능

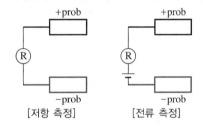

[저항 측정]　　　[전류 측정]

④ 회로도면에 사용하는 주요 부품기호

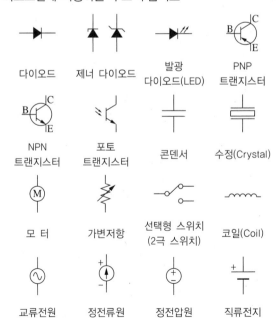

다이오드	제너 다이오드	발광 다이오드(LED)	PNP 트랜지스터
NPN 트랜지스터	포토 트랜지스터	콘덴서	수정(Crystal)
모 터	가변저항	선택형 스위치 (2극 스위치)	코일(Coil)
교류전원	정전류원	정전압원	직류전지

[핵심예제]

6-1. 저항 측정에 대한 설명으로 옳지 않은 것은?

① 저항은 전압을 인가하여 전류로 측정한다.
② 저항 측정 시 저항 단독으로 연결한다.
③ 저항에 전류가 흐르고 있을 때 테스터의 프로브를 연결하면 정확한 측정이 어렵다.
④ 회로에 연결된 저항은 전원을 연결하지 않은 상태면 정확한 측정이 가능하다.

정답 ④

6-2. 멀티미터를 이용하여 탐침을 할 때 연결된 회로 상태로 측정이 가능한 것은?

① 저 항   ② 전 압
③ 전 류   ④ 임피던스

정답 ②

6-3. 실제 기판에서 차지하는 모양이나 핀의 개수, 형태 등 물리적 정보를 담고 있는 것으로 올바른 것은?

① Copper   ② Footprint
③ Part Reference ④ DRC

정답 ②

6-4. PCB를 만들기 위한 제작 과정에 필요한 필름을 생성하는 단계로 가장 적절한 것은?

① 배 선   ② Artwork
③ 부품 배치   ④ Netlist 생성

정답 ②

6-5. Capture를 사용하는 전자 회로도 그리기의 마지막 단계로 부품 참조값, 부품 특성, 배선 등의 정보를 통해 PCB 제작을 위한 파일을 생성하는 단계로 가장 적절한 것은?

① DRC   ② Artwork
③ Dimension   ④ Netlist 생성

정답 ④

6-6. 멀티미터의 사용법에 대한 설명으로 틀린 것은?

[2018년 1회]

① 전압 측정을 위해서는 대상과 병렬로 프로브를 연결한다.
② 전류 측정을 위해서는 대상과 직렬로 프로브를 연결한다.
③ 전류 측정 시 프로브를 병렬로 연결하면 쇼트 현상이 발생할 수 있다.
④ 저항 측정을 위해서는 회로에 연결된 상태에서 측정한다.

정답 ④

[핵심예제]

6-7. 부품을 실장하기 위해 사용하는 납땜에 대한 설명으로 틀린 것은?

[2018년 1회]

① 기판과 와이어 사이에 공간이 없게 납땜한다.
② 기판과 소자 사이의 공간이 최소화되게 납땜한다.
③ 동기판에 비해 은기판과 금기판이 전기전도율이 높다.
④ 무연납의 경우 녹는점이 낮아서 초보자가 사용하기 쉽다.

정답 ④

6-8. 회로 도면에서 수정 발진기(Crystal Oscillator)를 나타내는 부품 기호는?

[2019년 4회]

①   ②

③   ④

정답 ②

해설

6-1
회로에 연결된 저항은 전원이 연결되어 있지 않더라도 다른 부품의 저항값이 간섭을 일으켜 정확한 측정이 불가능하다.

6-2
전압은 연결된 상태로 측정하고자 하는 부분에 +/- 프로브를 병렬로 접촉시켜 측정이 가능하며 다른 항목들은 회로를 따로 떼어내어 직렬로 측정해야 한다.

6-3
Footprint는 각 부품들이 가지고 있는 형태 핀의 개수

6-4
Artwork에서 생성된 필름을 통해 PCB 제작을 의뢰하거나 노광, 현광, 에칭, 필름박리, 홀 가공 PCB 후처리, 부품 실장의 일련의 과정에 따라 보드를 제작한다.

6-5
부품 참조값, 부품 특성, 배선 등의 정보를 통해 PCB 제작을 위한 Netlist 파일을 생성한다.

6-6
저항에 전류가 흐르고 있을 때 테스터의 프로브를 연결하면 정확한 측정이 불가능하다.

6-7
무연납의 경우 녹는점이 높아 전용 인두기를 사용하지 않으면 납땜이 쉽지 않고 납땜하고 난 뒤에도 깨끗하지 못하므로 초보자가 사용하기엔 적합하지 않다.

6-8
① 커패시터
③ 발광 다이오드
④ 선택형(2극) 스위치

핵심이론 07 | **검사용 지그 활용**

① 지그(Jig)

㉠ 똑같은 측정 작업을 반복할 수 있도록 일정한 위치에 놓고 고정시킬 수 있도록 제작한 보조구

㉡ 위치가 결정된 일감을 못 움직이도록 고정시켜 주는 장치(Clamp)가 필요

㉢ 위치를 결정시키도록 위치를 잡아주는 위치 결정구(Locator)가 필요

② 지그의 3요소

㉠ 위치 결정면 : 대상물이 X, Y, Z축 방향으로 직선 또는 회전운동을 제한하기 위하여 위치 결정을 설치하는 면을 위치 결정면이라 함. 3차원 상태의 공작물에서 6개 방향 움직임을 제한하기 위해 X, Y, Z 방향의 3개의 위치 결정면이 필요함

㉡ 위치 결정구(Locator) : 공작물의 회전방지나 일정한 위치나 자세 유지를 위해 사용되며, 일반적으로 공작물의 측면이나 구멍에 주로 위치 결정핀을 설치

㉢ 클램프(Clamp) : 위치 결정구 반대 방향에서 공작물의 움직임을 제한하고자 할 때 사용하는 공작물 고정 장치가 클램프이며, 공작물의 휨이나 변형이 발생하지 않도록 해야 하며, 6개 방향의 움직임을 제한함

③ 지그의 종류

㉠ 작업 용도 및 내용에 따른 분류

• 가공용 지그 : 드릴, 밀링, 선반, 연삭, MCT, CNC, 보링, 기어 절삭, 브로치, 래핑, 평삭, 방전, 레이저 작업 등을 위한 지그

• 조립용 지그 : 나사 체결, 리벳, 접착, 기능 조정, 프레스 압입 등을 위한 지그

• 용접용 지그 : 위치 결정용, 자세유지, 구속용, 회전 포지션, 안내, 비틀림 방지를 위한 지그

• 검사용 지그 : 측정, 형상, 압력시험, 재료시험 등을 위한 치공구

• 기타 : 자동차 생산라인의 엔진 조립 지그, 자동차 용접 지그, 자동차 도장 및 열처리 지그, 레이아웃 지그 등

㉡ 성능상의 분류

• 가공을 목적으로 사용하는 전용 지그

• 공동으로 사용할 것을 목적으로 사용하는 공용(겸용) 지그

• 다양한 자동화시스템에 들어가는 자동화 전용 지그

㉢ 모양상의 분류 : 플레이트형, 앵글 플레이트형, 개방형, 박스형, 척형, 바이스형, 분할형, 연속형, 모방형, 교대형 치공구 등

④ 지그 설계의 목적

㉠ 복잡한 부품을 경제적으로 생산

㉡ 정밀도를 얻기 위함

㉢ 부가적인 기능 개발 가능

㉣ 공구 수명을 연장시키기 위한 알맞은 재료의 선정이 필요

⑤ 지그 설계 원칙 : 효율성, 단순성, 경제성, 표준성, 견고성, 정밀성

⑥ 지그 설계 고려 사항

㉠ 지그의 조립, 분해가 용이하도록 설계하고 재사용하여 제품 원가를 절감할 수 있고, 보관 장소를 줄이고 관리를 용이하게 함

㉡ Pallet Change 시스템과 쉽게 결합할 수 있도록 함

㉢ 표준화하여 다른 현장 사용 시 호환성을 부여

㉣ 지그부싱은 위치 결정구 및 클램핑 장치와 간섭이 발생하지 않도록 설계

㉤ 반복 작업하는 곳에 충분한 강도를 갖도록 할 것

㉥ 가급적 단번에 작업이 가능하도록 동선을 단순하게 설계

㉦ 외부 노이즈에 약한 전자기기는 전자기적 노출에 주의

㉧ 사용자가 안전하고 신속하게 사용할 수 있도록 할 것

⑦ 검사용 지그 설계

㉠ 구 성

• 누름판을 눌러서 회로를 검사할 때에 회로를 고정하는 고정부

• 고정부를 지탱하는 몸체부

• 회로를 검사하는 지그핀이 들어 있는 누름판

㉡ 검사용 지그 부품은 대부분 니켈 도금을 하며 이송 부위와 구동 부위에는 베어링을 사용하여 이송이 용이하도록 함. 각 부품 및 볼트, 너트는 스테인리스 및 니켈 도금 처리하여 부식을 최소화

ⓒ 지그 제작 부품 목록 작성
- PCB 기본구상도표준안을 기준으로 지그 제작 부품 목록을 작성
- 검사 팁, 각종 포스트, 육각 포스트, 각종 스위치, 표시 LED 등 사용

ⓔ 안전·유의 사항
- 모터와 드라이브는 경우에 따라 고전압, 고전류에 노출되므로 안전에 유의할 것
- 결선의 오류 시 심각한 파손 및 화재의 위험이 있으므로 안전에 유의할 것
- 센서류는 외부 노이즈나 충격에 약하므로 취급에 주의를 기울일 것

⑧ 전기계측
ⓐ 아날로그 측정과 디지털 측정
- 아날로그 측정 : 바늘로 표시된 값을 읽는 방식. 값의 연속적인 변동을 시각화 가능
- 디지털 측정 : 숫자로 측정 결과를 나타내는 것. 정확한 숫자로 표현 가능

ⓑ 수동 측정과 능동 측정
- 수동 측정 : 측정에 필요한 에너지가 측정 대상에서 측정기로 공급되는 측정
- 능동 측정 : 계측기에서 피측정 에너지가 공급되는 측정

⑨ 전자 회로 성능 분석
ⓐ 핀의 크기 및 검사할 회로의 구성도를 잘 이해하고 지그를 이용하여 성능 분석을 실시
ⓑ 지그의 종류 : PCB 검사용 지그, 완제품 검사용 지그, 작업, 웨이브 솔더링 지그, 신뢰성 전용 작업 지그 등

[핵심예제]

7-1. 지그의 3요소가 아닌 것은?

① 위치 결정면   ② 위치 결정구
③ 클램프   ④ 부 시

정답 ④

7-2. 검사용 지그에 대한 설명으로 적당한 것은?

① 드릴, 밀링, 선반, 연삭, MCT 작업을 위한 지그
② 측정, 형상, 압력시험, 재료시험 등을 위한 지그
③ 나사 체결, 리벳, 접착, 기능 조정, 프레스 압입 등을 위한 지그
④ 위치 결정용, 자세유지, 구속용, 회전 포지션, 안내, 비틀림 방지를 위한 지그

정답 ②

7-3. 검사용 지그 제작 시 유의 사항으로 옳은 것은?

[2019년 4회]

① 모터와 드라이버는 고전압, 고전류에 노출되므로 주의해야 한다.
② 센서는 외부 노이즈에 강하므로 극성만 주의하여 연결한다.
③ 결손의 오류는 전원을 인가하여 동작 상태를 확인한 후 수정하면 된다.
④ 온도 센서는 모터의 과열을 측정하기 위해 사용하므로 모터에 부착하여 결선한다.

정답 ①

해설

7-1

지그의 3요소
- 위치 결정면
- 위치 결정구(Locator)
- 클램프(Clamp)

7-2
- 가공용 지그 : 드릴, 밀링, 선반, 연삭, MCT, CNC, 보링, 기어 절삭, 브로치, 래핑, 평삭, 방전, 레이저 작업 등을 위한 지그
- 조립용 지그 : 나사 체결, 리벳, 접착, 기능 조정, 프레스 압입 등을 위한 지그
- 용접용 지그 : 위치 결정용, 자세유지, 구속용, 회전 포지션, 안내, 비틀림 방지를 위한 지그
- 검사용 지그 : 측정, 형상, 압력시험, 재료시험 등을 위한 지그

7-3

검사용 지그 제작 시 안전·유의 사항
- 모터와 드라이브 경우에 따라 고전압, 고전류에 노출이 되므로 안전에 유의해야 한다.
- 결선의 오류 시 심각한 파손 및 화재의 위험이 있으니 안전에 유의해야 한다.
- 센서류는 외부 노이즈나 충격에 약하므로 취급에 주의를 기울여야 한다.

핵심이론 08 설계 신뢰성 확보

※ 제4과목 핵심이론 04, 05, 06 연계

① 신뢰성

　㉠ 설비의 효율성을 결정짓는 하나의 속성으로 "시스템이 어떤 특정 환경과 운전조건하에서 어느 주어진 시간 동안 명시된 특정 기능을 성공적으로 수행할 수 있는 확률"

　㉡ 신뢰성 평가 척도는 고장률, 평균고장간격(MTBF), 평균고장시간(MTTF)

② 신뢰성 설계 시 고려 사항

　㉠ 스트레스 : 환경 스트레스, 동작 스트레스

　㉡ 통계적 여유

　㉢ 안전도 : 부하의 경감, 안전계수, 안전율

　㉣ 과잉도 : 여분의 제품, 부품이 나오도록 설계

　㉤ 추가 신뢰도 : 서브시스템에서 신뢰도를 분담하도록 설계

　㉥ 인적요소 : 사용상 부주의 시 해결 방안

　　• Fail Safe : 고장 알람

　　• Fool Proof : 오작동 시 긴급정지

　㉦ 보전성

　㉧ 경제성 : 설계 – 제작 – 운전 – 안전요소 등 총비용을 최소로 하는 설계

③ 신뢰도 평가 척도

　㉠ 고장률 : 일정 기간 중 발생하는 단위 시간당 고장 횟수. 보통 1,000시간당 백분율로 나타냄

$$\text{고장률} = \frac{\text{고장 횟수}}{\text{가동시간}}$$

　㉡ 평균고장간격(MTBF ; Mean Time Between Failure)

　　• 수리 완료에서 다음 고장까지, 즉 고장에서 고장까지 제품이 머무르는 동작시간

　　• 고장 간격은 시간으로 나타냄. 따라서 일정 기간 중에 전체 가동 시간을 고장 횟수로 나타내면 시간으로 평균고장간격이 나타나며, 이는 결국 고장률의 역수가 됨

$$\text{평균고장간격} = \frac{\text{전체 가동시간}}{\text{고장 횟수}} = \frac{1}{\text{고장률}}$$

　㉢ 평균고장시간, 고장까지의 평균시간(MTTF ; Mean Time To Failure)

　　• MTTF는 "수리 후" 고장이 발생할 때까지의 평균을 의미

$$\text{평균고장시간} = \frac{\text{장비 가동 시간}}{\text{특정한 시간부터 발생한 고장 횟수}}$$

　　• 고장이 나면 수명이 없어지는 제품은 평균고장시간이 평균 수명이기도 함

　㉣ 최초고장시간, 최초고장까지의 평균시간(MTTFF ; Mean Time To First Failure)

　㉤ 평균수리시간(MTTR ; Mean Time To Repair) : 고장 난 후 시스템이나 제품이 제 기능을 발휘하지 않는 시간부터 수리가 완료될 때까지의 소요 시간의 평균

　㉥ 평균교체간격(MTBR ; Mean Time Between Replacements) : 두 개의 연속 교체 사이의 평균 시간

신뢰성 평가에 사용하는 용어의 설명으로 틀린 것은?

[2018년 1회]

① MTBR : 고장 수리 후 다음 고장 수리까지의 시간
② MTBF : 고장에서 다음 고장까지의 시간으로 시스템의 평균고장시간 산출
③ MTTR : 제품에 고장이 발생한 경우 고장에서 수리되는 데까지 소요되는 시간
④ MTTF : 고장 평균 시간으로 주어진 시간에서 고장 발생까지의 시간으로 수리 후 다음 고장까지의 시간

정답 ①

해설

MTBR(Mean Time Between Replacements) : 평균 교체 간격. 두 개의 연속 교체 사이의 평균 시간

핵심이론 **09** │ 3D 프린터 구성품

① 동력전달 부품
  ㉠ 볼 스크루/리드 스크루
   • 모터의 회전운동을 직선운동으로 바꿈
   • 나사산이 달려 있는 회전축이 회전하면서 너트 모양의 운동체가 직선운동을 함
   • 고정밀도의 직선운동 가능
   • 리드 스크루의 나사 사이에 볼을 넣어 고속, 저마찰 운동이 가능하게 한 것이 볼 스크루
  ㉡ 기어 : 톱니바퀴 모양의 동력전달 장치. 회전을 하면서 맞물려 있는 기어를 상대운동시켜 동력을 전달하며, 톱니의 모양과 수에 따라 전달력과 회전비 결정
  ㉢ 벨트/벨트풀리 : 먼 거리로 동력을 전달할 때 벨트를 걸어 벨트에 의해 동력을 전달하는 장치. 벨트를 거는 수레바퀴와 같이 생긴 부분을 벨트풀리라 함
  ㉣ 동력전달요소는 재료를 공급해 주는 Feeder와 노즐의 이동을 담당하는 선형 이동요소에서 사용

② 역학적 구조물(기구부)
  ㉠ 제품의 외관을 형성하는 프레임과 외장재를 포함한 구조물
  ㉡ 프린터의 기계적 구조를 형성하는 구성품
   • 알루미늄, 스틸, 목재, 플라스틱 등을 이용하여 뼈대를 구성
   • 금속, 강화유리, 투명 플라스틱 등을 이용하여 몸체를 구성
  ㉢ 전동기구의 움직임에 영점이 변경되지 않을 충분한 중량과 강도가 필요

③ 익스트루더(Extruder)

　㉠ 핫엔드(Hot-End, 압출성형부)

　　• 공급되는 필라멘트를 가열하여 반액상의 용융재(鎔融材)로 만드는 역할

　　• 노즐(Nozzle), 히트블록(Heat Block), 배럴(Barrel), 방열판(Heat Sink), 홀더(Holder)로 구성

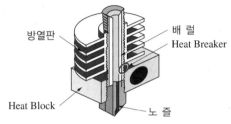

방열판 / 배 럴 / Heat Breaker / Heat Block / 노 즐

　　• 용융된 필라멘트의 열팽창과 밀어 넣는 압력을 통해 용융 필라멘트를 압출하는 역할

　　• 용융 필라멘트가 압출 전에 고형화되거나 압출속도가 일정하지 않은 문제가 없도록 주의

　㉡ 콜드엔드(Cold-End)

　　• 필라멘트를 핫엔드로 보내주는 역할을 하는 부분

　　• 모터와 기어를 이용하여 구성

　㉢ 제팅 헤드(Jetting Head)

　　용융 적층 방식이 아닌 압출 분사 방식을 사용하는 프린터의 익스트루더 역할을 하는 부분

④ 피더(Feeder)

　㉠ 재료를 공급하는 장치로, 필라멘트를 보관, 이송, 압입하는 역할

　㉡ 모터와 기어를 이용하여 구성

　㉢ 최근 제품은 이송관을 별도로 두어 필라멘트를 보호

⑤ 선형 이동부

　㉠ 노즐이 장착되어 있는 헤드를 모터 등의 동력으로 선형 이동하여 적층하는 지점으로 이동시키는 부분

　㉡ 각 구동부품이 어느 축을 이동시켜 좌표를 잡느냐에 따라 방식을 구분

　㉢ 3차원 세 축의 위치를 헤드의 이동과 베드의 이동을 조합하여 생성

[핵심예제]

9-1. 다음 설명하는 동력전달부품은?

　• 모터의 회전운동을 직선운동으로 바꿈
　• 나사산이 달려 있는 회전축이 회전하면서 너트 모양의 운동체가 직선운동을 함
　• 고정밀도 직선운동 가능

① 운동용 볼트　　　　② 볼 스크루
③ 베어링　　　　　　④ 기 어

정답 ②

9-2. 3D 프린터에서 노즐(Nozzle), 히트블록(Heat Block), 배럴(Barrel), 방열판(Heat Sink) 등으로 구성되어 재료를 용융, 배출하는 역할을 하는 부분은? [2019년 4회]

① 동력전달부　　　　② 이송부
③ 핫엔드　　　　　　④ 기구부

정답 ③

9-3. 3D 프린터의 몸체를 구성하는 기구부에 대한 설명으로 옳지 않은 것은?

① 알루미늄 프로파일을 이용한다.
② 성형을 담당하는 재료를 이송하는 역할을 한다.
③ 내부를 볼 수 있는 투명한 몸체를 이용하기도 한다.
④ 전동기구의 움직임에 영점이 변경되지 않을 충분한 중량과 강도가 필요하다.

정답 ②

9-4. 3D 프린터 구성에서 토출부에 해당하는 부품이 아닌 것은? [2018년 1회]

① 핫엔드　　　　　　② 콜드엔드
③ 제팅 헤드　　　　④ 리밋 스위치

정답 ④

9-1

볼 스크루/리드 스크루
- 모터의 회전운동을 직선운동으로 바꿈
- 나사산이 달려 있는 회전축이 회전하면서 너트 모양의 운동체가 직선운동을 한다.
- 고정밀도의 직선운동이 가능하다.
- 리드 스크루의 나사 사이에 볼을 넣어 고속, 저마찰운동이 가능하게 한 것이 볼 스크루

9-2

핫엔드는 압출성형부로 고형 필라멘트를 반용융하여 배출하여 성형하는 역할을 담당한다.

9-3

성형을 담당하는 부분은 압출성형부이며, 재료를 이송하는 부분은 이송부이다.

9-4

리밋 스위치는 입력 장치이고 기계적인 작동으로 신호를 발생시키는 데 사용한다.

익스트루더(Extruder)
- 핫엔드(Hot-End, 압출성형부)
  - 공급되는 필라멘트를 가열하여 반액상의 용융재(鎔融材)로 만드는 역할
  - 노즐(Nozzle), 히트블록(Heat Block), 배럴(Barrel), 방열판(Heat sink), 홀더(Holder)로 구성
  - 용융된 필라멘트의 열팽창과 밀어넣는 압력을 통해 용융 필라멘트를 압출하는 역할
  - 용융 필라멘트가 압출 전에 고형화되거나 압출속도가 일정하지 않은 문제가 없도록 주의
- 콜드엔드(Cold-End)
  - 필라멘트를 핫엔드로 보내주는 역할을 하는 부분
  - 모터와 기어를 이용하여 구성
- 제팅 헤드(Jetting Head)
  용융 적층 방식이 아닌 압출 분사 방식을 사용하는 프린터의 익스트루더 역할을 하는 부분

핵심이론 10 3D 프린팅 방법에 따른 구분 및 구조

① 일 반
  ㉠ 선형(線型) : 핫엔드를 이용한 반용융재를 적층하는 방식으로 현재 가장 많이 사용
  ㉡ 점형(點型) : 분말을 도포하여 도포된 상태에서 한 점씩 용접하는 방식
  ㉢ 판형(板型) : 단면 형상을 제작한 후 층으로 붙여 제작하는 방식

② 소재분사방식(Material Jetting)
  ㉠ 잉크젯 프린팅 방식을 광경화성 분말수지를 이용하여 적용한 방법이며, 뿌려진 수지에 층별 빛을 뿌려 경화
  ㉡ 수지 분사 단위가 μm로 높은 해상도의 형상 제작이 가능
  ㉢ 자동동작 및 높은 정밀도
  ㉣ X 방향의 구동축 + 엘리베이터 타입의 Z축
  ㉤ MJP(Multi Jet Printing), Polyjet, DoD(Drop on Demand) 등의 방식이 존재

③ 광중합 방식(Vat Photopolymerization)
  ㉠ 광경화 액체수지를 담아 놓고 상부에서 레이저를 투사하여 층별로 경화시켜 적층하는 방법
  ㉡ 높은 정밀도와 높은 표면조도
  ㉢ 중간 정도의 조형속도
  ㉣ 제작 가격이 비싸며 보강대 제거가 필요
  ㉤ DLP(Digital Light Processing) : 광경화성 수지를 면(面) 단위로 경화, 적층. UV 사용, 보석, 보청기, 의료기기 등에 사용

④ 분말소결 방식(Powder Bed Fusion)
  ㉠ 분말(Powder)을 공급하여 주면 CO_2 레이저를 조사하여 형상을 제작
  ㉡ 분말 도포 → 레이저 조사 → Bed 1층 하강 → 분말도포 … 식으로 제작
  ㉢ SLS(Selective Laser Sintering) 방식이 대표적
  ㉣ 각종 금속, 폴리머, 나일론 등 넓은 사용 재료의 범위
  ㉤ 장비가 고가이며 숙련 기술자가 필요

⑤ 결합제 분사방식(Binding Jetting)
  ㉠ 분말(Powder)을 공급하고 결합제를 분사(Jetting)하여 형상을 제작
  ㉡ 분말 도포 → 결합제 선택 분사 → Bed 1층 하강 → 분말도포 … 식으로 제작

ⓒ 풀 컬러 잉크젯 프린팅 가능

ⓔ 큰 제품을 만들 수 있으며 서포트가 불필요

ⓜ 제품 초기에 결합도가 약하여 후처리가 필요

⑤ 직접 에너지 증착 방식(DED ; Directed Energy Deposition)

ⓐ 레이저, 빔, 플라스마 아크 등의 에너지를 이용하여 국부 용융 증착

ⓑ 타이타늄, 스테인리스, 알루미늄 합금 등 여러 고급 금속의 성형, 접합에 사용, 여러 재료 혼용 가능

ⓒ 항공기 등 대형 제품의 보수에 강점

ⓓ 해상도와 표면조도가 좋지 않아 후처리 가공이 필요

ⓔ 제작 형상의 제약을 받으며 매우 비쌈

⑥ 판재적층 방식(Sheet Lamination)

ⓐ 얇은 필름이나 박판, 수지 등을 열이나 접착제로 접착, 적층

ⓑ 기계적 공작과 적층 기술이 결합된 일종의 Hybrid 기술

ⓒ 작업속도는 빠르나 전형적인 3D Printing 기술만을 사용하는 것이 아니므로 많이 개발되지는 않음

⑦ 소재압출 방식(Material Extrusion)

ⓐ 일반 사용자들이 많이 사용하는 FDM, FFF와 같은 방식

ⓑ 제품의 강도, 생산속도 등의 한계가 있으나 사용자가 많아지고 보급률이 높아 가격이 현저히 낮아졌으며, 여러 종류의 프린터로 급속히 개발 중에 있음

ⓒ 제품과 재료비가 낮지만 정밀도가 낮고 제작속도가 느림

[핵심예제]

10-1. 광경화 액체수지를 담아 놓고 상부에서 레이저를 투사하여 층별로 경화시켜 적층하는 방법은?

① Material Jetting
② Material Extrusion
③ Binding Jetting
④ Vat Photopolymerization

정답 ④

10-2. 타이타늄, 스테인리스, 알루미늄 합금 등 여러 고급 금속의 성형, 접합에 사용하거나 여러 재료 혼용 가능하여 항공기 등 대형 제품 보수에 강점을 갖고 있는 3D 프린팅 방식은?

① 광중합 방식
② 결합제 분사방식
③ 소재압출 방식
④ 직접 에너지 증착방식

정답 ④

10-3. 다음에서 설명하는 3D 프린터 방식은? [2019년 4회]

( )은(는) 디지털 광학 기술을 응용하여 광경화성 수지를 사용하며, 단면을 한 번에 경화시켜서 출력속도가 상대적으로 빠른 방식으로 정밀도가 높은 제품 제작이 가능하여 보석, 보청기, 의료기기 등에 적용되는 방식이다.

① DLP　　② FDM
③ MJM　　④ SLS

정답 ①

10-4. 소재압출 방식에 대한 설명으로 옳지 않은 것은?

① 대표적으로 FDM, FFF 방식이 있다.
② 열에 용융되거나 반용융되는 소재가 필요하다.
③ 제품이 고가이나 제작속도가 빠르다.
④ 일반 사용자를 위한 프린터로 많이 개발되었다.

정답 ③

해설

10-1

광중합 방식(Vat Photopolymerization)

광경화 액체수지를 담아 놓고 상부에서 레이저를 투사하여 층별로 경화시켜 적층하는 방법으로 높은 정밀도와 높은 표면조도를 가지나 제품 비용이 비싸고 보강대를 제거하는 작업이 필요하다.

10-2

• 직접 에너지 증착방식 : 레이저, 빔, 플라스마 아크 등의 에너지를 이용하여 국부 용융 증착하는 방식
• 광중합 방식 : 수조에 담긴 액체수지에 빛을 쏘아 층별 성형
• 결합제 분사방식 : 분말(Powder)을 공급하고 결합제를 분사(Jetting)하여 형상을 제작
• 소재압출 방식 : 일반적인 FDM 방식으로 설명

10-3

DLP(Digital Light Processing) : 광경화성 수지를 면(面) 단위로 경화, 적층. UV 사용. 보석, 보청기, 의료기기 등에 사용

10-4

사용자가 많고 보급이 대중화되어 가격이 저렴해졌으나 제품 제작에 시간이 많이 걸린다.

핵심이론 11 | 3D 프린터의 종류별 특징(3과목과 연계)

① **3D 프린터 기술에 따른 분류**
  ㉠ 재료압출 방식(ME ; Material Extrusion)
  ㉡ 재료분사 방식(MJ ; Material Jetting)
  ㉢ 광수지화 방식(VP ; Vat Photopolymerization)
  ㉣ 분말소결식, 분말융접(PBF ; Powerder Bed Fusion)
  ㉤ 판재성형 접층식(SL ; Sheet Laminaion)
  ㉥ 접착제 분사식(BJ ; Binder Jetting)
  ㉦ 에너지 집중식 퇴적식(DED ; Directed Energy Deposition)

② **재료압출 방식(Material Extrusion)**
  ㉠ 재료가 열에 의해 녹아 노즐을 통해 압출
  ㉡ 압출된 재료는 빌드 장치의 X, Y, Z축의 움직임에 따라 슬라이스된 단면을 적층하여 완성
  ㉢ 완성된 단면이 적층되어 최종 완성품을 완성
  ㉣ FDM(Fused Deposition Modeling), FFF(Fused Filament Fabrication)
  ㉤ 특 징
    • 열가소성 재료만 사용 가능
    • 낮은 표면 조도와 치수 정밀도
    • 인체에 무해한 필라멘트 재료 제작이 쉬움
    • 3D 프린터 구조가 비교적 간단
    • 다양한 색깔의 재료가 사용 가능
    • 재료에 따라 다양한 강도의 제품이 제작 가능
    • 열가소성 수지를 이용하므로 주변 온도가 낮으면 잘 접착되지 않으며, 변형 발생
    • 적정한 온도를 유지하는 밀폐공간이나, 베드가 필요
    • 후처리 필요

③ **재료 분사 방식(Material Jetting)**
  ㉠ 잉크젯 프린터 기술과 광경화 기술을 접목하여 만든 방식
  ㉡ 광경화성 액체 재료를 선택적으로 도포하고 파장이 짧고 주파수가 높은 자외선 등으로 경화시키는 방식
  ㉢ 광경화성 액체 수지를 마이크로 단위의 액적으로 만들어 분사
  ㉣ X, Y축으로 헤드가 선택적 움직여 액적 도포하고 베드가 Z축으로 제품을 이송하는 것이 일반적
  ㉤ 열에 의해 녹는 서포터 재료나 물에 풀어지는 재료를 서포터로 사용

ⓗ 특 징
- 별도의 수조가 필요하지 않고, 평탄화 문제가 발생하지 않아 스위퍼(Sweeper)가 불필요
- 높은 품질의 3차원 제품 제작이 가능
- 서포터 제거가 쉬움
- 헤드와 플랫폼의 움직임 정밀제어를 위해 시스템이 다소 복잡함

④ 광수지 경화식 – 수조 광경화 방식
(Vat Photopolymerization)

㉠ 방 식
- 수조 안에 액체 광경화성 수지를 채워 짧은 파장의 자외선 빛을 주사하여 제품의 단면 생성
- 경화된 단면 플랫폼을 밑으로 이동시키거나 액체 수지를 채워 다음 면을 준비
- 반복하여 완성된 입체 형상 생성

㉡ 광경화성 수지의 반응성에 따라 성형속도, 정밀도, 투과 깊이, 임계 노광이 달라짐

㉢ 제품 내부에 경화되지 않은 광경화성 수지가 있을 수 있음(시효 제품 변형주의)

㉣ SLA(Stereo Lithography Apparatus, 점경화 방식), DLP(Digital Light Processing, 면경화 방식)

㉤ 특 징
- 광학계를 이용하기 때문에 정밀도 및 조도가 우수
- 제품 표면 및 내부의 액체 수지 제거 필요
- 제품 제작공정이 비교적 복잡하고 제작속도 느림
- 3D 프린터 개발 비용이 비쌈
- 사용 가능한 재료가 제한적
- 비교적 정밀도 및 조도가 우수
- 프린팅된 제품 표면의 광경화성 수지 세척 등 후가공 필요
- 내부 미경화 광경화성 수지에 의한 변형 방지를 위해 자외선 경화기 이용한 공정 필요
- 정교한 조형물일 경우 지지대 제거에 많은 시간 소요
- 사용 가능한 재료 및 색상이 제한적
- 수지를 굳히는데 시간 필요 → 비교적 출력속도 느림
- 광학계 사용으로 장치가 복잡함
- 3D 프린터 제작에 고비용 소요

ⓗ 대표적 수조 광경화 방식
- SLA(Stereo Lithography Apparatus, 점경화 방식) : 자외선 레이저를 점주사하여 제품의 단면을 경화
- DLP(Digital Light Processing, 면경화 방식)
  - 마스크 투영경화 방식
  - 빔 프로젝트를 이용하여 면 단위로 조형
  - 작업속도 일정, 빠른 조형 가능
  - DLP 전용 수지를 사용하여야 하므로 재료 선택이 제한적

⑤ 분말 융접(Powder Bed Fusion)

㉠ 레이저를 쏴서 분말을 융접해가면서 제품을 제작하는 방식

㉡ 레이저에서 나온 빛이 스캐닝 미러에 반사되어 파우더 베드의 분말들을 융접시키면서 한 층씩 성형

㉢ 구 조
- 레이저 : 하나 또는 다수의 열원을 가지며 열집중도가 높은 CO_2 레이저 등이 사용됨
- X–Y 스캐닝 미러 : 각 층의 원하는 부분에 빛을 제어하기 위한 장치
- IR 히터 : 다음 층 성형을 위해 온도를 높이고 유지하기 위한 적외선 히터
- 회전 롤러 : 베드 위에 분말을 고르게 펼치는 역할
- 플랫폼 : 면의 기초
- 파우더 용기함 : 파우더 베드에 들어가는 분말을 보관하는 곳

㉣ 선택적 레이저 소결(SLS ; Selected Laser Sintering)
- 금속 분말 융접, 비금속 분말 융접으로 구분 가능
- 금속이나 세라믹 분말을 이용한 제품의 성형, 다양한 열원의 사용, 다양한 형태의 분말 재료 융접 등이 가능한 형태로 발전
- 서포터가 필요하지 않은 방식(금속 분말은 팽창/수축에 대비하여 서포터 필요)

⑥ 접착제 분사(Binder Jetting)

㉠ 방 식
- 잉크젯 헤드로 액체 상태의 접착제를 파우더 재료에 선택적으로 분사하여 한 층씩 조형
- 새로운 분말을 얇게 도포하고 다시 접착제를 분사 조형

ⓒ 특 징
- 복잡하고 다양한 모형의 조형 가능
- 원하는 소재의 이용(소재의 다양성)과 원하는 색상의 표현 가능
- 후가공이 필요하지만, 원리가 간단하여 다른 기술과의 접목 가능성이 높음
- 별도의 서포터가 필요 없음
- 대형 작업 가능

⑦ 에너지 집중식 퇴적식(Directed Energy Deposition)
ⓐ 직접 물체의 표면에 금속 분말을 뿌리고 고에너지를 이용, 재료를 녹여 붙이는 원리[미술의 페이퍼 메시 기법(신문지 물풀 가면 만들기)와 유사함]
ⓑ 특 징
- 생산성이 높고, 반복 재현성이 우수
- 강도, 내충격성 우수
- 다양한 산업용, 일반용, 미술용 분말 소재 이용 가능
- 정밀도가 낮음

⑧ 판재 성형 접층식(Sheet Lamination)
ⓐ 박막 적층 방식(LOM ; Laminated Object Manufacturing)
- 단면을 잘라, 한 층씩 붙이면서 전체 조형
- 원리가 간단하며 열처리에 따른 부작용이 없음
- 비용이 저렴
- 열 영향을 받는 재료의 사용 가능
- 실제 색상의 구현 가능
- 시트의 소모가 많고 내부가 빈 형상의 제작이 어려움
ⓑ 선택적 박판 적층(SDL ; Selective Deposion Lamination)
- 종이를 이용하여 제품을 인쇄하고 잘라 접착, 성형
- 종이에 접착제로 박판 형성, 가열 접착 후 커팅
- 한 장씩 커팅하므로 제작 시간이 소요
- 종이로 프린팅이 가능한 형상 구현
- 사용하는 재료가 일반 복사용지
- 실제 제품과 흡사한 색상과 품질 구현 가능

[핵심예제]

11-1. 재료분사(MJ) 방식에 대한 설명으로 옳은 것은?

[2019년 4회]

① 프린터 제팅 헤드에 있는 미세 노즐에서 재료를 분사하면서 자외선으로 경화시켜 형상을 제작한다.
② 얇은 필름 형태의 재료나 얇은 두께의 종이, 롤 상태의 라미네이트 등과 같은 재료를 사용한다.
③ 특수 시트에 도포한 광경화성 수지에 프로젝터를 이용해 출력할 영상 데이터를 면(Plane) 단위로 조사하여 경화한다.
④ 베드에 분말을 얇고 편평하게 적층하는 방식과 잉크젯으로 접착제를 분사하는 방식이 상호 결합한 기술 방식이다.

정답 ①

11-2. 다음 중 IR 히터가 필요한 3D 프린팅 방식은?

① FDM   ② SLA
③ DLP   ④ SLS

정답 ④

11-3. 분말 기반 방식의 3D 프린터가 아닌 것은? [2018년 1회]

① Binder Jetting
② Power Bed Fusion
③ Photopolymerization
④ Direct Energy Deposition

정답 ③

11-4. 바인더 제팅 공정과 유사한 별도의 서포트 재료가 없는 공정은 무엇인가?

[2019년 4회]

① SLA   ② FDM
③ SLS   ④ 압전 제팅 방식

정답 ③

해설

11-1
② 판재성형 접층식(Sheet Lamination)에 대한 설명
③ DLP(Digital Light Processing, 면경화 방식)에 대한 설명
④ 접착제 분사(Binder Jetting)에 대한 설명

11-2
SLS는 분말용접 방식이어서 적외선 히팅이 필요하다.

11-3
Photopolymerization은 광경화 방식으로 광에 반응하는 액상수지를 이용한다.

11-4
선택적 레이저 소결(SLS ; Selected Laser Sintering)
- 금속 분말융접, 비금속 분말융접으로 구분 가능
- 금속이나 세라믹 분말을 이용한 제품의 성형, 다양한 열원의 사용, 다양한 형태의 분말 재료 융접 등이 가능한 형태로 발전
- 서포터가 필요하지 않은 방식(금속 분말은 팽창/수축에 대비하여 서포터 필요)

핵심이론 12 **설계도면 그리기(기계제도) – 선의 종류**

① 도면에 사용하는 선의 종류

선의 종류	선의 명칭	용도에 따른 명칭
———	굵은 실선	외형선
———	가는 실선	치수선 치수보조선 인출선 회전단면선 (작은)중심선 수준면선 평면 지시선
– – – –	파선(가는 파선, 굵은 파선)	숨은선
–·–·–·–	가는 1점쇄선	중심선, 기준선, 피치선
━·━·━	굵은 1점쇄선	기준선, 특수 지정선
–··–··–	가는 2점쇄선	가상(상상)선
∼∼∼	파형의 가는 실선	파단선
─⋎⋏⋎─	지그재그선	
⌐╵	가는 1점쇄선으로 끝부분 및 방향이 바뀌는 부분을 굵게 한 것	절단선
////////	가는 실선으로 규칙적으로 나열한 것	해 칭

선의 명칭	용도	선의 명칭	용도
외형선	물체가 보이는 부분의 모양을 나타내기 위한 선	숨은선	물체가 보이지 않는 부분의 모양을 나타내기 위한 선
치수선	치수를 기입하기 위한 선	중심선	도형의 중심을 표시하거나 중심이 이동한 궤적을 나타내기 위한 선
치수보조선	치수를 기입하기 위하여 도형에서 끌어낸 선	기준선	위치결정의 근거임을 나타내기 위한 선
지시선	각종 기호나 지시사항을 기입하기 위한 선	피치선	반복 도형의 피치를 잡는 기준이 되는 선
중심선	도형의 중심을 간략하게 표시하기 위한 선	가상선	가공 부분의 특정 이동 위치, 가공 전후의 모양, 이동 한계 위치 등을 나타내기 위한 선
수준면선	수면·유면 등의 위치를 나타내기 위한 선	무게중심선	단면의 무게중심을 연결한 선

선의 명칭	용도	선의 명칭	용도
파단선	물체의 일부를 자른 곳의 경계를 표시하거나 중간 생략을 나타내기 위한 선	해 칭	단면도의 절단면을 나타내기 위한 선
특수 지정선	특별한 지시를 위해 특정영역을 표시한 선	평면 지시선	둥근 물체 중 평면인 부분을 표시하기 위해 X자 대각선으로 나타낸 선

② 선의 우선순위

도면에서 2종류 이상의 선이 같은 장소에서 중복되는 경우에 외형선 > 숨은선 > 절단선 > 중심선 > 무게중심선 > 치수보조선 순으로 표시

③ 선의 굵기(KS A ISO 128-20 참조)

㉠ 모든 종류의 선 굵기는 도면의 형식과 크기에 따라 다음 중 하나

→ 0.13, 0.18, 0.25, 0.35, 0.5, 0.7, 1, 1.4, 2(단위 mm)

㉡ 선의 넓은 굵기(아주 굵은 선), 보통 굵기(굵은 선) 그리고 좁은 굵기(가는 선)의 비는

→ 4 : 2 : 1

㉢ 선의 굵기는 서로 다른 굵기의 인접한 2개 선 사이에 확실하게 구분될 수 있다면 위의 규정에서 편차가 있을 수도 있으며, 편차는 ±0.1d 이하

[**핵심예제**]

12-1. 도면에서 두 종류 이상의 선이 같은 장소에서 겹치게 될 경우 표시되는 선의 우선순위가 높은 것부터 낮은 순서대로 나열되어 있는 것은?

[2019년 4회 7번 관련]

① 외형선, 숨은선, 절단선, 중심선
② 외형선, 절단선, 숨은선, 중심선
③ 외형선, 중심선, 숨은선, 절단선
④ 절단선, 중심선, 숨은선, 외형선

정답 ①

12-2. 가공 전 또는 가공 후의 모양을 표시하는 선은?

① 파단선   ② 절단선
③ 가상선   ④ 숨은선

정답 ③

해설

12-1
도면에서 두 종류 이상의 선이 같은 장소에서 중복되는 경우
외형선 > 숨은선 > 절단선 > 중심선 > 무게중심선 > 치수보조선 순으로
표시한다.

12-2
가상선은 용도에 따른 명칭이며, 현재 위치하지 않은 그림을 그릴 때는
가는 2점쇄선을 이용하여 가상선을 그린다.

핵심이론 13 **설계도면 그리기(기계제도) – 도면의 배치, 치수 기입**

① 정투상법

투상법	정 의	기 호	도면 배치
제1각법	1면각 위에 물체를 올려놓고 보이는 면을 동그라미가 그려진 스크린에 투영하여 그리는 방법	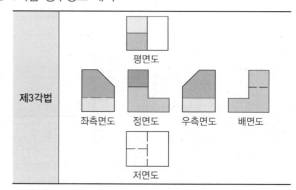	다음 그림처럼 제1각법에 따라 그림을 그리면 보이는 면이 상하 좌우가 바뀌어서 표현되고 제3각법은 보이는 대로 표현된다.
제3각법	3면각 위에 물체를 올려놓고 보이는 면을 동그라미가 그려진 스크린에 투영하여 그리는 방법		

② 3각법 정투상도 배치

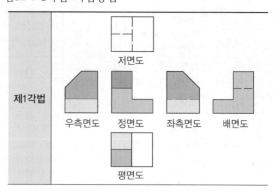

정투상도 중 정면도, 평면도, 우측면도를 따로 3면도라고
하며, 대부분의 3각법은 3면도를 이용하여 표현

※ 참고 : 1각법 기입방법

③ 치수 기입의 원칙

　㉠ 완성 치수를 기입하는 것이 원칙

　㉡ 단위는 기입하지 않음

　㉢ 일반적으로 길이의 치수는 mm 단위를 사용하지만, 다른 단위를 사용할 때에는 명시하여 알 수 있도록 함

　㉣ 숫자가 큰 경우에도 자릿수를 알게 하는 ','는 찍지 않음

④ 치수기입법

　㉠ 직렬 치수기입법

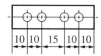

　㉡ 병렬 치수기입법

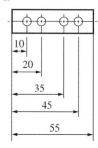

　㉢ 누진 치수기입법

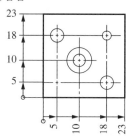

⑤ 치수공차

　㉠ 공차 : 도면에 적혀 있는 치수 및 형상과는 달리 실제 제작할 때는 오차가 생기게 되고, 이 오차를 줄일수록 비용은 올라가게 되어 설계자는 이를 고려하여 주문한 치수에서 허용할 수 있는 오차를 정해 주게 되는데, 각각의 치수는 이러한 오차를 갖게 되고 이 상관을 공차라고 명칭함

　㉡ 치수공차의 표시방법

　　• 공차는 $25^{+0.05}_{-0.05}$ 형태로 표시(기준이 되는 치수는 25mm이며, 해당 치수를 크게는 25.05mm, 작게는 24.95mm까지 제작이 가능하다는 것, 이 경우 +0.05를 위 치수 공차, −0.05를 아래 치수라 명칭)

　　• 허용한계치수 : 위의 경우 25.05mm를 최대 허용한계 치수, 24.95mm를 최소 허용한계치수라고 함

　　• 기본공차 : 제품 제작 수준이나 실효성을 일반화하는 관점에서 치수를 구분하여 같은 구분에 속하는 치수들에 대해서는 같은 공차를 적용하는 방법. 기본공차는 IT 공차로 표현하며, IT 공차는 치수공차와 끼워맞춤에 있어서 정해진 모든 치수공차를 의미함

구분	초과	−	3	6	10	18	30	50	80	120	180
등급	이하	3	6	10	18	30	50	80	120	180	250
IT01		0.3	0.4	0.4	0.5	0.6	0.6	0.8	1.0	1.2	2.0
IT0		0.5	0.6	0.6	0.8	1.0	1.0	1.2	1.5	2.0	3.0
IT1		0.8	1.0	1.0	1.2	1.5	1.5	2.0	2.5	3.5	4.5
IT2	기본 공차의 수치 (μm)	1.2	1.5	1.5	2.0	2.5	2.5	3.0	4.0	5.0	7.0
IT3		2.0	2.5	2.5	3.0	4.0	4.0	5.0	6.0	8.0	10
IT4		3.0	4.0	4.0	5.0	6.0	7.0	8.0	10	12	14
IT5		4.0	5.0	6.0	8.0	9.0	11	13	15	18	20
IT6		6.0	8.0	9.0	11	13	16	19	22	25	29
IT7		10	12	15	18	21	25	30	35	40	46
IT8		14	18	22	27	33	39	46	54	63	72
IT9		25	30	36	43	52	62	74	87	100	115
IT10		40	48	58	70	84	100	120	140	160	185
IT11		60	75	90	110	130	160	190	220	250	290
IT12		0.10	0.12	0.15	0.18	0.21	0.25	0.30	0.35	0.40	0.46
IT13		0.14	0.18	0.22	0.27	0.33	0.39	0.46	0.54	0.63	0.72
IT14	기본 공차의 수치 (mm)	0.26	0.30	0.36	0.43	0.52	0.62	0.74	0.87	1.00	1.15
IT15		0.40	0.48	0.58	0.70	0.84	1.00	1.20	1.40	1.60	1.85
IT16		0.60	0.75	0.90	1.10	1.30	1.60	1.90	2.20	2.50	2.90
IT17		1.00	1.20	1.50	1.80	2.10	2.50	3.00	3.50	4.00	4.60
IT18		1.40	1.80	2.20	2.27	3.30	3.90	4.60	5.40	6.30	7.60

즉, 위의 표에 따르면 25mm짜리 축의 경우 IT공차가 7이면 공차가 0.021mm가 된다.

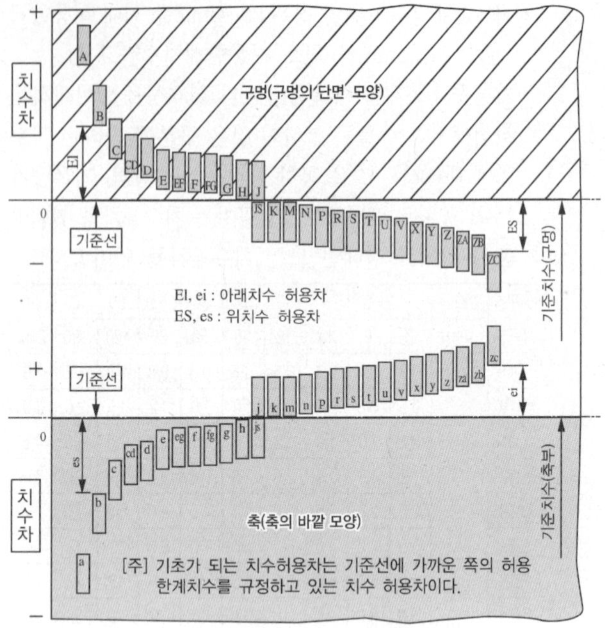
치수차
구멍(구멍의 단면 모양)
EI
기준선
EI, ei : 아래치수 허용차
ES, es : 위치수 허용차
ES
기준치수(구멍)
기준선
ei
es
기준치수(축부)
치수차
축(축의 바깥 모양)
[주] 기초가 되는 치수허용차는 기준선에 가까운 쪽의 허용 한계치수를 규정하고 있는 치수 허용차이다.

[그림으로 보는 IT 공차역]

⑥ 기하공차의 표시 방법

㉠ 기하공차는 [// | 0.011 | A] 등과 같이 표시, // 자리에는 공차기호, 0.011 자리는 공차값, A자리는 데이텀(기준)을 표시. [// | 0.01/100 | A]와 같이, 기준길이를 주고 이에 대하여 공차를 요구할 수도 있음

㉡ 데이텀의 표시방법

- 대상면에 직접 관련되는 경우는 문자기호로 지시하고, 삼각기호에 지시선을 연결해서 지시한다.

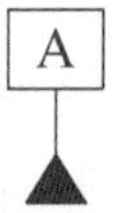
A

- 문자기호에 의한 데이텀이 선, 면 자체인 경우에는 대상면의 외형선 위나 치수선 위치를 명확히 피해서 지시한다.
- 치수가 지정되어 있는 대상면의 축 직선이나 중심 원통면이 데이텀인 경우에는 치수선의 연장선에 지시한다.
- 대상축 직선 또는 원통면이 모두 공통으로 데이텀인 경우에는 중심선에 데이텀 삼각기호를 붙인다.
- 잘못 볼 염려가 없는 경우에는 직접 지시선에 의하여 데이텀면 또는 선과 연결함으로써 데이텀 지시 문자기호를 생략할 수 있다.
- 데이텀을 지시하는 문자기호를 공차 지시틀에 지시할 때
  - 한 개를 설정하는 데이텀은 한 개의 문자기호로 나타낸다.

		A

  - 두 개의 데이텀을 설정하는 공통 데이텀은 두 개의 문자기호를 하이픈(-)으로 연결한 기호로 나타낸다.

		A-B

㉢ 기하공차의 종류

적용하는 형체	공차의 종류		대략의 의미 및 표현방법	기 호
단독 형체	모양 공차	진직도	얼마나 진짜 직선에 가까운지를 임의거리의 임의 간격 동심원 안에 있는지로 표현 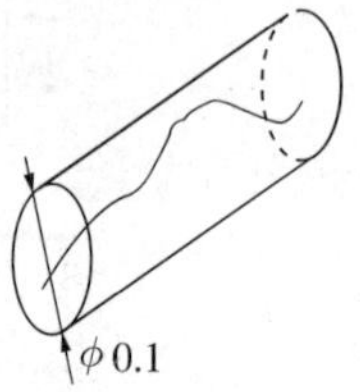	—
		평면도	얼마나 평평한지를 가상의 완벽한 두 평면 사이에 존재하도록 배치하여 간격을 표현	⏥
		진원도	얼마나 진짜 원에 가까운지를 가상의 완벽한 두 동심원 사이에 원이 존재하도록 배치하여 간격을 표현	○
		원통도	얼마나 진짜 원에 가까운지를 가상의 완벽한 두 원통 사이에 원통이 존재하도록 배치하여 간격을 표현	⌭
단독 형체 또는 관련 형체		선의 윤곽도	가상의 진짜 선을 중심으로 그린 원통의 지름으로 표현	⌒
		면의 윤곽도	가상의 완벽한 두 구 사이에 면을 배치하고 두 구의 떨어진 간격으로 표현	⌓

적용하는 형체	공차의 종류		대략의 의미 및 표현방법	기 호
관련 형체	자세 공차	평행도	데이텀에 평행하도록 하고 평면도의 표현 방법을 인용	//
		직각도	데이텀에 직각이 되도록 하고 진직도 표현방법을 인용	⊥
		경사도	데이텀과 요구되는 각을 이루도록 하고 평면도 표현방법을 인용	∠
	위치 공차	위치도	데이텀을 기준으로 하고 진직도의 표현방법을 인용	⊕
		동축도 또는 동심도	데이텀을 기준으로 하고 진직도의 표현방법을 인용	◎
		대칭도	데이텀을 기준으로 하고 평면도의 표현방법을 인용	═
	흔들림 공차	원주 흔들림 공차	데이텀을 기준으로 하고 진원도의 표현방법을 인용	↗
		온 흔들림 공차	데이텀을 기준으로 하고 진원도의 표현방법을 인용	↗↗

※ 관련 형체가 있는 공차의 경우 데이텀 등의 기준이 주어져야 한다.
※ KS에서는 수치와 예시를 이용하여 구체적인 표현방법이 정해져 있으나 대략의 의미를 이해하기 쉽도록 정리한 것이다.

⑦ 끼워맞춤

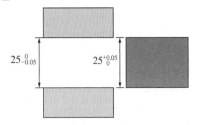

$$25_{-0.05}^{0} \qquad 25_{0}^{+0.05}$$

예를 들어 위의 그림과 같이 구멍의 크기가 $25_{-0.05}^{0}$이고 들어가는 축의 크기가 $25_{0}^{+0.05}$이라고 하면 두 물체를 결합하는 경우, 설계자가 허용한 구멍의 가장 큰 경우는 25mm이고, 축의 가장 작은 경우는 20mm이다. 두 경우를 결합하면 딱 맞는다. 그러나 구멍을 허용범위 안에서 24.95mm로 만들고, 축을 허용범위 안에서 25.05mm로 만들면 두 물체는 억지로 끼워 넣지 않는 한 결합되지 않는다. 즉, 죔새가 생긴다. 설계자는 필요에 따라 두 물체를 끼워 맞출 때 억지로 끼워 넣게도 하고, 헐겁게 끼워 맞출 수 있게도 지정한다. 헐거운 경우는 틈새가 생긴다.

㉠ 끼워맞춤의 종류
• 헐거운 끼워맞춤 : 축과 구멍의 경우, 공차를 고려하여 축이 구멍보다 항상 작거나 같게 되는 경우의 끼워맞춤
• 억지 끼워맞춤 : 공차를 고려할 때 축이 구멍보다 항상 크거나 같게 되는 경우
• 중간 끼워맞춤 : 공차 범위 내에서 경우에 따라 헐거운 끼워맞춤이 되거나 억지 끼워맞춤이 되는 경우
　例 축 $25_{-0.05}^{+0.05}$와 구멍 $25_{-0.05}^{+0.05}$의 끼워맞춤

㉡ 기 준
구멍 기준식과 축 기준식으로 설명되는 경우, 허용차가 0인 위 치수나 아래 치수를 가지고 있는 쪽이 기준이 됨. 구멍의 경우 아래 치수가 0이 되고, 축의 경우 위 치수가 0이 되는 치수를 가지면 기준이 됨
[IT 공차에서는 일반적으로 H(h) 공차역을 가진 쪽이 기준]

ⓒ 상용하는 끼워맞춤

표에서 정확한 값을 찾기 어렵고, 끼워맞춤의 판단이 어려운 경우가 있는데, KS는 각 기호 간의 끼워맞춤을 다음과 같이 분류해 놓았다.

• 구멍 기준 끼워맞춤

축의 공차역 클래스															
	헐거운 끼워맞춤				중간 끼워맞춤			억지 끼워맞춤							
H6				g5	h5	js5	k5	m5							
			f6	g6	h6	js6	k6	m6	n6	p6					
H7			f6	g6	h6	js6	k6	m6	n6	p6	r6	s6	t6	u6	x6
		e7	f7		h7	js7									
			f7		h7										
H8		e8	f8		h8										
	d9	e9													

• 축 기준 끼워맞춤

구멍의 공차역 클래스															
	헐거운 끼워맞춤				중간 끼워맞춤			억지 끼워맞춤							
h5					H6	JS6	K6	M6	N6	P6					
h6			F6	G6	H6	JS6	K6	M6	N6	P6					
			F7	G7	H7	JS7	K7	M7	N7	P7	R7	S7	T7	U7	X7
h7		E7	F7		H7										
			F8		H8										
	D8	E8	F8		H8										
	D9	E9			H9										

ⓔ 끼워맞춤의 표시방법(KS B 0401)

끼워맞춤은 구멍과 축의 공통 기준치수에 구멍의 치수공차 기호와 축의 치수공차 기호를 계속 표시

예 52H7/g6, 52H7-g6, $52\dfrac{H7}{g6}$

⑧ 최대 실체크기

ⓐ 최대 실체조건이란 도면 중 실체를 갖는 영역의 부피가 가장 크게 될 때의 조건을 의미

ⓑ 개념 도입의 목적 : 각종 오차가 각각의 치수만을 기준으로 규정되는 경우, 열을 맞춘 볼트와 구멍의 결합의 경우, 마지막 결합 부분에서 주어진 오차를 맞추어 구성품을 제작하였음에도 결합을 할 수 없는 경우. 이 때문에 실제 제작에서 앞 열의 구멍오차에 따라 뒷 열에서 추가 오차가 허용되므로 현실적인 구성품 제작이 가능

ⓒ 최대 실체치수(MMS ; Maximum Material Size) : MMC일 때의 크기를 의미하고 기호는 Ⓜ

※ 문제에서 최대 실체치수를 구하라고 한다면, 도면에서 재료가 있는 쪽의 부피가 가장 크게 될 때의 치수를 구하면 된다. 다음 그림에서 주어진 도면의 검은색 부분이 구조물이고 흰색 부분이 공간이라면 MMS는 50.2일 때가 된다. 그러나 흰색 부분이 구조물이고 검은색 부분이 공간이라면 MMS는 49.8일 때가 된다.

$\phi 50 \pm 0.2$

[핵심예제]

13-1. 그림과 같은 입체도에서 화살표 방향이 정면일 때 평면도로 가장 적합한 것은?

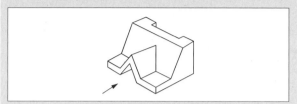

① 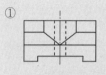　　②

③ 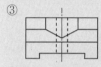　　④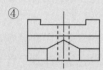

정답 ④

13-2. 그림과 같이 개개의 치수공차에 대해 다른 치수의 공차에 영향을 주지 않기 위해 사용하는 치수기입법은 무엇인가?

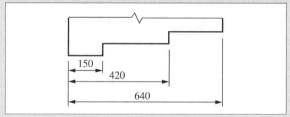

① 직렬 치수기입법　　② 병렬 치수기입법
③ 누진 치수기입법　　④ 좌표 치수기입법

정답 ②

13-3. 다음 기하공차 기호의 종류는?　　[2018년 1회]

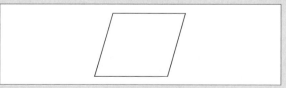

① 원통도 공차　　② 진원도 공차
③ 진직도 공차　　④ 평면도 공차

정답 ④

[핵심예제]

13-4. 기계제도에서 치수선을 나타내는 방법에 해당하지 않는 것은?

① 　　②

③ ✳———✳　　④ ─┼─────┼─

정답 ③

13-5. 다음 중 치수공차가 가장 작은 것은?

① 50 ± 0.01　　② $50^{+0.01}_{-0.02}$

③ $50^{+0.02}_{-0.01}$　　④ $50^{+0.03}_{-0.02}$

정답 ①

13-6. 그림과 같은 도면에서 '가' 부분에 들어갈 가장 적절한 기하공차 기호는?

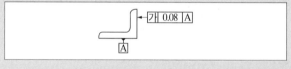

① //　　② ⊥

③ ∠　　④ ⊕

정답 ②

13-7. 그림에서 기준치수 50 기둥의 최대 실체치수(MMS)는 얼마인가?

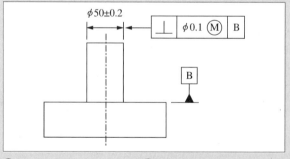

① 50.2　　② 50.3
③ 49.8　　④ 49.7

정답 ①

해설

13-1

평면도는 화살표 방향의 위에서 본 투상도이다. 우선 ①과 ③은 뚫린 부분이 하단이어서 제외하고, ②와 ④의 차이는 가운데에 모서리 5개가 만나느냐 만나지 않느냐로 구분하여야 한다. .

도형을 우측에서 보면 기울어져 있고, ㅅ자 부분이 중간에서 돌출되어 있으므로 모서리가 만나지 않는다.

13-2

병렬 치수기입법

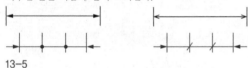

13-3

원통도   진원도   진직도

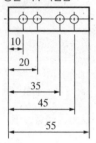

13-4

치수선 끝은 다음과 같이 표기한다.

13-5

치수공차 = 위치수 공차 - 아래치수 공차

① 0.01-(-0.01) = 0.02

② 0.01-(-0.02) = 0.03

③ 0.02-(-0.01) = 0.03

④ 0.03-(-0.02) = 0.05

13-6

데이텀 A를 기준으로 한 것은 직각도이다.

13-7

기둥의 크기가 가장 큰 경우는 50 + 0.2인 경우로 50.2mm이다. ⊥기호는 데이텀 A를 기준으로 하여 직각을 이루는 선이 지름 1mm의 원 안에 들어가야 한다는 표시이다.

핵심이론 14 3D 형상모델링

① 3D 형상모델링의 특징

㉠ 컴퓨터를 이용하여 형상을 만드는 일

㉡ 2D 도면에 비해 직관적으로 형상을 이해하는데 도움이 됨

㉢ 도면을 데이터화하여 저장할 수 있음

㉣ 모델을 이용하여 공학적 해석을 할 수 있음

㉤ 여러 형상을 조합하여 역학적 관계를 시각적으로 표현할 수 있음

② 3D 형상모델링의 종류

㉠ 와이어프레임 모델링(Wire Frame Modeling)

• 종이에 선으로 그림을 표현하듯 선(Line)을 이용, 골격을 모델링하는 방식

• 모델링 시간이 짧으며 저장용량이 작음

• 3차원적 실감도가 떨어지기 때문에 렌더링이나 은선 제거 등 후작업이 필요

• 프로토타입 등을 제작할 때 유용

㉡ 서피스 모델링(Surface Modeling)

• 면을 생성하여 모델을 표현

• 선으로 표현할 수 없는 기하학적인 형상을 표현할 수 있음

• 면을 적층하여 모델을 표현하므로 면 단위 3차원 작업(3D 프린팅, NC 가공)에 유리

• 작업속도가 상대적으로 높고 적은 용량 차지

• 폴리곤 모델링

  - 다각형(삼각 폴리곤)을 연결하여 면을 생성하고 면에 의해 입체 형상을 표현

  - 면을 직관적이고 직접적으로 제어할 수 있음

  - 폴리곤의 기본요소는 점(Vertex), 모서리(Edge), 면(Face)

  - 곡면을 표현하는 데 한계가 있으며 부드러운 곡선을 만들기 위해서는 훨씬 많은 폴리곤을 사용해야 함

• 넙스(NURBS ; Non-Uniform Rational B-Spline) 모델링

  - 조절점 사이사이를 수학적 계산으로 연결하여 부드러운 표현이 가능

  - 점을 정의하기 어렵고 곡면으로 표현(미분해도 곡선인 모델링)

- 정의된 면이 곡면이어서 곡면 형성에 강점이 있으며, 곡면을 형성할 때 폴리곤은 많은 면이 필요하지만 넙스에서는 정의된 한 면으로 가능
- 생성된 면에 추가하여 변형하는 것이 어려움
- MAYA, Alias
- 서브디비전 서피스 모델링(Subdivision Surface Modeling) : 폴리곤 타입의 직관적 모델링을 하고 세분해 들어가면 넙스 타입의 부드러운 곡면으로 표현하는 방법

ⓒ 솔리드 모델링
- 형상을 3차원적 위치 정보의 연속, 그 관계에 의해 표현하는 모델링
- 솔리드 피처를 조합하여 모델링
- 역학적 해석(Engineering)이 가능

[핵심예제]

14-1. 제1각법과 제3각법의 설명으로 틀린 것은? [2019년 4회]

① 제1각법은 투상면의 앞쪽에 물체를 놓고 투상한다.
② 제3각법은 투상면의 뒤쪽에 물체를 놓고 투상한다.
③ 제3각법은 정면도를 기준으로 하여 평면도를 정면도의 위쪽에 배치한다.
④ 제1각법은 정면도를 기준으로 하여 우측면도를 정면도의 우측에 배치한다.

정답 ④

14-2. 3D 형상모델링 방식 중 면을 생성하여 모델을 표현하여, 선으로 표현할 수 없는 기하학적인 형상을 표현할 수 있는 방식은?

① Wire Frame Model   ② Surface Model
③ Solid Model   ④ Engineering Model

정답 ②

14-3. 조절점 사이사이를 수학적 계산으로 연결하여 부드러운 곡면 표현이 가능하며 정의된 면이 곡면이어서 곡면 형성에 강점을 가진 모델링 방식은?

① Wire Frame Modeling   ② Polygon Modeling
③ NURBS Modeling   ④ Solid Modeling

정답 ③

14-4. 선분을 이용한 직관적 모델링을 하고 세분해 들어가면 부드러운 곡면으로 표현하는 방법의 모델링은?

① Wire Frame Modeling
② Polygon Modeling
③ NURBS Modeling
④ Subdivision Surface Modeling

정답 ④

해설

14-1

제1각법은 정면도 기준으로 우측면도를 반대쪽 왼쪽에 배치한다.

14-2

서피스 모델링(Surface Modeling)

• 면을 생성하여 모델을 표현
• 선으로 표현할 수 없는 기하학적인 형상을 표현할 수 있다.
• 면을 적층하여 모델을 표현하므로 면 단위 3차원 작업(3D 프린팅, NC 가공)에 유리
• 작업속도가 상대적으로 높고 적은 용량 차지

14-3

넙스(NURBS ; Non-Uniform Rational B-Spline) 모델링

• 조절점 사이사이를 수학적 계산으로 연결하여 부드러운 표현이 가능
• 점을 정의하기 어렵고 곡면으로 표현(미분해도 곡선인 모델링)
• 정의된 면이 곡면이어서 곡면 형성에 강점이 있으며 곡면을 형성할 때 폴리곤은 많은 면이 필요하지만 넙스에서는 정의된 한 면으로 가능
• 생성된 면에 추가하여 변형하는 것이 어렵다.
• MAYA, Alias

14-4

서브디비전 서피스 모델링(Subdivision Surface Modeling)

폴리곤 타입의 직관적 모델링을 하고 세분해 들어가면 넙스 타입의 부드러운 곡면으로 표현하는 방법

3D 형상모델링 프로그램

① 종 류

㉠ 크게 기계요소 설계를 수행하는 3D CAD 프로그램과 3D 그래픽 모델링에 사용하는 3D 그래픽 프로그램으로 나눔
㉡ 현재 수많은 프로그램이 개발되어 사용되고 있으며, 지금도 새로운 제품들이 개발 공급

② 주요 저장파일 형식(확장자별 구분)

㉠ *.stl(StereoLithography)
 • 3D Systems의 조형 CAD 소프트웨어 기본파일 형식
 • 초기 3D 프린팅 시스템 제작 판매사들에 의해 인정된 3D 프린팅의 표준입력파일 포맷
 • 폴리곤 모델링 방식으로 저장

㉡ *.amf(Additive Manufacturing File)
 • ASTM이 XML에 기반해 STL의 단점을 다소 보완한 파일 포맷
 • 색상, 질감과 표면 윤곽이 반영된 면을 포함하여 표현
 • stl에 비해 작은 용량이며, 아직 사용도가 낮음

㉢ *.obj(OBJect)
 • 3D 애니메이션 Wavefront Technologies에 의해 개발
 • 기하학적 정점, 텍스처 좌표, 정점 법선과 다각형 면들을 포함하여 표현
 • 매 프레임에 하나의 파일이 필요하고 많은 용량이 필요하며 로딩에 긴 시간이 필요

㉣ *.ply(PoLYgon File Format)
 • Stanford Triangle에서 개발한 Format
 • Text and Binary 사용
 • 색상 및 투명도, 표면 법선, 좌표 등 다양한 속성을 저장

㉤ 프로그램별 확장자
 • *.3dm : Rhino 3D, CADian 3D
 • *.3ds : 3d studio
 • *.CATpart : CATIA
 • *.igs : 표준화를 목적으로 만들었으나 표현상 제약이 있어 현재는 사용도가 낮음
 • *.step : 표준화를 목적으로 만들어졌으며, 개선된 형식
 • *.SLDPRT : SolidWorks
 • *.f3d : Fusion260
 • *.ipt : Inventor

③ 기구 설계용 3D 프로그램

ⓐ CATIA
- 프랑스의 다쏘시스템즈(Dassault Systemes)에서 개발
- 항공 및 우주산업 설계를 위해 개발
- 곡면이 많은 모델링을 사용하는 항공, 자동차, 조선 등의 기업에서 많이 사용

ⓑ Inventor
- Autodesk사에서 개발
- 2D 기반 CAD 소프트웨어인 AutoCAD의 전 세계적으로 압도적인 점유율과 라이브러리를 바탕으로 점유율을 확장
- 기능적인 약점을 쉬운 사용방법과 엄청난 2D 도면의 라이브러리와의 호환을 무기로 보완

ⓒ CREO(Pro-engineer)
- PTC사에서 개발한 3D CAD 소프트웨어로 솔리드 모델링 기반
- 3D 형상의 치수를 쉽게 수정 가능하여 빠른 설계 시간 및 해석 가능
- 모델링에 기하학적 치수 정의가 필요하여 다소 다루기 어려움
- 현재 전자제품과 건축에서 많이 사용

ⓓ 솔리드웍스(SolidWorks)
- 다쏘시스템즈가 대기업용 프로그램 CATIA와 구분하여 부품 하청 등에 사용할 버전의 3D 프로그램으로 개발
- 초기, 중기의 3D 프로그램들과 달리 일반인을 대상으로 제작되어, 쉬운 사용방법과 공격적인 마케팅을 바탕으로 높은 사용 점유율을 보유

ⓔ NX(Unigraphics)
- UGS에서 개발하고 SIEMENS에서 사용하여 점유율을 높인 대기업용 프로그램
- 한 파일 내에서 어셈블리, 해석, 형상 데이터까지 가능하여 작업 중 모드 변환이 쉬움
- 모델링 작업이 편하며 자유곡면 작성이 쉽고 해석에도 탁월함
- 사용을 위해 고사양 컴퓨터의 지원이 필요

[핵심예제]

15-1. 초기 3D 프린팅 시스템 제작 판매사들에 인정된 파일 포맷이며 폴리곤 모델링 방식으로 저장하는 파일형식은?

① stl   ② ply

③ step   ④ f3d

정답 ①

15-2. 다쏘시스템즈에서 개발된 대기업용 3D 프로그램으로 곡면이 많은 모델링을 사용하는 항공, 자동차, 조선 등의 기업에서 많이 사용하는 프로그램은?

① Inventor   ② Solidworks

③ CREO   ④ CATIA

정답 ④

해설

15-1

*.stl (StereoLithography)
- 3D Systems의 조형 CAD 소프트웨어 기본파일 형식
- 초기 3D 프린팅 시스템 제작 판매사들에 의해 인정된 3D 프린팅의 표준입력 파일 포맷
- 폴리곤 모델링 방식으로 저장

15-2

CATIA
- 프랑스의 다쏘시스템즈에서 개발
- 항공 및 우주산업 설계를 위해 개발
- 곡면이 많은 모델링을 사용하는 항공, 자동차, 조선 등의 기업에서 많이 사용

안정성시험 선정(4과목과 연계)

① 해당 제품별(신제품별) 안정성시험은 ②의 내용을 고려하여 기준 및 시험 방법에 대해 KS 표준을 획득해야 함

② 안정성시험 항목

다음의 항목 이외에도 제품의 특성상 필요하다고 여겨지는 항목을 선정하여 KS 표준을 획득하도록 함

㉠ 넘어짐
  • 제품의 형상에 따라 수직력, 수평력에 의해 넘어지지 않는지를 측정하는 항목
  • 수직력과 수평력을 가하는 장치를 이용하여, 힘을 가해 넘어지는 순간의 수직력과 수평력의 힘을 측정하여 넘어짐에 대한 힘을 측정하는 시험

㉡ 정밀도(계측)
  • 제품의 크기, 전기적 신호, 토크, 부속물의 강도, 부속물의 위치, 인장력 등을 측정하여 필요한 정밀도를 규정
  • 수평 확인, 벨트텐션 등 3D 프린터에 필요한 계측을 선정하여 시험
  • 반복정밀도 : 동일 측정자가 해당 측정 제품을 동일한 방법과 장치, 장소에서 동작을 하여 측정하였을 때 차이가 나는 정도를 시험
  • 위치정밀도 : 제품에 대한 모터의 위치, 베드의 높이, 나사의 구멍 등 위치정밀도가 일정한지 측정하는 시험

㉢ 내구성 : 반복 동작에 대한 내구성, 정밀도의 유지 정도를 규정

㉣ 재질, 재료 안정성 : 소재에 대하여 화학적 안정성과 기계적 안정성을 규정하며, 충격시험과 비파괴시험을 이용하여 시험

㉤ 사용 환경 : 온도, 습도, 조도 등의 사용 환경에 대한 안정성을 규정하며, 온도시험 등을 실시

※ 해당 NCS 모듈에는 넘어짐, 계측, 반복정밀도, 위치정밀도, 재질의 재료, 사용 환경에 대해 안정성시험을 지정하도록 설명하고 있다.

③ 시험 장비

㉠ 계측 장비로 정밀수준기(수평 측정), 벨트텐션미터(장력 측정), 가우스미터(자력 측정), 경도계(경도 측정), 베어링 진단기(베어링 상태 측정), 코팅 두께 측정기(도막 두께 측정), 토크미터(비틀림 동력계, 토크 측정), 진동 측정기(진동 측정) 등을 사용

㉡ 레이저 장비
  • 레이저 측정기 : 길이, 각도, 두께 등을 레이저를 이용하여 측정
  • 레이저 간섭계(Laser Interferometer, 레이저 인터페로미터) : 레이저를 이용해 분광한 빛의 위상차를 이용하여 거리 측정, 동작에 따른 거리 보상, 영점 조정 등 각종 기계의 정밀도를 측정할 수 있는 장비로, 이 장비를 사용하면 3D 프린터에 필요한 대부분의 측정 검사가 가능
  • 재료시험 검사 : 인장시험, 충격시험, 비파괴 초음파 탐상 등을 통해 재료 및 제품 샘플시험을 실시

④ 신뢰성시험

㉠ 신뢰성 : 제품이 명시된 기간 동안 주어진 환경과 운용 조건에서 요구되는 기능을 수행할 수 있는 능력

㉡ 고장 : 기대 또는 요구수준에 미치지 못하거나 모자라는 것

㉢ 시험 목적
  • 제품 신뢰성 보증
  • 새로 도입한 설계/부품/재료/공정에 대한 평가
  • 안정상 문제 발견
  • 사고에 대한 대책 수립
  • 시험 방법에 대한 기초자료 제공 및 검토
  • 기존 데이터 수정 및 업데이트

㉣ 시험 분류
  • 수명 특성에 따른 분류
    - 스크리닝 시험 : 초기 고장의 제거 목적
    - 고장률시험 : 고장률 및 평균 수명 측정
    - 수명시험 : 내구성시험이며 열화(劣化)로 인한 고장 파악을 통해 부품 교환 주기 예측
  • 신뢰성에 영향을 주는 요인에 따른 분류
    - 수명시험
    - 환경시험 : 환경조건에 따른 정상 기능 수행 파악
  • 시험의 열악한 정도에 따른 분류(스트레스 수준에 따른 분류)
    - 정상시험 : 기준 사용조건 아래에서 시험
    - 가속수명시험 : 기준 조건보다 열악한 상황에서 시험하여 신뢰도 획득이 목적
    - 가속열화시험 : 고장과 관련하여 성능 특성을 알아보기 위한 목적

※ 스트레스 : 가혹한 정도를 표현. 온도, 외력, 풍해, 습도 등 여러 요인 존재. 스트레스는 그 종류에 따라 일정 스트레스(일정한 가혹도에 노출), 계단식 스트레스, 점진적 스트레스, 주기적 스트레스

- 자료 형태에 따른 분류
  - 완전 자료 : 시험 대상 전체가 고장날 때까지 시험하며, 신뢰도가 높으나 긴 시간과 비용이 소요됨
  - 중도 절단 자료 : 시험을 중간에 마치는 시험을 통해 얻은 자료이며, 1종 중도 절단은 시간을 정해 놓고 시간이 되면 중단하는 시험이고, 2종 중도 절단은 정해진 개수까지 고장나면 중단하는 시험

⑤ 측정 이론

㉠ 측정 용어

- 최소 눈금값 : 한 눈금이 갖는 값
- 감도 : 측정량 변화에 대해 눈금이 움직이는 크기
- 지시 범위 : 눈금이 가리키는 범위로, 75~100mm 마이크로미터는 25mm가 지시 범위
- 측정 범위 : 측정 가능한 범위로, 75~100mm 마이크로미터는 75~100mm가 측정 범위
- 되돌림 오차 : 같은 측정 대상물에 대해 각기 다른 방향으로 접근할 때 생기는 오차
- 측정력 : 측정을 위해 작용하는 작용력

㉡ 측정의 종류

- 직접 측정
  - 길이 측정 : 대상물 외형의 길이나 두께를 측정
  - 각도 측정 : 대상물 외형의 두 모서리 사이의 각을 측정
  - 기하형상 측정 : 평면도, 직선도 등 기하형상을 측정
- 간접 측정 : 측정 대상을 직접 측정할 수 없을 때 다른 측정 대상을 측정하여 계산
- 절대 측정 : 조립량(길이·무게·시간 외의 기본량이 조합된 양)을 기본량만의 측정으로 유도하는 측정
- 비교 측정 : 기준면이나 선과의 관계를 측정
- 한계 게이지 측정 : 일종의 비교 측정. 제품 사용 가능 여부를 판단하기 위해 최대 허용값, 최소 허용값으로 만들어진 한계 게이지를 사용하여 측정

㉢ 아베의 원리 : 측정 대상물과 표준자는 측정 방향상 일직선 위에 있어야 함

㉣ 테일러의 원리 : 허용 한계 측정, 한계 게이지를 이용한 측정에 적용되며, 통과 측에는 모든 치수 또는 결정량이 동시에 검사되고 정지 측에는 각각의 치수가 개개로 검사되어야 함

㉤ 공차 : 제작상 허용되는 기준치수와의 차이

㉥ 오차 : 측정 시 참값으로 기대되는 값과의 여러 가지 이유로 생기는 차이값. 물리적으로 완벽한 측정이란 사실상 불가능하므로 측정에는 항상 오차가 발생한다고 볼 수 있음

㉦ 오차의 종류

- 계통오차 : 측정값에 일정한 영향을 주는 원인에 의해 생기는 오차로 계기오차(기기오차), 환경오차, 개인 오차로 나뉨
  - 계기오차 : 계기의 불완전성으로 인해 생기는 오차. 측정기기도 기본적으로 공차를 가지고 있으며, 사용에 따라 여러 측정오류 요소를 갖게 됨
  - 환경오차 : 온도나 습도, 압력 등에 따라 측정기에 영향을 주거나 대상물이 영향을 받게 되면 참값과 오차가 발생
  - 개인오차 : 개인이 갖고 있는 신체적 특징, 습관이나 선입견 등에 생기는 오차
- 우연오차 : 원인을 알 수 없이 우연히 생기며, 사용자가 피할 수 없는 오차
- 과실오차 : 측정자의 부주의로 생기는 오차
- 특수상황오차
  - 되돌림 오차 : 동일 측정 대상, 측정 범위에 대하여 다른 방향에서 접근할 경우, 지시의 평균값의 차를 의미
  - 원인 : 마찰력, 흔들림, 히스테리시스, 백래시 등
- 히스테리시스 오차 : 순차보정(입력값을 차츰 올리거나 낮추며 보정)을 실시할 때 보정값을 올릴 때와 낮출 때 결과 사이의 차이

[핵심예제]

16-1. 동일 측정자가 해당 측정 제품을 동일한 방법과 장치, 장소에서 동작을 하여 측정하였을 때 차이가 나는 정도를 시험하는 것은?

[2018년 1회]

① 반복정밀도시험
② 위치정밀도시험
③ 넘어짐 안정성시험
④ 사용 환경 안정성시험

정답 ①

16-2. 레이저를 이용해 분광한 빛의 위상차를 이용하여 거리 측정, 동작에 따른 거리 보상, 영점 조정 등 각종 기계의 정밀도를 측정할 수 있는 장비로, 이 장비를 사용하면 3D 프린터에 필요한 대부분의 측정 검사가 가능한 장비는?

① 정밀수준기
② 레이저 간섭계
③ 토크미터
④ 가우스미터

정답 ②

16-3. 3D 프린터의 시험을 분류할 때 수명 특성에 따른 분류에 적절하지 않은 것은?

① 스크리닝 시험
② 고장률시험
③ 수명시험
④ 환경시험

정답 ④

16-4. 측정자가 눈금을 잘못 읽었거나 기록자가 잘못 기록하여 일어나는 경우 등 측정자의 부주의에 의해 발생하는 오차는?

[2019년 2회]

① 과실오차
② 이론오차
③ 기기오차
④ 우연오차

정답 ①

해설

16-1
• 넘어짐 : 제품의 형상에 따라 수직력, 수평력에 의해 넘어지지 않는지를 측정하는 항목
• 위치정밀도 : 제품에 대한 모터의 위치, 베드의 높이, 나사의 구멍 등 위치정밀도가 일정한지 측정하는 시험
• 사용 환경 : 온도, 습도, 조도 등의 사용 환경에 대한 안정성을 규정. 온도시험 등을 실시

16-2
레이저 간섭계(Laser Interferometer, 레이저 인터페로미터)는 분광한 빛의 위상차를 이용하여 정밀 기계의 영점 조정을 비롯한 측정에 사용되는데, 3D 프린터의 각종 측정에도 적합하다.

16-3
수명 특성에 따른 분류는 스크리닝 시험, 고장률시험, 수명시험으로 분류하며, 환경시험은 신뢰성시험에 관한 분류에 해당한다.

16-4
주요 오차의 종류
• 계통오차
  – 계기오차(기기오차) : 계기의 불완전성으로 인해 생기는 오차. 측정 기기도 기본적으로 공차를 가지고 있으며, 사용에 따라 여러 측정오류 요소를 갖게 됨
  – 환경오차 : 온도나 습도, 압력 등에 따라 측정기에 영향을 주거나 대상물이 영향을 받게 되면 참값과 오차가 발생
  – 개인오차 : 개인이 갖고 있는 신체적 특징, 습관이나 선입견 등에 생기는 오차
• 우연오차 : 원인을 알 수 없이 우연히 생기며 사용자가 피할 수 없는 오차
• 과실오차 : 측정자의 부주의로 생기는 오차

핵심이론 17 　**3D 프린팅 소재 1 – 플라스틱**

① 3D 프린팅을 어떤 목적으로 수행하느냐에 따라 3D 프린팅에 사용할 수 있는 재료는 무궁무진

② 용어

　㉠ 플라스틱
　　• 재료에 변형이 영구히 남는 소성 변형(Plastic Defor-mation)에서 기반한 용어
　　• 고분자 재료에 열을 가해 성형하면 변형이 반영구적으로 남는 특성에서 사용

　㉡ 고분자(高分子, Polymer)
　　• 일반적으로 분자량이 10,000 이상인 큰 분자를 말함
　　• 분자량이 낮은 단량체(Monomer)가 분자결합으로 수없이 많이 연결되어 이루어진 높은 분자량의 분자를 의미하며 '중합체'라고도 함

　㉢ 수지(樹脂, Resin)
　　• 초기의 고분자 재료가 식물이나 나무에서 추출된 것에서 기인한 용어
　　• 천연수지가 아닌 인공적으로 합성한 고분자를 일컬어 합성수지(合成樹脂)로 명명함

　㉣ 포화 탄화수소
　　• 탄소와 수소가 C_nH_{2n+2}형으로 결합된 형태로 공유결합에 의해 결합됨
　　• 사슬 중의 탄소 원자는 완전히 충만되어 4개의 인접한 수소 원자에 의해 포위되어 있으며, 이에 기인하여 포화 탄화수소로 명명됨

　㉤ 불포화 탄화수소
　　• 포화 탄화수소에서 인접한 수소 원자 중 일부가 빠져 나가고 대신 탄소 원자 간에 2중 또는 3중 결합을 갖는 경우(C_nH_{2n}형 혹은 C_nH_n형)에 해당
　　• 이러한 형태를 고분자를 구성하는 가장 기본적인 분자 구조인 단량체(Monomer)라고 부름

　㉥ 고분자 중합(Polymerization) : 단량체를 수십~백만 개 정도를 결합하여 고분자를 제조하는 방법

③ 플라스틱(Plastic)

　㉠ 유기 고분자 화합물의 총칭이며, 자연적으로 생성된 것도 있으나 일반적으로는 석유화학공업에서 생산한 물질과 합성수지를 의미

　㉡ 유연성과 열가소성이 있고, 가볍고 강하며, 내구성, 내환경성이 강함

　㉢ 선형 필라멘트나 분말 등 소재의 형상을 다양하게 공급할 수 있음

　㉣ 가격이 저렴하고 원하는 색상을 입힐 수 있어 미관이 훌륭함

　㉤ 이동성과 보관, 저장성이 높고 호환성이 높음

④ 열가소성 수지

　㉠ 수지
　　사슬(Chain)구조로 되어 있어 성형 후 재가열을 하면 재성형할 수 있는 수지. 성형성이 우수하고 가공이 용이하여 압출성형, 사출성형 등에 사용. 대부분의 3D 프린트용 플라스틱 수지는 열가소성 수지를 사용하나, 제품을 고온에서 사용하여야 하는 경우 주의

　㉡ 반결정성 수지
　　• 전 조직이 결정구조를 갖는 것이 아니라 50% 내의 비결정구조가 있음
　　• 용융점이 존재하며 용융점에 이르면 급격한 부피 변화가 나타남
　　• 냉각 시 수축률이 큼
　　• 인장강도는 높고, 충격강도는 낮음
　　• 종류 : 나일론(PA), 아세탈(POM), PET, PBT, 폴리에틸렌(PE), 폴리프로필렌(PP) 등

종 류	특 징
나일론(PA)	융점 235~270℃, 인장강도, 내마모성, 내열성, 유연성
아세탈(POM)	195~215℃, 인장강도, 내마모성, 내열성, 충격강도 좋음. 알칼리에 강하고 산에 약함
PET(Polyethylene Terephthalate)	유연성, 인쇄성, PLA와 ABS의 중간 성질
PBT(Polybutylene Terephthalate)	높은 강도, 강성, 내마모성, 내충격성, 낮은 열팽창성
PP(Polypropylene)	내화학성, 저밀도 고순도, 높은 열팽창성
PE(Polyethylene)	높은 인성, 내화학성, 전기절연성, 진동 감쇠력

ⓒ 비결정성 수지
- 일정한 분자 배열을 이루지 않는 수지
- 결정이 없어 빛이 투과하는 투명한 제작이 가능
- 별도의 용융점이 존재하지 않고 대신 유리전이온도 (Tg, Glass Transition Temperature)로 재료의 연화 여부를 결정
- 급격한 부피 변화가 없어 성형 시 수축률이 적음
- 인장강도는 낮고, 충격강도는 높음
- 종류 : 폴리스티렌(PS), 아크릴(PMMA), 폴리카보네이트 (PC), ABS, PVC, MPPO 등

종 류	특 징
Polycarbonate	내충격성, 내화학성이 있으며 투명하고 좋은 가공성을 지님
아크릴(PMMA ; Poly Methyl Methacrylate)	PC보다는 조금 약하고 강화유리보다 강하며 투명성, 착색성 높음
PVC(Poly Vinyl Chloride)	사용 역사가 길고 저렴하고 사용처가 많음. 착색성, 내마모성 높음
MPPO(Modified Polyphenylene Ether)	강성, 내열성, 열내구성, 충격성, 고광택성
PS(Polystyrene)	내열성, 의료기기, 식품용기에 사용, 발포재료로 사용
ABS(Acrylonitrile Butadiene Styrene)	저렴하고 자연스러운 표면과 우수한 가공성을 지님

⑤ 열경화성 수지
- ㉠ 망(Cross Link)구조로 되어 있어 열가소성 수지에 비해 강한 결합
- ㉡ 한번 열을 가해 성형이 되면 재성형이 불가
- ㉢ 열안정성이 우수하여 고온에서 강성이 필요한 곳에 많이 사용
- ㉣ 변형에 대한 치수안정성이 우수
- ㉤ 높은 강성을 가지며 경도가 우수
- ㉥ 재활용이 어려워 고온 강성이 요구되는 곳에 제한적 사용
- ㉦ 종류 : 페놀, 멜라민, 에폭시, 불포화 폴리에스터 등

⑥ 엘라스토머(Elastomer)
- ㉠ 열경화성 수지 중 망구조가 약한 것을 엘라스토머(Elasto-mer)로 구분
- ㉡ 상온에서 높은 탄성 보유, 합성고무
- ㉢ PDMS, 폴리우레탄 등

⑦ 광경화성 플라스틱
- ㉠ 상온에서 액체 상태로 존재하다가 특정 파장의 빛에 노출되면 경화
- ㉡ 주로 광중합형(Photo-polymerization) 3D 프린터의 소재로 사용
  - 최근 단일 종류의 플라스틱만이 아니라 다른 재료와 혼용하여 품질과 활용성을 높임
    - ABS(Acrylonitrile Butadiene Styrene) : 아크릴로 나이트릴(Acrylonitrile), 뷰타다이엔(Butadiene), 스타이렌(Styrene)의 세 성분으로 이루어진 스타이렌 수지. 내충격성과 인성이 좋고 압출, 사출 등에 적합하여 FDM식을 포함한 여러 3D 프린터에 적용하여 사용. 착색, 광택처리가 가능하나 가열 시 냄새가 나고 열 수축 있음
    - PLA(Poly Lactic Acid) : 옥수수나 사탕수수에서 추출한 생분해성 플라스틱 소재. DLP 방식, FDM 방식에서 모두 사용 가능. 셀룰로스, 리그닌, 전분, 알긴산, 바이오 폴리에스터, 폴리아민산, 폴리카프로락탐, 지방족 폴리에스터 등이 있으며, 출력 시 냄새가 적고 베드에 접착이 잘 되며 내수축성이 좋음
    - 알루마이드(Alumide) : 알루미늄 분말과 폴리아미드 수지 분말을 섞어 제조하며 SLS 방식에 사용. 강도가 다소 약하여 형상이 가늘고 긴 형상의 경우 부러지거나 끊어질 수 있음
    - Laywood : 재활용 목재를 이용한 목재복합 수지 재료로 PLA와 유사한 열 내구성을 하지고 있고 목재의 질감을 줄 수 있는 재료
    - BendLay : ABS와 같은 계열이지만, 뒤틀림이 적고 접착력이 좋으며 구부리는데 더 좋은 특성을 가진 재료로 안전하게 식품용기 재료와 의료기기로 사용이 가능

[핵심예제]

17-1. 열가소성 수지의 특징으로 틀린 것은?
[2018년 1회]

① 열안정성이 우수하여 강성이 필요한 곳에 많이 사용된다.
② 여러 번 재가열에 의해 성형이 가능한 수지이다.
③ 용융점이 존재하며 용융점에 이르면 급격한 부피 변화가 나타난다.
④ 결정구조에 따라 결정성 수지와 비결정성 수지로 구분된다.

정답 ①

17-2. 출력 시 냄새가 거의 나지 않는 것이 특징이고, Heating Bed가 아니더라도 Bed에 접착이 잘되어 수축에 강한 소재는?
[2019년 4회 77번], [2019년 4회 14번 유사]

① PLA   ② ABS
③ 유 리   ④ 나무 소재

정답 ①

17-3. 다음 설명에 해당되는 플라스틱 종류는?
[2019년 4회]

• 착색, 광택처리, UV 코팅 등이 가능
• 열 수축 현상 때문에 정밀한 조형 모델 구현 곤란
• 표면조도를 개선하려면 후처리가 필요하며 가열 시 냄새가 남

① PC   ② ABS
③ PVA   ④ HDPE

정답 ②

17-4. 다음 중 각각의 용어에 대한 설명으로 틀린 것은?
[2019년 4회]

① 수지는 초기의 고분자 재료가 식물이나 나무에서 추출된 것에 기인한 용어이다.
② 포화 탄화수소는 탄소와 수소가 결합된 형태로 공유결합에 의해 결합되어 있다.
③ 불포화 탄화수소는 포화 탄화수소에서 인접한 수소 원자 중 일부가 빠져나가고 대신 탄소 원자 간에 4중 또는 5중 결합을 갖는 경우에 해당된다.
④ 고분자는 일반적으로 분자량이 10,000 이상인 큰 분자를 말하며, 분자량이 낮은 단량체가 분자결합으로 수없이 많이 연결되어 이루어진 높은 분자량의 분자를 의미한다.

정답 ③

[핵심예제]

17-5. 다음에서 설명하는 플라스틱 재료는?

• 열경화성 수지 중 망구조가 약한 것
• 상온에서 높은 탄성 보유, 합성고무
• PDMS, 폴리우레탄 등

① PET   ② 반결정성 수지
③ 단량 불포화 탄화수소 ④ 엘라스토머

정답 ④

해설

17-1

열가소성 수지는 열을 받으면 다시 변형이 일어나 열안정성이 낮다.

열가소성 수지

사슬(Chain)구조로 되어 있어 성형 후 재가열을 하면 재성형할 수 있는 수지이다. 성형성이 우수하고 가공이 용이하여 압출성형, 사출성형 등에 사용된다. 대부분의 3D 프린트용 플라스틱 수지는 열가소성 수지를 사용하나, 제품을 고온에서 사용하여야 하는 경우 주의해야 한다.

17-2

PLA(Poly Lactic Acid) : 옥수수나 사탕수수에서 추출한 생분해성 플라스틱 소재로서, DLP 방식, FDM 방식에서 모두 사용 가능. 셀룰로스, 리그닌, 전분, 알긴산, 바이오 폴리에스터, 폴리아민산, 폴리카프로락탐, 지방족 폴리에스터 등이 있으며 출력 시 냄새가 적고 베드에 접착이 잘되며 내수축성이 좋다.

17-3

ABS(Acrylonitrile Butadiene Styrene)

아크릴로나이트릴(Acrylonitrile), 뷰타다이엔(Butadiene), 스타이렌(styrene) 세 성분으로 이루어진 스타이렌 수지이다. 내충격성과 인성이 좋고 압출, 사출 등에 적합하여 FDM 식을 포함한 여러 3D 프린터에 적용하여 사용된다. 착색, 광택처리가 가능하나 가열 시 냄새가 나고, 열 수축 있다.

17-4

포화 탄화수소에서 인접한 수소 원자 중 일부가 빠져나가고 대신 탄소 원자 간에 2중 또는 3중 결합을 갖는 경우(C_nH_{2n}형 혹은 C_nH_n형)에 해당

17-5

엘라스토머(Elastomer)

• 열경화성 수지 중 망구조가 약한 것을 엘라스토머(Elastomer)로 구분
• 상온에서 높은 탄성 보유, 합성고무
• PDMS, 폴리우레탄 등

핵심이론 18   3D 프린팅 소재 2 – 금속

① 금속은 종류가 다양하며 합금을 통해 다양한 재료를 만들어 낼 수 있으나, 3D 프린팅에 실제 사용되는 금속은 분말로 공급이 가능한 종류 정도로 제한되어 향후 기술 발전, 개발이 필요

② 금속의 특징
- ㉠ 상온에서 고체 상태이며 결정 조직을 가짐
- ㉡ 전기 및 열의 양도체
- ㉢ 일반적으로 다른 기계 재료에 비해 전연성이 좋음
- ㉣ 소성변형성을 이용하여 가공하기 쉬움
- ㉤ 금속은 각기 고유의 광택을 가지고 있고 귀한 금속일수록 색의 변질이 없음

③ 주요 3D 프린팅용 금속 소재
- ㉠ 타이타늄(Ti) : 가볍고 고강도, 생체 적합성이 우수. 융점 1,668℃
- ㉡ 스테인리스(Stainless Steel) : 내식성이 좋고, 견고. 융점 제품별로 다르며, 1,400℃ 이상
- ㉢ 마레이징(Maraging Steel) : 전성을 잃지 않으면서 경도, 강도가 좋고 내마모성이 우수
- ㉣ Co-Cr : 내식성, 내마모성, 내열성이 좋고 생체 적합성이 우수
- ㉤ 알루미늄 합금 : 가볍고 기계적 특성이 우수하고 열 특성이 좋음
- ㉥ Ni 합금 : 내식성, 내열성, 고강도, 초저온 성질 유지

④ 금속 프린팅 방법

분 류	설 명
접합제 분사법 (Binder Jetting)	액체 결합제를 이용한 분말 접합
금속 분사법 (Material Jetting)	조형 재료를 비말하여 적층
PBF (Powder Bed Fusion)	파우더베드에 분말층을 도포한 후 열에너지를 선택적으로 쏘아 용융 적층
DED (Directed Energy eposition)	보호가스 분위기에서 열에너지를 재료에 집중시켜 즉시 용융 적층
SL (Sheet Lamination)	재료 시트를 함께 붙여 적층
광중합 (Vat Photo-Polymerization)	액상 광폴리머에 빛을 쏘아 적층
소재압출 방식 (Material Extrusion)	노즐을 이용하여 재료를 놓아 적층

핵심예제

18-1. 금속의 일반적인 특징을 설명한 것 중 옳은 것은?

① 전기 및 열의 부도체이다.
② 전성은 좋으나 연성이 나쁘다.
③ 금속은 모두 은백색의 광택이 있다.
④ 수은을 제외한 금속은 고체 상태에서 결정구조를 가지고 있다.

정답 ④

18-2. 금속 프린팅 방법이 옳게 짝지어 진 것은?

① 접합제 분사법 – 액체 결합제를 이용한 분말 접합
② PBF – 재료 시트를 함께 붙여 적층
③ DED – 파우더베드에 분말층을 도포한 후 열에너지를 선택적으로 쏘아 용융 적층
④ SL – 보호가스 분위기에서 열에너지를 재료에 집중시켜 즉시 용융 적층

정답 ①

18-3. SLS 방식 3D 프린터 가공 시 공기와 반응하여 폭발 가능성이 높아 단일 금속으로 사용하기 어려운 것은? [2018년 1회]

① 철   ② 구 리
③ 백 금   ④ 마그네슘

정답 ④

해설
18-1
① 전기 및 열의 전도체이다.
② 일반적으로 다른 기계 재료에 비해 전연성이 좋다.
③ 금속은 각기 고유의 광택이 있다.
18-2
② PBF – 파우더베드에 분말층을 도포한 후 열에너지를 선택적으로 쏘아 용융 적층
③ DED – 보호가스 분위기에서 열에너지를 재료에 집중시켜 즉시 용융 적층
④ SL – 재료 시트를 함께 붙여 적층
18-3
보기 중 폭발성이 있는 금속은 마그네슘(Mg)이다. 금속 재료를 사용하는 3D 프린터에서는 주로 합금이나 가볍고 강성이 좋은 재료, 용융점이 낮은 재료를 사용하며, 철(Fe)은 녹는점이 높고 무거워서 3D 프린팅 재료로서 단일 금속 사용이 구리나 백금보다 좋지는 않으나 폭발성을 갖고 있지는 않다.

핵심이론 19 소재의 성질

① 물리적 성질
  ⊙ 비중 : 물과 비교했을 때에 몇 배의 무게를 갖고 있느냐를 나타내는 척도
  ⓛ 용융점
    • 용융 : 모든 물체는 고체, 액체, 기체의 상태를 가질 수 있는데, 고체에서 액체 상태로의 상태 변화를 말함. 이렇게 용융되는 온도를 용융점이라 함
    • 용융잠열 : 용융 온도가 되면 가열을 해도 일정 열용량만큼 공급되기 전에 온도가 올라가지 않는데 이는 숨어 있는 구조의 변형 에너지로 사용되기 때문
  ⓒ 밀도 : 질량을 부피로 나눈 값으로 표현. 얼마나 같은 부피 안에 촘촘하게 분자가 존재하는가를 표현
  ② 비열 : 어떤 물질을 단위 온도만큼 올리는 데 필요한 열량

$$Q = cm\Delta T$$

(Q : 열량, c : 비열, m : 질량, T : 온도)
  ※ 비열의 단위

$$\frac{\text{kcal}}{\text{kg} \cdot \text{℃}} = \frac{\text{cal}}{\text{g} \cdot \text{℃}} = \frac{\text{J}}{\text{kg} \cdot \text{℃}} = \frac{\text{J}}{\text{kg} \cdot \text{K}}$$

  ⑩ 열팽창계수 : 일반적인 물질은 열을 받으면 부피가 팽창하는데 이를 열팽창이라 하며, 온도에 따라 팽창된 재료의 양을 길이로 표현한 계수를 열팽창계수라 함
  ⑪ 열전도율 : 단위 면적에 가한 열량과 가열된 면의 단위 두께 뒤에 전달된 열의 양에 대한 비이며, W/(m·K)로 표시
  ⑦ 수축률 : 상이 변함에 따라 부피가 변하는 비율 중 수축에 관한 비율이며, 활동성이 강한 액상에서 고상으로 변할 때 수축되는 비율을 표시
  ⑧ 유동성 : 액상, 반고상의 물질이 얼마나 잘 흐를 수 있는지를 나타내는 성질

② 힘에 대한 성질
  ⊙ 강도(剛度) : 재료가 얼마나 강한지를 수치로 나타낸 척도이며 단위 면적당 감당할 수 있는 힘의 크기로 나타내고 응력과 같은 단위 사용
    • 인장강도 : 재료가 잡아당겨지는 힘에 대해 얼마나 강한지 나타내는 척도
    • 압축강도 : 재료가 눌리는 힘에 대해 얼마나 강한지를 나타내는 척도
    • 전단강도 : 재료가 끊는 방향의 힘에 대해 얼마나 강한지를 나타내는 척도
    • 비틀림강도 : 재료가 비트는 힘에 대해 얼마나 강한지 나타내는 척도
    • 휨강도 : 재료를 휘는 힘에 대해 얼마나 강한지 나타내는 척도이며, 일반적으로 인장, 압축, 전단강도의 조합으로 나타냄
  ⓛ 경도(硬度) : 재료가 얼마나 딱딱한지를 수치로 나타내는 척도
  ⓒ 응력 : 재료에 작용하는 힘을 힘이 작용하는 면적으로 나눈 것으로, 작용하는 힘을 미분한 개념
  ② 변형률 : 힘이 작용하기 전 최초 길이에 대해 힘이 작용한 후 늘어난(또는 줄어든) 길이의 비율

> **응력과 변형률의 관계**
> 각 재료별로 작용하는 응력에 비해 변형률이 다르게 변하게 하는 재료의 고유성질이 있다고 정리하고 그 성질을 영계수(E)로 정의하여 그 관계를 $\sigma = E\varepsilon$(응력은 영계수와 변형률의 곱)으로 나타낸 것을 훅의 법칙(Hook's Law)이라 함

  ⑩ 소성 : 연강이 아닌 일반적인 금속에서 어느 이상의 힘이 작용하면 모양이 회복되지 않는 실제 변형이 일어나는 성질
  ⑪ 탄성 : 주로 연강에서 어느 정도의 힘이 가해진 후 제거되어도 의미 있는 원상의 모양으로 회복되는 성질
  ⑦ 점탄성 : 끈적끈적하여 힘이 제거된 후 탄성을 갖고 원상 복귀하는 성질이며, 점탄성 거동은 탄성과 점성을 모두 갖고 있는 움직임, 유동을 의미
  ⑧ 연성 : 소성이 크게 일어나는 성질
  ⑨ 취성 : 얼마나 잘 깨지는지를 표현한 성질. 힘을 받았을 때 소성이 거의 일어나지 않고 일반적으로 경도가 높은 물질이 취성이 큰 경우가 많음

[핵심예제]

19-1. 10kcal가 공급된 100g의 재료가 처음 온도에 비해 1° 상승했다면 비열은?

① 10kcal/g·℃
② 100kcal/kg·℃
③ 10g/kcal·K
④ 0.1kg/kcal·℃

정답 ②

19-2. 액상, 반고상의 물질이 얼마나 잘 흐를 수 있는지를 나타내는 성질을 나타내는 용어는?

① 비 중
② 연 성
③ 취 성
④ 유동성

정답 ④

19-3. 열전도율의 단위는?

① kcal/kg·K
② W/m·K
③ kcal/m·K
④ K/kg

정답 ②

19-4. 플라스틱 소재의 변형거동에 관한 설명이 틀린 것은?

[2018년 1회]

① 탄성변형은 하중을 제거하면 원래 상태로 되돌아오는 변형이다.
② 소성변형은 하중을 제거해도 원래 상태로 되돌아오지 않고 영구변형된다.
③ 연성재료는 소성변형이 큰 재료로 항복응력 이후 특정 부위가 얇아진다.
④ 취성재료는 탄성변형이 거의 없고 소성변형을 천천히 지속하다 파단이 발생한다.

정답 ④

해설

19-1

비열의 단위는 $\dfrac{kcal}{kg·℃} = \dfrac{cal}{g·℃} = \dfrac{J}{kg·℃} = \dfrac{J}{kg·K}$ 와 같이 표현되며 0.1kg의 물질에 10kcal가 공급되어 1℃가 올랐으므로(온도 간격은 K와 ℃가 동일) 100kcal/kg·℃

19-2
• 비중 : 물과 비교했을 때에 몇 배의 무게를 갖고 있느냐를 나타내는 척도
• 연성 : 소성이 크게 일어나는 성질
• 취성 : 얼마나 잘 깨지는지를 표현한 성질

19-3
단위 면적에 가한 열량과 가열된 면의 단위 두께 뒤에 전달된 열의 양에 대한 비이며, W/m·K로 표시한다.

19-4
취성 재료는 소성변형이 거의 일어나지 않고, 임계점 이상의 충격력 작용 시 깨진다.

핵심이론 20 소재 시험 및 적정성 검토, 보고서 작성

① 인장시험
  ㉠ 시험편을 연속적이며 가변적인(조금씩 변하는) 힘으로 파단할 때까지 잡아당겨서 응력과 변형률과의 관계를 살펴보는 시험
  ㉡ 재료의 항복강도, 인장강도, 파단강도, 연신율, 단면수축률, 탄성계수, 내력 등 계산 가능
  ㉢ 연신율 구하는 방법 : 힘이 작용하기 전 최초 길이에 대해 힘이 작용한 후 늘어난(또는 줄어든) 길이의 비율을 계산

$$연신율(\varepsilon) = \frac{L_1 - L_0}{L_0}\%$$

(L_1 : 나중 길이, L_0 : 처음 길이)

② 파단시험 : 어떤 경우에 재료가 파단이 일어나는지 시험편을 이용하여 직접 파단을 일으켜 보는 시험
③ 피로시험 : 재료에 안전한 하중이라도 계속적, 지속적으로 반복하여 작용하였을 때 파괴가 일어나는지를 시험
④ 충격시험 : 얼마만큼 큰 충격에 견디는가에 대한 시험
  ㉠ 샤르피 충격시험 : 홈을 판 시험편에 해머를 들어 올려 휘두른 뒤 충격을 주어, 처음 해머가 가진 위치 에너지와 파손이 일어난 뒤 위치 에너지의 차를 구하는 시험
⑤ 경도시험의 종류 : 압입 경도시험, 긋기 경도시험, 반발 경도시험 등
  ㉠ 브리넬 경도시험 : 일정한 지름 D(mm)의 강구압입체를 일정한 하중 P(N)로 시험편 표면에 누른 다음 시험편에 나타난 압입자국면적을 보고 경도값을 계산
  ㉡ 로크웰 경도시험 : 처음 하중(10kgf)과 변화된 시험하중(60, 100, 150kgf)으로 눌렀을 때 압입 깊이 차로 결정
  ㉢ 비커스 경도시험 : 원뿔형의 다이아몬드 압입체를 시험편의 표면에 하중 P로 압입한 다음, 시험편의 표면에 생긴 자국의 대각선 길이 d를 비커스 경도계에 있는 현미경으로 측정, 계산. 좁은 구역에서 측정할 때는 마이크로비커스 경도 측정 실시. 도금층이나 질화층 등과 같이 얇은 층의 경도 측정에도 적합
  ㉣ 쇼어 경도시험 : 강구의 반발 높이로 측정하는 반발 경도시험

⑥ 유리전이

　㉠ 비정질 중합체 또는 부분 결정성 중합체의 비정형 영역에서 점성이 있거나 고무 상태와 딱딱하고 비교적 깨지기 쉬운 상태 사이의 가역적 변화, 딱딱한 고분자 물질이 특정 온도대에서 탄성체와 같은 특징이 나타나는 현상

　㉡ 유리전이온도 : 유리전이가 일어나는 온도 범위의 특성값

　㉢ 유리전이 단계 높이(Glass Transition Step Height) : 유리전이온도에서 비열 용량의 차이

　㉣ 시차주사열량측정법(DSC ; Differential Scanning Calorimetry) 시험 절차
　　장치설치 → 시험편을 도가니에 장착 → 도가니 삽입 → 온도 주사

⑦ 연화온도

　㉠ 재료가 사용될 수 있는 최고 한계 온도를 나타내는 척도

　㉡ 비카트 연화온도(VST ; Vicat Softening Temperature) : 하중과 시간당 승온속도를 조합한 4종류(10N-50℃/h, 10N-120℃/h, 50N-50℃/h, 50N-120℃/h)의 시험에서 침상입자(일종의 바늘)가 표면부터 1mm 침투했을 때의 온도

⑧ 열변형 온도(HDT ; Heat Distortion Temperature)

　㉠ 고분자 소재가 작은 하중에서도 비정상적으로 큰 변형이 발생되는 온도

　㉡ 열변형 온도 측정 : 시료를 기름 속에 넣고 지정된 굽힘 응력을 가하고, 온도를 서서히 상승시키며 변화를 관찰하고 온도 측정

⑨ 물질안전 보건자료(MSDS ; Material Safety Data Sheet)

　㉠ 화학물질을 안전하게 사용하고 관리하기 위한 정보를 기재한 자료

　㉡ MSDS 적용 대상 : 물리적 위험(폭발, 산화, 인화, 금수성), 건강 장해, 환경 유해 소재

　㉢ MSDS 작성 항목 : 화학제품과 회사에 관한 정보, 구성 성분의 명칭 및 함유량, 위험성 및 유해성, 응급조치 요령, 폭발 혹은 화재 시 대처 방법, 누출 사고 시 대처 방법, 취급 및 저장 방법, 노출 방지 및 개인 보호구, 물리 화학적 특성, 안정성 및 반응성, 독성에 관한 정보, 환경에 미치는 영향, 폐기 시 주의사항, 운송에 필요한 정보, 법적 규제 현황, 기타 참고 사항

⑩ 전기기구, 전자제품 안전성 테스트 주요 항목

　㉠ 난연성 평가
　　• HB : 수평 방향으로 타는 정도
　　• VB : 수직 방향으로 타는 정도

　㉡ 전기적 특성 평가
　　• HWI : 저항이 있는 전선(Hot Wire)으로 감싸고 전류를 흘림. 0~5등급
　　• HAI : 시편 발화에 필요한 고전류 아크 측정. 0~4등급
　　• HVAR : 고전압 아크환경에서 시편 발화에 필요한 시간 측정. 0~3등급
　　• HVTR : 고전압 아크에서 시편의 탄화속도 측정. 0~4등급
　　• CTI : 전해액을 묻히고 시편이 탄화되는 전압 측정. 0~5등급

　㉢ 내열 특성 평가 : 특정 온도에서 장시간 사용 후 기계적 강도 50% 유지 여부 평가(예 Imp. 80 : 80℃에서 $60×10^3$ 시간 사용 후 충격강도 50% 유지)

⑪ **소재 물성 검토 보고서 작성** : 소재 물성 검토 목적, 대상 소재 물성 요약표, 주요 물성, 결론 및 향후 진행 방향의 내용 작성

⑫ **성능 개선 보고서 작성** : 성능시험 문제점 현상 기술, 성능시험 문제점 원인 분석, 성능시험 문제점 개선 방안 도출 및 검증, 개선 결과의 적용 계획 수립의 내용을 수록

[핵심예제]

20-1. 길이 50mm, 지름 10mm 환봉에 응력 1MPa이 작용한 후 50.5mm가 되었다면, 변형률은?

① 1   ② 1.57

③ 0.01   ④ 1.01

정답 ③

20-2. 재료에 안전한 하중이라도 계속적, 지속적으로 반복하여 작용하였을 때 언제 파괴가 일어나는지를 알아보는 시험은?

① 충격시험   ② 피로시험

③ 파단시험   ④ 인장시험

정답 ②

20-3. 3D 프린터로 출력하고자 하는 대상 제품에 따른 소재 선정 시 검토해야 할 항목으로 거리가 먼 것은?   [2018년 1회]

① 출력물의 강도

② 출력물의 연성

③ 출력물의 체결성

④ 출력물의 해상도

정답 ③

20-4. 전기기구/전자제품 안정성 테스트(UL 인증 기준)에서 플라스틱 소재의 필수적인 평가 항목이 아닌 것은?   [2018년 1회]

① 난연성

② 착화온도

③ 전기적 특성

④ 장기적 내열 특성

정답 ②

20-5. 다음 검사용 장비 중 자석이나 기계장치 내부의 자력을 측정하는 장비는?   [2019년 4회]

① 가우스미터

② 암페어미터

③ 벨트텐션미터

④ 마이크로미터

정답 ①

20-6. 3D 프린터 하드웨어 구성에서 Electronics Part에 속하지 않는 것은?   [2019년 4회]

① Controller

② End Stops

③ Firmware

④ Heated Sensor

정답 ③

해설

20-1

$$연신률 = \frac{늘어난\ 길이}{처음\ 길이} = \frac{0.5}{50} = \frac{1}{100} = 0.01$$

20-2

• 충격시험 : 얼마만큼 큰 충격에 견디는가에 대한 시험

• 인장시험 : 시험편을 연속적이며 가변적인(조금씩 변하는) 힘으로 파단할 때까지 잡아당겨서 응력과 변형률과의 관계를 살펴보는 시험

• 파단시험 : 어떤 경우에 재료가 파단이 일어나는 지 시험편을 이용하여 직접 파단을 일으켜 보는 시험

20-3

보기 중 가장 거리가 먼 고려 대상은 체결성이다. 체결성은 제품의 성질을 표현하기에 적절한 성질이 아니며, 강도나 표면 정도 등으로 대체하여 표현이 가능한 임의의 성질이다.

20-4

전기기구, 전자제품 안전성 테스트 주요 항목

• 난연성 평가

• 전기적 특성 평가

• 내열 특성 평가

20-5

• 암페어미터 : 전류량 측정

• 벨트텐션미터 : 장력 측정

• 마이크로미터 : 길이 측정

20-6

Firmware는 하드웨어(주로 보드)에 장착되는 프로그램을 의미

PART 02 3D 프린터 장치

핵심이론 01 노 즐

① 노즐(Nozzle)

   ㉠ 정의 : 단면적의 크기가 좁게 변화하면서 유체의 유속이 증가하게 하는 장치

   ㉡ 용도 : 스프레이, 사출성형의 사출구, 3D 프린터 소재 유출구

   ㉢ 원리(유량보존의 법칙)

   유량은 단면적과 유속의 곱으로 표현하며 닫혀 있는 유로 안에서는 어느 지점에서 측정하여도 유량의 변화는 없음. 유체의 질량보존의 원리에 해당

$$Q = AV = A_1 V_1 = A_2 V_2$$

$$(A : 유로의\ 단면적,\ V : 유속)$$

② 디퓨저(Diffuser)

   ㉠ 정의 : 단면적의 크기가 넓게 변화하면서 유체의 유속이 감속하며 압력을 높이는 장치

   ㉡ 용 도

    • 압력차를 이용하여 유체의 확산을 유발하는 장치

    • 공기 조화 장치(HVAC ; Heat, Ventilating, and Air-Conditioning 등)에 사용

   ㉢ 노즐과 디퓨저의 비교

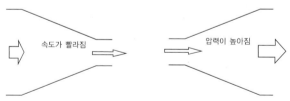

③ 3D 프린터에서의 노즐

   ㉠ 노즐을 사용하는 공정(FDM, Direct-Print, Jetting 등)에서 최종 성형품의 재료는 노즐을 통해 배출되어 적층

   ㉡ 제팅(Jetting) 방식에서의 노즐

    • 오리피스를 통해 액적을 분출하며 단면을 생성

    • 인쇄용 잉크젯 프린터와 비교하여 점도가 매우 높은 잉크를 이용한 잉크 분사를 연상할 수 있음

    • 제팅 방식의 종류

    – 열팽창에 의한 방식 : 히터를 이용해 유체의 부피 증가를 유발, 오리피스로 분출, 열변형 위험

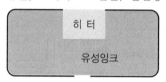

    히터에 열이 가해질 때 유체부분의 부피가 팽창하여 오리피스로 액상이 흘러나오는 원리

    – 압전 액추에이터 이용 방식 : 압전 박막을 이용해 부피를 미세변화, 오리피스로 분출, 전기신호를 이용하므로 반응이 빠르고, 열변형 없음

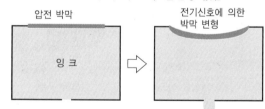

    – 바인더(Binder) Jetting

      ⓐ 소재가 아니라 접착제인 Binder를 Jetting. 제품 강도는 약하지만, 종이와 같은 얇은 재료와 다양한 색상 구현 가능

      ⓑ SLS처럼 별도의 서포트를 필요로 하지 않음. 주변의 접착되지 않은 재료가 서포터 역할을 감당

      ⓒ 재료의 강도가 약하지만, 다양한 색상을 연출할 수 있어, 모형(Concept Modeler)을 만드는데 적절

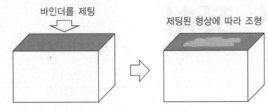

바인더를 제팅

제팅된 형상에 따라 조형

번 호	명 칭	설 명
1	본 체	노즐부 본체
2	투명창	출력이 진행되는 모습을 정면에서 볼 수 있는 투명창
3	팬 1	출력물 및 방열판 냉각용 팬
4	노 줄	프린트를 위한 노즐
5	히터 블록	노즐부의 필라멘트를 가열하는 부위
6	레벨링 센서 필러	베드 레벨링 시 센서 동작을 위한 필러

- 재료 공급 장치(스테핑모터, 풀리, 기어로 구성)

- 제팅 방식에서 노즐 설계 파라미터
  - 노즐의 직경 : 노즐의 직경에 따라 제팅 속도와 압력이 달라짐
  - 해상도(dpi ; dot per inch)
    ⓐ 1제곱인치 면적에 몇 개의 액적을 만들 수 있는지로 표현
    ⓑ 액적이 얼마나 정밀하게 형성되는지를 표현
  - 액적 생성 속도 : 오리피스로 분출되는 다음 액적이 얼마나 빨리 생성되는지
  - 노즐의 개수 : 한 번에 얼마나 많이 분출할 수 있는지
ⓒ FDM 방식에서의 노즐
  • 열가소성 필라멘트를 노즐에서 가열하여 토출시켜 적층하는 방식
  • 노즐 구성
    - 노즐 헤드(Hot End)[노즐 팁(Tip), 방열핀 등으로 구성]

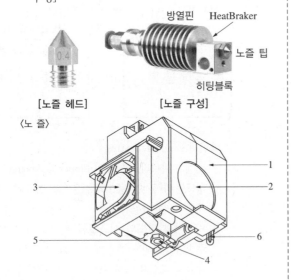

방열핀 HeatBraker

노즐 팁

히팅블록

[노즐 헤드]   [노즐 구성]

〈노 즐〉

- 그림 설명 : 4.에 감긴 필라멘트를 2.스테핑모터에 의해 3.풀리와 기어가 회전하면서 1.튜브로 필라멘트를 공급하여 노즐부로 보냄
• FDM 방식에서 노즐 설계 파라미터
  - 노즐의 직경 : 노즐 팁의 직경이 작을수록 정밀한 필라멘트를 토출할 수 있으나, 단위 면적을 가공하는 데 있어서 상대적으로 긴 성형 시간이 걸림
  - 팁과 조형 받침대 간격 : 적층 두께에 영향을 끼침
  - 동일한 팁을 사용하는 경우 재료에 따라 토출필라멘트 직경, 적층 두께가 달라짐
  - 팁의 교체 가능 여부
  - 노즐 팁의 길이
    ⓐ 노즐 팁의 길이가 짧으면 상대적으로 온도 제어하기가 용이

      ⓑ 노즐 팁 길이가 길어지면 상대적으로 균일하지
         않은 온도 분포가 발생해서 온도제어가 쉽지 않
         지만 자유 곡면과 같이 복잡한 곡면 위에도 프린팅
         하는 것이 가능
      ⓒ 현재 상용은 위의 팁 사진과 같이 짧은 것만 판매

- **FDM 방식의 특징**
  - 열가소성 재료를 사용하기 때문에 다른 공정에 비해서 상용 노즐 팁과 이송 장치 등으로 비교적 간단한 장비를 구성할 수 있음
  - 열가소성 재료 개발은 상대적으로 용이함
  - 그러나 열가소성 재료 이외의 다른 종류의 재료를 사용할 수 없음
  - 액상 혹은 페이스트와 같은 재료는 사용할 수가 없음

㉣ DP(Direct-Print, DW ; Direct-Write) 방식

- **특 징**
  - FDM과 비슷하나 액상이나 페이스트 재료 사용 가능
  - Heater 부분의 설계에서 자유로울 수 있음
  - 재료가 담겨진 노즐장치에 압력을 가해서 재료 토출
  - 다중 재료 사용에 유리하고 공압을 이용한 토출 방식 사용
  - 장점 : 다양한 크기 및 모양의 주사기와 팁이 이미 많이 상용화가 되어 있어서 쉽게 구매해서 조립할 수 있음. 가격이 상대적으로 저렴하고 다양한 형태의 팁을 주문 제작할 수 있음
  - 단점 : 재료의 유동성으로 인해서 필라멘트가 형성되고 난 뒤에 변형이 일어날 수 있기 때문에 시간에 따라 성형품의 품질이 떨어질 수 있음

- **보완책**
  - 토출이 되고 난 다음에 필라멘트의 변형이 일어나기 전에 2차적인 방법으로 재료를 경화시킴. 이 방법의 단점은 재료의 수축이 생길 수 있음
  - 공정상 필라멘트를 경화시키는 방법. 주로 광경화성 재료를 사용하고 재료가 토출이 되고 난 다음에 곧바로 자외선 혹은 가시광선을 조사하여 경화. 이 방법의 단점은 경화가 빠르고 노즐 내부까지 경화를 유발하여 노즐 막힘의 우려가 있음

- **토출 방식**
  - 스크루 회전 압출식
    - ⓐ 공압에 의해 헤드 내부로 재료가 이송

      ⓑ 스크루가 회전하면서 재료 사출기와 같이 이송
         된 재료를 밀어서 토출하는 방식
      ⓒ 높은 점도의 재료 사용 시 유리
      ⓓ 구조가 복잡하여 가격이 높음

- 공압식
  - ⓐ 주사기의 피스톤을 공압으로 밀어서 재료를 토출하는 방식
  - ⓑ 외부에서 공급이 되는 공기압을 필터와 제어밸브(Regulator)를 통해서 적정 압력으로 조절하고 이를 이용해서 피스톤을 움직여 재료를 토출
  - ⓒ 높은 점도 재료의 사용에 한계가 있으나 구조가 간단하여 저렴함

- **용 도**
  - 유동성이 있는 재료는 모두 적용 가능하여 다양한 방식이 연구되고 있음
  - 음식물 프린터 등에서 활발히 사용 중
  - 재료의 활용도가 매우 높은 방식

- **DP 방식의 노즐 설계 파라미터**
  - 노즐 팁 내경 : 필라멘트 크기를 결정
  - 노즐 팁 외경 : 토출된 필라멘트와 간섭을 일으켜 형상 변화를 초래
  - 필라멘트의 점도 : 점도와 사용할 속도에 따라 노즐 크기 조정
  - 노즐 팁의 길이 : 성형물과의 간섭 고려
  - 압력 방식(공압식, 스크루 방식)
  - 노즐 팁의 재료 : 금속, 플라스틱 등
  - 노즐 팁의 단면 : 원형, 각형, 타원형

[핵심예제]

1-1. 다음 중 유량을 나타내는 식으로 옳은 것은?(단, Q : 유량, P : 압력, A : 관의 단면적, V : 유체의 속도이다)

① $Q = P \times A$ ② $Q = P \times V$

③ $Q = A \times V$ ④ $Q = A \, / \, P$

정답 ③

1-2. 노즐을 통과하는 유체의 입구 유속(V_{in})과 출구 유속(V_{out}) 사이의 관계로 옳은 것은?

① $V_{in} = V_{out}$ ② $V_{in} \geq V_{out}$

③ $V_{in} > V_{out}$ ④ $V_{in} < V_{out}$

정답 ④

1-3. 액적(Droplet)을 생성하여 연속적인 분사에 의해 원하는 단면형상을 제작하는 제팅 방식의 노즐 기술이 아닌 것은?

[2018년 1회]

① 압전 제팅   ② 버블 제팅

③ 열팽창 제팅   ④ 파우더 제팅

정답 ④

1-4. FDM 방식의 노즐에 대한 설명으로 옳지 않은 것은?

[2018년 1회]

① 단면적의 크기가 넓게 변화하면서 유체의 유속이 증가하게 하는 장치이다.

② 최종 성형품의 재료는 노즐을 통해 배출되어 적층된다.

③ 노즐 헤드(Hot End)와 재료 공급 장치로 구성된다.

④ 재료 공급 장치는 스테핑모터, 풀리, 기어로 구성된다.

정답 ①

1-5. 3D 프린터 노즐에 대한 설명으로 틀린 것은? [2018년 1회]

① 노즐은 단면적 크기가 변화하면서 유체 유속을 증가하게 하는 장치로 보통 파이프나 튜브형상이다.

② 노즐 팁의 길이가 길어지면 상대적으로 균일하지 않은 온도 분포가 발생해서 온도제어가 쉽지 않다.

③ 노즐은 유체의 속도가 감소하며 압력이 증가하는 데 사용하는 장치로 고속의 유체를 저속으로 바꾸면서 다양한 목적으로 사용된다.

④ 노즐 팁의 직경이 작을수록 정밀한 필라멘트를 토출할 수 있으나, 단위 면적을 가공하는 데 있어서는 상대적으로 성형시간이 길어진다.

정답 ③

[핵심예제]

1-6. FDM 방식 3D 프린터의 부품 중 노즐에 관한 설명으로 옳은 것은?

[2019년 4회]

① 액체상태의 재료를 사용할 수 있다.

② 재료의 액적을 형성하여 분사시킨다.

③ 토출 후 UV 광선을 이용하여 경화시킨다.

④ 열가소성 수지를 용융시켜 밀어서 토출한다.

정답 ④

해설

1-1

유량은 연속의 법칙을 적용한다.

$Q = AV = A_1 V_1 = A_2 V_2$

1-2

단면적의 크기가 좁게 변화하면서 유체의 유속이 증가하게 하는 장치이다

1-3

④ 파우더는 액적을 생성한 상태가 아니다.

제팅에는 열팽창에 의한 방식, 압전 액추에이터 이용 방식, 바인더(Binder) Jetting이 있다. 버블 제팅은 열팽창 방식에 속한다.

1-4

단면적의 크기가 좁게 변화하면서 유체의 유속이 증가하게 하는 장치이다.

1-5

노즐은 단면적의 크기가 좁게 변화하면서 유체의 유속이 증가하게 하는 장치이다.

1-6

①, ②, ③의 방식은 Jetting Nozzle 방식에서 사용한다.

핵심이론 02 | 노즐 설계 규격서 작성 및 설계

① 노즐 설계 규격서

　㉠ 성 능

　　• 성형물의 품질

　　　- 품질 우선의 경우, 작은 직경 노즐 사용

　　　- 액적 또는 필라멘트 사이즈가 작으면 표면 거칠기 정도(精度) 상승

　　　- Jetting 방식 : DPI로 성능 확인, FDM 방식 : $100\mu m$ 정도가 최소, DP 방식 : $50\mu m$ 정도 사용 가능

　　• 성형속도

　　　- 노즐의 직경이 작을수록 속도가 느림

　　　- 제팅 방식은 해상도와 이송속도에 영향

　㉡ 크 기

　　• 노즐 팁의 직경 : 성능과 연관

　　• 노즐 팁의 길이

　　　- 장치 전체 구성과 관련

　　　- FDM 방식은 다른 기계, 성형품과의 간섭을 고려

　　　- DP 방식은 재료의 종류에 따라 길이 결정(점성이 높으면 짧은 노즐)

　　• 노즐 헤드의 크기 및 중량

　㉢ 재료 토출속도

　　• Jetting 속도 : 제팅속도는 생산성에 영향을 미치는 것으로 1초당 생성 가능한 최대 액적의 수에 대한 정보를 제공(단위 : Hz)

　　• FDM 토출속도 : 재료 공급 속도에 따라 속도가 정해짐

　　• DP 토출속도 : DP 방식에서는 공기압 혹은 스크루의 회전으로 재료가 토출이 되기 때문에 최대 공기압 및 최대 스크루 회전속도에 대한 정보 제공 필요

　㉣ 수량 : 노즐을 몇 개 사용하는 제품인지

　㉤ 비용 : 생산 비용, 시스템 비용, 전체 시스템 중 헤드 비용

　㉥ 노즐 가공 재료 : 어떤 재료로 노즐을 만드는지

　㉦ 마감 : 작동환경을 고려하여 마감 재료와 방법 지정

　◎ 사용 가능 재료

　　• 제팅 방식

　　　- 주로 광경화성, 고점도 재료가 사용

　　　- 모델 재료와 서포트 재료(물에 세척가능), 다중 재료의 사용 가능

　　　- 모델 및 서포트 재료는 토출이 되고 난 후 자외선 경화됨

　　• FDM 방식 : 열가소성 재료 사용(노즐 헤드의 온도 동작 범위 고려)

　　• DP 방식 : 유동 재료 사용(점도 높은 재료는 토크 고려)

　㉧ 유지 관리 : 세척의 경우 세척주기, 세척액, 세척 방법 명시

　㉨ 수명 : 소모품인 노즐의 교체 주기와 제품 제작비용 등이 연관

　㉩ 안전사항 : 제팅 방식의 경우 UV에 유의, FDM 방식에서는 고온에 유의

　㉫ 운용 환경 : 온도, 습도, 노즐 구동 전기파워, 공압 압력, 공압기기 필터 메시 크기, 보호막, 액적 발생 동작 주파수(Jetting 방식), 동작 온도(FDM 방식)

　㉬ 노즐 온도 : 사용 가능한 재료의 녹는점을 바탕으로 노즐 온도가 정해져야 하며, 오차 범위 내에서 작동하여야 하므로 오차 범위 기재

② 노즐 설계 제작도

　㉠ 부품도

　　• 각 부품마다 부품도가 필요

　　• 제작이 가능한 상세 정보 포함

　　• 부품의 구조, 형상, 재료, 치수, 마감, 공차 등을 포함해야 함

　　• 세부 구조가 있을 경우 상세도 포함

　㉡ 조립도 : 완성품을 만들기 위해서 필요한 모든 부품을 포함하며, 조립에 대한 과정 및 동작 범위 등이 포함

③ 노즐 평가 항목

　㉠ 제팅 방식 : 노즐의 치수, 동작 주파수, 막힘 여부 등

　㉡ FDM 방식 : 노즐의 치수, 노즐 온도, 재료 토출속도, 막힘 여부 등

　㉢ DP 방식 : 노즐의 치수, 재료 토출속도, 팁 끝 잔여재료 여부 등

④ 노즐 평가 방법
  ㉠ 노즐의 치수
    • 직접 측정 : 마이크로미터, 주사현미경 등을 이용하여 노즐을 직접 측정
    • 간접 측정 : 액적 혹은 필라멘트를 측정. 이송속도와 토출속도로 크기가 달라질 수 있어 함께 설정하여 측정
  ㉡ 액적 생성속도 : 액적 생성속도는 액추에이터의 변형 주파수에 영향이 있어 고속카메라를 이용하여 생성되는 액적을 측정
  ㉢ 필라멘트 토출속도 : 속도가 높지 않아 일반 카메라로 측정
  ㉣ 노즐 온도 : 적외선 측정기 등을 이용하여 비접촉식으로 측정
  ㉤ 막힘 : 실험을 통하여 통계적 방법을 이용

[핵심예제]

2-1. 노즐 설계 규격서에 들어가지 않는 내용은?

① 수 량
② 가 격
③ 노즐크기
④ 토출속도

정답 ②

2-2. 노즐의 규격 중 성능에 가장 영향을 주는 것은?

① 팁의 직경
② 팁의 길이
③ 헤드의 무게
④ 헤드의 크기

정답 ①

2-3. 노즐 설계 제작서 노즐 평가 항목에서 FDM 방식의 평가 항목이 아닌 것은?

① 노즐의 치수
② 노즐 온도
③ 재료 토출속도
④ 사용주파수

정답 ④

2-4. 노즐 치수를 간접적으로 측정하려고 할 때 적당한 방법은?

① 마이크로미터로 측정한다.
② 주사현미경을 이용한다.
③ 액적 혹은 필라멘트를 이용하여 측정한다.
④ 이송속도와 토출속도를 다르게 하여 측정한다.

정답 ③

해설

2-1
노즐 설계 규격서에는 가격 대신 생산 비용, 시스템 비용, 전체 시스템 중 헤드 비용이 들어간다.

2-2
노즐의 크기 규격 중 노즐 팁의 직경은 성능과 연관되어 있다.

2-3
FDM 방식의 노즐 평가 항목은 노즐의 치수, 노즐 온도, 재료 토출속도, 막힘 여부이다.

2-4
노즐의 치수
• 직접 측정 : 마이크로미터, 주사현미경 등을 이용하여 노즐을 직접 측정
• 간접 측정 : 액적 혹은 필라멘트를 측정. 이송속도와 토출속도로 크기가 달라질 수 있어 함께 설정하여 측정

핵심이론 03 3D 프린팅의 광학기술

광학 기술을 적용하는 3차원 프린팅 방식
광조형(Stereolithography) 및 선택적 소결(Selective Laser Sintering), 박판 성형(Laminated Object Manufacturing) 공정 등

① 광조형(SLA) 프린팅
  ㉠ 공정 : 광경화성 수지를 컨테이너에 넣고 자외선 혹은 가시광 레이저의 집광된 빔을 재료 표면 위에 주사함으로써 재료를 경화시켜 단면을 생성하고 이를 적층하여 최종적으로 3차원 성형품을 제조. 주사(Scanning) 방식과 전사(Projection) 방식이 있음
  ㉡ 주사 방식
    • 집광된 레이저 빔을 이용해서 수지 표면을 주사(Scanning) 혹은 해칭(Hatching)하여 빛이 닿은 부위의 수지를 광경화시켜 고체 단면을 형성
    • 광원 장치, 주사 장치, 집광 장치가 필요
    • 광원 : 주로 자외선 레이저 사용. 자외선 파장대에서 광경화 반응을 하는 재료 사용
    • 광 전달 순서

      광원 → 집광 장치/광학계 → 주사 장치를 통한 주사 → 수지의 광경화

  ㉢ 전사 방식
    • 단면을 한꺼번에 경화하는 방식
    • 패턴 형성기를 이용하여 생성된 광 패턴을 수지 표면 위에 초점을 이루게 하여 조사
    • 광 전달 순서

      광원 → 광학계 → 패턴형성기/초점광학계 → 수지의 광경화

    • 광원, 광학계, 패턴 형성기/초점광학계가 필요
  ㉣ 광원 : 주로 자외선 레이저 사용
② 선택적 소결 공정(SLS)
  ㉠ 공정 : 주로 높은 에너지의 적외선 레이저를 이용하여 재료 체임버에 담겨진 고분자 파우더를 소결 혹은 용융시켜 단면을 형성하고 최종적으로 3차원 성형품을 제작
  ㉡ 용도 : 공기 조화 장치(HVAC ; Heat, Ventilating, and Air-Conditioning 등)에 사용

  ㉢ 광원 : 열에너지를 이용해서 재료를 소결 혹은 용융시키므로 주로 적외선 레이저를 사용
③ 레이저 반응
  ㉠ 광 스펙트럼

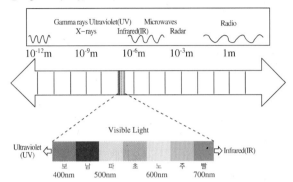

  • 자외선 레이저의 파장대는 가시광보다 짧고, 적외선 레이저의 파장대는 가시광보다 김
  ㉡ 광조형에서 사용하는 레이저
    • 광조형에 사용하는 재료에는 광 개시제를 포함
    • 광 개시제 반응 순서

      광 노출 → 라디칼(Radical) 생성 → 라디칼과 단량체(Monomer) 결합 → 라디칼(Radical)로 다시 생성(라디칼 성장) → 폴리머(Polymer) 생성

    • 광 개시제의 파장대는 넓지만, 선택하는 단파장인 레이저는 광 개시제 파장대 안에 포함되어야 함
    • 레이저의 파워가 높을수록 고속주사 가능(수지표면에서의 파워 보통 1W)
    • 대표적인 레이저
      - 325nm 파장대의 헬륨-카드뮴(He-Cd)
      - 354nm 파장대의 Neodymium doped Yttrium Orthovanadate(Nd:YVO4)와 같은 고체 레이저

[핵심예제]

3-1. SLA 방식 3D 프린터에서 광 전달 순서가 올바르게 나열된 것은? [2018년 1회]

ㄱ. 광 원
ㄴ. 주사 장치
ㄷ. 수지표면
ㄹ. 광학계/집광 장치

① ㄱ → ㄴ → ㄷ → ㄹ
② ㄱ → ㄴ → ㄹ → ㄷ
③ ㄱ → ㄹ → ㄴ → ㄷ
④ ㄱ → ㄹ → ㄷ → ㄴ

정답 ③

3-2. 3D 프린팅에서 선택적 소결을 위해 사용하는 광원의 종류는?

① 적외선　　　　　② 자외선
③ 가시광선　　　　④ X선

정답 ①

3-3. Photopolymerization 방식(a)과 Power Bed Fusion 방식(b) 3D 프린터에 주로 사용되는 광원의 파장 영역은? [2019년 4회]

① a : 자외선, b : 자외선
② a : 자외선, b : 적외선
③ a : 적외선, b : 자외선
④ a : 적외선, b : 적외선

정답 ②

해설
3-1
광조형 3D 프린터 광 전달 순서

광원 → 집광 장치/광학계 → 주사 장치를 통한 주사 → 수지의 광경화

3-2
선택적 소결을 위해 열을 집중하며 열 온도가 높은 적외선 레이저를 사용한다.
3-3
Photopolymerization은 광조형 방식으로 주로 자외선 레이저를 사용하고, Power Bed Fusion은 레이저 열을 이용하여 용융 조형하므로 적외선을 사용한다.

핵심이론 **04**　　**광학계의 구조**

① 주사 방식의 광학계
　㉠ 역 할
　　• 광원으로부터 생성된 레이저 빔을 최종적으로 재료 표면에 집광하고 또한 주사하는 역할
　　• 재료 표면을 광학계의 초점면과 동일하게 하고 동시에 요구되는 빔의 크기를 제어하는 역할
　　　– 레이저 빔의 크기

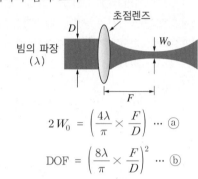

$$2W_0 = \left(\frac{4\lambda}{\pi} \times \frac{F}{D} \right) \cdots ⓐ$$

$$DOF = \left(\frac{8\lambda}{\pi} \times \frac{F}{D} \right)^2 \cdots ⓑ$$

　　　* DOF(Depth Of Focus) : 초점 심도, 초점 깊이, 초점이 맺어지는 한계
　　• 레이저 빔 크기 감소 방안
　　　– 레이저의 파장대가 짧고, 초점 거리가 짧으며, 레이저 광의 직경이 크면 클수록 집광된 광의 빔의 크기(W_0)는 작아짐
　　　– 레이저는 단파장이기 때문에 레이저의 종류가 결정이 되면, 파장대는 변화할 수가 없으므로 설계 가능한 변수는 광학계의 초점 거리(F)와 레이저의 입력 직경(D)
　　　– 레이저 헤드로부터 나오는 빔의 크기는 일정하지만 특정 광학계를 사용하면 그 직경을 크게 할 수 있으며 직경이 커지면 DOF 감소
　　　– 레이저 빔의 직경이 작아지면 최소 성형 크기, 가공 해상도가 높아지고 에너지 집중도가 높아져 정밀 제품 성형이 가능하나 가공시간이 길어짐

ⓛ 광학계의 주요구성물

- 빔 익스펜더
  - 레이저 빔의 단면이 작을수록 작은 성형도 가능하고, 가공 해상도가 높아져 정밀해지며 에너지 집중도는 높아지나 가공경로는 길어짐 → 적절한 작업시간을 고려하기만 하면 빔의 단면을 작게 할 필요 있음
  - 레이저 빔의 직경을 작게 하기 위해 ⓐ식의 D를 크게 하는 방법으로 빔 익스펜더를 사용
  - 그림과 같이 볼록경 두 개를 이용하여 D'을 크게 하는 방식

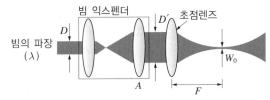

  - 그림의 A가 뒤로 물러날수록 D'이 커져 W_0가 좁아져 에너지 집중도가 높아짐
  - 빔의 광분포를 균일하게 만드는 역할도 함

- 반사경
  - 빔의 경로를 길게 하거나 경로를 변경하는 용도로 사용
  - 반사경의 정렬(Alignment)이 틀어지게 되면 재료 표면의 빔의 위치는 큰 오차를 가짐
  - 반사경을 정렬할 경우에는 가능한 먼 거리의 목표 위치를 설정하고 정렬 과정을 진행
  - 레이저의 파장대에 따라서 전반사가 일어나도록 표면에 특수 코팅을 함

- 주사 장치
  - 정렬된 광을 원하는 재료 표면 위에 도달하도록 위치제어를 수행하며, 동시에 속도 및 가속도를 제어하는 역할
  - 2차원 평면상에서의 레이저 빔의 위치를 제어하기 위해서 X, Y 2개의 모터를 사용하여 반사경을 회전시킴

- 초점 렌즈
  - 초점 렌즈를 사용하여 렌즈의 입사각에 따라 초점 위치를 보정

  - 초점 렌즈는 빌드 영역의 크기에 따라 크기 및 초점 거리 선정
  - 가공 전 영역에서 재료 표면이 초점면과 일치되게 하기 위해서 특수 렌즈를 사용

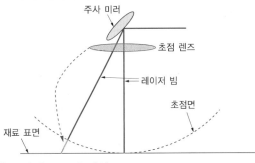

ⓒ 빌드 사이즈 고려 사항

- 빌드 사이즈에 따라 광학계 설계는 영향을 많이 받음
- 전 영역에 초점이 생성되도록 초점렌즈를 사용해야 함
- 레이저 빔은 입사각에 따라 원형 단면에서 타원형 단면으로 바뀌게 되므로 레이저 주사 경로 생성 시 고려 필요

- 초점면
  - 빌드 사이즈에 따라서 재료 표면에 초점이 생길 수 있도록 초점 렌즈를 적절히 설계

- 레이저 빔 모양
  - 레이저 빔의 모양은 재료 표면에 입사하는 각도에 따라서 변형

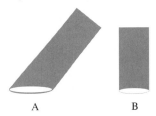

  - 같은 빔일 때 주사 각도에 따라 단면적이 달라짐
  - 레이저 빔의 단위 면적당 에너지 및 단면 크기의 변화를 고려하여 주사 경로 및 속도제어 필요
  - 특수 광학계를 이용하여 빔의 모양을 어느 정도 일정하게 유지 가능

- 레이저 빔의 유효 직경 및 에너지 분포
  - 레이저 빔의 주사 위치에 따라서 에너지 분포가 달라짐
  - 에너지 분포를 측정하여 빔 직경 산정 가능

ⓔ 렌즈 방정식

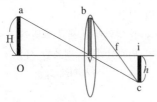

- 물체와의 거리(O), 이미지와의 거리(i), 초점거리(f) 의 관계

$$\frac{1}{O} + \frac{1}{i} = \frac{1}{f}$$

- 관계식은 그림의 △aOv와 △civ의 비례관계, △bfv와 △cfi의 비례관계를 이용하여 유도함

  (유도식까지는 출제되지 않을 듯하여 생략함)

② 전사 방식에서의 광원 및 광학계의 구조

ⓐ 광 원

- 광원의 파장대는 사용한 재료의 광 개시제의 반응 파장대 내에 있어야 함
- 광 패턴 형성기에 광을 입사시켜 광 패턴을 만들기 때문에 광 패턴을 만들기에 충분히 큰 광이 입사되어야 함
- 레이저보다 상대적으로 큰 면적의 광을 만들 수 있고, 다양한 에너지 피크가 존재하는 램프광[수은(Mercury) 램프]을 일반적으로 사용

Mercury lamp

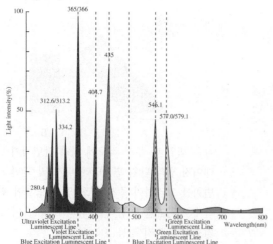

[출처 : http://www.jnoptic.com/biz/light-source]

- 광의 파장대가 넓으면 넓을수록 광의 오차가 발생하여 특정 영역의 파장대만 추출하기 위해서 필터(Filter)를 사용해 365nm, 405nm의 파장대(자외선 영역)를 많이 이용함

ⓑ 광학계

- 패턴 생성기
  - LCD(Liquid Crystal Display)와 DMD(Digital Micromirror Device)로 분류[최근 채움률(Fill Factor) 및 효율로 인해 DMD를 더 많이 사용]
  - LCD와 DMD 모두 백색과 흑색으로 이루어진 비트 맵 이미지를 패턴제어기에 보내어 특정 영역의 빛을 투과 혹은 반사하여 광 패턴을 생성
  - LCD는 액정들의 배치를 제어해서 특정 셀에서 빛을 투과시키거나 막아 광 패턴 형성
  - DMD는 미세한 마이크로미러(Micro-mirror)가 특정 방향으로 회전, 빛의 반사 경로를 제어하여 특정 패턴을 형성
- 릴레이 렌즈/반사경
  - 광학 설계를 통해서 렌즈 사이의 거리가 정해지며 광 패턴을 광경화성 수지 표면 방향으로 굴절시키기 위해서 반사경이 사용
- 전사 렌즈(Projection Lens) : 빔 프로젝터에서 이미지 출력을 하듯이 광 패턴의 초점이 수지 표면에 맺히게 함

핵심예제

4-1. 다음 주사식 광학계에 대한 설명 중 옳지 않은 것은?

① 레이저의 파장대가 짧으면 집광된 광의 빔 크기는 작아진다.
② 초점 거리가 짧으면 집광된 광의 빔 크기는 작아진다.
③ 레이저 광의 직경이 작을수록 집광된 광의 빔 크기는 작아진다.
④ 집광된 광의 빔 크기는 작아지면 에너지 집중도는 높아진다.

정답 ③

4-2. SLA 방식 3D 프린터 광학계 중 재료 표면에서 레이저 빔의 직경을 작게 하는 것들로 올바르게 묶인 것은? [2018년 1회]

> a. 마스크
> b. 초점렌즈
> c. 반사경
> d. 빔 익스팬더

① a, b
② b, c
③ b, d
④ c, d

정답 ③

4-3. 다음 전사 방식의 광학계에 대한 설명으로 옳지 않은 것은?

① 충분히 큰 광이 입사되어야 한다.
② 수은(Mercury)램프를 많이 사용한다.
③ 365nm, 405nm의 파장대를 많이 사용한다.
④ 광원의 파장대는 사용한 재료의 광개시제의 반응 파장대 밖에 있어야 한다.

정답 ④

4-4. 전사식 광학계의 패턴 생성기로 마이크로미러(Micro-mirror)가 특정 방향으로 회전, 빛의 반사 경로를 제어하는 방식은? [2019년 4회 35번 관련]

① LCD
② LED
③ DMD
④ HVAC

정답 ③

4-5. 초점면에서의 레이저 빔의 크기(W)와 레이저의 파장(a), 광학계로 입사하기 전의 레이저 빔의 직경(D) 및 광학계의 초점 거리(F) 간의 상관관계식으로 옳은 것은? [2018년 1회]

① $W = \left(\dfrac{4\pi}{a} \times \dfrac{F}{D}\right)^2$
② $W = \left(\dfrac{4\pi}{a} \times \dfrac{D}{D}\right)^2$
③ $W = \left(\dfrac{4a}{\pi} \times \dfrac{F}{D}\right) \times \dfrac{1}{2}$
④ $W = \left(\dfrac{4a}{\pi} \times \dfrac{D}{F}\right) \times \dfrac{1}{2}$

정답 ③

4-6. 광학모듈 설계 시 고려해야 할 사항으로 틀린 것은? [2018년 1회]

① 주사 방식에서는 전 영역에 고르게 초점이 생성될 수 있도록 초점렌즈를 사용한다.
② 가공 전체 영역에서 초점면을 재료 표면과 일치시키기 위해서 특수 렌즈를 사용한다.
③ 액상소재 성형을 위한 광학모듈 설계에서 광원의 파장대는 액상소재의 광개시제의 파장보다 커야 한다.
④ 전사 방식의 광원은 램프광을 많이 사용하고 광의 파장대가 넓으면 넓을수록 광의 오차가 많이 발생한다.

정답 ③

4-7. 광학계의 주요 구성물에 대한 설명으로 옳지 않은 것은?

① 빔 익스펜더를 사용하면 에너지 집중도를 조절할 수 있다.
② 반사경은 빔의 경로를 길게 하거나 변경하는 데 사용한다.
③ 초점 렌즈는 가공 전 영역에서 재료 표면이 초점면과 일치되도록 특수렌즈를 사용한다.
④ 레이저 빔 에너지 분포는 레이저 빔 주사 위치와는 무관하다.

정답 ④

4-8. 광학렌즈의 초점거리가 50mm이고, 렌즈로부터 물체까지의 거리가 1m일 때, 렌즈로부터 이미지가 맺히는 거리는 약 얼마인가? [2019년 4회]

① 47.6mm
② 50mm
③ 52.6mm
④ 100mm

정답 ③

해설

4-1
레이저의 파장대가 짧고, 초점 거리가 짧으며, 레이저 광의 직경이 크면 클수록 집광된 광의 빔 크기(W_0)는 작아진다.

4-2
레이저의 파장대가 짧고, 초점 거리가 짧으며, 레이저 광의 직경이 크면 클수록 집광된 광의 빔 크기(W_0)는 작아진다.
• 초점 렌즈의 종류에 따라 초점 거리가 달라진다.
• 빔 익스팬더를 이용하여 레이저 광 직경을 크게 할 수 있다.
• 반사경은 레이저 빔의 직진성에 관련된다.

4-3
• 광원의 파장대는 사용한 재료의 광 개시제의 반응 파장대 내에 있어야 한다.
• 광 패턴 형성기에 광을 입사시켜 광 패턴을 만들기 때문에 광 패턴을 만들기에 충분히 큰 광이 입사되어야 한다.

4-4

전사식 광학계 패턴 생성기

- LCD(Liquid Crystal Display)와 DMD(Digital Micromirror Device)로 분류
- LCD는 액정들의 배치를 제어해서 특정 셀에서 빛을 투과시키거나 막음으로써 광 패턴 형성
- DMD는 마이크로미러(Micro-mirror)가 특정 방향으로 회전하여 빛의 반사 경로를 제어

4-5

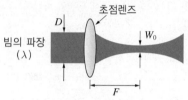

$$2W_0 = \left(\frac{4\lambda}{\pi} \times \frac{F}{D}\right), \ DOF = \left(\frac{8\lambda}{\pi} \times \frac{F}{D}\right)^2$$

4-6

광원의 파장대는 사용한 재료의 광 개시제의 반응 파장대 내에 있어야 한다.

4-7

레이저 빔의 유효 직경 및 에너지 분포

- 레이저 빔의 주사 위치에 따라서 에너지 분포가 달라진다.
- 에너지 분포를 측정하여 빔 직경 산정이 가능하다.

4-8

다른 조건을 고려하지 않고 일반적인 얇은 렌즈라고 간주하고 물체와의 거리(O), 이미지와의 거리(i), 초점거리(f)의 관계를 얇은 렌즈 공식에 수식적으로 대입하면,

$$\frac{1}{O} + \frac{1}{i} = \frac{1}{f}$$

(물체와 초점이 서로 렌즈 반대쪽에 있으므로)

$$\frac{1}{1,000} + \frac{1}{i} = \frac{1}{50}, \ i = \frac{1,000}{19} ≒ 52.6$$

핵심이론 05 | **광학 설계 규격서 작성 및 설계**

① 광학 설계 규격서

ㄱ 성 능
- 성형물의 품질
  - 레이저 빔의 직경이 작을수록 좋으나 가공시간이 늘어나므로 가공시간 조절을 위해 테두리(외곽)는 작은 빔, 내부는 큰 사이즈 빔을 사용
  - 동일한 광학계에서 빔 사이즈를 조절 가능. 특수렌즈 필요
- 성형속도 : 램프를 이용하는 전사 방식에서 복잡하고 단면적이 큰 경우 주사 방식과 비교해 가공속도가 현저히 빠름

ㄴ 광 원
- 사용 가능한 광경화성 수지의 반응 파장대에 맞춰 설계
- 광원의 에너지가 높으면 가공속도 상승
- 빔의 크기, 모양도 규격서에 포함할 것

ㄷ 가공속도
- 주사 미러의 회전속도 및 가속도가 가공속도에 직접적인 영향을 끼침
- 광원의 출력과 재료의 경화속도는 주사속도에 영향을 끼침
- 전사시간은 재료의 경화속도에서 영향을 받음
- 전사 방식이 가공속도가 높음

ㄹ 수량 : 레이저 개수만큼 광학계 설치 필요. 빌드 사이즈에 따라 결정

ㅁ 비용 : 전체 시스템 중 광원, 광학계 비중이 커서 전체 시스템 가격을 고려하여 광원비용을 산정(광원 최대 사용시간도 비용에 고려)

ㅂ 광학계 재료
- 광학계 재료 선정 시 광원의 파장대별 투과율, 반사율 등 고려
- 렌즈의 경우 Anti Reflection(AR) 코팅이 되어 많은 양의 에너지가 통과하도록 함
- 반사경의 경우 전반사가 일어나게 코팅이 되어 있어야 함

ㅅ 마감 : 3D 프린터는 정밀도를 요구하므로 광학계는 매우 높은 마감 수준을 요구

◎ 사용 가능 재료 : 광원 대비 사용 가능한 재료의 정보를 규격서에 포함시키거나, 사용 가능한 재료를 바탕으로 광원을 설계 및 선정할 수도 있음

② 유지 관리
  • 정기 세척 주기, 세척액, 세척 방법에 대해서 명시
  • 광학계는 보통 먼지 등의 외부 영향을 제거하기 위해 밀폐 공간에 설치

③ 수명 : 광원의 수명을 적시하며, 광학계의 코팅 수명도 명시

⑦ 안전사항 명시 : 높은 에너지 주의, 광원 직접 노출 주의, 보안경, 복장 등 주의사항 기재

⑤ 운용 환경 : 온도, 습도를 포함한 광학계 구동을 위한 전기 출력 명시

② 노즐 설계 제작도 및 평가 항목
  ⑦ 부품도와 조립도 필요(핵심이론 02 참조)
  ⑥ 각 방식별 노즐 평가 항목(핵심이론 02 참조)

③ 광학계 평가 항목
  ⑦ 주사 방식 공정
    • 레이저 빔 초점의 크기 : 최소 가공 크기와 정밀도를 가늠할 수 있음
    • 레이저 빔의 모양
    • 전 영역에 대한 레이저 빔의 파워(출력)
    • 주사 장치의 정밀도
    • 주사 장치의 속도
  ⑥ 전사 방식 공정
    • 광 패턴의 정밀도 : 광 패턴이 원하는 대로 결상되었는지를 평가
    • 광 패턴 파워 : 전 영역에 대해 빔 파워가 일정한지를 평가

④ 광학계 평가 방법
  ⑦ 주사 방식 공정
    • 빔 프로파일러(Beam Profiler) 혹은 빔 이미저(Beam Imager) 등으로 레이저 빔 초점의 직경의 크기, 빔의 모양 및 파워를 측정
    • 미리 준비한 시편 모델을 직접 가공하고 그 크기를 다양한 측정 방법으로 측정하여 간접적으로 레이저 빔에 대한 크기, 모양, 파워 등도 측정할 수 있는 방법이며, 주사 정밀도 평가와 함께 실시

• 주사 장치의 속도 : 광원의 파워를 고정시키고 시편을 제작해서 경화 혹은 소결/용융이 되었는지를 실험함으로써 간접 측정

⑥ 전사 방식 공정
  • 광 패턴의 정밀도
    – 표준 시편을 제작해서 그 치수 및 오차를 측정하여 광 패턴의 정밀도를 평가
    – 빔 프로파일러를 이용하여 측정할 경우, 광 패턴의 크기를 프로파일러가 측정 가능한 크기로 줄여서 직접 측정이 가능
  • 광 패턴 파워 : 빔 프로파일러를 이용해서 특정 위치의 광 패턴 파워 밀도를 측정함

[핵심예제]

5-1. 광학식 3D 프린터의 설계 규격에 기재하지 않는 것은?

① 가공속도　　　　　　② 제품의 가격
③ 레이저의 개수　　　　④ 사용가능 재료

정답 ②

5-2. 광학식 3D 프린터에서 성형물의 품질에 대한 설명으로 옳지 않은 것은?

① 레이저 빔의 직경이 작을수록 좋다.
② 레이저 빔의 직경이 작을수록 가공시간이 늘어난다.
③ 가공시간 조절을 위해 내부에 큰 사이즈 빔을 사용한다.
④ 동일한 광학계에서는 빔 사이즈를 조절할 수 없다.

정답 ④

5-3. 광학식 3D 프린터의 설계 규격서의 광원에 대해 기재하는 것으로 묶인 것은?

① 광원 에너지 - 빔 크기
② 광원 에너지 - 가공속도
③ 가공속도 - 빔 크기
④ 가공속도 - 빔 모양

정답 ①

5-4. 광학식 3D 프린터 설계 규격서에 비용 기재 시 고려할 사항으로 가장 거리가 먼 것은?

① 전체 비용　　　　　　② 광원의 비용
③ 광원의 수명　　　　　④ 형상공차

정답 ④

5-5. 다음 중 광학식 3D 프린터의 설계 규격의 안전사항에 기재하기에 가장 적당한 것은?

① 배출 방사능 수치　　　② 제품의 크기
③ 사용 방법　　　　　　④ 주의사항

정답 ④

5-6. 노즐 설계 제작도 중 제작이 가능한 상세 정보를 포함하고 있으며 부품의 구조, 형상, 재료, 치수, 마감, 공차 등을 제시해주는 도면은?

① 상세도　　　　　　　② 부품도
③ 조립도　　　　　　　④ 설계도

정답 ②

5-7. FDM 방식 노즐 평가 항목만을 묶은 것으로 옳은 것은?

① 노즐의 치수, 동작 주파수, 막힘 여부
② 노즐의 치수, 노즐 온도, 재료 토출속도, 막힘 여부
③ 노즐의 치수, 재료 토출속도, 팁 끝 잔여 재료 여부
④ 동작 주파수, 노즐 온도, 재료 토출속도

정답 ②

5-8. DLP 방식 3D 프린터에서 광학계 평가 항목으로 가장 적절한 것은?

[2018년 1회]

① 주사 장치의 정밀도
② 광 패턴의 정밀도
③ 레이저 빔의 모양
④ 광원 초점의 크기

정답 ②

5-9. 다음 중 빠른 위치제어를 위한 주사 장치의 성능을 결정하는 구성요소가 아닌 것은?

[2019년 4번]

① 회전속도　　　　　　② 가감속제어
③ 모터의 정밀도　　　　④ 레이저 빔의 위치

정답 ④

해설

5-1
설계 규격에는 사용하는 비용을 기재한다. 그러나 제품의 가격을 설계 요건에 기재하지는 않는다.

5-2
레이저 빔의 직경이 작을수록 좋으나 가공시간이 늘어나므로 가공시간 조절을 위해 테두리는 작은 빔, 내부는 큰 사이즈 빔을 사용하며, 동일한 광학계에서 빔 사이즈의 조절이 가능하나 특수렌즈가 필요하다.

5-3
• 광원은 광원 에너지와 빔 크기, 모양을 기록하여 설계 규격을 알 수 있도록 한다.
• 광원 에너지가 높으면 가공속도가 상승하는 것을 알 수 있으나 광원 부분에 기재하지는 않는다.

5-4
형상공차를 높게 하면 제작비용이 올라갈 수는 있겠으나 먼저 고려되지는 않는다. 규격서에 기재된 비용에 따라 제작도를 작성할 때 반영하여 공차를 요구한다. 비용에서 가장 큰 부분을 차지하는 것은 광원이며 전체 비용에서 광원의 비용과 광원의 수명을 고려한다.

5-5
안전사항 명시 : 높은 에너지 주의, 광원 직접 노출 주의, 보안경, 복장 등 주의사항 기재

5-6
부품도
• 각 광학부품 및 기계부품마다 부품도가 필요
• 제작이 가능한 상세 정보 포함
• 부품의 구조, 형상, 재료, 치수, 마감, 공차 등을 포함해야 함

5-7

노즐 평가 항목

• 제팅 방식 : 노즐의 치수, 동작 주파수, 막힘 여부 등
• FDM 방식 : 노즐의 치수, 노즐 온도, 재료 토출속도, 막힘 여부 등
• DP 방식 : 노즐의 치수, 재료 토출속도, 팁 끝 잔여재료 여부 등

5-8

DLP(Digital Lighting Processing)은 전사 방식을 사용하며, 전사 방식 공정의 평가 항목은 다음과 같다.

• 광 패턴의 정밀도 : 광 패턴이 원하는 대로 결상되었는지를 평가
• 광 패턴 파워 : 전 영역에 대해 빔 파워가 일정한지를 평가

5-9

레이저 빔의 위치보다는 빔의 모양이 성능을 결정한다.

광학계 평가 항목 중 주사 방식 공정에 대해

• 레이저 빔 초점의 크기 : 최소 가공 크기와 정밀도를 가늠함
• 레이저 빔의 모양
• 전 영역에 대한 레이저 빔의 파워(출력)
• 주사 장치의 정밀도
• 주사 장치의 속도 : 주사 미러의 회전속도 및 가속도가 가공속도에 직접적인 영향을 끼침

핵심이론 06 하이브리드 시스템 설계

① 하이브리드(Hybrid) 3D 프린터

　㉠ 하이브리드(Hybrid) : 잡종, 혼합체라는 의미를 가진 단어로, 두 가지 이상의 기술을 교합하여 새로운 기술을 표현할 때 사용하는 용어

　㉡ 어느 기술을 혼합하였느냐에 따라 하이브리드(Hybrid) 3D 프린터는 종류가 달라짐

② 하이브리드(Hybrid) 3D 프린팅 종류

　㉠ DMLS + CNC 머시닝

　　• DMLS(Direct Metal Laser Sintering : 금속 파우더를 이용하는 SLS) 공정 후 CNC 머시닝을 병행

　　• 금속 파우더를 이용하는 경우 표면 정도의 약점을 극복하기 위하여 머시닝 가공을 결합한 개념

　　• 다양한 레이저 기술을 활용해서 성형 중인 가공품에 대해서 템퍼링, 담금질 등의 열처리 가능

　　• 실시간 가공 중 모니터링하며, 오차 발생 시 수정가공 가능

　　• 절 차

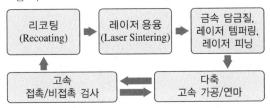

　㉡ DP + 광조형

　　• 액상 페이스트를 사용하는 DP 재료를 광경화성 재료로 사용하는 방식

　　• 광학 파이버, 광렌즈를 이용한 집광을 통해 토출된 재료만 경화시켜야 하며, 노즐 안 재료까지 경화되지 않도록 주의

　㉢ FDM + DP

　　• FDM에서는 열가소성 재료만 사용, DP에서는 유동성이면서 열경화성 재료를 사용

　　• FDM에서는 기계적 성질이 우수한 구조물을, DP에서는 다양한 복합재를 사용하여 한 번에 만들기 어려운 성형재를 성형

　　　예 플라스틱 기판에 전극이 달린 제품 성형 가능

ⓐ FDM + UC(Ultrasonic Consolidation)

- UC : 금속 박판을 초음파 에너지를 이용해서 기판 혹은 이전의 층과 접합시키고 CNC를 이용해서 필요 없는 부분을 잘라내면서 3차원으로 성형하는 공정
- 이전 층이 없는 경우 재료의 처짐이 생기는 UC의 특징상 FDM으로 서포트를 제작 후 UC 공정을 시행하는 하이브리드 타입
- 내부가 빈 3차원 금속 성형물을 제작할 때 사용

ⓜ 로봇 기반 3차원 프린팅

- 툴 매거진을 로봇의 그리퍼(Gripper)에 장착하여 여러 종류의 헤드를 선택적으로 사용할 수 있도록 함
- 절삭 공구 등을 활용할 경우 후처리 가능
- FDM 등으로 구조물을 제작하고 Pick-and-place 방식으로 다양한 프린팅을 접목
  - Pick-and-place 방식(로봇 방식) : 로봇 팔을 이용하여 여러 방식의 노즐 앞에 필요에 따라 집어서(Pick and) 내려놓는(Place) 방식의 하이브리드 타입

［ 핵심예제 ］

6-1. 서로 다른 공정들을 복합화한 하이브리드 3D 프린터의 구성 목적으로 가장 거리가 먼 것은? [2019년 4회]

① 여러 색상의 재료를 동시에 사용
② 절삭, 연삭 등 전혀 다른 가공 기술과의 복합화
③ 한 공정의 단점을 보완하기 위한 다른 공정을 추가
④ 기존의 3D 프린팅 공정으로는 불가능한 부품을 제작

정답 ①

6-2. FDM과 DP를 이용한 하이브리드 3D 프린터에 관한 설명으로 틀린 것은? [2018년 1회], [2019년 4회 25번 관련]

① 복합화할 때 각 헤드를 1개 이상씩 다수 설치할 수 있다.
② 복합화된 FDM은 ABS 등 기존의 FDM 소재를 이용할 수 없다.
③ 복합화된 DP 공정에 바이오 잉크를 사용할 경우 조직공학 등 의료분야에 응용할 수 있다.
④ 복합화된 DP 공정에 전도성 잉크를 사용할 경우 PCB 등의 기관 대용품을 제조할 수 있다.

정답 ②

6-3. 다음 하이브리드 방식 중 Pick-and-place 방식에 대한 설명으로 옳은 것은?

① 액상 페이스트를 사용하는 DP 재료를 광경화성 재료를 사용하는 방식
② 기계적 성질이 우수 구조물과 다양한 복합재료를 사용하여 한 번에 만들기 어려운 성형재를 성형
③ 로봇 팔을 이용하여 여러 방식의 노즐 앞에 필요에 따라 집어서 내려놓는 방식의 하이브리드 타입
④ 금속 박판을 초음파 에너지를 이용해서 기판 혹은 이전의 층과 접합시키고 CNC를 이용해서 필요 없는 부분을 잘라내면서 3차원으로 성형하는 공정

정답 ③

6-4. 다음 하이브리드 3D 프린터에 관한 설명 중 ( ) 안에 들어갈 용어로 알맞은 것은? [2018년 1회]

(A)은(는) 금속 박판을 초음파 에너지를 이용하여 기판과 접합시키고 가공을 거쳐 3차원으로 성형하는 공정이다. 이 공정은 접합된 박판 아래층에 가공된 재료가 없을 경우 처짐현상이 발생한다. 따라서 (B) 공정을 이용하여 빈 공간에 서포터 형상을 제작하여 상호 보완한 하이브리드 3D 프린터가 있다.

① A : DLMS, B : CNC
② A : FDM, B : DP(Direct Print)
③ A : DP(Direct Print), B : 광경화
④ A : UC(Ultrasonic Consolidation), B : FDM

정답 ④

[핵심예제]

6-5. 로봇기반 하이브리드 3D 프린터의 특징으로 틀린 것은?

[2018년 1회]

① 유연성이 낮아 특정한 제품의 제조에만 활용이 가능하다.
② 로봇이 절삭 공구 등을 활용할 경우 후처리 등도 가능하다.
③ 로봇은 부품의 이송, 중간 조립 등 다양한 용도로 활용할 수 있다.
④ 툴 매거진(Tool Magazine) 등을 이용하여 CNC 공작기계와 같이 헤드를 교환할 수 있다.

정답 ①

해설

6-1
멀티 노즐을 사용하면 하이브리드 프린터를 사용할 필요 없이 간단하게 여러 색상의 재료를 동시에 사용 가능하다.

6-2
FDM에서는 열가소성 재료만 사용하며, DP에서는 유동성이면서 열경화성 재료를 사용한다

6-3
• DP + 광조형 : 액상 페이스트를 사용하는 DP 재료를 광경화성 재료로 사용하는 방식
• FDM + DP : FDM에서는 기계적 성질이 우수한 구조물을, DP에서는 다양한 복합재를 사용하여 한 번에 만들기 어려운 성형재를 성형
• FDM + UC : 금속 박판을 초음파 에너지를 이용해서 기판 혹은 이전의 층과 접합시키고, CNC를 이용해서 필요 없는 부분을 잘라내면서 3차원으로 성형하는 공정

6-4
A에 들어갈 적당한 용어는 UC이다. Ultrasonic은 초음파란 의미이다.

6-5
로봇 기반을 사용하는 이유로 Pick-and-place 방식으로 여러 방식의 3D 프린팅을 접목할 수 있게 하기 위함이다.

핵심이론 07 하이브리드 설계 규격서 작성 및 설계

① 하이브리드형 빌드 장치 설계 규격서

ㄱ 성 능
• 최종 성형품의 정밀도, 속도 등의 정보를 포함
• 이에 따라 노즐, 광학계, CNC에 대한 정보를 포함
• 핵심이론 02의 설계 규격을 참조하여 노즐, 광학계 설계 규격서 작성
• CNC
  - 원하는 표면 거칠기 정보를 포함
  - 절삭시간 정보(즉, 가공속도 정보) 포함
  - 가공 툴(팁) 종류, 빌드 사이즈(가공 거리) 포함
• 로 봇
  - 위치정밀도, 반복정밀도 포함
  - 로봇의 회전축, 직선 이송축 개수 포함
  - 로봇의 그리퍼에 3D 프린터의 헤드를 장착할 경우, 이러한 헤드들을 나열하고 빌드 사이즈 정보를 포함

ㄴ 이송 거리
CNC 장비 및 로봇 각 축의 길이 및 이송/이동 가능 거리에 대한 정보를 포함

ㄷ 최대 가공속도
CNC 장비 및 로봇의 최대 가공/이송속도를 포함

ㄹ 최대 토크/힘
• CNC 장비의 스핀들(Spindle) 회전속도와 최대 토크를 포함
• 로봇은 최대 이송하중을 포함하여 기술

ㅁ 공구 교환속도(Tool Change Speed)
툴 매거진(Tool Magazine)을 사용하는 경우 공구 교환속도를 포함

ㅂ 그 외 : 윤활유, 사용전압, 작업 환경, 유지 관리에 관한 정보를 포함하여 기술

② 하이브리드 프린터 설계 제작도
부품도와 조립도 필요(핵심이론 02 참조)

③ 하이브리드형 빌드 장치 평가 항목

ㄱ CNC/로봇 가공
• 가공품의 표면 거칠기 : 품질 측정용, 각 축의 이송 정밀도, 반복정밀도 등
• 가공속도 : 최대 가공속도를 측정하여 생산성 평가

ⓒ 하이브리드 가공 : 최종 성형품의 표면 거칠기, 치수 정밀도 등
④ 하이브리드형 빌드 장치 평가 방법
  ⓐ CNC/로봇 가공
    • 가공품의 표면 거칠기 : 현미경, SEM(Scanning Electron Microscope), 표면조도기 이용하여 측정
    • 가공속도 : 최대 가공속도를 이용하여 가공된 성형물의 표면 거칠기를 측정하여 허용범위에 들어오는 가공속도 평가
  ⓑ 하이브리드 가공 : 최종 성형품의 표면을 현미경, SEM, 표면조도기를 측정하여 평가

[핵심예제]

7-1. 하이브리드형 빌드 장치 설계 규격서의 성능에 들어갈 내용으로 적당치 않은 것은?

① 중간 성형품의 정밀도, 속도 등의 정보
② 노즐, 광학계, CNC에 대한 정보를 포함
③ CNC의 경우 원하는 표면 거칠기 정보 포함
④ 로봇의 경우 회전축, 직선 이송축 개수 포함

정답 ①

7-2. 하이브리드 프린터 설계 제작도 중 부품도에 대한 설명으로 옳지 않은 것은?

① 프린터 구성별 대표부품의 부품도로 구성
② 제작이 가능한 상세 정보 포함
③ 부품의 구조, 형상, 재료, 치수, 마감, 공차 등을 포함해야 함
④ 세부 구조가 있을 경우 상세도 포함

정답 ①

해설

7-1
최종 성형품의 정밀도, 속도 등의 정보

7-2
부품도
• 각 광학부품 및 기계부품마다 부품도가 필요
• 제작이 가능한 상세 정보 포함
• 부품의 구조, 형상, 재료, 치수, 마감, 공차 등을 포함해야 함
• 세부 구조가 있을 경우 상세도 포함

레이저 원리

① LASER(Light Amplification by Stimulated Emission of Radiation) : 그대로 번역하면 "유도방출에 의한 빛의 증폭"이며 레이저 발생 장치를 레이저라 하기도 함

② 원 리

  ㉠ 유도방출(Induced Emission, Stimulated Emission)
- 외부의 광(전)자에 의해 생기는 광(전)자의 방출현상
- 자연방출에 이르지 못하였지만 높은 준위의 에너지를 갖고 있던 광자가 외부의 같은 진동수와 위상을 갖는 광자를 만나면 몇 개의 같은 상황에 있는 전자를 재결합하게 하여 동일 파장의 광자를 방출하는 것으로, 이러한 방출을 자극방출이라고도 함
- 자발방출(Spontaneous Emission) : 원자가 높은 에너지상태에서 낮은 에너지상태로 변화하면서 그 차이에 해당하는 빛을 자가적으로 방출하는 것
- 유도흡수(Stimulated Absorption) : 낮은 준위에 있는 원자에 진동수가 있는 빛을 입사하면 원자는 광자를 흡수하여 높은 준위로 전이할 수 있고, 이렇게 입사광 에너지를 흡수하는 것을 유도흡수라 함

  ㉡ 레이저 발진
- 밀도반전(Population Inversion) : 방출이 가능한 높은 준위의 원자수를 늘리는 것
- 레이저 발진 : 밀도반전상태에서 외부 광자에 의해 결이 같은 광자가 방출되고, 두 개는 두 개를 자극하여 네 개가, 네 개는 또 네 개를 자극하여 여덟 개가 되는 원리로 연쇄적으로 결이 같은 광자가 기하급수적으로 많아지는 일

  ㉢ 간섭성
- 다른 빛과 다른, 레이저만의 특징
- 시간이나 공간적으로 예측 가능한 성질을 의미

  ㉣ 간섭성이 야기하는 레이저의 특징
- 강한 직진성
  - 일반적인 빛은 렌즈를 이용하여 가늘게 만들지만 긴 거리에서는 결국 크게 퍼짐
  - 레이저는 가늘고 긴 관을 수만 번 왕복한 빛, 먼 거리까지도 퍼지지 않고 직진 가능
- 단색성
  - 일반적인 빛은 여러 파장의 여러 색의 빛이 섞여 존재
  - 네온사인의 방전에 의한 빛도 도플러효과에 의한 파장 폭이 존재
  - 레이저는 공명상태의 빛을 방출하므로 단일 파장을 갖는 순수한 빛을 방출
- 지향성
  - 레이저의 파면은 평면 또는 약간의 구면을 하고 있어 다른 방향의 파동은 없음
  - 레이저의 출력관은 레이저 공진기의 길이 간격으로 등거리에 위치한 수백 개의 렌즈에 의하여 평행광선을 만드는 것과 같음
  - 지향성은 레이저 광 발산각으로 나타냄
  - θ_d(발산각) $\cong \dfrac{\lambda(\text{파장})}{D(\text{레이저 광의 직경})}$
- 고휘도
  - 일반적인 빛은 여러 파장의 짧은 파동이 수없이 모여 있는 형태
  - 레이저는 같은 파장을 갖는 많은 파동이 일제히 겹쳐 있어서 강력한 에너지를 보유
  - 휘도 : 단위 입체각(Solid Angle, Sterad)에서 나오는 빛의 출력밀도(W/m^2 또는 $lumens/m^2$)

③ 레이저의 특징

　㉠ 빛이 퍼지지 않고 일정한 방향으로 직진

　㉡ 약간의 장애물에도 간섭을 일으킴

　㉢ 파장과 위상이 안정됨

　㉣ 높은 에너지를 가지고 있음

　㉤ 비접촉 가공이 가능하여 마모현상을 막을 수 있음

　㉥ 후처리가 가공이 필요하지 않음

　㉦ 빠른 가공이 가능

　㉧ 다루기 어려운 재질의 가공에 유리

　㉨ 장비 호환성이 높음

🔍 더 알아보기!

간섭성

어떠한 광원이 시공간 영역에서 완전히 간섭하면, 임의의 두 위치에서 전자기장(Electro-magnetic)의 변화는 굉장히 높은 상관관계를 가지게 된다. 이 두 위치에서 전자기장의 변화를 한번 측정하고 난 뒤에 임의의 시간이 지났을 때 한 위치의 전자기장으로부터 다른 위치의 전자기장을 파악할 수 있다. 이러한 시간 및 공간 영역에서의 간섭성으로부터 단색광을 유도해 낼 수 있다. 단색광의 전자기장 강도의 식은

$$E(x, y, z) = A(x, y, z)\cos[\omega t + \theta(x, y, z)]$$

[여기서, A : 진폭(Amplitude), θ : 위상(Phase)]

공간의 한 점에서의 전자기파(Electromagnetic Waves)는 진동수(Frequency) v를 갖고 정현적으로 변한다. 그러므로 위치의 함수인 A와 θ를 알 수 있다면 시간 t에서 공간의 한 점에서 에너지 E를 알아낼 수 있다. 빛 입자의 파동에 대한 광파는 A와 θ를 통하여서 측정할 수 있다.

[핵심예제]

8-1. 다른 빛과 다른, 레이저만의 특징으로 시간이나 공간적으로 예측 가능한 성질을 의미하는 것은?

① 유도방출　　　　　② 유도흡수

③ 레이저 발진　　　　④ 간섭성

정답 ④

8-2. 레이저의 간섭성으로 인해 야기하는 성질이 아닌 것은?

① 강한 직진성　　　　② 단색성

③ 지향성　　　　　　④ 저휘도

정답 ④

8-3. 레이저의 특징으로 옳지 않은 것은?

① 일정한 방향으로 직진한다.

② 약간의 장애물에도 간섭을 일으킨다.

③ 파장과 위상이 안정되었다.

④ 낮고 안정된 에너지를 가지고 있다.

정답 ④

8-4. 다음 레이저의 성질 중 다른 레이저의 원인이 되는 것은?

① 직진성　　　　　　② 지향성

③ 고휘도　　　　　　④ 간섭성

정답 ④

해설

8-1

간섭성은 다른 빛과 다른, 레이저만의 특징으로, 시간이나 공간적으로 예측 가능한 성질을 의미한다. 어떠한 광원이 시공간 영역에서 완전히 간섭하면, 임의의 두 위치에서 전자기장(Electromagnetic)의 변화는 굉장히 높은 상관관계를 가지게 된다. 이 두 위치에서 전자기장의 변화를 한번 측정하고 난 뒤에 임의의 시간이 지났을 때 한 위치의 전자기장으로부터 다른 위치의 전자기장을 파악할 수 있다.

8-2

레이저의 간섭성으로 인해 야기하는 성질은 강한 직진성, 단색성, 지향성, 고휘도이다.

8-3

레이저는 높은 에너지를 가지고 있다.

8-4

간섭성이 야기하는 레이저의 특징 : 강한 직진성, 단색성, 지향성, 고휘도

핵심이론 09 | 레이저 종류 1 - 고체, 기체 레이저

① 레이저의 분류

　㉠ 주사 방식에 따라
　　• 연속 레이저 : 디스플레이, 광 통신의 광원에 이용
　　• 펄스 레이저 : 레이더, 핵융합에 이용
　㉡ 광 증폭 활성 매질에 따라
　　고체 레이저, 기체 레이저, 액체 레이저, 반도체 레이저, 자유전자 레이저, X선 레이저 등

② 고체 레이저

　㉠ 유리(비정질)나 결정 등의 모재에 활성 원자(분자)를 균일하게 분산한 것을 레이저 매질로 사용한 것
　㉡ 인조 루비에 의한 인류 최초 레이저 광은 고체 레이저. 고체 레이저의 매질은 활성 원자를 균일하게 분포한 결정이나 유리질로 구성되며 전자기파를 왕복시키기 위해 투명체여야 함
　㉢ 들뜸 광원(에너지 준위를 높이도록 하는 광원) : 플래시램프, 아크램프, 레이저 다이오드 등
　㉣ 고체 레이저는 플래시램프 등의 들뜸용 광원과 레이저 매질, 그것을 중간에 끼고 있는 두 장의 반사경(공진기 또는 증폭기)으로 구성
　㉤ 루비 레이저(파장 694nm) : 출력이 작고 냉각시키는 데 시간이 소요되어 현재는 많이 사용되지 않음
　㉥ Nd:유리 레이저(파장 1.06μm)
　　• 1941년 개발된 4준위 레이저
　　• 4준위 레이저
　　　- 연속 광 들뜸으로 연속 발진이 가능하며, 고효율
　　　- 기저준위, 레이저 전이 하준위, 준안정 들뜬 준위, 흡수대가 되는 준위
　㉦ Nd:YAG 레이저(파장 1.06μm)
　　• 1946년 개발된 4준위 레이저
　　• YAG : 이트리움(Yttrium), 알루미늄(Aluminium), 가넷(Garnet)의 머리글자이며, 플래시램프 등의 강력한 빛에서 들뜸
　　• 네오듐 원자 1.06μm(근적외선)의 강력한 레이저 빔을 방사

　㉧ 알렉산드라 레이저(파장 700~815nm)
　　• 파장 가변형 고체 레이저
　　• 5준위 레이저 : 기저준위, 레이저의 시(始)준위, 축적준위, 레이저 종(終)준위, 펌핑 준위
　㉨ 자이언트 펄스 발생법 : Q 스위치 레이저 발진법

③ 기체 레이저(Gas LASER)

　㉠ 기체의 활성 원자(분자) 또는 이것을 포함하는 혼합 기체(가스)를 레이저 매질로 하는 것
　㉡ 종류 : He-Ne(헬륨-네온) 레이저(파장 633nm), 탄산가스 레이저(파장 1.06μm), Ar(아르곤)이온 레이저(파장 488~514nm), 동(Cu)증기 레이저, 엑시머 레이저, 호로 방전형 레이저 등
　㉢ He-Ne 레이저
　　• 1962년에 개발. 기체 레이저의 효시
　　• 출력 파워는 미약하나 장시간 안정적으로 연속파를 만들 수 있어 계측 분야에 많이 사용됨
　　• 매질 : He(헬륨)과 Ne(네온)의 혼합 가스가 사용되며 붉은 색 레이저의 혼합비 5 : 1
　　• 기본 구조 : 원통형 유리관(혼합 가스 봉입) 안에 플레이트와 캐소드가 설치되고, 한쪽 끝 거울은 전반사경, 다른 쪽 거울은 일부 침투경으로 되어 있어 레이저 광 증폭기(공진기)로 작용
　　• 방전관은 DC 10kV 정도의 트리거 전압을 필요로 하므로 DC-DC 변압기 등으로 승압하여 사용함
　　• 저출력(1~10mW 전후), 에너지 저효율(0.01~0.1% 정도)
　　• 수명이 연속으로 20,000~30,000시간 이상으로 높은 신뢰성
　㉣ 탄산가스 레이저
　　• 1964년에 개발
　　• 고출력(연속 발진 출력이 수십 kW), 에너지 고효율(15~20%)
　　• 판금의 레이저 절단, 레이저 용접, 레이저 부분 어닐링, 레이저 천공 장치 등 레이저 가공분야에서 많이 사용
　㉤ 아르곤 이온 레이저
　　• 1964년 개발
　　• 1W 정도의 연속출력 가능. 수랭식이 일반적이나 공랭식도 존재

- 녹색(514.5nm)과 청색(488nm) 사이에서 여러 개의 발진선을 가져 가시광 레이저의 범위를 넓힐 수 있음
ⓑ 엑시머 레이저
  - 고출력 자외선 레이저. 화학반응 프로세스나 의료분야에 사용
  - Ar-F(플루오린 : 파장 193nm), Kr(크립톤)·F(파장 248nm), Xe(제논)·CI(염소 : 파장308nm) 등
  - 펄스광 중간출력(평균 50~200W 정도) 에너지 저효율(0.5~1% 정도)
  - 엑시머 원리 : 플루오린과 크립톤 등 기저상태에서 결합하지 않는 두 원자가 들뜸으로 엑시머 분자로 결합하나 불안정하기 때문에 바로 기저상태로 돌아가려 하고, 이 순간에 자외선 광을 방출하는 원리

[**핵심예제**]

9-1. 레이저의 광 증폭 활성 매질에 따른 분류 중 유리(비정질)나 결정 등의 모재에 활성원자(분자)를 균일하게 분산한 것을 레이저 매질로 사용한 것은?

① 기체 레이저　　　　　② 액체 레이저
③ 고체 레이저　　　　　④ 반도체 레이저

정답 ③

9-2. 다음 중 기체 레이저의 종류가 아닌 것은?

① He-Ne 레이저　　　　② Nd:YAG 레이저
③ 아르곤 이온 레이저　　④ 엑시머 레이저

정답 ②

해설

9-1

광 증폭 활성 매질에 따라 고체 레이저, 기체 레이저, 액체 레이저, 반도체 레이저, 자유전자 레이저, X선 레이저 등으로 분류하며, 고체 레이저는 유리(비정질)나 결정 등의 모재에 활성 원자(분자)를 균일하게 분산한 것을 레이저 매질로 사용한 것이다.

9-2

Nd:YAG 레이저(파장 1.06μm)

- 1946 개발된 4준위 레이저
- YAG : 이트리움(Yttrium), 알루미늄(Aluminium), 가넷(Garnet)의 머리글자이며, 플래시램프 등의 강력한 빛에서 들뜨게 된다.
- 네오듐 원자 1.06μm(근적외선)의 강력한 레이저 빔을 방사

핵심이론 10 레이저 종류 2 – 반도체, 액체(색소), 자유전자 레이저

① 반도체 레이저

　㉠ 개 요
- 1962년에 최초 개발, 1970년 연속 발진에 성공
- 더블 헤테로 접합형 레이저, 스트라이프형 구조의 레이저 등이 개발
- 광파이버 통신, CD 플레이어, 레이저 프린터, 레이저 스캐너, 레이저 포인터(광지시봉) 등으로 사용
- 현재 생산량이 가장 많은 레이저 발진 소자(디바이스)

　㉡ 구 조
- 반도체의 PN 접합이 기본 구조
- 레이저 다이오드는 발광층(활성층)을 양쪽 클래드층 사이에 끼운 더블 헤테로 구조이며, 그 벽개면을 반사경(공진기)으로 이용
- 사용 소재
  - Ga·As(갈륨·비소), Ga·Al·As(갈륨·알루미늄·비소), In·Ga·As·P(인듐·갈륨·비소·인) 등
  - 다중 양자 우물형에는 Ga·Al·As 등이 사용됨

　㉢ 특 징
- 스프라이트 구조
  - 미소 전류라도 그 통과역의 반전분포 밀도 증가
  - 발진이 단일모드가 되기 쉬움
  - 수명 : 10~100만 시간이 가능
- 레이저 다이오드의 장점
  - 소형·경량 및 고효율
  - 가격이 저렴
  - 에너지 효율이 높음(다중 양자 우물형 20~40%, PN형 수~25%)
  - 연속출력으로 적외선에서 가시광 범위까지의 발진 파장을 커버
  - 광 펄스 출력 50W(펄스폭 100ns)급 발생
    → 레이저와 들뜸 광원으로 사용

② 액체 레이저(색소 레이저)

　㉠ 개 요
- 알코올 등의 액체에 색소 등의 활성분자를 분산시킨 것을 레이저 매질로 사용
- 유기 레이저와 무기 레이저로 구분

　㉡ 특 징
- 들뜸 에너지로 빛을 사용
- 파장이 370~720nm로 조정이 쉬움
- 피크 출력 수십 kW
- 이온 레이저와 들뜸의 색소 레이저 에너지 효율 10~20%
- 색소 레이저는 섬유의 착색이나 식품의 착색에 이용

③ 자유전자 레이저

　㉠ 개 요
- 반전분포를 필요로 하지 않는 특수한 레이저
- 자유전자가 그 진행 방향을 강자기장에 의해서 구부러질 때 발생
- 싱크로트론(Synchrotron) 방사광을 이용한 레이저 (1977년)
- 전자빔의 가속기로 전도 가속기, 상대론적 전자빔, 선형 유도 가속기 등에 사용

　㉡ 특 징
- 파장 가변 가능
- 대출력화 가능
- 고효율
- 전자빔을 발생시키는 대형 가속 장치와 전자빔의 방향을 계속 바꾸어주는 강력한 자석을 필요로 하여 소형화가 어려움

[핵심예제]

10-1. 레이저의 광 증폭 활성 매질에 따른 분류 중 현재 생산량이 가장 많은 레이저 발진 소자로 광파이버 통신, CD 플레이어, 레이저 프린터, 레이저 스캐너, 레이저 포인터(광지시봉) 등으로 사용하는 것은?

① 기체 레이저　　　　② 액체 레이저
③ 고체 레이저　　　　④ 반도체 레이저

정답 ④

10-2. 레이저 다이오드의 장점이 아닌 것은?

① 소형 경량이며 고효율이다.
② 에너지 효율이 높다.
③ 연속 출력으로 적외선에서 가시광 범위까지의 발진 파장을 커버한다.
④ 반전분포를 필요로 하지 않는 특수한 레이저이다.

정답 ④

해설

10-1

반도체 레이저

• 1962년에 최초 개발되었으며, 1970년 연속 발진에 성공하였다.
• 더블 헤테로 접합형 레이저, 스트라이트형 구조의 레이저 등이 개발
• 광파이버 통신, CD 플레이어, 레이저 프린터, 레이저 스캐너, 레이저 포인터(광지시봉) 등으로 사용된다.
• 현재 생산량이 가장 많은 레이저 발진 소자(디바이스)이다.

10-2

④는 액체 레이저에 대한 설명이다.

핵심이론 11　레이저의 구조

① 레이저 기본 구성

ㄱ 매 질

• 밀도반전 가능 물질
• 특별한 원자나 분자가 채워진 물질
• 빛의 유도 과정에서 증폭되어 센 빛이 나도록 하는 광 증폭기
• 고체, 액체, 기체, 반도체 등 30가지 이상의 매질 사용 가능

ㄴ 펌핑 매체

• 밀도반전 형성 목적으로 외부에서 매질에 에너지를 공급하는 장치
• 높은 에너지 준위를 가진 원자나 분자들의 밀도를 높임

ㄷ 공진기

• 원통형 증폭 매질에 마주보게 설치된 한 쌍의 거울
• 한쪽은 모두 반사용이고, 다른 한쪽은 일부 반사하는 부분 반사경

ㄹ 전원 장치

• 전원을 공급하는 장치로 트리거 전원, 시머 전원, 주 전원 등으로 구성
• 큰 에너지가 소비되는 레이저의 특성상 에너지를 응축할 수 있도록 설계

ㅁ 냉각 장치

• 레이저는 열을 유발하며, 고열을 조절할 냉각 장치가 필요함

ㅂ 출력광 전송 장치

• 레이저를 최종 가공물까지 전달하기 위한 장치
• 광섬유 케이블, 커플링 렌즈 블록, 서보모터제어 파워 셔터 등으로 구성

ㅅ 특 징

• 레이저 발진 장치 설치 : 가늘고 긴 공진기 양쪽에 전 반사경과 부분 반사경을 설치하고 안쪽에 레이저 매질을 채움
• 외부 전원을 넣어주면 매질에서 빛을 발생
　→ 발생된 빛이 공진기 안에서 유도방출을 일으켜 증폭
　→ 강한 레이저 광선 생성

② 레이저의 활용 : 다이아몬드 내 타공(打空), 절단, 용접, 표면처리, 마킹(Marking)/스크라이빙(Scribing), 미소광학(Micro-optics), 의료기기 분야, 초미세 가공

③ 레이저 작동 순서

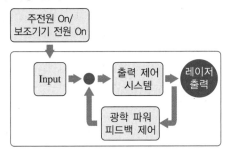

㉠ 에너지의 피드백 제어 과정 : 전원을 작동하고 입력에 따라 출력제어 시스템에서 피드백 제어를 통해 원하는 출력을 생산하여 출력하는 과정

㉡ 레이저 작동순서

주전원 On(Breaker Switch) → 냉각기 On(Cooling On 버튼을 눌러 냉각장치를 가동) → 전원(Key Switch) On → Power Supply On(1분 이상 웜업) → 컴퓨터 메인 컨트롤러(Main Controller) 시작 → 소프트웨어 실행 → 전원(Key Switch) Off → 냉각기 Off[타이머(1분)에 의한 자동 Off] → 주 전원 Off → End

④ 레이저 발생 장치 구조(Nd:YAG 기준)

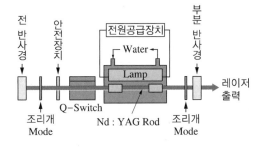

[핵심예제]

레이저 기본 구성에 대한 설명으로 옳지 않은 것은?

① 매질은 빛의 유도 과정에서 증폭되어 센 빛이 나도록 하는 광 증폭기 역할을 한다.

② 출력광 전송 장치는 밀도반전 형성 목적으로 외부에서 매질에 에너지를 공급하는 장치이다.

③ 공진기는 원통형 증폭 매질에 마주보게 설치된 한 쌍의 거울이다.

④ 레이저는 열을 유발하며 고열을 조절할 냉각 장치가 필요하다.

정답 ②

해설

출력광 전송 장치는 레이저를 최종 가공물까지 전달하기 위한 장치이다. 밀도반전 형성 목적으로 외부에서 매질에 에너지를 공급하는 장치는 펌핑 매체이다.

핵심이론 12 레이저 취급 안전

① 레이저 장치 위험 등급
  ㉠ IEC 60825-1
    • 등급 1 : 위험수준이 가장 낮고, 인체에 무해함
    • 등급 1M : 등급 1과 같지만, 렌즈가 있는 광학기기 사용 시 위험
    • 등급 2 : 반사신경 동작(눈 깜빡임 : 0.25s)으로도 위험으로부터 보호될 수 있는 정도
    • 등급 2M : 등급 2와 같지만, 렌즈가 있는 광학기기 사용 시 위험
    • 등급 3R : 레이저 빔이 눈에 들어오면 위험. 전력 5mW 이하의 레이저
    • 등급 3B : 광원으로부터 13cm 이상 떨어졌거나 10s 미만의 노출 시 반사된 레이저 빔으로부터 안전. 즉 13cm 이내 또는 10s 이상이거나 직접 조사되는 경우 위험(500mW 이하)하므로 보안경 착용
    • 등급 4 : 직접적인 레이저 외에 간접 빔 조사도 매우 위험. 눈 또는 피부 손상, 화재 위험(500mW 이상). 보안경 착용
  ㉡ 미국표준협회(ANSI) 기준
    • 등급 1 : 눈과 피부를 포함한 인체에 무해
    • 등급 2 : 주의를 요구하는 가시광 레이저 반사신경 동작(눈 깜빡임 : 0.25s)으로도 위험으로부터 보호될 수 있는 정도
    • 등급 3
      – a : 눈에 손상을 줄 수 있는 가시광 레이저
      – b : 직접 또는 정반사된 빔으로서 눈에 손상을 줄 수 있는 가시광·비가시광 레이저. 광원을 가까이에서 볼 때 또는 최대 출력일 때 반사광도 위험
    • 등급 4 : 항상 위험하며, 직접 노출 시 눈과 피부에 심각한 손상 유발. 난반사광으로도 눈 손상 유발 가능, 화재위험 및 엄격한 제어수단이 요구됨

② 레이저 취급 안전 사항
  ㉠ 보안경과 보호 장구를 착용
  ㉡ 반사되어 돌아오는 레이저도 주의할 수 있도록 주변 반사 가능한 환경을 확인
  ㉢ 레이저 차광 장치 준비
  ㉣ 사용하지 않을 경우 전원을 분리
  ㉤ 레이저 가공기 방호 덮개의 안전 상태를 확인
  ㉥ 인화성 폭발 물질이나 유해성 물질을 격리 수용
  ㉦ 레이저 가공기가 접속되는 전원에 감전 방지용 누전 차단기가 설치되어 있는지 확인
  ㉧ 밀폐 구역 작업 시 이동식 환기 시설을 이용
  ㉨ 소화기 및 방화수의 준비 상태를 확인

③ 레이저 가공 실시에 따른 관리 항목
  ㉠ 레이저 가공기를 설치하는 시설의 책임자
    • 레이저 안전 관리자를 임명
    • 레이저 가공기 사용 관리 구역을 설정하고, 그에 따른 필요한 표시
  ㉡ 레이저 안전 관리자
    • 레이저 가공기의 보관 및 관리의 책임
    • 레이저 가공기의 사용자를 지정하고 교육 훈련을 실시
    • 관리 구역에 제반 주의사항의 설명과 구역 내 설비 및 비품의 정비
    • 레이저 가공기의 운전 순서를 정함
    • 안전 관리 수순, 경고 표식을 정하고 실시
    • 키 스위치 보관과 관리
    • 정기 점검 실시
  ㉢ 레이저 가공기 작업자
    • 관리자의 지시에 따르며 레이저 가공기의 운전을 실시
    • 레이저 가공기의 조작법과 위험 방지법에 대해 적절한 교육과 훈련을 받고 충분히 숙지
    • 레이저 가공기 사용 전후 장치를 점검
    • 보호 안경, 보호복 등을 착용

> **더 알아보기!**
>
> 일반적으로 클래스 3B 또는 클래스 4의 레이저 제품을 사용하고 있는 전 위험 지역에는 레이저에 대한 충분한 보호를 할 수 있는 설계가 되어야 하고 필히 보호 안경을 착용해야 한다. 고출력 가공용 레이저에서는 철저한 안전 대책을 수립했어도 특히 클래스 3A 이상의 레이저 제품은 보호 안경을 필수로 착용해야 한다.

    • 레이저 가공기 운전 상황을 안전 관리자에게 보고
    • 장애물, 가연성 물질 제거 등 레이저 가공실의 정리 정돈
  ㉣ 그 외의 관리
    • 광학 부품(ZnSe, GaAs제 Mirror, 렌즈 등)의 보관, 처리

ⓜ 레이저 가공기 안전 상태 점검
- 보호가스 압력 용기 밸브의 안전
  - 보호 가스 연결 부위 및 밸브의 누설 점검을 실시
    ⓐ 가스 용기의 밸브를 열림 방향으로 1 ~ 2바퀴 정도 연다.
    ⓑ 용기 밸브와 유량계 밸브를 열고 비눗물 등을 사용하여 밸브 주위 및 호스 연결부 등 누설 검사한다.
    ⓒ 압력계 조절 손잡이를 돌려 밸브 및 가스 용기의 이상이 없는지 점검한다.
  - 보호 가스 압력 용기 가스 밸브의 작동을 실시
    ⓐ 가스 밸브는 가스 압력이 상승하면 작동하여 압력을 유지시키는 밸브로 스프링식이 가장 널리 사용되며, 천천히 안전밸브를 개방한다.
    ⓑ 압력 조정기를 설치하고 지면과 수직이 되게 설치하여 정확하게 측정한다.
    ⓒ 조정 핸들을 개방시켜 가스가 급격히 흘러 들어가면 발화 또는 폭발 사고를 일으킬 수 있다. 따라서 조정 핸들의 원위치를 확인하고 가스를 천천히 개방한다.
    ⓓ 급격히 여는 것은 폭발 사고의 원인이 되므로 반드시 주의하며, 압력계의 정면을 피해 서서히 용기 밸브를 연다.
    ⓔ 압력 게이지 히터를 조정한다.
    ⓕ 유량계와 유량 조정 핸들을 조정한다.
  - 가스 유량계의 조정을 실시
    ⓐ 유량계는 사용하는 가스에 맞도록 조정한다.
    ⓑ 가스는 종류에 따라 비중이 다르기 때문에 무게가 다른 플로트를 사용한다.
    ⓒ 높은 고정도가 요구되는 작업에서는 유량계 다음에 위치한 배출 헤드나 가스 장치의 저항도 고려하여 유량계를 조정한다.
- 레이저 가공기 방호 덮개의 안전 상태를 점검
  - 레이저 가공 작업 중에는 작업자가 레이저 가공기의 방호 덮개를 임의로 해제 및 제거하거나 강제로 조작하지 않는다.
  - 작업자는 레이저 가공기 작업 전에 반드시 올바른 안전 수칙의 파악하여 만일의 사고를 대비한다.
  - 방호 덮개의 임의 해제 및 작업 방법의 불량, 레이저 가공기 동작 중 조정 작업 등의 실시는 사고 발생의 주요 원인이 될 수 있으므로 주의한다.
  - 가공물 조정 등의 작업 시 레이저 가공기의 동작을 완전히 정지시킨 후에 실시하는 등 안전 수칙을 준수하여 작업을 진행한다.
ⓗ 레이저 가공 작업장 환경 및 점검
- 작업장 온도 : 공기조화설비, 에어컨디셔너 등을 사용하여 최대 26℃를 넘지 않도록
- 작업장 환기 및 밀폐 공간 점검 : 밀폐 공간 작업 시 점검 사항 : 작업 방법 및 순서, 작업 인원, 유해요인차단 및 격리, 표지판 확인, 구급체계 확인, 소화 및 방화 체계 확인, 보호구 확인, 작업 전 주변 가스 농도 확인, 작업자 간 안전 보건에 대한 구두 확인, 작업 시간 조정 및 약속, 산소 농도 확인
- 작업장 내 소음 방지 대책 수립 : 작업 시간과 소음량에 따라 별도 대책 필요
- 인화성 물질로 인한 사고 예방
  - 인화성 물질 취급 시 물질의 성질을 잘 파악하고 취급에 주의해야 한다.
  - 인화가스 발생을 억제하는 대책이 필요하다.
  - 화재 및 폭발에 대비한 소화 대책, 방화 대책이 필요하다.
④ 레이저의 위험요소
㉠ 시력 손상
- 가시광선(400~700nm) : 자연 치유 범위
- 가시광선 빔과 근적외선(IR-A, 700~1,400nm) 빔 : 눈을 통과해서 눈의 망막, 광학 신경, 중심 부분에 돌이킬 수 없는 손상을 유발
- 자외선(180~400nm) : 렌즈 손상 유발, 각막에 영향을 줌
- 중적외선(IR-B, 1,400~3,000nm) : 안구 표면을 통과해서 백내장 유발가능
- 원적외선(IR-C, 3,000nm~1mm) : 안구 바깥 표면 또는 각막 손상 유발가능

ⓛ 레이저 위험요소에 따른 관리항목
- 부가적인 위험
  - 레이저 가공 시스템으로 인한 피부 화상
  - 레이저 가공 시스템의 일부는 중장비에 해당하여 중장비의 위험 주의사항을 적용
  - 레이저로 인한 발화, 용융 가능(고출력 레이저는 금속도 용융 가능)
- 전기 위험
  - 레이저 부품의 높은 사용 전압 주의
  - 연결부위 쥐의
  - 전기선, 커넥터, 부품 케이스 등 위험물로 간주

ⓒ 레이저 관련 경고, 주의 표시

표 시	내 용	적용 위치
⚡	고전압 위험 경고	• MSC 보호판 • 발진기의 보호커버
☀	레이저 방사 위험 경고	• 절단 헤드 • 발진기
👓	반사되거나 산란되는 레이저 빔 경고	• 반사면이 있는 부분 • 레이저 발원부
5.0″	절단 헤드의 초점 길이를 인치단위로 표시	절단 헤드
⚡	전압 위험 경고	컨트롤 캐비닛
😷	호흡이 편한 마스크 착용할 것	집진 장치
✋	손이 다칠 수 있음을 경고	메인 테이블 내 자재 클램프
💥	폭발위험, 열, 화염 접촉 시 폭발위험 가스 누출로 인한 폭발 위험 경고	가스공급 라인
🔥	• 장비에 열원점화원 접촉 금지 • 집진장치로 인한 화재 위험 경고	집진 장치

12-1 레이저 취급 시 안전 사항으로 옳지 않은 것은?

① 보안경과 보호 장구를 착용한다.
② 반사되어 돌아오는 레이저도 주의한다.
③ 레이저 차광 장치를 준비한다.
④ 사용하지 않을 경우에도 내구성 유지를 위해 전원을 끄지 않는다.

정답 ④

12-2 IEC 60825-1에 따른 레이저 장치 위험 등급 중 반사신경 동작(눈 깜빡임 : 0.25s)으로도 위험으로부터 보호될 수 있는 정도는?

① 등급 1
② 등급 1M
③ 등급 2
④ 등급 3R

정답 ③

해설
12-1
레이저 취급 시 안전사항
- 보안경과 보호 장구를 착용한다.
- 반사되어 돌아오는 레이저도 주의할 수 있도록 주변 반사 가능한 환경을 확인한다.
- 레이저 차광 장치를 준비한다.
- 사용하지 않을 경우 전원을 분리한다.

12-2
- 등급 1 : 위험수준이 가장 낮고 인체에 무해
- 등급 1M : 등급 1과 같지만, 렌즈가 있는 광학기기 사용 시 위험
- 등급 3R : 레이저 빔이 눈에 들어오면 위험하다. 전력 5mW 이하의 레이저

핵심이론 13 이송 장치 개발

① **이송 장치의 구성**

기본적으로 동력발생 장치, 동력전달 장치, 직선 이송 가이드와 인코더 등으로 구성

㉠ 동력 발생 장치

- 모터 : 회전자가 연결된 회로에 전류가 흐르고 있을 때 회전자 내 한 지점에서 플레밍의 왼손 법칙을 적용하면 시계 방향으로 힘이 발생하여 회전력이 발생하는 원리를 이용하여 동력을 발생

> 🔍 **더 알아보기!**
>
> **플레밍의 왼손 법칙** : 전동기의 원리를 제공해 주는 법칙
>
>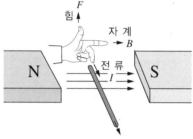
>
> 그림과 같이 자계의 직각 방향으로 전류가 흐르면 수직 방향의 힘이 생긴다는 법칙
>
> $$F = B \cdot I \cdot l \cdot \sin\theta [\text{N}]$$
>
> 여기서, F : 전자력(N), B : 자속밀도(Wb/m²), I : 전류(A),
> l : 자계 안에 존재하는 도선의 길이(m),
> θ : 자계와 도선의 각도

- 서보모터
  - 서보제어를 수행하기 위한 모터
  - 전체 동력을 발생하기보다는 제한된 구성 안에서 제한된 동작으로 메인 구동을 보정하는 역할을 수행
  - 보정이 필요한 폐쇄제어, 반폐쇄제어에 적합
  - 신속성과 고유 응답성이 우수할 것
  - DC 모터 : 직류 전류로 동작, 전압값 조정을 통한 속도제어
  - AC 모터 : 교류 전류로 동작, 펄스폭 조정을 통한 속도제어

② **서보모터**

㉠ 구 성

- 인코더 : 전기, 자기, 광학 등 디지털 신호를 발생시켜 위치 및 속도검출이 가능하도록 하는 기구

- 리졸버 : 인코더에 비해 기계적 강도가 높고, 내구성이 우수함. 모터 회전자의 아날로그식 위치 측정 센서

㉡ 특 징

- 힘보다는 제어에 목적이 있는 모터
- 회전속도, 회전각 등의 자유로운 제어
- 회전했다 멈추기를 반복
- 제어 명령 연동성
- 방향에 따른 일정한 회전

㉢ 로봇에서의 서보모터

- 회전력을 직선운동으로 변환하여 직선 위치제어에 활용
- 상대적으로 큰 이송력이 필요한 로봇 팔, 공작기계에 사용

③ **리니어 서보모터**

㉠ 직선으로 직접 구동되는 모터

㉡ 일렬로 배열된 자석 사이에 위치한 코일에 전류를 흐르게 함으로써 운동함

㉢ 구조가 간단하고 차지하는 공간이 작으며, 비접촉식으로 소음 및 마모가 적음

㉣ 백래시가 없어 정밀제어에 유리

㉤ 고가(高價)이며 강성(强性) 문제

④ **스테핑모터**

㉠ 원 리

- 동 작
  - 구동 회로에 주어지는 입력펄스 1개에 대해 소정의 각도만큼 회전시키고, 정지
  - 회전속도는 입력 펄스의 주파수에 비례
  - 펄스를 부여하는 방식에 따라 급속하고 빈번하게 기동, 정지가 가능
- 회전량 : 스텝각 θ_s(°) × 펄스수 n(pulse)
- 이송속도
  - 펄스(pulse)당 이송 거리 s(mm/pulse)
  - 초당 발생 펄스수 n_s(pulse/sec)
  - 분당 발생 펄스수 n(pulse/min)
  - 이송속도 $v_t = n_s \times s$(mm/sec)
    또는 $n \times s$(mm/min)

㉡ 종류 : 가변 릴럭턴스형[VR(Variable Reluctance) Type], 영구자석형[PM(Permanent Magnet) Type], 하이브리드형(Hybrid Type)으로 구분

ⓒ 장 점
- 원하는 각도를 조정하는 간단한 원리와 구조의 모터
- 각도마다 오차가 적용되지만 누적오차가 적용되지 않음
- 회전의 각각을 스텝이라 함
- 위치검출기를 사용하지 않고 자체 회전하여 조정
- 제어프로그램에 의해 회전량을 조정 가능
- 회전속도의 제어 또한 간단
- 정·역 전환 및 변속이 용이
- 서보모터의 하나로, 동력 생성이나 전달보다는 위치, 속도 등의 제어가 목적
- 피드백제어가 아닌 개방회로계에서도 위치제어가 가능

ⓔ 단 점
- 특정 주파수에서 진동, 공진현상 발생 가능
- 관성이 있는 부하에 취약
- 고속운전 시에 탈조 우려
- 홀딩 토크(Holding Torque) 발생
- 저속 시 진동 및 공진의 문제
- 토크의 저하로 DC 모터에 비해 효율이 떨어짐

ⓜ 3D 프린터에서의 스테핑모터 이송
- 정회전, 역회전에 유리
- 상대적으로 작은 이송력이 필요한 3D 프린터에서 사용

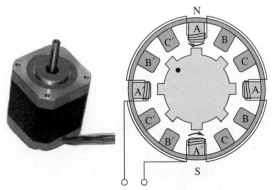

[스테핑 모터와 모터 내부 구동 원리도]

⑤ 인코더(Encoder)
ⓐ 이송 장치의 위치 감지용
ⓑ 감지 방법에 따라 기계식, 광학식, 자기(Magnetic)식, 정전용량식 등으로 구분
ⓒ 좌표를 읽는 기준에 따라 기계원점부터 위치를 계산하는 절대좌표식(앱솔루트 인코더, Absolute Encoder), 센서(Sensor)를 이용하여 상대위치를 감지하는 상대좌표식(인크리멘탈 인코더, Incremental Encoder)으로 구분
ⓓ 회전운동을 감지하는 로터리(Rotary)식과 직선운동을 감지하는 리니어(Linear, 선형)식으로 구분
- 로터리 인코더
  그림의 틈새로 나오는 광 신호를 이용하여 회전 위치를 검출

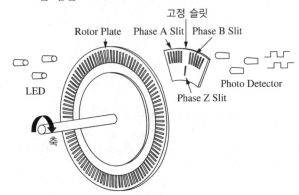

- 선형 인코더(Linear Encoder)
  - 이송 방향으로 이송축의 커버 등 외부 구조물에 부착된 미세한 자(리니어 스케일, Linear Scale이라 함)를 광학, 자기, 정전용량 방식 등으로 읽어냄
  - 이송축에 설치가 되어 로터리방식에 비해 부피가 작음

ⓜ 인코더 종류
- 인크리멘탈 인코더(Incremental Encoder) : 점진적으로 증가하는(더하는) 방식을 쓰는 것으로 인코더가 돌아갈 때 발생되는 파형의 횟수를 통해 회전축의 회전속도를 측정, 일정한 방향으로 회전하는 기기에 사용하기 적합한 방식으로 DC 모터와 같이 돌아가는 기기의 속도를 정밀하게 측정할 때 적합

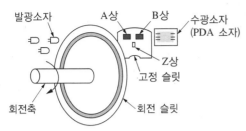

- 앱솔루트 인코더(Absolute Encoder): 각 지점의 절 댓값을 설정하여 인코더가 축을 중심으로 돌던 도중 측정되는 해당 위치에서의 값을 전달하는 방식, 이 방식은 인크리멘탈 방식과는 달리 1바퀴 이상 돌아가 지 않는 기기, 즉 특정 각도로 미세하게 움직여야 하는 기기에 사용하기 적합

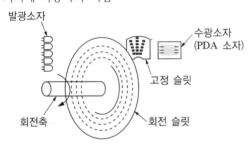

13-1. 폐루프제어 방식으로 위치 피드백이 가능한 모터는?

[2018년 1회]

① 서보모터
② BLDC 모터
③ 스테핑모터
④ 리니어 펄스모터

정답 ①

13-2. 스테핑모터에 대한 설명으로 틀린 것은?

① 특정 주파수에서 진동, 공진현상이 없으며 관성이 있는 부하 에 강하다.
② 디지털 신호로 직접 오픈루프제어를 할 수 있고, 시스템 전체 가 간단하다.
③ 펄스 신호의 주파수에 비례한 회전속도를 얻을 수 있으므로 속도제어가 광범위하다.
④ 회전각의 검출을 위한 별도의 센서가 필요 없어 제어계가 간 단하며, 가격이 상대적으로 저렴하다.

정답 ①

13-3. 스테핑모터의 구동성능이 100pulse/1reverse이며, 구동 축 Z의 pitch가 2mm일 경우 구동정밀도는? [2018년 1회]

① 0.01mm/pulse
② 0.02mm/pulse
③ 0.1mm/pulse
④ 0.2mm/pulse

정답 ②

13-4. 3D 프린터에서의 스테핑모터를 사용하는 경우의 장점은?

① 탈조를 방지할 수 있다.
② 정회전, 역회전이 가능하다.
③ 큰 이송력을 갖는다.
④ 고속 회전에 적합하다.

정답 ②

[핵심예제]

13-5. 다음 그림과 같이 회전축에 있는 슬릿을 이용하여 측정하는 방식의 인코더는?　[2018년 1회]

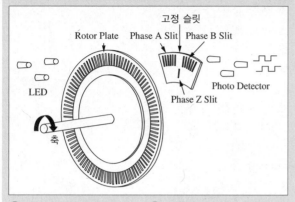

① 광학식 인코더　　　② 기계식 인코더
③ 자기식 인코더　　　④ 정전용량식 인코더

정답 ①

해설

13-1
서보모터
• 서보제어를 수행하기 위한 모터
• 전체 동력을 발생하기보다는 제한된 구성 안에서 제한된 동작으로 메인 구동을 보정하는 역할을 수행
• 보정이 필요한 폐쇄제어, 반폐쇄제어에 적합
• 신속성과 고유 응답성이 우수할 것

13-2
스테핑모터의 단점
• 특정 주파수에서 진동, 공진현상 발생 가능성이 있다.
• 관성이 있는 부하에 취약하다.
• 고속 운전 시에 탈조하기 쉽다.
• 토크의 저하로 DC 모터에 비해 효율이 떨어진다.

13-3
100번 펄스에 한번 리버스가 발생하는 정밀도이면, Pitch의 100분의 1이 정밀도가 된다.

13-4
3D 프린터에서의 스테핑모터 이송
• 정회전, 역회전에 유리
• 상대적으로 작은 이송력이 필요한 3D 프린터에서 사용

13-5
그림의 구성도에 보면 판(Plate) 앞쪽으로 LED, 뒤쪽으로 Photo Detector가 보인다.

핵심이론 14　동력전달 장치

① 동력전달장치 일반
　㉠ 동력전달장치 : 모터 또는 엔진에서 발생한 운동력을 작업부로 전달하는 기계요소 또는 기계요소의 조합
　㉡ 동력전달장치의 종류
　　동력전달장치는 동력을 전달, 연계하는 방법 또는 그 힘에 따라 종류를 분류
　　• 마찰 전동 장치
　　　- 마찰력을 이용한 힘을 전달
　　　- 동력 손실이 많고 정확한 전달이 어려움
　　　- 구조가 간단하며 다양한 방향으로 힘의 전달을 할 수 있음
　　　- 대표적으로 마찰차가 있으나 근래는 제한적으로 사용

[어업도구 원줄 양승기]

　　• 기어전동장치
　　　- 원통 바깥 면에 같은 모듈의 치형을 서로 다르게 설치하여 동력을 전달
　　　- 동력전달이 정확하고 큰 힘을 전달할 수 있음
　　　- 속도비 조절이 용이하며 힘의 방향 전환이 가능
　　　- 축과 키, 치형 등과 함께 정확한 설계가 필요하고 제작이 다소 어려움
　　　- 가까운 거리의 동력전달 또는 속도 및 출력 변환에 적당

- 로프, 벨트, 체인 전동장치
  - 원통 면에 로프, 벨트, 체인을 감고 다른 원통 면에도 연결된 로프, 벨트, 체인을 감아서 동력을 전달
  - 먼 거리 동력 전달에 적절하고 용도와 비용에 따라 다양한 형태의 전달장치 사용이 가능
  - 전달동력의 크기나 정확도에 따라 종류를 선택하여 사용
    - ⓐ 정확도(일반적으로) : 체인 > 벨트 > 로프
    - ⓑ 속도비 : 설계에 따라 다름
    - ⓒ 힘 전달 거리(일반적) : 로프 > 벨트 > 체인

[벨 트]　　　　　[체인 Freeshared]

[출처 : https://www.yongpyong.co.kr]

[로 프]

② 3D 프린터에서의 동력전달장치
  - ㉠ 3D 프린터용 동력 전달
    - 3D 프린터의 동력은 헤드부의 위치 제어 운동에 사용
    - 회전운동을 직선 운동으로 변환하거나 직선운동을 전달
    - 대표적인 동력전달장치로 기어, 마찰차, 벨트, 체인, 로프 등이 있으며 특성상 볼 스크루와 기어-벨트를 많이 사용
  - ㉡ 볼 스크루
    - 볼트에 해당하는 스크루 축(나사가 감겨 있는 축)에 강구(鋼球)가 달린 너트 이송판을 결합하여 스크루 축의 회전 운동을 이송판의 직선 운동으로 바꾸는 장치
    - 높은 하중을 낮은 마찰로 이송하고자 할 때 사용

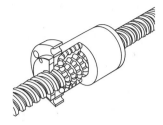

  - ㉢ 기어(Gear)-벨트(Belt) 조합
    - 모터에 기어를 연결하고 원동기어와 종동기어에 벨트를 감아 정확한 직선이송을 구현
    - 모터의 회전수로 직선 운동 속도를 제어
    - 감당할 수 있는 이송력이 작고 간단하여 저가형 3D 프린터 등에서 사용

  - ㉣ 직선 이송 가이드
    - 모터가 발생시킨 동력을 직선 이송으로 나타내기 위해 직선 가이드를 사용
    - 이송 대상의 경로를 만들고 무게를 지탱하며 정밀도를 유지
    - 단면의 모양은 다양하며 볼을 사용하기도 하고 직접 접촉식을 사용하기도 함

14-1. 3D 프린터의 이송 장치 부품에 해당하지 않는 것은?

[2019년 4회]

① 인코더
② 기어, 벨트
③ 볼 스크루
④ 필라멘트 압출기

정답 ④

14-2. 이송 장치의 구성요소 중 동력전달 장치와 직접적인 관련이 없는 것은?

[2019년 4회]

① 볼 스크루
② 선형 인코더
③ 기어벨트 조합
④ 직선 이송 가이드

정답 ②

14-3. 다음 그림과 같이 정교하게 가공된 직선형 레일을 접촉점이 한 점으로 된 볼이 구르면서 블록을 직선으로 이송시키는 장치는?

[2018년 1회]

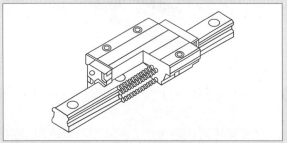

① 서포터
② 커플링
③ LM 가이드
④ 타이밍 벨트

정답 ③

해설

14-1
필라멘트 압출기는 FDM 프린터의 노즐에서 필라멘트를 녹여서 교반하고 재료를 압출하는 장치이다.

14-2
선형 인코더(Linear Encoder)는 이송 방향으로 이송축의 커버 등 외부 구조물에 부착된 미세한 자(리니어 스케일, Linear Scale이라 함)를 광학, 자기, 정전용량 방식 등으로 읽어내는 것으로 감지 장치에 해당한다.

14-3
직선 이송 가이드
• 모터가 발생시킨 동력을 직선 이송으로 나타내기 위해 직선 가이드를 사용한다.
• 이송 대상의 경로를 만들고 무게를 지탱하며 정밀도를 유지한다.
• 단면의 모양은 다양하며 볼을 사용하기도 하고 직접 접촉식을 사용하기도 한다.

핵심이론 15 이송 장치의 부품선정 시 고려 사항

이송 장치는 3D 프린터의 가공정밀도, 가공품의 치수정밀도에 직접적인 영향을 미치기 때문에 이러한 고려 사항들을 잘 반영하여 부품을 선정

① 이송분해능(Resolution)
  ㉠ 한번 단위 신호로 움직일 수 있는 최소 이송 거리. 해상도라고도 함
  ㉡ 분해능이 높을수록 정밀 이송 가능
  ㉢ 분해능만큼 신호 입력은 가능하나, 다른 정밀도 요소를 함께 고려하여 성능 판단

② 이송정밀도(Precision)
  ㉠ 지정된 위치에 대한 이동 지시에 대한 정밀도, 즉 입력 신호와 실제 이동된 위치와의 오차 정도
  ㉡ 표시 예 ±100μm/300mm는 300mm 이송하였을 경우 ±100μm의 오차 범위 내에서 이동하는 것을 의미 (즉, 299.9~300.1mm 사이에 위치)
  ㉢ 제어기의 성능, 축 및 가이드의 직진도 등에 의해서 영향을 받으며, 보통 이송 거리에 비례하여 오차값이 증가

③ 반복정밀도(Accuracy)
  ㉠ 일정한 위치를 반복 이동할 때 발생하는 오차
  ㉡ 위치오차가 생기더라도 반복적으로 비슷한 크기의 오차를 가지면 반복정밀도가 높음
  ㉢ 단반향 반복정밀도(Unidirectional Repeatability)와 양방향 반복정밀도(Bidirectional Repeatability)로 구분 (3D 프린터는 XY축상에서 끊임없이 양방향으로 이송을 하므로 양방향 반복정밀도를 고려)

정밀도 낮음   정밀도 낮음   정밀도 높음
반복정밀도 낮음   반복정밀도 높음   반복정밀도 높음

[이송정밀도와 반복정밀도의 설명]

④ 백래시(Backlash)
  ㉠ 맞물려 이송하는 물체가 이송시키는 방향의 힘이 제거된 후 힘을 받은 반대 방향으로 움직일 공간에 의해 생기는 위치오차 현상

ⓛ 볼 스크루에서는 볼과 나선형 홈 사이, 기어 – 벨트에서
는 양쪽 기어가 물리는 공간에 발생

ⓒ 백래시가 일정하게 발생하면 제어가 용이하나 정밀도
가 떨어지는 기구일수록 백래시의 양이 들쭉날쭉함

ⓔ 이송정밀도와 반복정밀도에 영향을 미침

⑤ 이송속도
　ⓙ 이송속도는 가공속도에 영향을 끼침
　ⓛ 이송속도가 높아질수록 탈조현상의 발생으로 인해
　　고성능 제어 장비가 필요
　ⓒ 탈조현상 : 이송 관성력에 의해 지정된 위치를 벗어나는
　　현상
　ⓔ 3D 프린팅에 사용하는 스테핑모터는 저속 고정밀 모터
　　여서 전압 오류, 벨트 장력 저하에 의해 탈조현상이 발생

⑥ 이송하중
　ⓙ 주로 Z축에서 많이 고려
　ⓛ Z축 구동 시 빌드 플레이트와 구조물 하중으로 이송
　　정밀도에 영향
　ⓒ 3D 프린터 설계 시 최대 이송하중에 대해 평면에서 운동
　　하는 X, Y축과 높이를 이동하는 Z축을 구분하여 설계

핵심예제

15-1. 이송 장치의 분해능이 3D 프린팅에서 가장 큰 영향을 미치는 부분은?
[2019년 4회 39번 관련]

① 내구성　　　　　　② 정밀도
③ 작업속도　　　　　④ 안전성

정답 ②

15-2. 맞물려 이송하는 물체가 이송시키는 방향의 힘이 제거된 후 힘을 받은 반대 방향으로 움직일 공간에 의해 생기는 위치오차현상은?

① 분해능　　　　　　② 정밀도
③ 백래시　　　　　　④ 탈조현상

정답 ③

해설

15-1
이송 분해능(Resolution)
• 한번 단위 신호로 움직일 수 있는 최소 이송 거리. 해상도라고도 함
• 분해능이 높을수록 정밀 이송이 가능하다.
• 분해능만큼 신호 입력은 가능하나, 다른 정밀도 요소를 함께 고려하여 성능을 판단해야 한다.

15-2
문제에서 설명하는 것은 백래시이며, 탈조현상은 이송 관성력에 의해 지정된 위치를 벗어나는 현상을 말한다.

핵심이론 16 조형 방식별 고려 사항

① X, Y, Z축(Cartesian 좌표계) 이송 방식
  ㉠ X, Y축 동시제어
    • 토출(Extrusion) 혹은 박판 가공(Sheet Lamination) 방식의 경우 X, Y 동시 2축 이송이 필요
    • 빌드 헤더(Build Header) 혹은 조형판(Build Plate)이 움직이면서 2차원 단면을 생성(조형판을 X, Y, Z축으로 이송할 경우에는 빌드 헤더는 고정)
    • 조형판이 Z축 이송을 하고 빌드 헤드가 X, Y축 이송을 할 경우에는 조형판 및 구조물에 대한 이송하중을 Z축에 반영
    • X, Y축은 각 단면을 형성하기 때문에 Z축보다는 상대적으로 높은 정밀도 및 빠른 속도의 이송 장치가 요구됨
  ㉡ X, Y축 개별제어
    • X, Y축을 동시에 제어하지 않음
    • Z축은 하중을 고려하여 제어
    • 산업용 제팅 방식 프린터에서는 비교적 높은 정밀도의 X, Y, Z축이 사용됨
  ㉢ X, Z축 이송 방식
    • 선택적 소결 방식(SLS ; Selective Laser Sinterning)의 빌드 영역에서는 가공물 및 가공되지 않은 재료 모두를 가공이 완료될 때까지 지탱을 해야 하기 때문에 높은 이송하중 및 정밀도가 요구됨
    • 비교적 높은 이송하중이 요구되나, 재료를 빌드 영역으로 공급하기 위하여 롤러 및 블레이드를 이송하기 위한 X축이 필요하며 비교적 낮은 정밀도 및 속도가 허용됨
  ㉣ Z축 이송 방식
    • 광조형(Stereolithography 혹은 Vat Photopolymerization)에서는 주로 자외선 레이저 빔이 주사 미러를 통해서 액사의 재료 표면을 경화하는 방식
    • Z축에 가공 플랫폼(Platform)이 부착이 되는 방식
    • 플랫폼 및 가공물의 하중을 고려하고 Z축을 설계
    • 비교적 낮은 이송속도, 높은 정밀도
    • 재료 리코터 사용될 경우 1개 축이 더 필요하고 저속 및 낮은 정밀도 이송 장치 가능

② 동작 해석 프로그램
  ㉠ 이송 장치 설계 시 3차원 모델링(3D CAD)으로 부품별 설계 조립 후 시뮬레이션 수행, 검증
  ㉡ 설계되고 모델링된 각 이송 장치를 기구학적 해석 프로그램(CAE)에 위치, 속도, 이송하중, 가속도 등 물리량을 입력, 시뮬레이션을 수행하면 부품의 휨, 부품 간의 간섭, 가공속도 및 가공오차 등의 파악 가능

3D 프린터 방식 중 구동 장치의 X, Y축 동시 이송제어가 필요한 것은?

[2018년 1회]

① DLP
② FDM
③ SLA
④ SLS

정답 ②

해설
• DLP(Digital Light Processing) : 광학 방식으로 이송제어가 아니라 렌즈를 이용한 빛의 전달이 필요
• SLA(Stereo Lithography Apparatus), SLS(Selective Laser Sintering) : 광학 방식으로 하며 구조에 따라 평면상 한 축과 평면의 Z축의 이송만 필요하다.
※ 광조형 방식에서 레이저 주사 장치를 X, Y축으로 동시 이송하도록 설계할 수도 있으나, 답안 중 확실히 이송이 필요한 FDM 방식이 있으므로, ②번이 답이 된다.

핵심이론 17 이송 장치 시제품 설계 순서

① 주어진 조형 방식에 필요한 이송 장치 구성
  ㉠ 이송 장치의 개수 선정
  ㉡ 이송 장치의 크기 설정
    • 빌드 사이즈보다 50~100nm 정도 여유 있게 이송 공간을 확보
    • 실제 이송 유효 공간을 염두에 두고 이송 장치의 크기를 결정
  ㉢ 이송속도의 설정
    • 최대 가공속도를 이용하여 설정
    • 최대 가공속도보다 여유 있는 최대 이송속도를 가진 이송 장치를 설계
  ㉣ 이송정밀도 및 반복정밀도 설정
    • 설정에 따른 부품을 선정하고 방향에 따른 정밀도 고려
  ㉤ 이송하중 설정
  ㉥ 홈 포지션 센서(Home Position Sensor) 위치선정
    • 가공 시작 위치를 고려
    • 위치를 변경해 가며 최적 위치 선정
② 동작 해석 프로그램을 이용한 설계와 해석
  ㉠ 이송 장치의 각 부품이 정해지면 사양을 바탕으로 3차원 모델링 소프트웨어를 이용하여 이송 장치를 부품별로 설계하여 조립 실시
  ㉡ 고정부와 이동부에 대한 구속조건을 부여하여 실제 이송과 같은 시뮬레이션을 수행하면서 발생 가능한 오류에 대해서 검증
  ㉢ 각 이송 장치의 속도, 이송하중 등을 입력하고 기구학 해석 프로그램을 이용하여 가공 헤드에 대한 위치, 속도, 가속도 시뮬레이션을 수행
    • 1축 해석 : 위치, 속도, 가속도, 정적하중, 동적하중, 그에 따른 뒤틀림, 변형 해석
    • 다축 해석 : 1축 해석을 바탕으로 축을 늘려가며 동작 분석
    • 문제점 분석 및 재설계
  ㉣ 부품 간의 간섭, 가공속도 및 가공오차 등을 시뮬레이션하고, 실제 하중을 고려한 각 부품의 휨 정도 및 이에 따른 가공오차에 대한 시뮬레이션을 수행

[핵심예제]

이송 장치의 시제품을 설계하는 과정에 대한 설명으로 옳지 않은 것은?

① 주어진 조형 방식에 필요한 이송 장치의 각 구성별 개수와 크기를 정한다.

② 이송 장치의 크기를 설정할 때는 빌드 사이즈보다 50~100nm 정도 여유 있게 이송 공간을 확보한다.

③ 이송속도를 설정할 때는 최대 이송속도보다 여유 있는 최대 가공속도의 장치를 설정한다.

④ 홈 포지션 센서(Home Position Sensor)의 위치를 선정할 때는 위치를 변경해 가며 최적 위치를 선정한다.

정답 ③

해설

이송속도의 설정 시 최대 가공속도를 이용하여 설정하며 최대 가공속도보다 여유 있는 최대 이송속도를 가진 이송 장치를 설계

핵심이론 18 | 수평 인식 장치 - 인식 방법

① 수평 인식 방법

㉠ 3D 프린팅 시 많은 경우의 조형물은 받침대에 부착되어 제작되므로 받침대의 수평 인식이 필요

㉡ 수평을 요구하는 평면의 세 개 이상의 위치를 접촉, 비접촉으로 파악하여 수평을 맞춤

㉢ 접촉식은 접촉자를 이용하여 위치를 파악하고, 비접촉식은 전기 신호, 음파 등 다양한 방법으로 파악함

㉣ 접촉식은 간단한 3D 프린터 구성에 유리하고, 비접촉식은 자동조정에 유리함

② 접촉식 변위 측정

㉠ LVDT(Linear Variable Differential Transformer)
- 솔레노이드 코일과 자석을 이용하여 전기 신호를 감지하고, 거리를 측정하는 방식
- 원리 : 직선운동이 가능한 철심을 장착하고 철심이 이동하면 2차 코일이 상호 유도현상에 따라 변압되도록 설계
- 프로브의 접촉에 의해 감지
- 용도상 센서의 일종으로 취급
- 비교적 정밀도가 높으며 반복정밀도 및 재현성이 우수
- 자동차, 항공기, 로봇 분야에서 위치 센서로 많이 사용
- 3차원 프린팅의 수평 인식을 위한 위치 측정에 사용이 가능

㉡ 마이크로미터(Micrometer)
- 수동으로 스핀들을 회전시켜 측정 프로브와 피측정물과의 접촉을 통해서 어미자와 아들자의 눈금을 읽는 방식
- 길이, 외경, 내경, 깊이 등의 측정에 우수
- 수동 조절 개념이므로 3D 프린팅에 적용하기에는 부적합

③ 비접촉식 변위측정
- 물리적 접촉이 없어 표면 재질의 영향이 적음
- 비접촉 센서의 특징에 따라 적합한 센서의 선별이 필요

㉠ 자기저항식 변위 센서(Magnetoresistive Displacement Sensor)
- 자기저항 소자(Magnetoresistive Element)를 이용하여 자기의 세기를 감지하여 변위를 검출하는 방식

- 조형 받침대에 자장을 발생시키는 자석을 설치하고 위치 측정이 요구되는 빌드 장치 혹은 수평을 맞추기 위한 장치에 자기 저항 센서를 설치함으로써 거리 측정이 가능
- 조형 받침대가 자장을 생성하는 재질이어야 하며, 3D 프린팅에 적용하기에는 다소 부적합

ⓒ 정전용량형 변위 센서(Capacitive Diaplacement Sensor)
- 두 전극 사이의 정전용량의 변화를 감지하여 이를 변위 검출에 사용하는 방식
- 원거리 측정에는 사용이 어려움
- 원 리

$$C = \varepsilon \frac{A}{l}$$

(C : 정전용량[F], ε : 유전율, A : 전극의 면적, l : 전극 사이의 거리)

- 센서부가 피측정물에 다가갈수록 정전용량이 커지게 되는 것을 감지하여 변위 측정에 사용
- 비교적 정밀한 nm 단위까지 측정이 가능
- 3차원 프린팅에 사용하기 위해서 빌드 장치에 근접한 위치에 센서를 설치하고 조형 받침대에 접근

ⓒ 초음파 변위 센서(Ultrasonic Displacement Sensor)
- 송수신부를 설치하고 초음파를 발사하여 에코(Echo, 메아리) 신호를 받아 검체와의 거리를 산출
- 초음파는 높은 영역일수록 그 지향성이 강함
- 초음파 센서는 압전기의 직접효과를 이용
- 검출 대상체의 형태, 색깔, 재질에 무관하게 검출이 가능
- 송신부와 수신부의 위치는 동일
- 측정 방식상 정밀측정이 불가능, 고정밀을 요구하는 3D 프린터에는 사용이 부적합

ⓒ 인덕턴스 변위 센서(Inductance Displacement Sensor)
- 인덕턴스(Inductance)
  - 전류의 변화에 따라 발생하는 기전력(EMF)을 측정하는 단위 또는 전류의 변화에 대한 저항
  - 1H의 인덕턴스는 1초당 전류 변화에 의해 코일에 1V의 유도기전력이 생기는 것

- 원리 : 인덕션 코일을 통해서 자기장을 형성하고 외부의 금속 물체에 의해서 변형된 자기장에 따른 유도 전류값을 측정하여 최종적으로 변위 정보를 얻는 센서 (접촉식의 LVDT와 동일)
- 비교적 근접 거리에서의 측정, 측정정밀도는 비교적 높은 편

ⓒ 광학식 변위 센서(Optical Displacement Sensor)
- 비접촉 변위 측정에서 가장 많이 쓰이는 센서
- 다른 센서에 비해서 측정시간이 빠르며, $1\mu m$ 이하의 높은 해상도
- 종 류
  - 삼각측량법 : 단파장 광과 CCD(Charge-Coupled Device) 혹은 CMOS(Complementary Metal-Oxide Semiconductor) 수광부를 이용하는 방법. 가장 먼저 개발되었으며 가격이 가장 저렴함
  - 광위상 간섭법 : 단파장 광의 간섭을 이용
  - 백색광 주사 간섭법 : 다파장 광의 간섭을 이용
  - 공초점 측정법 : 초점의 세기를 측정
  - 모아레 측정법 : 격자 간섭을 이용

🔍 **더 알아보기!**

삼각함수의 사인 법칙

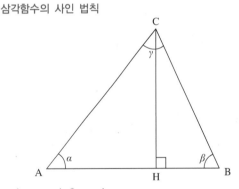

- $\dfrac{\sin\alpha}{\overline{BC}} = \dfrac{\sin\beta}{\overline{AC}} = \dfrac{\sin\gamma}{\overline{AB}}$
- $\overline{AC} = \dfrac{\overline{AB} \cdot \sin\beta}{\sin\gamma}$
- $\overline{BC} = \dfrac{\overline{AB} \cdot \sin\alpha}{\sin\gamma}$
- $\overline{HC} = \overline{AC} \cdot \sin\alpha = \overline{BC} \cdot \sin\beta$

ⓑ 비교

	자기 저항식	정전용 량식	초음파 방식	인덕턴 스 방식	광학식
측정 범위	2.5~ 500mm	0.25~ 10mm	Up to 1,000mm	0.5~ 500mm	0.5~ 1,000mm
해상도	중 간	높 음	낮 음	높 음	높 음
정밀도	중 간	높 음	낮 음	매우 높음	높 음
반복정 밀도	낮 음	매우 높음	낮 음	매우 높음	높 음
선형성	중 간	중 간	중 간	중 간	높 음
온도 적응성	낮 음	중 간	높 음	높 음	낮 음
장기 신뢰성	중 간	높 음	높 음	높 음	중 간
피측정 물 소재	자성체	금 속	금속/ 비금속	금 속	금속/ 비금속
상대 가격	높 음	중 간	중 간	중 간	높 음

④ 거리 측정 센서 분석

㉠ 거리 측정 센서는 3차원 프린팅 재료, 공정 및 장비의 크기 등에 따라서 사양을 분석하고 적합한 센서를 선정해야 함

㉡ 분석 고려 사항

• 측정 범위 : 주로 수 mm 이내에서 거리가 측정이 되는 센서 혹은 근접 센서(Proximity Sensor)가 필요하지만, 가공 중 수평을 맞춰야 할 경우 비교적 측정 범위가 넓어야 함

• 분해능(해상도) : 최소로 읽을 수 있는 센서 거리의 단위는 적층 두께보다 훨씬 작아야 함

• 반복정밀도 : 적층 두께 대비 1% 미만의 반복정밀도가 필요

• 선형성 : 측정한 거리가 직선 거리인지를 살펴보고, 아니라면 직선 거리로 환산 필요

• 접촉/비접촉 : 공정 중 측정의 필요성, 측정에 드는 비용 등을 고려하여 센서를 선택

• 피측정물 소재 : 센서의 다양한 방식의 측정에 소재가 간섭을 일으킬 여지에 대해 분석

• 보정 : 센서의 내구성, 민감도, 보정 가능성을 검토

핵심예제

18-1. 수평 인식 장치에 사용되는 접촉식 변위 센서는?

[2018년 1회 30번 관련]

① 인덕턴스 변위 센서
② 자기저항식 변위 센서
③ 정전용량형 변위 센서
④ LVDT

정답 ④

18-2. 수평 측정을 위해 비접촉 변위 센서 중 가장 많이 쓰이는 센서로 다른 센서에 비해서 측정시간이 빠르며, $1\mu m$ 이하의 높은 해상도를 갖고 삼각측량법, 공초점 측정법 등의 방법이 있는 센서는?

[2018년 1회 26번 관련]

① 자기저항식 변위 센서
② 초음파 변위 센서
③ 인덕턴스 변위 센서
④ 광학식 변위 센서

정답 ④

18-3. 레이저로 피측정물에 주사를 하고 그 반사광을 수광부인 CCD 혹은 CMOS 카메라에서 인식하여 거리를 측정하는 방식으로 가장 먼저 개발되었고, 저렴하여 가장 많이 사용되는 수평 인식을 위한 광학식 변위 측정법은?

① 삼각측량법
② 광위상 간섭법
③ 백색광 주사 간섭법
④ 공초점 측정법

정답 ①

18-4. 그림과 같을 때 $\overline{CH}$의 거리는?

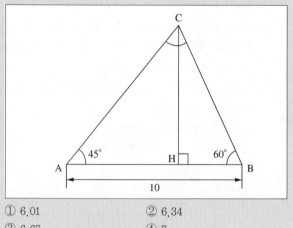

① 6.01
② 6.34
③ 6.67
④ 7

정답 ②

[핵심예제]

18-5. 초음파 센서에서 초음파의 특징으로 적합하지 않은 것은?

[2019년 4회]

① 초음파의 속도는 전파보다 빠르다.
② 초음파의 파장이 짧다.
③ 매질이 다양하다.
④ 사용이 용이하다.

정답 ①

해설

18-1

LVDT(Linear Variable Differential Transformer)
• 솔레노이드 코일과 자석을 이용하여 전기 신호를 감지하고, 거리를 측정하는 방식
• 원리 : 직선운동이 가능한 철심을 장착하고 철심이 이동하면 2차 코일이 상호 유도현상에 따라 변압되도록 설계

18-2

광학식 변위 센서(Optical Displacement Sensor)는 비접촉 변위 측정에서 가장 많이 쓰이는 센서로 삼각측량법, 광위상 간섭법, 백색광 주사 간섭법, 공초점 측정법, 모아레 측정법 등이 있다.

18-3

광학식 변위 측정 종류
• 삼각측량법 : 단파장 광 혹은 다파장 광을 사용
• 광위상 간섭법 : 단파장 광의 간섭을 이용
• 백색광 주사 간섭법 : 다파장 광의 간섭을 이용
• 공초점 측정법 : 초점의 세기를 측정
• 모아레 측정법 : 격자 간섭을 이용

18-4

삼각형 내각의 합이 180°인 까닭에 ∠ACB는 75°이므로

$$\frac{\sin75°}{10} = \frac{\sin60°}{\overline{AC}}, \quad \overline{AC} = \frac{\sin60°}{\sin75°} \times 10 ≒ 8.966$$

$$\sin45° = \frac{\overline{CH}}{\overline{AC}}, \quad \overline{CH} = \overline{AC}\sin45° = 8.966 \times \frac{\sqrt{2}}{2} ≒ 6.339$$

18-5

음파는 소리의 속도에 준하고, 전파는 빛의 속도에 준한다.

초음파 변위 센서(Ultrasonic Displacement Sensor)
• 송수신부를 설치하고 초음파를 발사하여 에코(Echo, 메아리) 신호를 받아 검체와의 거리를 산출
• 초음파는 높은 영역일수록 그 지향성이 강함
• 초음파 센서는 압전기의 직접효과를 이용
• 검출 대상체의 형태, 색깔, 재질에 무관하게 검출이 가능
• 송신부와 수신부의 위치는 동일
• 측정 방식상 정밀 측정이 불가능, 고정밀을 요구하는 3D 프린터에는 사용 부적합

핵심이론 19 수평 장치 조정

① 광조형(SLA ; Stereolithography) 방식
  ㉠ 광조형 방식에서는 별도의 수평 맞춤 공정이 없음
  ㉡ 이 유
    • 수평이 맞지 않아도 충분할 만큼의 지지대 형성
    • 액상 수지가 자중에 의해 재료 표면이 평탄하게 됨

② 선택적 소결(SLS ; Selective Laser Sintering) 방식
  ㉠ 별도의 조형 받침대가 존재하지 않아 수평 맞춤 없음
  ㉡ 금속 분말을 이용하는 경우 높은 온도의 레이저 빔을 사용하여 열변형 방지를 위해 조형 받침대와 지지대를 사용하나 수평 맞춤은 필요 없음

③ 제팅(Jetting) 방식
  ㉠ 제팅은 제팅 헤드와 조형 받침대 사이의 거리가 멀지 않아 조형물이 부딪힐 가능성 있음
  ㉡ 따라서 광조형 및 선택적 소결 방식과는 달리 조형 받침대가 정밀하게 평형을 이루어야 함

④ FDM(Fused Deposition Modeling) 방식
  ㉠ FDM 방식은 노즐 팁과 조형 받침대 사이의 거리가 0.1~0.3mm 정도 필요
  ㉡ 수평이 제대로 이루어지지 않을 경우 노즐 팁이 조형 받침대에 부딪히거나 필라멘트가 받침대에 부착이 안 될 수도 있어 수평제어가 필요
  ㉢ FDM 장비는 거리 센서를 이용, 조형 받침대의 세 군데 이상의 위치를 자동 혹은 수동으로 제어
  ㉣ 수평이 맞지 않을 경우 작동 중 이상증상
    • 노즐이 베드와 거리가 가까워서 토출된 필라멘트가 옆으로 밀려나 측면 방향으로 찌그러지는 증상
    • 원활히 토출되지 못한 필라멘트가 잠시 노즐 입구에 뭉쳐 있는 증상
    • 노즐 팁이 조형 받침대에 충돌하여 부러지거나 긁히는 증상
    • 일부 영역은 가공이 되지만 허용 가능한 가공 높이를 초과하는 영역에서는 필라멘트가 조형 받침대에 부착되지 않는 증상

[핵심예제]

19-1. 다음 3D프린터 방식 중 빌드 장치와 조형 받침대의 직접적인 수평 맞춤 공정이 필요 없는 것들로 묶인 것은?

[2019년 4회]

① CJP, FDM
② CJP, SLA
③ FDM, SLA
④ SLA, SLS

정답 ④

19-2. 제팅 방식의 수평조정에 대한 설명으로 옳은 것은?

① 수평이 맞지 않아도 충분할 만큼의 지지대가 형성된다.
② 별도의 조형 받침대가 존재하지 않아 수평 맞춤이 없다.
③ 헤드와 조형 받침대 사이의 거리가 멀지 않아 조형물이 부딪힐 가능성 있다.
④ 수평이 제대로 이루어지지 않을 경우 노즐 팁이 조형 받침대에 부딪히거나 필라멘트가 받침대에 부착이 안 될 수도 있다.

정답 ③

19-3. FDM 방식 3D 프린터 동작 중 수평 맞춤이 안 되었을 때의 고장 증상으로 볼 수 없는 것은?

[2019년 4회]

① 노즐이 베드와 거리가 멀어서 필라멘트가 토출이 되지 않는 증상
② 노즐 팁이 조형 받침대에 충돌하여 부러지거나 긁히는 증상
③ 필라멘트가 가공 진행 방향 대비 측면 방향으로 찌그러지는 증상
④ 일부 영역은 가공이 되지만 허용 가능한 가공 높이를 초과하는 영역에서는 필라멘트가 조형 받침대에 부착되지 않는 증상

정답 ①

해설

19-1
광조형 방식에서는 수평이 맞지 않아도 충분할 만큼의 지지대가 형성되고, 액상 수지가 자중에 의해 재료 표면이 평탄하게 됨에 따라 별도의 수평 맞춤 공정이 필요 없다.

19-2
① SLA 방식의 수평조정에 대한 설명이다.
② SLS 방식의 수평조정에 대한 설명이다.
④ FDM 방식의 수평조정에 대한 설명이다.

19-3
노즐이 베드와 거리가 가까워서 토출된 필라멘트가 옆으로 밀려나거나 잠시 노즐 입구에 뭉쳐 있는 증상이 나타날 수 있다.

핵심이론 **20** | 수평 인식 장치 개발

① 수동 수평 인식
   ㉠ X, Y, Z축 이송이 가능한 장치에서 점(센서)과 평면(조형 받침대)으로 이루어짐
   ㉡ 접촉식 수동 수평 인식
      • 다이얼 하이트 게이지(Dial Height Gauge)를 이용하여 측정
      • 세 지점씩 반복하여 측정
   ㉢ 비접촉식 수동 수평 인식
      • 빌드 장치와 수평한 축에 센서를 장착, 거리 측정을 이용하여 수평조정
      • 센서를 이용한 측정 후 수동 틸팅(Tilting) 반복

② 자동 수평 인식 장치 구성
   ㉠ 센서 : 조형 받침대의 재질이 미리 결정된 경우 이에 맞춰 센서를 선택
   ㉡ 조형 받침대 : 전자기식, 초음파식, 광감지식 등 적절한 센싱 원리를 적용해야 하는 경우 이에 맞춰 적절한 받침대 재질선정

③ 자동 수평 맞춤 과정
   ㉠ 센서를 이용하여 수평이 맞지 않음을 감지
   ㉡ 모터가 장착된 액추에이터의 스크루를 회전
   ㉢ 조형 받침대를 스크루 끝단에 부착된 볼이 밀어 올리거나 반대로 작동하여 X, Y 평면에서 수평을 맞춤

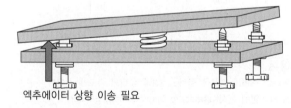

엑추에이터 상향 이송 필요

④ FDM 방식 수평 테스트

　㉠ 직접 출력을 통해 확인

　　• 필라멘트가 조형 받침대에 부착이 되지 않는 경우 조정

　　• 노즐과 조형 받침대가 너무 가까워서 필라멘트가 가공 진행 방향 대비 측면 방향으로 찌그러지게 되는 경우 조정

　㉡ 조 정

　　• 너무 멀어 가공이 되지 않은 쪽에 대해서 거리를 다시 측정을 하고 조형 받침대가 헤드와 가까워지도록 수평을 다시 맞춤

　　• 너무 가까워 토출된 조형물이 찌그러지는 경우 노즐이 부러질 수도 있으므로 반드시 실가공 전 조정

④ 제팅 방식 수평조정

　㉠ 제팅 헤드가 고가이므로 사전 수평조정 필요

　㉡ 센서를 이용한 자동 수평조정 장치 필요

[**핵심예제**]

자동 수평 인식 장치 개발에 관한 설명으로 옳지 않은 것은?

① 조형 받침대의 재질이 미리 결정된 경우 이에 맞춰 센서를 선택한다.

② 센서의 방식이 미리 결정된 경우 이에 맞춰 조형 받침대의 재질을 선택한다.

③ FDM 방식의 수평 자동조정을 위해 모터가 없는 액추에이터를 사용하는 것이 적절하다.

④ 제팅 방식에서는 제팅 헤드가 고가이므로 사전에 수평조정이 꼭 필요하다.

정답 ③

해설
자동조정을 위해서 모터를 장착하고 수평이 맞지 않다고 감지된 경우 모터에 신호를 주어 액추에이터를 작동하는 것이 적절하다.

핵심이론 21 | 조형 방식별 소재 재사용

① 광조형(SLA) 공정

　㉠ 소재의 광경화(Photocrosslinking) 반응을 이용하는 방식으로 고형화된 이외의 부분은 액상으로 잔존

　㉡ 컨테이너에 남은 액상 재료 부족 시까지 반복 사용 가능

　㉢ 일상의 빛에 오래 노출되는 경우 점도 상승 및 가공 품질 변화의 우려가 있어 일정 기간 후 새로운 수지를 섞어 사용

　㉣ 이종(異種) 재료를 사용하는 경우 기존 컨테이너를 제거, 교체 후 사용

　㉤ 광경화 수지가 열경화 수지로 조형된 재료는 재사용이 불가능

② 제팅(Jetting)

　㉠ 제팅은 광경화성 재료를 사용하며, 제팅된 2차원 단면 형상이 자외선램프로 경화되고 열경화성 수지이므로 조형된 부분은 재사용 불가능

　㉡ 서포트 재료는 세척으로 제거되며 재사용 불가능

　㉢ 조형되는 부분만 재료를 분사하므로 버려지는 재료는 최소화됨

　㉣ 여러 재료는 여러 헤드를 이용하여 사용 가능

③ FDM 공정

　㉠ 사용되는 재료가 열경화성 수지인지, 열가소성 수지인지에 따라 조형된 재료의 재사용 여부 결정

　㉡ 열가소성 재료는 제작된 형상도 가열하여 재사용 가능하고, 남은 스풀의 재료도 재사용 가능

　㉢ 여러 노즐을 이용하는 경우 중 물에 녹는 서포트 재료를 사용할 경우 이 재료는 가소성 재료이므로 가열하여 재사용 가능

　㉣ 소재 재사용을 위한 핵심부품

　　• 필라멘트 압출기

　　　- 호퍼(Hopper) : 재료를 공급

　　　- 스크루와 구동모터 및 모터 : 재료를 녹여 잘 교반시킴

　　　- 모터 및 온도제어기

　　　- 냉각팬 : 압출기 끝에 설치하여 변형 방지를 위한 급랭

　　• 필라멘트 수집 장치

　　　- 위치검출 센서 : 압출기를 통해서 생성된 필라멘트는 스풀을 거치며 압출기의 압출속도에 맞게 스풀의 회전속도가 비례해야 하므로 위치검출 센서를 사용

　　　- 위치검출 센서로 필라멘트가 검출이 되지 않으면 와인더에 신호를 보내 필라멘트가 다시 센서의 검출 영역으로 돌아오게 함

④ 선택적 소결 공정(SLS)

　㉠ 고분자 파우더(Polymer Powder)를 사용하므로 남은 파우더의 재사용 가능

　㉡ 적외선 레이저를 사용하여 가공하며, 원활한 가공을 위해 미리 가열된 분위기에서 실시

　㉢ 가공이 끝난 메인 가공 체임버 내의 재료는 다음 가공을 위해서 적절한 배합을 통한 재사용 실시(일반적으로 메인 체임버 내의 재료를 1/3, 파우더 공급 체임버 내의 재료를 1/3, 새로운 재료를 1/3로 혼합을 하여 다음 가공에 사용)

　㉣ 금속 파우더를 이용 시 재료의 성질에 따라 결정

　㉤ 소재 재사용을 위한 핵심부품

　　• 진공 펌프 : 메인 가공 체임버에 남아 있는 소결되지 않은 재료를 수거. 진공압의 크기는 재료의 밀도와 부피에 따라 다름

　　• 집진 장치 : 재료들을 수거해서 교반기로 이송. 체임버의 크기는 재료의 밀도와 부피에 따라 다름

　　• 교반 장치 : 교반 장치와 거름 장치는 보통 함께 구성, 경사축에 대해 회전하는 것이 유리함. 사용한 재료와 새 재료를 적절한 배율로 섞는데 사용

　　• 필터 : 메시 사이즈가 큰 것에서부터 작은 것으로 순차적으로 사용

[핵심예제]

21-1. SLA 방식 3D 프린터에서 소재의 재사용에 대한 설명으로 틀린 것은?   [2018년 1회]

① 일반적으로 가공 시 경화되지 않은 재료는 특별한 절차 없이 재사용이 가능하다.
② 이미 사용하여 경화된 재료도 액화시켜 다시 사용 가능하다.
③ 점도가 상승된 경우에는 새로운 수지를 혼합하여 활용이 가능하다.
④ 수지가 오랜 시간 외부 공기와 빛에 노출될 경우 서서히 경화되므로 보관상 주의하여 사용한다.

정답 ②

21-2. SLS 방식 3D 프린터에 사용한 소재를 재사용하기 위해 필요한 핵심 장치를 모두 고른 것은?   [2018년 1회]

> a. 필라멘트 압출기
> b. 필라멘트 수집 장치
> c. 진공펌프 및 집진 장치
> d. 교반 장치 및 필터

① a, c   ② a, d
③ b, c   ④ c, d

정답 ④

21-3. 별도의 후처리 공정을 통하여 사용한 재료의 재사용이 가능한 방식으로 묶인 것은?   [2019년 4회]

① SLA, FDM   ② SLA, CJP
③ SLS, FDM   ④ SLA, SLS

정답 ③

21-4. 다음 부품으로 구성되는 FDM 방식 3D 프린터의 장치는?   [2019년 4회]

> • 호 퍼
> • 스크루
> • 모 터
> • 온도제어기

① 교반 장치   ② 집진 장치
③ 필라멘트 압출기   ④ 필라멘트 수집 장치

정답 ③

해설

21-1

광경화 수지가 열경화 수지로 조형된 재료는 재사용이 불가능하다.

21-2

SLS 방식에서 소재 재사용을 위한 핵심부품

• 진공 펌프 : 메인 가공 체임버에 남아 있는 소결되지 않은 재료를 수거. 진공압의 크기는 재료의 밀도와 부피에 따라 다르다.
• 집진 장치 : 재료들을 수거해서 교반기로 이송. 체임버의 크기는 재료의 밀도와 부피에 따라 다르다.
• 교반 장치 : 교반 장치와 거름 장치는 보통 함께 구성, 경사축에 대해 회전하는 것이 유리하다. 사용한 재료와 새 재료를 적절한 배율로 섞는데 사용된다.
• 필터 : 메시 사이즈가 큰 것에서부터 작은 것으로 순차적으로 사용

21-3

SLA 방식은 광경화 수지를 사용하고 광경화 수지는 열경화 수지로, 조형된 재료는 재사용이 불가능

• 선택적 소결 공정(SLS) : 고분자 파우더(Polymer Powder)를 사용하므로 남은 파우더의 재사용 가능
• FDM 방식에서 열가소성 재료는 제작된 형상도 가열하여 재사용 가능하고, 남은 스풀의 재료도 재사용 가능
• CJP(Color Jet Printing) : 제팅 방식의 하나로 제팅 방식은 광경화성 재료를 사용하며, 제팅된 2차원 단면형상이 자외선램프로 경화되고 열경화성 수지이므로 조형된 부분은 재사용 불가능

21-4

FDM에서 소재 재사용을 위한 핵심부품

• 필라멘트 압출기
 – 호퍼(Hopper) : 재료를 공급
 – 스크루와 구동모터 및 모터 : 재료를 녹여 잘 교반
 – 모터 및 온도제어기
 – 냉각팬 : 압출기 끝에 설치하여 변형방지를 위한 급랭
• 필라멘트 수집 장치
 – 위치검출 센서 : 압출기를 통해서 생성된 필라멘트는 스풀을 거치며 압출기의 압출속도에 맞게 스풀의 회전속도가 비례해야 하므로 위치검출 센서를 사용한다.
 – 위치검출 센서로 필라멘트가 검출이 되지 않으면 와인더에 신호를 보내 필라멘트가 다시 센서의 검출 영역으로 돌아오게 한다.

핵심이론 22 재사용 효율성

① FDM 장치의 재사용 효율 관여요소 : 압출기의 효율

　㉠ 압출기의 효율 관여요소 : 필라멘트의 압출속도, 필라멘트의 균일한 크기 및 재료 품질 등으로 평가 가능

　㉡ 필라멘트 압출속도 관여요소 : 필라멘트 생산속도, 필라멘트 품질, 스풀 정도

```
필라멘트 ── 필라멘트 ── 열가소성 재료 녹는점
압출 속도    생산 속도    필라멘트 스크루의 크기, 회전속도, 용해온도
                        압출기 끝단 냉각기의 성능
                        히터의 온도 유지 및 제어
                        급속 냉각 능력
          ── 필라멘트 ── 필라멘트 직경, 압출구의 크기,
             품질        스크루 기포 제거 및 혼합능력
          ── 스풀 능력
```

　㉢ 필라멘트의 생산속도 관여요소 : 열가소성 재료의 녹는점, 필라멘트 스크루의 크기 및 일정한 회전속도, 스크루의 용해 온도, 압출기 끝단의 냉각기의 성능, 히터의 온도 유지 및 제어, 급속냉각 성능

　㉣ 필라멘트의 품질 관여요소 : 필라멘트 직경, 압출구의 크기, 스크루의 기포 제거능력 및 혼합능력

　㉤ 스풀능력 : 얽힘 없이 풀려야 하며 적절한 장력 유지

　㉥ 효율성 점검
　　• 시편 제작을 통해 시험 출력하여 효율 점검
　　• 압출된 필라멘트의 원형도에 대한 오차 측정으로 품질 예측
　　• 프린팅을 통해 와인더 장치에 얽히지 않았는지 측정 가능

② SLS 재사용 장치 효율 관여요소 : 리사이클링 재료의 혼합 정도, 불순물 제거 정도

　㉠ 파우더 입자크기 균일성 : 적절한 필터를 이용하여 일정한 크기 이하의 입자로 제한

　㉡ 파우더 재료의 균질성 : 사용된 재료의 고온 노출에 의한 성능 저하를 새 재료와의 적절한 혼합을 통해 해결

　㉢ 효율성 점검
　　• 필터링 및 재료 교반기의 성능 점검 : 무작위 추출 파우더 크기 및 분포를 SEM(Scanning Electron Microscopy) 등의 장비로 측정
　　• 새 재료를 사용하여 출력한 출력물과 재사용 재료의 출력물을 비교하여 측정

핵심예제

22-1. FDM 방식의 재사용 효율성 점검에 대한 설명으로 옳지 않은 것은?

① 시편 제작을 통해 시험 출력하여 효율을 점검한다.
② 압출된 필라멘트의 원형도에 대한 오차 측정으로 품질을 예측한다.
③ 프린팅을 통해 와인더 장치에 얽히지 않았는지 측정한다.
④ 토출 전 필라멘트를 육안으로 관찰하여 이상 유무를 판단한다.

정답 ④

22-2. SLS 재사용 장치 효율 관여요소로 적당한 것은?

① 스풀의 크기
② 리사이클링 재료의 혼합 정도
③ 광주사 장치의 재료 호환성
④ 파우더의 색상

정답 ②

해설

22-1
보기 ④번은 효율성 점검과는 무관한 내용이다.
22-2
SLS 재사용 장치 효율 관여 요소 : 리사이클링 재료의 혼합 정도, 불순물 제거 정도

3D 프린터 프로그램

핵심이론 01 3D 프린터 제어 프로세스 개요

① 3D 프린터 제어 흐름도

전처리	제어 프로그래밍	제어동작
CAD Data를 공간 Data로 바꾸는 단계	공간 Data를 제어코드로 바꾸는 단계	제어코드를 프린터에서 실행하는 단계

② 전처리

- ㉠ 3D 모델링(Modeling)
  - CAD 프로그램을 이용하여 모델링을 실시
  - 모델링된 CAD 파일 읽어 들임
  - *.stl 같이 전처리 프로그램에서 호환이 가능한 파일 형식을 사용
- ㉡ 슬라이싱 파일(Slicing File) 생성
  - 슬라이싱 프로그램을 이용하여 3D 모델을 물리적으로 번역하여 충별 분해
  - 제어 프로그램에서 슬라이싱을 함께 하기도 함
  - Cura, Slic3r, SuperSkein, RepSnapper, Kisslicer, RadCAd, SFACT 등의 프로그램이 있음
  - 슬라이싱 성능에 따라 출력물의 정밀도에 차이가 남
  - 프린터의 속도, 노즐 막힘에 대한 위험성, 내부 밀도, 표면 거칠기, 형상 정밀도 등을 고려하여 노즐과 두께를 결정한 후 슬라이싱
  - 노즐 지름에 따른 표준 적층 두께, 최대 두께, 라스터 사이즈 및 프린팅 체적속도 고려
    → 제조사에서 제공해 주는 정보를 활용하나 사용자가 판단하여 조정 가능

🔍 더 알아보기!

슬라이싱 프로그램 사용 방법

1. 출력용 데이터(*.stl파일)를 불러온다.
2. 형상을 분석하고 지지대 사용 계획을 수립한다.
3. 정중앙에 배치하고, 모델을 클릭한 후 Move(이동), Copy(복사), Rotate(회전), Scale(비율 확대/축소) 등을 이용하여 모델을 확정한다.
4. 출력 품질 설정을 실시한다.
   - 지지대(Support) 설정 : 영역(없음, 부분, 전체), 형태(Line, Grid, 채움)
   - 본체의 내부채움(Infill) 정도
   - 기초면(Platform, Build Plate) 설정 : 없음(None), 간격을 둔 테두리 출력(Skirt), 접지면 증량(Brim), 기초 생성(Raft)
   - 적층값 : 한 번에 쌓는 재료의 양
   - 면(Surface) 두께 지정
   - 그 외 Advanced 지정
5. 적층값을 활용하여 슬라이싱을 실시한다.

- ㉢ 공구경로(툴패스, Tool Path) 생성
  - 분해된 모델을 노즐이 움직이는 경로로 변경
  - 슬라이싱된 각 층의 형상을 노즐에서 나오는 재료를 점과 선으로 채우는 과정
  - 외형 형상 컨투어(Contour)와 잠열의 배분 등 복합적인 최적화 알고리즘이 필요한 과정
  - 실제로는 3D CAD 파일 로딩, 슬라이싱, 공구경로 생성과 이후 과정인 G-code 생성까지 일괄로 처리하는 프로그램이 많이 개발되어 있음

③ 제어 프로그래밍

- ㉠ 제어코드 생성 : G-code 수치제어코드와 같이 좌표 데이터를 전용 명령어로 변환
- ㉡ 제어코드 전송
  - G-code로 된 프로그램제어 명령어 코드를 프린터로 전송하는 과정
  - 유무선 데이터 통신을 이용하여 전송

• 통신 지원이 안 되는 제어보드의 경우 메모리 카드 등 저장매체를 이용하여 전송

④ 제어동작(프로그래밍 수행)
  ㉠ 제어코드 저장 및 시스템 준비
    • 시스템 초기화를 통해 구동부 및 모든 시스템 자원들의 상태 점검
    • 프로그램 수행을 할 수 있는 환경을 셋업
  ㉡ 제어코드 명령어 수행
    • 명령어를 수행하여 프린터 헤드를 이송하며 재료 분사
    • 실제 프린팅을 실시
  ㉢ 시스템 모니터링
    • 3D 프린터의 자체 디스플레이를 통해 독립적으로 노즐 온도, 재료 잔량, 작업 진행상태 등을 표시
    • PC 등 상위 매체와 연결이 된 경우 더 다양한 현재 상태를 표시 가능

핵심예제

1-1. 3D 프린팅 전처리 단계에 대한 설명으로 적절하지 않은 것은?
[2019년 4회 52번, 59번 연관]

① 모델링된 CAD 파일 읽어 들이는 단계이다.
② *.stl과 같은 형식을 사용한다.
③ 슬라이싱 파일을 생성한다.
④ 좌표 명령어를 전용 데이터로 변환한다.

정답 ④

1-2. 3D 프린터 제어 프로세스 중 슬라이싱된 각 층의 형상을 노즐에서 나오는 재료를 통해 점과 선으로 채우는 경로를 설정하는 단계로 적절한 것은?

① 슬라이싱 파일 생성   ② 공구 경로 생성
③ 제어코드 생성   ④ 명령 수행

정답 ②

1-3. 3D 프린터의 제어 프로세스에 대한 설명으로 틀린 것은?
[2018년 1회]

① 노즐의 온도나 프로세서의 진행상태 등 시스템 상태를 독립적으로 모니터링할 수 없다.
② 제어 프로그램 수행 시 제어코드 저장 및 시스템 초기화 → 제어코드 라인별 명령어 수행 → 시스템 상태 모니터링 및 업데이트 단계를 거친다.
③ 툴 패스를 따라 노즐이 이동할 수 있도록 3D 프린터의 각 축 모터부가 추종할 명령어 생성 과정이 제어코드 생성 과정이다.
④ 전송받은 제어 명령어 코드를 전달받으면 프린터는 노즐 및 프린팅 베드의 가열 등 여러 가지 초기화 동작을 수행하게 된다.

정답 ①

1-4. 슬라이스 프로그램에 대한 설명으로 틀린 것은?
[2019년 4회]

① 3D 모델을 물리적으로 번역한 것이다.
② 슬라이스 프로그램의 성능에 따른 출력물의 품질 차이는 없다.
③ 무료로 배포되고 있는 Cura와 같은 소프트웨어가 많이 사용되고 있다.
④ 사용되는 원료의 쌓는 경로와 속도, 압출량 등을 계산해서 G코드를 만들어낸다.

정답 ②

해설

1-1
좌표 명령어를 전용 데이터로 변환하는 것은 제어 프로그래밍 단계에서 실시한다.
1-2
슬라이싱된 모델의 윤곽과 형상을 점과 선의 경로를 설정하는 것은 공구경로(Tool Path) 생성 단계이다.
1-3
3D프린터의 자체 디스플레이를 통해 독립적으로 노즐 온도, 재료 잔량, 작업 진행상태 등을 표시한다.
1-4
슬라이싱 성능에 따라 출력물의 정밀도에 차이가 난다.

핵심이론 02 3D프린터 하드웨어

3D 프린터 하드웨어를 개발하는 제어 프로그래머의 관점에서 메인 컨트롤러와 모션 하드웨어로 구분

① 메인 컨트롤러
- ㉠ 명령코드 입력 후에 3D 프린터는 프로세서를 독립 수행하며, 이를 위해 내장 컨트롤 보드가 필요함
- ㉡ 중앙 처리 장치를 내장한 컨트롤 보드는 프로그램을 수행하고, 시스템을 제어
- ㉢ 컨트롤 보드는 처리속도 및 프로그램 언어 및 환경 등 여러 가지 하드웨어에 의해 정해진 환경에 따라 프린터의 운영 프로세서를 결정하는 핵심 하드웨어
- ㉣ DIY 제작 시 모션제어가 가능한 보드를 사용하면 적용이 가능

② 모션 하드웨어 : 메인 컨트롤러의 명령에 따라 프린팅을 수행
- ㉠ 모터제어
  - 노즐의 공간 이송을 하는 방식은 크게 리니어모터나 회전모터를 스크루나 렉 앤 피니언, 벨트 등에 연결하여 직선 구동을 유도하는 방식을 사용
  - 멀티 모션 컨트롤 보드는 여러 축의 액추에이터의 위치제어를 각 축에서 독립적으로 구현하도록 하는 방식을 채택하여 모션의 동기화 및 메인 컨트롤러의 구동 로드를 낮춤
- ㉡ 모터제어 방식
  - 열린 루프제어(Open Loop, 개회로제어, 개루프제어)
    - 출력값이 목표값에 일치하는지 점검하지 않고, 목표값 또는 입력을 주면 정해진 제어를 시행하는 제어
    - 센서를 사용하지 않음
    - 간단한 제어이지만 모터구동에 적용하기 위해서는 스테핑모터를 이용하여 적용 가능(스테핑모터 : 2과목 핵심이론 13. ④ 참조)
  - 닫힌 루프제어(피드백제어, 폐회로제어, Feed-back Control)
    - 출력값이 목표값에 이르도록 입력값을 조정하는 피드백제어(Feed-back Control)

- 개회로제어보다는 신호를 추출하고 목표값과 비교하는 등의 설비(궤환요소)가 더 필요
  ⓐ 센서 : 현재 위치 측정
  ⓑ 모터 : 액추에이터의 역할. 사용 전력에 따라 DC 모터와 AC 모터가 있음(서보모터 : 2과목 핵심이론 13. ② 참조)
  ⓒ 서보드라이버 : 제어루프를 관장. 범용 데이터 통신 기능을 포함. 위치제어의 정밀성, 모터의 높은 토크로 인해 정밀 고토크 프린팅 시스템이나 산업용 대형 3D프린터에서 사용
- 개회로제어에 비해 정확한 제어가 가능
- 시간응답 : 피드백 과정에서 목표값 또는 기준 입력에 대한 출력의 시간적 변화가 발생
- 사용되는 신호
  ⓐ 입력 신호(기준 신호) : 목표치에 의한 신호
  ⓑ 동작 신호 : 조작을 명령하는 신호
  ⓒ 검출 신호 : 센서 등을 통한 검출부로부터의 신호
  ⓓ 오차 신호(조절 신호) : 피드백에 의해 제어계가 소정의 작동을 하는 데 필요한 신호를 만들어서 조작부에 보내주는 신호

핵심예제

2-1. 3D 프린터 하드웨어에 대한 설명으로 틀린 것은?

[2018년 1회]

① 제어 프로그래머 관점에서 직접적으로 연관된 하드웨어는 메인 컨트롤러와 모션 하드웨어 부분이다.
② 제어 컨트롤 보드는 명령어를 수행하여 프린팅을 주관하는 명령자의 역할을 수행한다.
③ 모션 하드웨어는 직접적인 프린팅을 수행하는 수행자의 역할을 한다.
④ 모터는 처리속도, 프로그램 언어 및 환경 등의 전반적인 프로세스가 결정되는 핵심 하드웨어라고 할 수 있다.

정답 ④

2-2. 3D 프린터가 입력된 명령어 코드에 따라 독립된 수행을 제어하며 헤드 온도 조절, 모션 하드웨어 구동을 위한 하드웨어로 적절한 것은?

① 모터 드라이버　　② 인코더
③ 메인 컨트롤러　　④ Binder Jetting

정답 ③

해설

2-1
컨트롤 보드는 처리속도 및 프로그램 언어 및 환경 등 여러 가지 하드웨어에 의해 정해진 환경에 따라 프린터의 운영 프로세서를 결정하는 핵심 하드웨어이다.
2-2
메인 컨트롤러에 대한 설명이다.

핵심이론 03 개발 환경 구축 및 개발계획 수립

① 개발 환경 구성

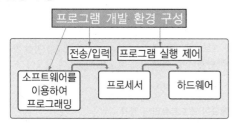

그림처럼 각 단계별 프로그램 개발을 할 수 있는 환경을 구성할 필요가 있음

② 프로그램 개발 환경의 의미
  ㉠ 프로그래머가 프로그래밍을 하는 소프트웨어
  ㉡ 소프트웨어와 개발 대상 프로세서와 연결
  ㉢ 개발된 프로그램을 전송하고 하드웨어가 프로그램을 실행할 수 있도록 함
  ㉣ 위의 모든 것들이 가능하도록 하는 일련의 과정

③ 프로그램 개발 순서
  ㉠ 프로그램 개발 환경 결정
  ㉡ 프로그램 개발 환경 인스톨 및 셋업
    • 개발용 컴퓨터에 소프트웨어 준비
    • 컨트롤 보드와 개발 환경의 연결 확인(통신 확인)
    • 샘플 프로그램을 이용하여 테스트 구동(컨트롤 보드와 구동부 연결 확인)
  ㉢ 프로그램 펑션 차트 프로그램 개발 계획
    • 제어 프로그래밍 대상을 계획
    ※ 제어 프로그래밍 단계

단 계	프로그램 계획
제어코드 저장 및 시스템 초기화	• PC에서 G-code 파일 전송 받기 • 시스템 상태 점검 • 시스템 초기화
제어코드 명령어 수행	• G-code 명령어 데이터 읽어 들이기 • G-code 인터프리터에 전달하기 • 각 모터 모션제어 • 기타 사용자 확장 코드 처리 함수 넣기
시스템 상태 모니터링 및 업데이트	• 재료, 온도 및 기타 상황 감지 • 감지된 데이터 전송

  • 프로그램 설계
    – 프로그램 계획된 상세 프로그램을 설계
    – 각 단계에 필요한 기능, 상세 요구를 계획하여 플로어 차트를 작성
  ㉣ 일정계획 : 각 프로그램의 난이도를 고려하여 개발 일정을 계획함

④ 프로그램 개발 장비
  소프트웨어 개발 대상 마이크로컨트롤러에 결과 프로그램을 전송하고 실행할 수 있도록 연결하는 장비는 3D 프린팅 외에도 마이크로컨트롤러를 제어하는 프로그램 입력 시 공통으로 사용함(통상 컨트롤러 제조사에서 개발 키트 형태로 제공)

⑤ 개발에 필요한 소프트웨어 종류
  ㉠ 컴파일러 : 고급 언어로 작성된 프로그램을 기계어로 번역하는 소프트웨어
  ㉡ 교차 컴파일러(Cross Compiler)·
    • 컴파일러가 수행되고 있는 컴퓨터의 마이크로프로세서가 아닌 다른 종류의 프로세서의 기계어로 번역하는 컴파일러
    • 컴퓨터에서 작성한 프로그램을 컨트롤 보드의 기계어로 프로그램을 번역하는 것과 같은 경우
  ㉢ 링커(Linker) : 프로그램이 여러 개의 파일로 나누어지는 경우 각 파일을 각각 컴파일하며, 링커를 이용하여 각 파일을 하나의 기계어로 만듦
  ㉣ Hex 파일 컨버터 : 링커로 만들어진 기계어 프로그램을 ROM에 전송할 때 Intel-Hex 포맷으로 만들어 줌
  ㉤ 디버거(Debugger) : 프로그램 실행 중 여러 변수, 레지스터의 상태 등을 보여주고, 프로그래머가 문장별로 프로그램 수행 제어를 할 수 있도록 함
  ㉥ ISP(In-System-Programmer) : ISP 포트를 사용하여 Hex 파일을 마이크로컨트롤러의 메모리에 다운로드함

[핵심예제]

3-1. 프로그램 개발 환경에 대한 설명으로 옳지 않은 것은?

① 프로그램 개발 환경이란 프로그래머가 프로그래밍하고 하드웨어를 작동하게 하는 일련의 과정을 할 수 있게 하는 것을 뜻한다.

② 소프트웨어를 이용하여 개발한 프로그램을 컨트롤 보드에 전송할 수 있어야 한다.

③ 프로그래머 외의 사용자가 컨트롤 보드를 수정할 수 있도록 해야 한다.

④ 개발된 프로그램이 하드웨어를 제어할 수 있도록 해야 한다.

정답 ③

3-2. 프로그램 개발 순서 중 각 단계에 필요한 기능, 상세 요구를 계획하여 플로어 차트를 작성하는 단계는?

① 프로그램 개발 환경 결정

② 프로그램 개발 환경 인스톨 및 셋업

③ 프로그램 펑션 차트 프로그램 개발 계획

④ 일정계획

정답 ③

3-3. 프로그램이 여러 개의 파일로 나누어지는 경우 각 파일을 각각 컴파일하며 이것을 이용하여 각 파일을 하나의 기계어로 만드는 역할을 하는 것은?

① 컴파일러   ② 교차 컴파일러

③ 링 커   ④ Hex 파일 컨버터

정답 ③

해설

3-1

프로그래머 외의 사용자가 컨트롤 보드를 수정하지 않는 것이 바람직하지만, 모든 3D 프린터 사용자가 전문가라면 그렇게 개발할 수는 있다. 그러나 이것이 프로그램 개발 환경이 될 수는 없다.

3-2

구체적인 프로그래밍이 이루어지는 단계가 프로그램 펑션 차트 프로그램 개발 계획 단계이며, 이때 상세 요구를 반영하여 플로어 차트를 작성해 본다.

3-3

개발에 필요한 소프트웨어의 종류

• 컴파일러 : 고급 언어로 작성된 프로그램을 기계어로 번역하는 소프트웨어

• 교차 컴파일러(Cross Compiler)

– 컴파일러가 수행되고 있는 컴퓨터의 마이크로프로세서가 아닌 다른 종류의 프로세서의 기계어로 번역하는 컴파일러

– 컴퓨터에서 작성한 프로그램을 컨트롤 보드의 기계어로 프로그램을 번역하는 것과 같은 경우

• 링커(Linker) : 프로그램이 여러 개의 파일로 나누어지는 경우 각 파일을 각각 컴파일하며, 링커를 이용하여 각 파일을 하나의 기계어로 만듦

• Hex 파일 컨버터 : 링커로 만들어진 기계어 프로그램을 ROM에 전송할 때 Intel-Hex 포맷으로 만들어 줌

• 디버거(Debugger) : 프로그램 실행 중 여러 변수, 레지스터의 상태 등을 보여주고, 프로그래머가 문장별로 프로그램 수행 제어를 할 수 있도록 함

• ISP(In-System-Programmer) : ISP 포트를 사용하여 Hex 파일을 마이크로컨트롤러의 메모리에 다운로드함

핵심이론 04 마이크로프로세서

① 마이크로프로세서 개요

　㉠ 3D 프린터 제어컨트롤 보드에 내장된 마이크로프로세서는 3D 프린터의 동작과 운영을 총괄

　㉡ 3D 프린터처럼 마이크로프로세서를 이용하여 독립된 운영을 하는 것을 임베디드 시스템(Embedded System)이라 함

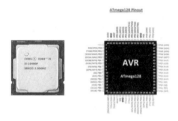

② 마이크로프로세서 구조

　㉠ 컴퓨터와 유사한 내부 구조를 가지나 마이크로프로세서 외부에 메모리를 두고 내부에는 간단한 코드만을 임시 저장할 수 있는 레지스터를 보유한 것이 차이

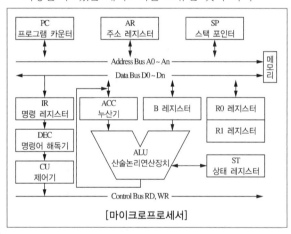

[마이크로프로세서]

　㉡ 프로그램 카운터 : 제어펄스 신호에 따라 하나씩 카운팅하면서 저장된 프로그램을 순차적으로 불러들임

　㉢ 레지스터

　　• 메모리처럼 임시 또는 중간 결과를 저장하는데 사용

　　• 실행속도가 빠르고 명령어 크기가 작아서 데이터를 저장하여 사용함이 우수하나, 개수가 한정되어 임시로 저장하는 데 사용

　㉣ 논리연산 장치(ALU) : 레지스터와 레지스터 상수 간의 산술 또는 논리 연산을 단일 클록 사이클에 수행하고, 결과에 따른 ALU의 상태를 레지스터로 갱신

　㉤ 누산기(ACC) : 중간 산술 논리 장치 결과가 저장되는 레지스터

　㉥ 상태레지스터(SREG)

　　• 읽기/쓰기가 가능한 레지스터

　　• 가장 최근에 실행된 산술연산의 처리 결과에 대한 상태를 나타냄

　　• 조건부 처리 명령에 의해 프로그램의 흐름 제어 가능

　　• 인터럽트 처리 과정에 의해 자동 저장 또는 복구되지 않음

　㉦ 스택포인터

　　• 스택 : 서브루틴 혹은 인터럽트 처리 완료 후 복귀되는 주소를 임시로 기억하거나 프로그램에서의 지역 변수 또는 임시 데이터를 저장하는 용도로 사용되는 메모리 구조

　　• 스택포인터 : 스택 구조의 상단 주소를 가리키는 레지스터이며 SP로 표시

　　• 스택 동작 : 데이터 입력의 푸싱(Pushing)과 데이터를 제거하는 팝핑(Popping)으로 구분

③ 마이크로프로세서 프로그램 처리

　• 마이크로프로세서에서 처리하는 프로그램 명령어 코드는 2비트의 기계어

　• 개발하는 프로그램 언어를 기계어로 변환해 주는 별도의 과정이 필요

　㉠ 페치사이클(Fetch Cycle) : 실행할 명령을 메모리에서 내부 명령 레지스터까지 인출하고 이를 명령 해독기에서 해독하기까지의 단계

　㉡ 실행사이클(Excution Cycle) : 명령 해독 결과에 따라 명령에서 정해진 타이밍 및 제어 신호를 순차적으로 발생하여 주어진 명령 실행 단계

④ 마이크로프로세서 프로그램 개발 환경

　㉠ 교차개발환경(Cross-platform Development Enviroment)

　　• 프로그램 개발은 설계자가 진행상태를 눈으로 확인하기 위해 PC에서 개발

　　• 구동은 개발된 환경과 다른 환경인 마이크로프로세서에서 독립적으로 실행하게 됨

　　• 통합개발환경(IDE ; Integrated Development Environment)이 필요함

ⓒ 통합개발환경
- 프로그램 개발에 필요한 다양한 기능을 제공
- 내부에는 프로그램 작성 에디터로 고급 컴퓨터 언어 (C++, java 등)를 통해 프로그램 작성
- 컴파일러(Compiler)가 고급 프로그래밍 언어를 목적 코드(Object File)로 변환
- 컴파일된 목적코드를 링커(Linker)가 묶어 실행파일 작성
- *.hex 형태의 실행파일로 작성

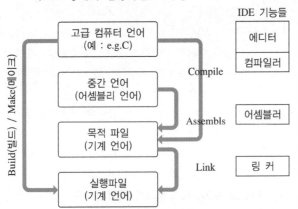

4-1. 3D프린터 제어 컨트롤 보드에 내장되어 3D프린터의 동작과 운영을 총괄하며, 시스템에서 두뇌 역할을 하는 것으로 옳은 것은?

① SP
② 레지스터
③ 마이크로프로세서
④ 메모리

정답 ③

4-2. 3D 프린터 제어용 마이크로프로세서에 대한 설명으로 틀린 것은?
[2019년 4회]

① 마이크로프로세서에서 처리하는 프로그램 명령어는 기계코드이다.
② 명령사이클(Instruction Cycle)은 페치사이클(Fetch Cycle)과 실행사이클(Execution Cycle)로 구성된다.
③ 페치사이클은 명령 해독 결과에 따라 명령에서 정해진 타이밍 및 제어 신호를 순차적으로 발생하여 주어진 명령을 실행하는 단계이다.
④ 3D 프린터 제어 프로그래밍은 프로그램이 개발되는 환경과 실행되는 환경이 다른 크로스 플랫폼 개발환경(Cross-platform Development Environment)이다.

정답 ③

4-3. 프로그래밍 언어를 마이크로프로세서가 인식하도록 목적 코드(Object파일)로 변환하는 작업을 무엇이라 하는가?
[2018년 1회], [2018년 1회 50번 연관]

① 링 크
② 빌 드
③ 어셈블
④ 컴파일

정답 ④

해설
4-1
3D 프린터에서 각 부분의 동작과 운영을 총괄하는 것은 마이크로프로세서이다.
4-2
페치사이클(Fetch Cycle)은 실행할 명령을 메모리에서 내부 명령 레지스터까지 인출하고 이를 명령 해독기에서 해독하기까지의 단계이며 명령의 실행은 실행사이클에서 한다.
4-3
컴파일러(Compiler)가 고급 프로그래밍 언어를 목적코드(Object File)로 변환한다.
핵심이론의 ④-ⓒ 통합개발환경 그림 참고

핵심이론 05 데이터 통신

① 데이터 통신 개요
  ㉠ 통신 : 객체와 객체 간에 정해진 규약(프로토콜, Protocol)에 따라 데이터를 송수신하는 것
  ㉡ 3D 프린터에서의 통신
    • 프린터 컨트롤 보드와 마이크로프로세서의 통신
    • 컨트롤 보드와 프린터 기구 구동부와의 통신

② 데이터 통신 분류
  ㉠ 전송선로에 따른 분류 : 유선, 무선
  ㉡ 전송 데이터의 신호상태에 따른 분류 : 디지털 신호, 아날로그 신호
  ㉢ 전송 모드에 따른 분류
    • 단방향 : 라디오와 같이 한 방향으로만 전송하는 방식
    • 반이중 : 양디바이스 간의 양방향 송수신이 가능하지만 동시에 송수신은 불가하여 동시간에 하나의 송신과 수신만 가능
    • 전이중 : 디바이스 간의 송수신이 동시에 가능
  ㉣ 데이터 전송 형태에 따른 분류
    • 병렬 : 하나의 데이터를 여러 선을 통해 묶음으로 통신하는 방식(예 RS232C)
    • 직렬 : 하나 혹은 한 쌍의 선만을 통해 통신하는 방식(예 I2C)
  ㉤ 신호 타이밍에 따른 분류
    • 동기 방식 : 전송되는 데이터 신호 외에 클록 신호를 별도로 두고 송수신 양측 간의 신호에서 데이터를 공유된 클록 신호에 따라 동기화시켜 데이터 통신을 하는 방식
    • 비동기 방식 : 별도의 타이밍 클록을 두지 않고 신호 내부에 동기값을 포함하여 송수신 장치 양측이 통신 속도를 맞춰 통신하는 방식

③ 마이크로프로세서 데이터 통신 종류
  ㉠ 시리얼 통신(RS-232C) : 단거리(15m 이내)에서 가장 많이 사용되는 방식으로, 3D 프린터 컨트롤 보드로 많이 사용하는 Atmel 계열의 프로세서에서는 UART에서 통신을 지원하며, 패킷 형태로 통신
  ㉡ I2C
    • 프로세서 간 두 가닥의 와이어로만 통신하는 방식. TWI(Two Wire Interface)

  – SCL(Serial CLock, 양방향 제어 신호선) : 디바이스 간 신호 동기화에 사용
  – SDA(Serial DAta, 양방향 데이터 신호선) : 데이터의 직렬 전송에 사용
    • 3가지 속도 모드 지원(Fast, Standard, Slow)
      → 현재 Fast, Fast+, High, Ultra 등 지속적으로 속도가 증가 중
  ㉢ SPI(Serial Peripheral Interface)
    • 4개의 선을 사용하여 직렬로 통신
    • I2C와 비교하여 속도가 빠름
    • 연결배선이 많아 개발비용이 상승

[**핵심예제**]

5-1. 디바이스 간 통신선로를 따라 신호를 주고받기 위한 규칙을 의미하는 것으로 옳은 것은?

① 프로토콜　　　　　② 인코더
③ 라이브러리　　　　④ 컴파일러

정답 ①

5-2. 통신 방식 유형 중 하나로 별도의 타이밍 클록을 두지 않고 신호 내부에 동기값을 포함하여 송수신 장치 양측이 통신속도를 맞춰 통신하는 방식을 의미하는 것은?

① 반이중 통신　　　　② 전이중 통신
③ 동기 방식　　　　　④ 비동기 방식

정답 ④

해설

5-1
① 프로토콜은 통신을 하기 위한 규칙을 정한 통신 규약이다.
5-2
④ 비동기 방식에 대한 설명이다.

핵심이론 06　**마이크로프로세서 제어포트 1 – I/O 포트**

① 마이크로프로세서 제어포트

　㉠ 3D 프린터의 각 부분을 제어하기 위해 마이크로프로세서의 기능별 포트를 사용

　㉡ I/O 포트 : 입출력 포트

　㉢ A/D 포트 : 아날로그 디지털 변환 포트

　㉣ PWM 포트 : 펄스폭 변조 신호 출력을 위한 포트

　㉤ 통신포트 : I2C, RS-232C, SPI 등

　㉥ 그 이외에 인터럽트, 타이머, 카운터 등의 포트로 구성되어 있음

② I/O 포트

　㉠ 하나의 I/O 포트는 입력 또는 출력으로 사용

　㉡ DDRx 레지스터 : 입출력 방향을 결정

　㉢ PORTx 레지스터 : 출력데이터를 설정, 1이면 출력핀을 VCC 전원과 연결하고, 0이면 VCC 전원을 개방

　㉣ PINx 레지스터 : PIN을 통해 데이터가 입력되면 비교기를 이용하여 HIGH/LOW를 판단

　㉤ 위 레지스터의 x는 입출력 포트 번호(예 DDRA : A포트 입출력방향설정, PORTB : B 포트 출력 레지스터

　㉥ Atmega2580 기준 7개 포트 ABCDEFG를 가짐

　㉦ GPIO(General Purpose Input Output) : 범용으로 사용되는 입출력 포트로 사용자가 마음대로 변형하면서 제어할 수 있도록 제공되는 I/O 포트

　㉧ 입출력 포트를 통해 데이터를 입력받아 전송하거나, LED 점등 및 PWM 출력을 통해 모터를 제어할 수 있음

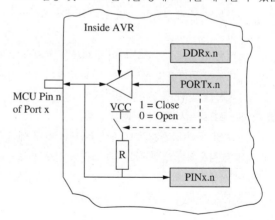

[핵심예제]

6-1. I/O 포트의 구동 원리로 옳은 것은?
[2018년 1회]

① 전자 회로에서 전기 신호의 기본적인 동작인 On/Off 기능을 구현하는 포트이다.

② AVR MCU의 ADC는 기본전압을 내부에서 사용되는 기준전압으로 변환하여 작동되는 포트이다.

③ 펄스폭 변조를 발생시켜 0과 1의 디지털 신호를 아날로그 신호인 것처럼 출력하는 포트이다.

④ 기준전압에 의해 일정범위의 디지털 값으로 변경한 수치를 입력 받는 포트이다.

정답 ①

6-2. 마이크로프로세서 제어 포트에 대한 설명으로 옳지 않은 것은?

① I/O 포트는 GPIO라고도 하며 데이터의 입출력에 사용된다.

② 펄스폭 변조는 PWM이라고도 하며 펄스폭의 너비를 이용하여 On 시간을 조정한다.

③ A/D포트는 MCU에서 신호를 처리하기 위해 아날로그 신호로 변환시킨다.

④ 입출력 포트를 이용하여 LED를 제어하거나 PWM 신호를 이용하여 DC 모터를 제어할 수 있다.

정답 ③

6-3. 다음 그림에서 레지스터의 동작을 입력이나 출력으로 결정하는 것은?
[2019년 4회]

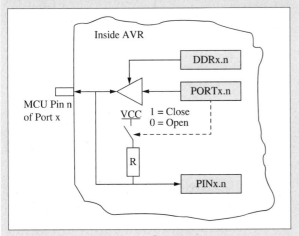

① DDRx.n
② PORTx.n
③ VCC
④ PINx.n

정답 ③

해설

6-1
②, ④는 A/D 포트에 대한 설명이다.
③ D/A 포트에 대한 설명이다.

6-2
③ 아날로그 디지털 컨버터의 출력은 디지털이며, MCU에서는 디지털 신호를 처리한다.

6-3
① DDRx 레지스터 : 입출력 방향을 결정한다.
② PORTx 레지스터 : 출력 데이터를 설정, 1이면 출력 핀을 VCC 전원과 연결하고, 0이면 VCC 전원을 개방한다.
③ PINx 레지스터 : PIN을 통해 데이터가 입력되면 비교기를 이용하여 HIGH/LOW를 판단한다.

핵심이론 07 마이크로프로세서 제어 포트 2 – A/D, D/A 포트

① A/D 포트
　㉠ A/D 변환(Analog Digital Convert)
　　• 아날로그 신호를 디지털 장치인 MCU에서 처리하기 위해 표본화, 양자화, 부호화하는 일련의 과정
　　• 전환 과정
　　　– 샘플링(표본화) : 시간축 방향에서 일정 간격으로 샘플을 추출하여 이산신호로 변환하는 과정
　　　– 양자화 : 샘플된 진폭치를 설계자가 정한 특정 대푯값으로 바꾸는 과정
　　　– 부호화 : 디지털 코드(2진 코드)로 변환하는 과정

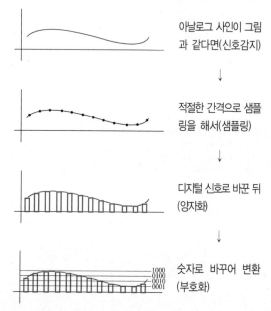

아날로그 사인이 그림과 같다면(신호감지)

↓

적절한 간격으로 샘플링을 해서(샘플링)

↓

디지털 신호로 바꾼 뒤(양자화)

↓

숫자로 바꾸어 변환(부호화)

　㉡ ADC(A/D Converter)의 성능
　　• 시간축(X축)의 샘플링 빈도(Sampling Frequency(Rate)) : Hz로 표현
　　• 전압축(Y축)의 해상도(Resolution Bit)로 표현
　　• 속도 : 입력된 아날로그 값을 디지털 값으로 변환하는 시간
　　• 정확도(분해능) : 입력을 전압으로 얼마만큼 세밀하게 변환하는지를 나타냄
　　　(예 분해능이 10bit면 $0 \sim (2^{10} - 1)$ 범위에서 읽을 수 있음)

　　• ADC의 사용전압은 내부 마이크로컨트롤러유닛(MCU)의 전압
　　• 샘플링 간격이 촘촘할수록, 분해능이 높을수록 감지한 아날로그 신호와 가까워짐

② D/A변환(Digital Analog Convert) : MCU에서 처리된 값을 아날로그 신호로 출력하기 위해 변환(예 PWM 출력을 통한 모터제어)

③ 펄스 폭 변조(PWM ; Pulse Width Modulation)
　㉠ 동작 원리
　　• 디지털 출력 0과 1을 이용해 아날로그 출력을 발생
　　• On 펄스폭의 길이를 통해 DC 모터의 속도제어, 초음파 센서 Trig핀 동작 등에 응용할 수 있음
　　• 3D 프린터의 경우 프린터에 있는 DC 모터를 속도제어할 때 사용
　　• 아두이노에서는 analogWrite 함수의 파라미터로 PWM 수치를 변경하여 전압 조절이 가능
　　• PWM 지원 포트(핀) DP 256개(0부터 255까지)의 범위값을 출력할 수 있음

　㉡ 듀티 비(Duty Cycle) : 신호의 한주기 동안 On되어 있는 시간의 비율

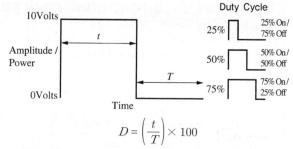

$$D = \left(\frac{t}{T} \right) \times 100$$

　㉢ PWM 포트 동작 프로그래밍
　　• 프로세서에 입력되는 클록 신호를 일정 분주비로 나누어 타이머에서 카운터
　　• Duty 값과 타이머의 값이 일치하면 포트에서 L을 출력
　　• 설정해 둔 주기값과 타이머 값이 일치하면 타이머 값은 0으로 초기화하고 포트에서 H를 출력
　　• analogWrite(Pin, Value)
　　　– analogWrite : 함수는 256개의 값을 사용
　　　– Pin : 포트 번호
　　　– Value : Duty Cycle
　　　– analogWrite 함수 파라미터로 255가 사용되면, 5V가 출력(내부전력 5V의 100%)

– analogWrite 함수 파라미터로 64가 사용되면, 1.25V가 출력(내부전력 5V의 25%)

🔍 **더 알아보기!**

예 시
- analogWrite (3, 0); PWM이 0%로 설정
- analogWrite (3, 128); PWM이 50%로 설정
- analogWrite (3, 255*0.5); PWM이 50%로 설정
- analogWrite (3, 204); PWM이 80%로 설정(204 = 255의 80%)

④ 제어계 종류
　㉠ 비례제어(Proportional Control)
　　• 가장 단순하며 입력과 출력이 단순 함수관계인 제어
　　• 구성비용이 저렴하나 정밀도가 낮음
　　• 상승시간이 짧음
　　• 오버슈트를 크게 함
　　• 안정된 상태에서도 잔류편차가 있음
　　• 이득(Gain)을 조정
　　• 제어편차에 비례한 수정동작을 함
　㉡ 미분제어(Derivative Control)
　　• 입력과 출력과의 관계 속도를 제어
　　• 제어편차가 검출될 때 편차가 변화하는 속도에 비례하여 조작량을 가감
　　• 대규모 공장 등의 정밀도보다 적절한 속도가 중요한 곳에 사용
　　• 응답속도를 개선한 제어이며, P제어와 함께 사용 (속응성)
　㉢ 적분제어(Integral Control)
　　• 제어의 정밀도에 주목한 제어
　　• 느린 제어속도
　　• Off-set 소멸시키고 잔류편차가 작음
　　• 구성이 예민하고 비용이 높음
　　• 목적에 따라 정밀도를 개선한 제어
　㉣ PID 제어
　　• 위의 비례·적분·미분을 모두 적용한 제어
　　• 제어계 중 정밀도와 성능이 가장 뛰어난 제어

［핵심예제］

7-1. 온도, 압력, 전압 등 연속적으로 측정되는 수치를 디지털 값으로 입력 받는 포트는? [2018년 1회]

① I/O 포트
② A/D 포트
③ TXD 포트
④ PWM 포트

정답 ②

7-2. A/D 변환의 순서로 가장 올바른 것은?

① 양자화 – 부호화 – 표본화
② 부호화 – 표본화 – 양자화
③ 표본화 – 부호화 – 양자화
④ 표본화 – 양자화 – 부호화

정답 ④

7-3. PWM 제어는 디지털 신호(HIGH와 LOW) 상태의 지속시간을 변화시켜 전압을 변환하여 전압 5V, 지원 포트(핀) DP 256(0부터 255까지)의 범위값을 출력할 수 있다. 다음 analogWrite 함수에서 출력전압(V)은? [2018년 1회]

analogWrite(3, 255*0.15);

① 0.75
② 15
③ 38
④ 38.25

정답 ①

7-4. 피드백제어 시스템의 제어동작에 대한 설명으로 옳은 것은?

① 미분동작은 잔류편차를 없애 준다.
② 비례적분동작은 오버슈트량을 줄여 주고 응답속도가 향상된다.
③ 비례·적분·미분동작은 과도 응답 특성을 개선하고 잔류편차를 없애 주므로 정상상태 특성을 개선한다.
④ 비례미분동작은 목표차의 변화나 외란에 대해 항상 잔류편차가 발생한다.

정답 ③

해설

7-1

자연상태의 연속되는 신호를 Analog 신호라 하며, 이를 Digital 신호로 변환하여 A/D 포트에 입력 받는다.

7-2

④ 표본화를 통해 샘플링된 진폭데이터가 설계자가 의도한 높이값으로 정리되어 2진 데이터로 변환한다.

7-3

Value는 255*0.15이며, 5V의 15%이므로 0.75V가 출력된다.

7-4

- 안정된 상태에서도 잔류편차가 있다.
- 적분동작은 응답속도가 느려진다.
- 비례제어(Proportional Control)
  - 가장 단순하며, 입력과 출력이 단순 함수관계인 제어
  - 구성비용이 저렴하나 정밀도가 낮음
  - 안정된 상태에서도 잔류편차가 있음
  - 이득(Gain)을 조정
- 미분제어(Derivative Control)
  - 입력과 출력과의 관계 속도를 제어
  - 대규모 공장 등의 정밀도보다 적절한 속도가 중요한 곳에 사용
  - 응답속도를 개선한 제어이며, P제어와 함께 사용(속응성)

핵심이론 08 3D프린터 주변 장치 제어

① 스테핑모터(2과목 핵심이론 13 ④ 참조)
  ㉠ 펄스 모양의 전압에 의해 일정 각도를 회전하는 전동기
  ㉡ 코일이 감겨있는 스테이터(Stator)와 회전축과 연결된 로터(Rotor)로 구성
  ㉢ 스테이터가 순서대로 여자되면 자기력에 의해 하나의 Step씩 회전하게 됨

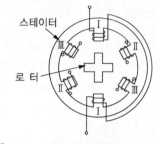

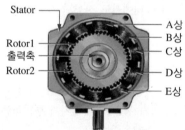

② 모터 드라이버
  ㉠ 모터의 속도, 방향 등 움직임을 제어
  ㉡ 서보모터는 모터 드라이버가 내장되어 자체 제어 가능하나 DC 모터, 스테핑모터는 별도로 제어할 수 있는 모터 드라이버가 필요
  ㉢ 내부전력 이상의 큰 전류를 사용하는 경우 외부 전원을 공급받는 통로로도 사용
    • DC 모터는 큰 전류가 필요하므로 추가 스위칭 회로나 모터 드라이버가 필요
    • 스테핑모터는 펄스를 사용하여 제어하므로 펄스 신호를 제어하기 위한 드라이버가 필요

③ 온도 센서

  ㉠ FDM 방식의 3D 프린터를 이용할 때 노즐 온도 및 베드 온도는 매우 중요한 요인

  ㉡ 종 류

   • 접촉식 온도 센서 : 온도 측정점의 열전도를 통해 센서가 온도를 인식

     – 열전쌍(熱電雙)

       ⓐ 이종(異種)금속을 붙여 열전효과를 일으켜 온도를 감지하는 소자

       ⓑ 제베크효과(Seebeck, 온도에 의한 열기전력 발생효과)를 이용

     – 서미스터

       ⓐ 저항체의 저항값이 온도에 따라 변화하는 것을 이용한 센서

       ⓑ 온도가 상승하면 저항값이 증가하는 정특성(PTC)

       ⓒ 온도가 상승하면 저항값이 감소하는 부특성(NTC)

       ⓓ 특정 온도에서 저항이 급변하는 특성저항(CTR) 특성

   • 비접촉식 온도 센서 : 온도 측정점의 열방사를 통해 센서가 온도를 인식

     – 적외선(IR ; Infrared Ray) 센서 : 적외선의 방사율을 이용하며 적외선을 직접 발사하는 능동식, 적외선 감지만 하는 수동식이 있음

④ 리밋(Limit) 스위치

  ㉠ 일종의 스위치로 이동 한계점에 장착하여 이동하는 개체가 한계점에 다다르면 기계적으로 접촉하여 신호를 주는 방식

  ㉡ 3D프린터가 축 이동을 할 때 한계점을 넘어가는 것을 방지

[핵심예제]

8-1. 프린터 헤드가 축을 따라 이동할 때 이동 한계점 이상으로 이동하는 것을 감지하기 위한 접촉식 센서로 가장 옳은 것은?

① 인코더   ② 온도 센서

③ 리밋스위치   ④ 스테핑모터

정답 ③

8-2. 온도가 증가하면 저항이 감소하는 음(-)의 온도계수를 갖고 있어 온도 감지 센서로 응용할 수 있는 부품은? [2018년 1회]

① 광전도 셀

② 서미스터

③ 광 다이오드

④ 버랙터 다이오드

정답 ②

해설

8-1

③ 리밋스위치는 한계점 이상으로 이동하는 것을 감지하는 접촉형 기계식 스위치

8-2

서미스터 : 저항체의 저항값이 온도에 따라 변화하는 것을 이용한 센서. 온도가 상승하면 저항값이 증가하는 정특성(PTC), 온도가 상승하면 저항값이 감소하는 부특성(NTC), 특정 온도에서 저항이 급변하는 특성저항(CTR) 특성을 갖고 있다.

핵심이론 09 3D 프린팅에서의 G코드

① 개 요
  ㉠ 수치제어 프로그램이 운용되는 시스템에서 사용하는 수치제어용 프로그램 언어
  ㉡ G-code, 수치제어 프로그래밍 언어, RS-274 규격이라는 명칭을 혼용하여 부름
  ㉢ 3D 프린팅 시 발생하는 노즐 등 툴 패스 경로를, NC 공작기계의 공구의 움직임을 자동 제어하는 G코드를 차용하여 3D 프린팅에 적용
  ㉣ 줄바꿈(Enter)으로 각 문장(Block)을 구분하며 한 문장이 하나의 단일 명령으로 구성
  ㉤ 명령문의 형식
    • (문장번호)명령 문자 코드 숫자 1, 숫자 2 …
    예 G00 X22, Y200.111 Z10.001
      → (22., 200.111, 10.001) 좌표로 급속이송
  ㉥ 주요 문자 접두와 기능

종 류	의 미
G	일반적인 기능을 제시함
M	잡다한 부가기능을 제시, 프로그램제어 또는 보조 장치 On/Off 등
T	도구 n번을 선택, 노즐에 관련한 도구 선택
S	파라미터 명령(예 온도, 모터로 보내는 전압)
P	ms 단위 파라미터 명령
X	이동을 위한 X 좌표(정수, 분수)
Y	이동을 위한 Y 좌표(정수, 분수)
Z	이동을 위한 Z 좌표(정수, 분수)
I	파라미터(원호보간 시 X축 Offset)
J	파라미터(원호보간 시 Y축 Offset)
K	파라미터(원호보간 시 Z축 Offset)
D	파라미터(직경에 사용됨)
H	PID제어 세팅 시 히터 번호
F	1분당 Feedrate, mm 단위(프린트 헤드 속도)
R	파라미터(온도)
E	압출형의 길이 mm
N	선 번호, 통신 오류 시 재전송 요청을 위해 사용됨

  ※ 접두어 뒤에는 "G00", "G28"와 같이 숫자를 붙여서 사용
  ※ RepRap에서 제공하는 Firmware를 기준

  ㉦ 주석 : 직접적 명령은 없고 사용자가 읽기 편하게 도와주는 것으로 세미콜론';', 괄호'()'가 사용

② G코드 종류
  ㉠ 연속 유효 G코드(Modal G코드)
    • 한번 지령한 G코드가 다른 G코드가 나올 때까지 유효한 코드
  ㉡ 1회 유효 G코드(One Shot G코드)
    • 지령된 블록 내에서만 유효한 코드

③ 주요 G코드 명령어
  제공사마다 조금씩 다르지만, FDM 방식으로 가정하여 이해하고 대표적으로 공통적인 명령어를 살펴보면

종류	의 미
G00	급송 이송
G01	재료를 토출하며 선형 이송(일반 속도)
G02	재료를 토출하며 시계 방향 이송
G03	재료를 토출하며 반시계 방향 이송
G04	일시정지(Dwell, 일정시간 멈춤)
G10	필라멘트 회수
G11	필라멘트 투입
G20	인치(Inch)로 단위 변경
G21	밀리미터(mm)로 단위 변경
G28	원점으로 이동
G90	절대 위치로 설정(기계의 원점을 기준)
G91	상대 위치로 설정(마지막 위치를 기준으로 원점 설정)
G92	설정 위치(현재 위치를 지정된 값으로 재설정)

④ 절대지령과 증분지령
  ㉠ 절대지령(G90) : 최종 좌표 위치를 원점 기준으로 지령하는 방식
  ㉡ 증분지령(G91) : 절대 지령 방식과 다르게 이동 시작점에서 종점까지의 이동 거리와 이동 방향을 지령하는 방식. 즉, 이전 점을 임시 원점으로 간주하고 좌표 설정하는 방식

⑤ 보조기능(M 기능) : 프로그램을 제어하거나 보조 장치 On/Off 작동을 수행

종 류	의 미
M0	무조건 정지(재시작 버튼으로 재기동)
M1	조건부 정지(G코드로 재기동 가능)
M17	스테핑모터 활성화
M18	스테핑모터 비활성화
M82	압출기 절댓값 모드
M101	압출기 전원 On, 압출 준비
M103	압출기 전원 Off, 필라멘트 후퇴
M104	압출기 온도 설정
M106	냉각팬 On
M107	냉각팬 Off
M109	압출기 온도 설정 후 대기
M140	베드 온도 설정

⑥ G코드 프로그래밍의 실제

㉠
```
;Basic setting: Layer height: 0.2 Walls: 1 Fill: 50
;Print time: 2min
;M190 S110 ;Uncomment to add your own bed temp
line
;M109 S240 ;Uncomment to add your own temp
line
```

- ; 뒤에 붙어 있는 내용은 주석으로 프로그램에 영향을 미치는 정보가 아님
- 프로그램에 따라 주로 미리 Setting한 초깃값 정보를 제공

㉡
```
                                ...
단위를 mm로 지정      ☞      G21
원점 설정            ☞      G90
압출기 절댓값 모드    ☞      M82
(0, 0, Z현위치)로 원점 이동  ☞  G28 X0 Y0
Z0으로 원점 이동             G28 Z0
                                ...
```

㉢
```
...
G1 F1800 X50.814 Y58.114 Z0.2 E0.02
```

직선이송, 속도는 1,800mm/min, 목표 좌표(50.814, 58.114, 0.2), 재료압출의 길이 0.02mm

---

핵심예제

9-1. 3D 프린터에 설치된 모터를 구동하여 노즐이 툴 패스를 따라 이동할 수 있도록 명령어를 생성하는 코드명은? [2019년 4회]

① C 코드
② N 코드
③ G 코드
④ Z 코드

정답 ③

9-2. 3D 프린터의 노즐과 프린팅 베드의 위치가 정확히 제어되도록 처리하는 수치제어용 프로그램 언어의 규격은?
[2019년 4회]

① RS-232
② RS-274
③ RS-485
④ IEEE-1284

정답 ②

9-3. 위치 P1에서 위치 P2로 이동하기 위한 G코드 이동 명령 프로그램으로 옳은 것은? [2019년 4회]

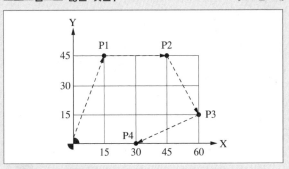

① G90 G00 X30.0 Y0.0
② G91 G00 X30.0 Y0.0
③ G90 G00 X30.0 Y45.0
④ G91 G00 X45.0 Y45.0

정답 ②

9-4. 다음 G코드 명령어의 의미로 옳은 것은? [2018년 1회]

```
G1 X100 Y100 Z100 E10
```

① X, Y, Z축에 100, 100, 100 위치로 직선 이동시키고 10초간 잠시 멈춤
② X, Y, Z축에 100, 100, 100 위치로 직선 이동시키고 노즐의 온도를 10℃로 조정
③ X, Y, Z축에 100, 100, 100 위치로 직선 이동시키고 오차범위는 10% 이내
④ X, Y, Z축에 100, 100, 100 위치로 직선 이동시키고 재료를 10mm까지 직선분사

정답 ④

[핵심예제]

9-5. 노즐의 온도를 190℃로 설정하는 G코드는? [2019년 4회]

① M104 S190
② M106 S190
③ M109 S190
④ M140 S190

정답 ①

9-6. 다음은 3D 프린팅 G코드 프로그램의 일부이다. 이에 대한 설명으로 옳은 것은?

	...
ㄱ.	G1 X80.001 Y113.001 Z5.01 F450.0 E2.8800
ㄴ.	G1 X85.254 Y115.550 E3.7850
ㄷ.	G1 X92.053 Y118.100 E5.4088
ㄹ.	G1 X100.125 Y121.524 E7.5414
	...

① ㄱ.에서 노즐 이송속도를 느리게 하였다.
② 작업속도가 점점 느려지고 있다.
③ ㄹ.은 다른 지점보다 높다.
④ 토출량을 점점 늘리고 있다.

정답 ④

9-7. 베드 온도를 60℃로 설정하고 제어권을 즉시 호스트로 넘기는 명령은? [2018년 1회]

① M109 S60
② M140 S60
③ M141 S60
④ M109 S60 R100

정답 ②

해설

9-1
모델링 데이터를 수치를 이용한 위치제어를 위해 G-code로 변환한다. G-code란 여러 코드 중 하나가 아니라 수치제어로 위치제어를 하는 프로그램명을 G-code라 붙인 것이다.

9-2
G-code, 수치제어 프로그래밍 언어, RS-274 규격이라는 명칭을 혼용하여 부른다.

9-3
P2의 위치는 절대위치로 (45.0, 45.0)이고, P2의 P1에서의 상대위치는 (30.0, 0.0)이다.
G90은 절대위치, G91은 상대위치이므로 G90 G00 X45.0 Y45.0 또는 G91 G00 X30.0 Y0.0이다.

9-4
G1 X100 Y100 Z100에 대한 해석은 보기 넷이 같으므로 E10의 해석에 관한 문제이다.
접두어 E는 FDM 기준으로 토출 재료 길이에 대한 명령이다.

9-5

M104	압출기 온도 설정
M106	냉각팬 On
M109	압출기 온도 설정 후 대기
M140	베드 온도 설정

9-6
④ E값이 점점 커지고 있어 토출량을 늘리고 있는 것을 알 수 있다.
① 노즐 이송속도에 대한 명령은 있으나, 늘었는지 줄었는지는 알 수 없다.
② 같은 노즐 이송속도로 작업하고 있다.
③ ㄱ.~ㄹ.의 Z 위치는 같다.

9-7
M 코드는 보조명령이므로 제어권을 넘겨준다기보다 설정권을 갖고 있다고 보는 것이 적절할 것 같다. 베드온도 설정은 M140이며, S 코드 위의 숫자가 섭씨 온도이다.

가공에서의 G코드, 보조프로그램

① 가공에서의 G코드 일람

코 드	기 능
G00	위치결정
G01	직선 보간
G02	원호 보간 CW
G03	원호 보간 CCW
G04	드 웰
G09	정위치 정지
G10	데이터 설정
G11	데이터 설정 모드 취소
G15	극좌표 지령 취소
G16	극좌표 지령
G17	X – Y 평면
G18	Z – X 평면
G19	Y – Z 평면
G20	인치 데이터 입력
G21	mm 데이터 입력
G22	행정 제한 영역 설정
G23	행정 제한 영역 Off
G27	원점 복귀 점검
G28	자동 원점 복귀
G30	제2원점 복귀
G31	스킵(Skip) 기능
G33	나사 가공
G37	자동 공구 길이 측정
G40	공구경 보정 취소
G41	공구경 좌측 보정
G42	공구경 우측 보정
G43	공구 길이 보정 +
G44	공구 길이 보정 –
G45	공구 위치 오프셋 신장
G46	공구 위치 오프셋 축소
G47	공구 위치 오프셋 2배 신장
G48	공구 위치 오프셋 2배 축소
G49	공구 길이 보정 취소
G50	스케일링 취소
G51	스케일링
G52	로컬 좌표계 설정
G53	기계 좌표계 설정
G54	공작물 좌표계 1 선택
G55	공작물 좌표계 2 선택

코 드	기 능
G56	공작물 좌표계 3 선택
G57	공작물 좌표계 4 선택
G58	공작물 좌표계 5 선택
G59	공작물 좌표계 6 선택
G60	한 방향 위치결정
G61	정위치 정지 모드
G62	자동 코너 오버라이드
G63	Tapping 모드
G64	연속 절삭 모드
G65	매크로 호출
G66	매크로 모달 호출
G67	매크로 모달 취소
G68	좌표 회전
G69	좌표 회전 취소
G73	고속 심공 드릴 사이클
G74	왼나사 태핑 사이클
G76	정밀 보링 사이클
G80	고정 사이클 취소
G81	드릴링 사이클
G82	카운터 보링 사이클
G83	심공 드릴 사이클
G84	태핑 사이클
G85	보링 사이클
G86	보링 사이클
G87	백 보링 사이클
G88	보링 사이클
G89	보링 사이클
G90	절대 지령
G91	증분 지령
G92	공작물 좌표계 설정
G94	분당 이송
G95	회전당 이송
G96	주속 일정 제어
G97	주축 회전수 일정 제어
G98	고정 사이클 초기점 복귀
G99	정사이클 R점 복귀

② M코드 일람

코 드	기 능	용 도
M00	프로그램	정지 프로그램을 일시적으로 정지
M01	선택적 프로그램 정지	M01의 스위치가 On 상태라면 프로그램이 일시적으로 정지
M02	프로그램 종료	프로그램을 종료시킨다.
M03	주축 정회전	주축을 시계 방향으로 회전
M04	주축 역회전	주축을 반시계 방향으로 회전
M05	주축 정지	주축 회전을 정지
M06	공구 교환	지정한 공구로 교환
M08	절삭유 On	절삭유 토출
M09	절삭유 Off	절삭유 펌프 스위치 Off
M19	주축 한 방향 정지	주축을 한 방향으로 정지시키는 역할
M30	프로그램 종료 후 선두 복귀	프로그램 종료 후 선두로 되돌리는 기능
M98	보조 프로그램 호출	보조 프로그램으로 갈 때 P__ 와 같이 사용
M99	주프로그램 복귀	주프로그램으로 복귀

③ 보조 프로그램

　㉠ 일반 프로그램과 형식은 동일하나 마지막에 종료를 지령하는 코드 M99 지령 필요

　㉡ 형 식

　　• 본프로그램

```
M98 P2001 L5;
```

　　　→ 프로그램 2001번을 호출하여 5번 반복 실행

　　• 보조 프로그램

```
O2001
..
..
G00 X50.0 Z5.0
M99
```

　　　→ 프로그램 2001번.. .. X50.0 Z5.0 급속이송, 보조 프로그램 종료(본프로그램 복귀)

> 같은 Fanuc사의 CNC 제품이더라도 1001번 프로그램을 10번 호출하라는 명령을 시리즈 0, 640i 등 M98 P101001 으로 기재하여 사용하는 제품군이 있고, 반복횟수를 구분하여 M98 P1001 L10과 같이 기재하는 대부분의 제품군이 있다.

④ 기타 F, S, T

　㉠ F1000 → 이송속도 1,000mm/min로 이송

　㉡ S1000 → 주축 500rpm로 회전

　㉢ T01 → 1번 공구 사용

[핵심예제]

10-1. 다음은 어떤 프로그램의 일부이다. 옳게 설명한 것은?

```
O2001
..
..
G00 X50.0 Z5.0
M99
```

① 이 프로그램의 원점은 (50.0, 0.0, 5.0)이다.
② 이 프로그램의 번호는 1번이다.
③ 이 프로그램은 절삭명령이 포함되어 있다.
④ 이 프로그램은 보조프로그램으로 사용된다.

정답 ④

10-2. 다음 프로그램(O0100)에서 보조프로그램(O2500)이 몇 번 반복되는가? [2018년 1회], [2018년 1회 60번 연관]

```
O0100
G90G80G40G49G00;
T10M06;
G57G90X-5.00Y-5.00S2500M03;
G43Z50.0H10;
Z5.0M08;
M98P2500L5;
M98P1111;
G80G00Z50.0;
G91G28Z0;
M30;

O2500;
M98P1111;
G91X110.0Y-10.0L0;
G90M99;
```

① 1회   ② 3회
③ 5회   ④ 8회

정답 ③

해설

10-1
이 프로그램의 번호는 2001번이고, ①, ③은 알 수 없다. M99는 보조 프로그램을 종료하라는 명령이므로 이 프로그램은 보조 프로그램으로 사용되고 있는 것을 알 수 있다.

10-2
보조 프로그램 2500을 부르는 명령은 M98P2500L5; 이며, L5가 5회 반복하라는 명령이다.

핵심이론 11   전송통신 및 디버깅

① 직렬(Serial) vs 병렬(Parallel) 통신

  ㉠ 직렬 통신 개요

    • 하나의 신호선을 이용하여 일정한 시간 간격으로 데이터 전송

    • 다소 시간이 소요되나 통신비용이 저렴

    • 종류 : USART, SPI, I2C, Ethernet, USB, CAN, SATA 등

  ㉡ 병렬 통신 개요

    • 한 번에 데이터 전송이 가능하도록 병렬로 통신하는 방법

    • 예 8bit의 데이터가 있다면 8bit를 한꺼번에 전송 (그림 참조)

    • 빠른 전송, 통신비용이 소요됨

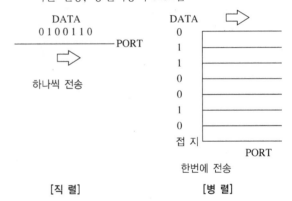

[직 렬]   [병 렬]

② 직렬 통신

  ㉠ 특 징

    • 비용이 저렴하며 소형화와 기술의 발달에 의한 전송 속도의 향상으로 많이 사용됨

    • 컴퓨터와 컴퓨터 간 또는 컴퓨터와 주변 장치 간에 데이터를 전송하고 받을 때 사용

    • 시리얼 통신을 위해서 송신 측과 수신 측이 같은 속도로 통신속도의 설정 필요

    • 통신속도

      - BPS(Bit Per Second) : 초당 전송 비트

      - Baud Rate : 초당 전송 심벌(Symbol, 데이터 묶음, 8bit)

ⓛ 전이중통신 vs 반이중통신
- 전이중통신(Full-Duplex)
  - 양방향 동시 송수신 가능
  - 반환시간이 필요 없어 두 통신기기 사이에 매우 빠른 속도로 통신이 가능
- 반이중통신(Half-Duplex)
  - 신호를 양방향으로 전송할 수 있으나 동시에 양방향으로 통신은 불가
  - 한쪽이 송신하는 동안에는 다른 한쪽에선 송신이 불가능하고 수신만 가능

ⓒ 비동기식 전송 vs 동기식 전송
- 동기식 전송
  - 미리 정해진 수만큼의 문자열을 한 묶음으로 만들어서 일시에 전송하는 방법
  - 송신 측과 수신 측이 하나의 기준 클록으로 동기 신호를 맞추어 동작
  - 수신 측에서는 클록에 의해 비트를 구별하게 되므로 데이터와 클록을 위한 2회선이 필요
- 비동기식 전송
  - 송신 측의 클록에 무관하게 수신 신호 클록으로 타임 슬롯의 간격을 식별하여 한 번에 한 문자씩 송수신
  - 데이터를 보내기 전 시작(Start) 비트를 전송, 그 후 데이터를 보내고 정지(Stop) 비트를 보냄
  - 데이터를 전송 후 정지 비트를 보내기 전에 패리티(Parity) 비트를 이용해 에러(Error)를 검출

🔍 더 알아보기!

패리티 비트(Parity Bit)
직렬 데이터 전송에서 에러를 검출하기 위한 방법으로, 데이터에 포함된 1의 수를 세어서 그 수를 짝수로 만드는 짝수(Even) 패리티, 홀수로 만드는 홀수(Odd) 패리티를 보낸다. 일정 간격으로 패리티 비트를 보냈는데 오류가 발생하면 받는 쪽에서는 짝수가(짝수 패리티였다면) 홀수로 바뀌어 있을 것이다. 오류는 검출하나, 수정은 할 수 없다. 재전송을 요청한다.

③ 아두이노 디버깅
㉠ 아두이노
- 최초에는 교육용으로 제작된 AVR 기반의 보드
- 현재는 다양한 제어에 적용하며 3D 프린터 제작에도 널리 사용
- 임베디드 시스템 보드로 많이 사용
- 소프트웨어 개발과 실행코드 업로드도 제공

- 오픈 소스로 운영되고 있어 코딩능력이 뛰어나지 않아도 제어 프로그램의 활용 가능
㉡ 아두이노 디버깅
- 특별한 디버깅 수단은 없으나 대부분 시리얼 라이브러리를 이용하여 디버깅
- 방 법
  - Serial[포트번호].begin(Baud rate), Serial[포트번호].end
    → 시리얼 통신 활성화
  - Serial.print, Serial.println, Serial.write
    → 아두이노 보드와 연결된 컴퓨터에 디버깅 데이터 전송

[핵심예제]

11-1. 시리얼(Serial) 통신에 대한 설명으로 옳지 않은 것은?

① 직렬통신 방식이다.
② 8bit를 한꺼번에 전송 가능하다.
③ 패러럴 통신에 비해 비용이 저렴하다.
④ 송신 측과 수신 측이 같은 속도로 통신속도의 설정이 필요하다.

정답 ②

11-2. 다음 시리얼 통신 방식에서 풀 듀플렉스(Full-Duplex)의 특징으로 틀린 것은?   [2019년 4회]

① 스마트 폰의 통신 방식이 풀 듀플렉스이다.
② 풀 듀플렉스 방식은 전이중 통신이라고 불린다.
③ 풀 듀플렉스 방식은 단방향으로 순서에 따라 송신만 가능하다.
④ 반환시간이 필요 없으므로 두 통신기기 사이에 매우 빠른 속도로 통신이 가능하다.

정답 ③

11-3. 송신기에서 ASCII코드 1100101에 이븐(Even)패리티를 사용하여 전송할 경우에 알맞은 데이터는?   [2019년 4회]

① 11001010   ② 11001011
③ 11100100   ④ 11100101

정답 ①

해설

11-1
시리얼 통신은 직렬 통신 방식으로 패러럴 통신처럼 한꺼번에 데이터 전송은 불가능하다. 그러나 소형화가 가능하고 비용이 저렴하다. 기술의 발달에 따라 빠른 전송이 가능하게 되어 근래에는 시리얼통신을 주로 사용한다.

11-2
• 전이중통신(Full-Duplex)
  - 양방향 동시 송수신 가능
  - 반환시간이 필요 없어 두 통신기기 사이에 매우 빠른 속도로 통신이 가능
• 반이중통신(Half-Duplex)
  - 신호를 양방향으로 전송할 수 있으나 동시에 양방향으로 통신은 불가
  - 한쪽이 송신하는 동안에는 다른 한쪽에선 송신이 불가능하고 수신만 가능

11-3
이븐(짝수) 패리티는 마지막에 패리티를 하나 더하여 1의 개수를 짝수로 만드는 형태로 오류를 검증하는 것이다. 1100101에서 "1"의 개수가 네 개, 짝수이므로 마지막에 0을 더하여 11001010으로 전송한다.

핵심이론 **12** | 프로그래밍 언어

① 프로그래밍 언어 : 컴퓨터가 수행할 명령의 집합을 구성하기 위해 사용하는 명령어 체계

② 언어의 수준별 종류

  ㉠ 기계어(Machine Language)
   • 컴퓨터가 이해하고 수행하는 단 하나의 언어
   • 컴퓨터를 작동시키기 위해서 0과 1로 이루어진 컴퓨터 고유 명령
   • 인스트럭션 포맷
     - 컴퓨터가 이해할 수 있는 명령 형식
     - 자료 이동 및 분기 명령, 다수의 입출력 명령, 수치 및 논리 연산 세 가지로 구성
   • 기계어의 명령 단위 : 동작을 지시하는 명령 코드부, 데이터 저장 위치를 기억하는 주소부로 나뉨
   • 기계어로 작성된 파일은 오브젝트 파일(Object File)이라고 불리며 윈도우즈에서는 '.obj'라는 확장자를 가짐

  ㉡ 어셈블리어(Assembly Language)
   • 컴퓨터가 직접 사용하는 기계어는 사람이 알아볼 수 없으므로 좀 더 알아보기 쉬운 니모닉 기호(Mnemonic Symbol)를 정해서 사람이 쉽게 사용할 수 있도록 한 언어
   • 어셈블리어의 프로그램을 기계어로 바꿔주는 것을 어셈블러라 함
   • 명령 참조를 위한 집단 명칭인 표지부, 연산을 하는 연산부, 데이터가 처리되는 장소인 피연산부로 구성
   • 장점 : 수정, 삭제, 추가가 편리하고 프로그램 작성이 용이
   • 단점 : 수준이 기계어에 가까워 사용하려면 전문지식 필요하고 작성된 기계에서만 사용 가능

  ㉢ 원시 언어(Source Language)
   • 고급 언어. 사람과 소통하는 언어
   • 컴파일을 하기 위해 입력된 소스 언어
   • 원시 프로그램에 작성된 언어

  ㉣ 목적 언어(Object Language)
   컴파일의 출력 대상이 되는 프로그램의 언어

③ 언어 변환기
  ㉠ 컴파일러(Compiler)
    • 고급 언어로 작성된 프로그램을 컴퓨터가 이해할 수 있는 언어로 변환하는 역할
    • 인간과 소통하는 고급 언어와 컴퓨터가 사용하는 저급언어(기계어) 사이의 변환기 역할
    • 크로스 컴파일러(Cross-compiler) : 다른 장치나 기계에 사용하는 기계어로 변환하는 장치
  ㉡ 어셈블러(Assembler) : 어셈블리어를 기계어로 변환하는 장치
  ㉢ 프리프로세서(Preprocessor)
    • 중심적인 처리를 행하는 프로그램의 조건에 맞추기 위한 사전처리나 사전 준비적인 계산 또는 편성을 행하는 프로그램
    • 매크로 확장, 기호 변환 등의 작업을 수행
  ㉣ 인터프리터(Interpreter)
    • 소스코드, 원시 프로그램을 그대로 수행하는 프로그램 또는 환경
    • 원시 프로그램의 의미를 직접 수행하여 결과를 도출
    • 소스코드를 한 줄씩 읽어 들여 번역하며 수행
    • 실행파일이 따로 존재하지 않음
    • 개발 시스템이나 교육용 시스템에서는 이것을 사용하는 것이 효율적임

［핵심예제］

12-1. 언어의 수준별 종류 중 컴퓨터가 이행하고 수행하는 하나의 언어는?

① 어셈블리어 ② 원시 언어
③ C 프로그램 ④ 기계어

정답 ④

12-2. 원시 프로그램을 다른 기계에 적합한 기계어로 번역하는 프로그래밍 언어는? [2018년 1회]

① 어셈블리어 ② 인터프리터
③ 프리프로세서 ④ 크로스 컴파일러

정답 ④

12-3. 인터프리터 언어의 특징이 아닌 것은? [2019년 4회]

① 프로그래밍을 대화식으로 할 수 있다.
② 고급 프로그램을 즉시 실행시킬 수 있다.
③ 프로그램의 개발단계에서 사용된다.
④ 고급 명령어들을 직접 기계어로 번역하지 않고 실행시킬 수 있다.

정답 ④

해설

12-1
기계어(Machine Language)
• 컴퓨터가 이해하고 수행하는 단 하나의 언어
• 컴퓨터를 작동시키기 위해서 0과 1로 이루어진 컴퓨터 고유 명령
• 인스트럭션 포맷
  - 컴퓨터가 이해할 수 있는 명령 형식
  - 자료 이동 및 분기 명령, 다수의 입출력 명령, 수치 및 논리 연산 세 가지로 구성
  - 기계어의 명령 단위 : 동작을 지시하는 명령 코드부, 데이터 저장 위치를 기억하는 주소부로 나뉨
• 기계어로 작성된 파일은 오브젝트 파일(Object File)이라고 불리며, 윈도우즈에서는 '.obj'라는 확장자를 가짐

12-2
• 어셈블리어 : 컴퓨터가 직접 사용하는 기계어는 사람이 알아볼 수 없으므로 좀 더 알아보기 쉬운 니모닉 기호(Mnemonic Symbol)를 정해서 사람이 쉽게 사용할 수 있도록 한 언어
• 인터프리터 : 원시 프로그램의 의미를 직접 수행함으로써 결과를 도출하는 언어
• 프리프로세서 : 중심적인 처리를 행하는 프로그램의 조건에 맞추기 위한 사전처리나 사전 준비적인 계산 또는 편성을 행하는 프로그램

12-3
번역을 하지 않는 것은 아니다.
인터프리터(Interpreter)
• 소스 코드, 원시 프로그램을 그대로 수행하는 프로그램 또는 환경
• 원시 프로그램의 의미를 직접 수행하여 결과를 도출
• 소스 코드를 한 줄씩 읽어 들여 번역하며 수행
• 실행파일이 따로 존재하지 않음

핵심이론 13 고급 언어

① 고급 언어란
  ㉠ 어셈블리어처럼 기호를 사용하지 않고 효율성을 높이며 작업하기 편리한 언어가 필요하여 개발한 언어
  ㉡ 인간이 이해하고 사용하기 적합하게 개발된 프로그래밍 언어
  ㉢ 기계어나 어셈블리 언어와 같은 기계적인 프로그래밍 언어를 일컫는 저급 언어의 상대어
  ㉣ 고급 언어로 인해 특정한 컴퓨터의 구조에 상관없이 쉽게 프로그램 작성 가능하게 됨
  ㉤ 종 류 : Ada, C, Objective C, C++, SmallTalk 등
② 언어의 세대별 분류
  ㉠ 1세대 : 기계어
  ㉡ 2세대 : 어셈블리어
  ㉢ 3세대 : FORTRAN, COBOL 등의 순차형 언어이며 3세대부터의 언어는 고급 언어로 분류
  ㉣ 간이 언어
    • 일반인이 프로그래밍 지식이 없더라도 접근할 수 있도록 만든 언어
    • 각종 파라미터 언어가 이에 해당
    • 보통 비절차 언어 형식을 가지고 있어 논리 과정의 기술을 필요로 하지 않음
  ㉤ 4세대 : 3세대보다 높은 기능의 프로그램 언어를 일반적으로 부르는 통칭
    • 기업 등에서 사용하는 전자 자료처리 시스템(EDPS ; Electronic Data Processing System)이 규모가 크게 성장함에 따라 복잡해지고, 경영 환경이 빠르게 변화하는 과정에서 변화에 맞춰 생산성 향상을 목적으로 만들어진 언어
    • 특 징
      - 컴파일러 언어와 같이 습득이 어렵지 않은 간이 언어
      - 처리 절차가 간단(비절차형 언어)
      - 일반인이 사용하기에도 쉬운 언어
      - 복잡한 EDPS를 용이하게 개발할 수 있는 고급 언어
      - EDPS의 개발에 이용할 수 있는 범용 언어
      - EDP 전문가가 사용할 시 생산성을 향상시킴
      - EDP 전문가가 사용할 시 유지가 편리

      - EDP 전문가가 사용할 시 환경 독립성을 지니고 있어 이익 창출에 용이
  ㉥ 인공지능 언어
    • 인공지능 프로그램의 개발에 사용되는 프로그래밍 언어
    • 문자열과 기호처리가 중심이지만 기호 간의 관련은 데이터 조에서 취급
    • 강력한 리스트 처리 기능을 보유. 프롤로그(PLOROG), 립스(LISP : 리스트 처리언어) 등
③ 고급 언어의 종류
  ㉠ FORTRAN
    • 수식(FORmular) 변환기(TRANslator)
    • ANSI에서 수정보완을 통해 만든 과학계산용 언어
    • 산술기호를 변환 없이 바로 사용 가능하여 편리
    • 3세대 언어로 4세대 언어들 출현에 따라 현재 일반적인 사용보다 특정분야에서 사용
  ㉡ COBOL
    • 60년대 미국방부 중심으로 개발, COmmom Business Oriented Language
    • 사무처리용으로 개발, 복잡 다양한 기록철 처리
    • 구어체 문장형태로 기술되며 식별부, 표지부, 데이터부, 절차부의 4가지 부분으로 구성
  ㉢ ALGOL(ALGOrithmic Language)
    • 1958년에 이론과 개념이 등장한 후, 1960년 국제정보처리학회연합(IFIP)에서 설계·개발
    • 백커스 정규형(BNF)에 의해 기술된 최초의 언어
    • 산법표현을 위해 과학기술 계산용으로 개발한 프로그래밍 언어
    • 프로그래밍 언어 이론에 큰 영향을 미쳐, 이후 실제 개발되는 언어에도 영향을 많이 미침
    • 기능면에서 약하고 실무에서는 널리 적용되지 않음
  ㉣ PASCAL
    • 1969년 취리히 공대에서 개발. 수학자 파스칼의 이름에서 차용하였으며 ALGOL을 토대로 교육용 언어로 개발
    • 데이터 구조
      - 단순형 : 문자형, 정수형, 논리형, 실수형 등
      - 구조형 : 레코드형, 배열형, 파일형, 세트형 등
      - 포인터형 : 동적 변수를 가림

- 데이터 구성 시 데이터 길이에 제약을 받지 않고 다양한 데이터 형식 및 제어 구조가 사용 가능
- ㉤ JAVA
  - 1995년 선 마이크로 시스템의 제임스 고슬링에 의하여 개발된 객체지향 언어
  - 특징 : 단순성, 객체지향성, 보안성, 이식성(Portable)
  - 자바스크립트와의 차이
    - 자바스크립트는 사용자 컴퓨터의 인터프리터
    - 자바스크립트는 상속, 클래스가 존재하지 않음
    - 자바스크립트는 실행 시에만 참조 가능
    - 자바스크립트는 HTML 코드에 직접 연결하여 사용하므로 보안성이 없음
- ㉥ C 언어
  - 간결하게 쓸 수 있고, 기술상의 제약이 적고 프로그래밍이 쉬움
  - 미니컴퓨터 PDP-11에서 Space Travel 게임을 하기 위해 개발
  - 구조상 특징
    - ASCII코드 체계로 이루어짐
    - 영문 소문자 집합으로 구성된 함수(Function)의 집합
    - 분할 컴파일 가능
    - 외부 변수를 정의한 후 컴파일 단위가 다른 함수의 외부 변수로 참조 가능
    - 오류 발견 기능이 부족한 단점이 있음
  - 사용상 특징
    - 간결성 : 필요한 기능만 구성되었고 표기법이 간결
    - 효율성 : 크기가 작고 실행속도가 빠르고 메모리를 효과적으로 사용
    - 저수준 프로그래밍, 고수준 프로그래밍 모두 가능
    - 이식성이 우수
    - 교육용이 아니며 일반인보다는 개발자에 의해 사용되므로 다소 어려움
  - C+, C++ 등으로 발전됨
- ㉦ C++
  - 1980년도 AT&T Bell 연구소의 비얀 스트로스트럽(Bjarne Stroustroup)에 의해 개발됨
  - C++은 시스템 내부를 다루는 저수준 언어이지만 고수준의 라이브러리 함수를 갖춤

- C의 특징을 포함하며 시스템 프로그래밍 및 가상 함수, 연산자 중복, 클래스를 갖춤
- C++은 객체지향언어

🔍 더 알아보기 !

객체 지향 언어 특징
- 캡슐화 : 외부로부터 자신을 보호하고 사용자는 사용이 가능하도록 필요기능을 노출
- 상속 : 방법과 데이터를 다른 객체로부터 상속 가능해야 함
- 다형성 : 여러 가지 모양을 가짐

- ㉧ C#
  - 2000년 MS가 닷넷 플랫폼을 위해 개발한 언어
  - 모든 것을 객체로 다루는 컴포넌트 프로그래밍 언어
  - C++에 기본을 둔 언어. Java와 비주얼 베이직의 장점을 함께 갖춤
  - 객체 지향성, 친화성, 다중성
  - 웹을 통해 정보, 서비스를 교환하도록 하여 이식성 높은 프로그램으로 유도
  - 하나 이상의 OS에서 사용할 수 있는 프로그램으로 개발 가능
- ㉨ Visual Basic
  - 윈도우용 소프트웨어 개발을 위한 프로그램 언어
  - GUI 프로그램 개발이 용이하여 초보자도 프로그래밍 하기 쉬움
  - MS Quick Basic을 기반으로 하고 있어 Basic 사용자의 접근이 용이함
  - 데이터베이스 작성, 애니메이션 작성 등 응용범위가 넓고 Excel, Access 등 응용 프로그램과 혼용 가능
  - 중간 부호를 사용하여 실행속도가 더딤
- ㉩ 델파이(Delphi)
  - 오브젝트 파스칼 언어의 기능을 향상시킨 언어
  - 비주얼 베이직 통합 개발 환경(IDE ; Integrated Development Environment)과 비슷
  - VCL(Visual Compoment Library)이라 정의하고, 객체 지향적 구조를 사용
  - GUI를 사용하여 사용자의 운영 체제 학습이 용이함

[핵심예제]

13-1. 4세대 언어의 특징이 아닌 것은?

[2019년 4회]

① EDP 전문가가 사용할 시 유지가 편리하다.
② 컴파일러 언어와 같이 습득이 어렵지 않은 간이 언어이다.
③ 복잡한 EDPS를 용이하게 개발할 수 있는 고급 언어이다.
④ 고급 언어는 호환성이 없고 전문적인 지식이 없으면 이해하기 힘들다.

정답 ④

13-2. 자바와 자바스크립트의 차이에 대한 설명으로 옳은 것은?

[2018년 1회]

① 자바스크립트는 상속성이나 클래스가 존재한다.
② 객체에 대한 참조가 자바스크립트는 실행 시에만 가능하지만 자바는 컴파일 시에 객체에 대한 참조가 이루어진다.
③ 두 언어 모두 안전하지만 자바스크립트의 경우 HTML 코드에 직접 연결하여 사용하기에 보안성이 있다.
④ 자바 언어로 작성된 프로그램은 특정머신(기종)에 의존적으로 실행된다.

정답 ②

해설

13-1

4세대 언어의 특징
• 컴파일러 언어와 같이 습득이 어렵지 않은 간이 언어이다.
• 처리 절차가 간단하다(비절차형 언어).
• 일반인이 사용하기에도 쉬운 언어이다.
• 복잡한 EDPS를 용이하게 개발할 수 있는 고급 언어이다.
• EDPS의 개발에 이용할 수 있는 범용 언어이다.
• EDP 전문가가 사용할 시 생산성을 향상시킨다.
• EDP 전문가가 사용할 시 유지가 편리하다.
• EDP 전문가가 사용할 시 환경 독립성을 지니고 있어 이익 창출에 용이하다.

13-2
① 자바에 상속성이나 클래스가 존재한다.
③ 자바스크립트는 보안성이 없다.
④ 특정 기종에 의존적으로 실행되는 언어는 어셈블리어이다.

핵심이론 14 │ 프로그램 개발

① 임베디드 시스템(Embedded System)
　㉠ 특수 목적으로 제품이나 솔루션에 내장되어 있는 시스템
　㉡ 하나 혹은 다수의 결정된 작업을 수행하거나 제품 내 특별한 작업을 수행하는 솔루션
　㉢ 현대의 대부분 전자기기는 이 시스템을 탑재

② 알고리즘
　㉠ 정 의
　　• 문제를 해결하기 위해 명확하고 구체적으로 정의된 규칙과 절차를 기술한 것
　　• 한정된 개수의 규제나 명령의 집합
　　• 한정된 규칙을 적용함으로써 문제를 해결하는 것
　㉡ 알고리즘은 다음 조건을 만족해야 함
　　• 입력 : 외부로부터 제공되는 자료
　　• 출력 : 절대적으로 한 가지 이상의 결과가 발생
　　• 명백성 : 명령들은 각각 명백해야 함
　　• 유한성 : 알고리즘 수행 후 한정된 단계를 거쳐 처리된 후에 알고리즘은 종료
　　• 효과성 : 수행하는 명령들은 명백하고 수행 가능한 것이어야 함
　㉢ 알고리즘 표현 방법
　　• 자연어 : 말로 풀어서 표현
　　• 순서도 : 약속된 차트(Flow Chart)나 도형으로 구성하여 표현
　　• 가상코드 : Pseudo-code를 이용하여 표현
　　• 프로그래밍 언어 : 프로그래밍 언어를 이용하여 기술

③ 프로그램 개발 과정
　㉠ 개발 절차

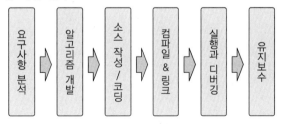

요구사항 분석 ⇨ 알고리즘 개발 ⇨ 소스 작성/코딩 ⇨ 컴파일 & 링크 ⇨ 실행과 디버깅 ⇨ 유지보수

ⓛ 단계별 생성되는 결과
- 요구사항을 분석하여 분석 결과를 바탕으로 알고리즘을 개발 : 플로차트
- 소스 작성, 코딩 : 소스 파일(확장자. C)
- 컴파일 : 오브젝트 파일 생성(test.c → test.obj), 컴파일 오류 시 소스 수정
  - 링크 : 실행파일 생성
  - 실행 : 히스토리가 생성되며 오류 시 디버깅

핵심예제

14-1. 알고리즘을 표현하는 방법으로 도형이나 차트를 이용하여 알고리즘을 구성하는 방법은?

① 자연어로 표현한다.
② 순서도로 표현한다.
③ 가상코드로 표현한다.
④ 프로그램 언어로 표현한다.

정답 ②

14-2. 현대의 전자기기에 대부분 있는 독립적인 제어 시스템이나 솔루션이 내장되어 있는 시스템은?

① AI
② EDPS
③ 임베디드
④ 프리프로세스

정답 ③

14-3. 컴퓨터로 문제를 해결할 경우 알고리즘 형식으로 프로그램을 작성하는데 이러한 알고리즘의 조건으로 틀린 것은?

[2019년 4회]

① 입력 : 외부로부터 제공되는 자료이다.
② 출력 : 절대적으로 한 가지 이상의 결과가 발생한다.
③ 명백성 : 수행하는 명령들은 명백하고 수행 가능한 것이어야 한다.
④ 유한성 : 알고리즘 수행 후 한정된 단계를 거쳐 처리된 후에 알고리즘은 종료된다.

정답 ③

14-4. 다음 프로그램 개발 과정에서 (가)에 들어갈 내용으로 적절한 것은?

[2018년 1회]

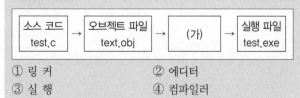

① 링 커
② 에디터
③ 실 행
④ 컴파일러

정답 ①

해설

14-1

알고리즘 표현 방법
- 자연어 : 말로 풀어서 표현
- 순서도 : 약속된 차트(Flow Chart)나 도형으로 구성하여 표현
- 가상 코드 : Pseudo-code를 이용하여 표현
- 프로그래밍 언어 : 프로그래밍 언어를 이용하여 기술

14-2

임베디드 시스템(Embedded System)
- 특수 목적으로 제품이나 솔루션에 내장되어 있는 시스템
- 하나 혹은 다수의 결정된 작업을 수행하거나 제품 내 특별한 작업을 수행하는 솔루션
- 현대의 대부분 전자기기는 이 시스템을 탑재

14-3

알고리즘 조건
- 입력 : 외부로부터 제공되는 자료
- 출력 : 절대적으로 한 가지 이상의 결과가 발생한다.
- 명백성 : 명령들은 각각 명백해야 한다.
- 유한성 : 알고리즘 수행 후 한정된 단계를 거쳐 처리된 후에 알고리즘은 종료된다.
- 효과성 : 수행하는 명령들은 명백하고, 수행 가능한 것이어야 한다.

14-4

실행파일을 생성하는 작업을 링크라고 하며 이 툴을 링커라고 한다.

핵심이론 15 운영체제(OS ; Operating System)와 기타 프로그램

① 운영체제(OS)

　㉠ 중앙 처리 장치, 주기억 장치, 입출력 장치 등의 컴퓨터 자원 관리 및 하드웨어와 응용 프로그램 간의 인터페이스 역할을 하는 것을 의미

　㉡ 메모리 관리, 프로세스 관리, 장치 및 파일 관리를 실시

　㉢ 사용자가 컴퓨터를 사용할 수 있도록 대화수단, 상호작용을 제공

　㉣ 실행한 데이터를 파일에 저장하며 관리

　㉤ Booting : 기계인 컴퓨터를 작업의 순서를 정하여 입출력 연산 제어 및 프로그램 오류 및 부적절한 사용을 방지하기 위해 실행을 제어하는 시스템(OS)을 실행시키는 작업

② 운영체제의 분류

　㉠ 동시에 구동되는 프로그램의 수에 따라 싱글태스킹, 멀티태스킹 OS로 구분

　㉡ 동시에 사용하는 사용자 수에 따라 싱글사용자 OS, 멀티사용자 OS로 구분

　㉢ 네트워크 기반으로 연결된 컴퓨터를 하나로 관리하는 분산 OS와 임베디드 시스템에서 구동하는 임베디드 OS로 구분

③ 운영체제의 종류

　㉠ UNIX

　　• 미국 AT&T사의 벨(Bell) 연구소의 켄 톰슨(Ken Thompson)이 미니 컴퓨터 PDP-7에서 어셈블리 언어를 사용하여 유닉스를 개발

　　• 당초에는 미니 컴퓨터용이었으나 유닉스를 탑재한 워크스테이션의 발매 및 개인용 컴퓨터, 마이크로 컴퓨터, 대형 컴퓨터까지 많은 종류의 컴퓨터에 사용

　　• AT&T사가 상품화한 유닉스 시스템 시리즈, 버클리대학에서 만든 BSD(Berkeley Software Distribution) 유닉스의 두 부류로 발전

　　• 독자적인 기능을 부여하여 호환성이 없으며, 이식성이 떨어졌었으나 1984년 유닉스 표준화 위원회를 설립, 표준화를 시도하여 최적화를 이룸

　　• 하드웨어, 커널(Kernel), 셸(Shell), 응용 프로그램의 4개의 계층으로 구성됨

ⓛ 리눅스(Linux)
- 1989년 헬싱키대 리누스 토르발스(Linus Torvalds)가 교육용 유닉스인 미닉스를 사용하며 느낀 불편함을 개선하여 개발
- PC에서도 사용할 수 있게 공개 운영 체제로 개발
- 특 징
  - 멀티유저(Multi-user) 시스템으로, 멀티프로세스(Multi Process) 시스템과 멀티프로세서(Multi processor) 시스템을 지원
  - 임베디드를 지원하는 리눅스 커널 2.6 이후 임베디드 시스템에서 많이 사용
  - 유닉스의 표준 규정인 POSIX(Portable Operating System Interface)를 지원하여 다른 유닉스에서 개발된 애플리케이션도 사용 가능
  - X 윈도우 같은 유닉스의 표준 GUI 시스템이 지원되어 이식성이 매우 우수
  - 유닉스의 네트워크, IPC, 버퍼캐시, 페이징, 스레드 등도 지원
- 구조 : 커널, 디바이스 드라이버, 시스템 라이브러리, 셸, 유틸리티, X윈도우로 구성

ⓒ MS-DOS
- 마이크로사가 단일 이용자용 및 단일 태스크를 지원하는 IBM PC용 운영 체제
- MS-DOS 2.0에서는 네트워크 기능, 명령의 파이프, 파일 관리, 필터 기능 등의 조합으로 GUI 환경이 적용되고 기억용량이 640KB로 확장되면서 활용도 향상

ⓔ Android
- 리눅스 2.6 커널을 기반으로 운영 체제와 멀티미디어 사용자 인터페이스, 라이브러리 세트, 폰 애플리케이션을 제공
- 주로 휴대폰에 안드로이드를 탑재하며 가전기기에도 적용 가능

ⓜ Mac OS X
- 오픈스텝(OPENSTEP)을 기반으로 2001년 개발
- 아쿠아 인터페이스로 멀티태스킹 기능을 구현
- 맥용 에뮬레이터 기술인 로제타(Roserra), 애플의 객체 지향 응용 프로그램 환경인 엔진인 쿼츠, 코코아기술 등을 활용함

ⓗ Windows
- 마이크로소프트사가 개발한 컴퓨터 운영 체제. 애플에서 처음 상용화한 GUI(Graphic User Interface) 체제인 Mac OS에 대항하기 위해 개발
- MS-DOS에 GUI 환경과 멀티태스킹 환경을 제공. 1985년 출시
- 95년 Windows95부터 64bit 체제 운영
- 사용자가 압도적으로 많으며 다소 보안에 취약

④ 그 밖의 프로그램
ⓐ 프로그램의 구분
- 대화형 : 사용자로부터 직접 데이터를 전송받거나 사용자를 대신하여 프로그램이 데이터를 전송받는 구조(예 명령어 해석기, 웹브라우저 등)
- 배치형 : 주어진 일의 일괄적 처리부터 동작을 멈추는 데까지 작업하는 형태(예 급여계산 프로그램 등)

ⓑ 아두이노(Arduino)
- 2005년 이탈리아의 디자인 학교 마시모 반지(Massimo Banzi)가 융합 인재 교육을 위해 개발한 임베디드 보드
- 임베디드 지식이 전혀 없는 사람들도 쉽게 배우고 활용할 수 있도록 개발 툴이나 회로도 등을 오픈 소스 형태로 제공
- 오픈 소스와 8비트 AVR CPU인 Atmel AVR을 기반으로 하는 저사양 마이크로 컨트롤러 보드로, 크기가 작고 저전력의 배터리로도 구동이 가능
- 스케치라는 통합 개발 환경(IDE ; Integrated Development Environment)을 제공

ⓒ 라즈베리 파이(Raspberry Pi)
- 영국의 라즈베리 파이 재단에서 2012년 출시한 ARM 기반의 초소형 임베디드 보드 컴퓨터
- 기초 컴퓨터 과학교육을 증진시키기 위해서 개발된 싱글 보드 컴퓨터
- USB(Universal Serial Bus)와 하드웨어 연결을 위한 GPIO, 인터넷 연결을 위한 이더넷(B와 B+ 모델), 사운드 출력 단자, 모니터 연결을 위한 HDMI(High-Definition Multimedia Interface) 등의 다양한 포트들을 지원
- 기존의 데스크탑 PC와 비슷하게 키보드, 마우스 등의 주변기기와 연결해서 소형 PC로도 사용이 가능
- 간단한 C 언어 프로그래밍 및 동영상 재생이 가능한 MPC(Multimedia PC)로 사용

ㄹ Visual C++
- 윈도우즈에서 대표적인 통합 개발 도구로 윈도우즈 운영 체제에서 응용 프로그램을 효과적으로 사용할 수 있도록 하기 위해서 제공하는 통합 개발 환경
- Visual C++에서도 쉽게 작성할 수 있는 프로그램은 콘솔(Console) 형태의 프로그램으로 콘솔 창을 이용하여 텍스트 형식으로 입출력하는 프로그램
- 이클립스
  - 상용 프로그램의 수준에 해당하는 통합 개발 환경을 지원
  - 자바 언어를 위한 JDT(Java Development Tools)를 시작으로 다양한 언어 개발 툴이 추가되고 있음
- Dev-C++
  - 인터넷을 통한 오픈 소스 프로젝트로 개발됨
  - Bloodshed Dev-C++은 C/C++ 통합 개발 환경
  - GCC(GNU Compiler Collection)의 MinGW 버전

⑤ 오픈 소스
  ㉠ 저작권은 원저자에게 있으나 저자가 원시 코드를 누구나 열람하여 사용할 수 있도록 오픈한 소스
  ㉡ 자유 소프트웨어 운동 : 비싼 프로그램들이 다른 소프트웨어 개발에 영향을 미치는 것을 막기 위해 FSF(Free Software Foundation)라는 단체에서 주도한 운동

핵심예제

15-1. 운영체제(OS)에 대한 설명으로 옳지 않은 것은?

① 중앙처리 장치, 주기억 장치, 입출력 장치 등의 컴퓨터 자원 관리를 수행한다.
② 하드웨어와 응용 프로그램 간의 인터페이스 역할을 하는 것을 의미한다.
③ 메모리 관리, 프로세스 설계, 장치 및 파일 관리를 실시한다.
④ OS를 실행시키는 작업을 Booting이라 한다.

정답 ③

15-2. 아두이노(Arduino)에 대한 설명으로 옳지 않은 것은?

① 2005년 이탈리아의 디자인 학교 마시모 반지(Massimo Banzi)가 융합 인재 교육을 위해 개발한 임베디드 보드이다.
② 임베디드 지식이 전혀 없는 사람들도 쉽게 배우고 활용할 수 있도록 개발 툴이나 회로도 등을 오픈 소스 형태로 제공하고 있다.
③ 오픈 소스와 8비트 AVR CPU인 Atmel AVR을 기반으로 하는 저사양 마이크로 컨트롤러 보드로, 크기가 작고 저전력의 배터리로도 구동이 가능하다.
④ 기존의 데스크탑 PC와 비슷하게 키보드, 마우스 등의 주변 기기와 연결해서 소형 PC로도 사용이 가능하다.

정답 ④

해설

15-1
OS가 프로세스를 설계하지는 않고 응용 프로그램의 프로세스를 관리한다.
15-2
기존의 데스크탑 PC와 비슷하게 키보드, 마우스 등의 주변기기와 연결해서 소형 PC로도 사용이 가능한 것은 라즈베리 파이이다.

핵심이론 16 **사용자 인터페이스 디자인**

① 인터페이스 : 사용자와 컴퓨터 간의 정보를 주고받기 위한 물리적, 가상적 수단

② 종 류

　㉠ 커맨드라인 인터페이스 : 키보드로 입력하여 프로그램에 명령을 하달하는 것

　㉡ 메뉴 선택 방식 인터페이스

　　• 컴퓨터에 명령하고 대화하는 방법을 메뉴에서 선택하여 대화하는 방법을 사용

　　• 메뉴 배치 시 사용자가 직관적으로 찾기 편하고, 익숙하도록 배치

　　• 예 시

[MS 파워포인트 메뉴 일부]

　㉢ 그래픽 사용자 인터페이스(GUI)

　　• 프로그램과 대화하는 방법을 아이콘 등 그래픽을 이용한 방법을 사용

　　• 예 시

[Autodesk Inventor GUI 일부]

③ 인터페이스 디자인

　㉠ 디자인 선행작업 : 3D 프린터 지정

　　• 크기와 정밀도를 기반으로 사용할 3D 프린터의 규격과 성능을 지정

　　• 예시 : 수조형 광경화성 프린터의 경우

　　　– 작은 사이즈(귀금속 장신구, 치과의 치아 복제모형 제작 등)는 보급형을 사용

　　　– 큰 사이즈 또는 정밀한 산업용 제품은 전문가형을 사용

　㉡ 인터페이스를 디자인할 때 프로그램의 성격에 따라 메뉴 방식으로 할지, GUI 방식으로 할지, 혼용할 지를 결정

　　• 메뉴 방식은 메뉴와 Sub 메뉴, 하위 메뉴 등 하단 분기식 트리로 구성하는 것이 일반적

　　• 필요에 따라 인터페이스 디자인 툴을 고려

　㉢ 명령어의 종류가 많아 계열성을 갖고 묶을 수 있으면 메뉴식이 유리

　　• 메뉴에서 자주 쓰는 메뉴를 단축아이콘으로 만들 수 있음

　　• 툴바를 사용할 수 있음

　㉣ 명령어의 종류가 적고, 대화의 종류가 적을수록, 명령을 나열할 수 있으면 GUI가 유리

　　자주 쓰는 명령을 사용자가 정리하여 모을 수 있음

　㉤ 명령어가 많지만 주로 사용하는 명령이 한정적이면 혼용을 하는 것이 유리

　㉥ 최신 제품일수록 사용자의 편의와 타 프로그램과 방식을 비슷하게 하기 위해 그래픽과 메뉴를 모두 사용하는 경우가 많음

[핵심예제]

16-1. 3D 프린터용 사용자 인터페이스를 개발할 때 보기와 같이 계열별로 그룹을 구성하고 하위에 명령을 묶어 나열했다면 어떤 방식을 선택한 것인가?

File	Setting	Printer	View	Help

① 커맨드 방식　　　　　② 메뉴 방식
③ GUI 방식　　　　　　④ Tool Bar

정답 ②

16-2. 사용자 인터페이스 디자인에 대한 설명으로 틀린 것은?

[2018년 1회]

① 사용자와 컴퓨터 간의 정보를 주고받기 위하여 프로그램이 상호작용하는 것이다.
② 프로그램을 사용하는데 불편이 없도록 기존의 프로그램과 차이를 많이 두지 않는 것이 좋다.
③ 프로그램에서 우선적으로 File 메뉴를 위치선정하는 이유는 사용자들이 가장 익숙해져 있기 때문이다.
④ 키보드 입력을 통해서 프로그램에 명령을 하달하는 것을 메뉴 방식 인터페이스라고 한다.

정답 ④

16-3. 사용자와 컴퓨터 간의 정보를 주고받기 위하여 프로그램이 상호작용하는 것을 뜻하는 것은?

[2019년 4회]

① 코 딩　　　　　　　② 컨버터
③ 인터페이스　　　　　④ 인터프리터

정답 ③

해설

16-1
① 커맨드 방식은 키보드를 이용하여 직접 대화하는 인터페이스이다.
③ GUI 방식은 그래픽을 이용하여 선택명령을 나열하는 방식이다.
④ Tool Bar는 메뉴 하단에 사용자가 선택한 도구를 Bar 모양으로 묶어 놓은 것이다.

16-2
키보드 입력을 통해서 프로그램에 명령을 하달하는 것을 커맨드 방식 인터페이스라고 한다.

16-3
인터페이스 : 사용자와 컴퓨터 간의 정보를 주고받기 위한 물리적, 가상적 수단

핵심이론 17 | **CAD/CAM**

① CAD/CAM 시스템의 구성

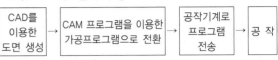

CAD를 이용한 도면 생성 → CAM 프로그램을 이용한 가공프로그램으로 전환 → 공작기계로 프로그램 전송 → 공 작

　㉠ CAD(Computer Aided Design)
　　• 컴퓨터를 이용한 설계를 시행
　　• 전문성 없이도 도면을 작성하고 수정할 수 있음
　㉡ CAM(Computer Aided Manufacturing)
　　• CAD Data를 이용하여 CNC 가공을 시행
　　• 로봇 제어를 위한 프로그램 데이터를 제공하고 시행함

② 자동화 발전 순서

수치제어(NC) → 컴퓨터를 이용한 수치제어(CNC) → 컴퓨터를 이용한 멀티제어(DNC) → 유연생산체제(FMS) → 공장자동화(FA)

🔍 더 알아보기!

자동화 용어 설명
• CAE : 컴퓨터를 이용한 공학적 해석을 담당하는 시스템, 장치 또는 프로그램을 의미
• CIM(Computer Integrated Manufacturing) : 컴퓨터를 이용한 통합생산체제를 말하며 주문, 기획, 설계, 제작, 생산, 포장, 납품에 이르는 전 과정을 컴퓨터를 이용하여 통제하는 생산체제
• DNC(Direct Numerical Control) : 한 대의 컴퓨터에 작성된 공작프로그램을 이용해 여러 대의 자동공작기계를 작동하는 시스템
• FMS(Flexible Manufacturing System) : 자동화된 생산라인을 이용하여 다품종 소량 생산이 가능하도록 만든 유연생산체제
• LCA(Low Cost Automation) : 저가격 · 저투자성 자동화는 자동화의 요구는 실현하되 비용절감을 염두에 두고 만든 생산체제

[핵심예제]

17-1. CAD와 CAM에 대한 설명으로 틀린 것은? [2018년 1회]

① CAD는 설계 단계, CAM은 제조 단계에서 주로 사용된다.
② CAD로 설계도면을 작성한 후 바로 CAM으로 연결되어 제조 공정을 거치게 된다.
③ 공장에서 로봇을 작동하기 위한 소프트웨어나 데이터 등이 필요하며 이러한 작업을 실행시켜 주는 것이 CAD이다.
④ CAD는 컴퓨터를 활용함으로써 오류범위를 줄였으며, CAM은 컴퓨터를 이용하여 제조공정을 운영하는 것으로 생산성 향상을 기대한다.

정답 ③

17-2. 한 대의 컴퓨터에 작성된 공작프로그램을 이용해 여러 대의 자동공작기계를 작동하는 시스템은?

① CIM   ② CAM
③ DNC   ④ FMS

정답 ③

해설
17-1
공장에서 로봇을 작동하기 위한 소프트웨어나 데이터 등이 필요한데, 이러한 작업을 실행시켜 주는 것을 CAM이라 할 수 있다

17-2
자동화 용어 설명
• CAE : 컴퓨터를 이용한 공학적 해석을 담당하는 시스템, 장치 또는 프로그램을 의미
• CIM(Computer Integrated Manufacturing) : 컴퓨터를 이용한 통합생산체제를 말하며 주문, 기획, 설계, 제작, 생산, 포장, 납품에 이르는 전 과정을 컴퓨터를 이용하여 통제하는 생산체제
• DNC(Direct Numerical Control) : 한 대의 컴퓨터에 작성된 공작프로그램을 이용해 여러 대의 자동공작기계를 작동하는 시스템
• FMS(Flexible Manufacturing System) : 자동화된 생산 라인을 이용하여 다품종 소량 생산이 가능하도록 만든 유연생산체제
• LCA(Low Cost Automation) : 저가격・저투자성 자동화는 자동화의 요구는 실현하되 비용절감을 염두에 두고 만든 생산체제

핵심이론 18 시뮬레이션(Simulation)

① 시뮬레이션, 가상실험, 모의실험의 의미
② 컴퓨터를 이용한 시뮬레이터
  ㉠ 선박, 항공기 등 부피가 크거나 고가의 제품을 실제작전에 시뮬레이션하여 성능 확인
  ㉡ 수학적, 통계학적 기법을 적용한 함수나 방정식을 조합한 계량 모델을 사용하여 실험
  ㉢ CAM프로그램(SolidCAM, Catia, CREO) 등으로 CNC 가공공정 시뮬레이팅할 때 사용
③ 3D 프린팅 CAM 시뮬레이션
  ㉠ 시뮬레이션을 통해 오차의 범위를 줄이거나 제거
  ㉡ 가상의 시행을 통해 시행착오의 발생을 확인 또는 제거
  ㉢ 시뮬레이션 절차
    • 응용소프트웨어 호출
    • 레이어 메뉴 선택
    • 시뮬레이션 시행
    • 오류 확인
      – 디자인한 모델대로 출력되는지 확인
      – 3D 프린팅은 메시(Mesh)를 이용한 *.stl 파일을 이용하므로 빈 메시가 발생되는지 확인 → 발생 시 메시 믹서나 소프트웨어를 이용해 수정
    • 자체 프로그램 또는 전문 프로그램을 이용하여 수정
    • 시뮬레이션 재시행

[핵심예제]

컴퓨터 시뮬레이션에 대한 설명으로 옳지 않은 것은?

① 선박, 항공기 등 부피가 크거나 고가의 제품의 실제작 전 성능 확인을 위하여

② 수학적, 통계학적 기법을 적용한 함수나 방정식을 조합한 계량 모델을 사용하여 실험한다.

③ 3D프린터에 사용하는 *.stl 데이터의 빈 메시를 확인하기 위해 시행한다.

④ 오류의 수정 없이 3D 프린팅 과정에서 자체 수정이 되도록 하기 위해 시행한다.

정답 ④

해설

일부 프로그램은 시뮬레이션 시 오류를 수정할 수 있도록 되어 있지만, 시뮬레이션은 실가공, 실제작 전 문제를 발견하여 수정하고자 실시한다.

PART 04

3D 프린터 교정 및 유지보수

핵심이론 01 재료 압출형(ME) 방식 3D 프린터의 검사 항목

① FDM 방식이 대표적인 ME 방식

② 노즐 온도

　㉠ 노즐 온도는 통상 필라멘트 소재의 용융 온도 이상으로 설정

　㉡ 온도가 낮은 경우 소재가 굳어 소재가 잘 압출되지 않거나 노즐이 막힐 수 있음

　㉢ 소재별 적정 온도

　　• PLA 소재 : 190~220℃

　　• ABS 소재 : 220~240℃

　㉣ 이상증상

　　• 노즐의 실제 온도와 설정 온도의 차이 확인 필요

　　• 설정한 노즐 온도와 실제 노즐 온도가 차이가 10℃ 이상 발생 가능

　　• 대책 : 노즐부의 온도 측정을 통해 S/W 설정값의 보정이 필요

③ 필라멘트 공급 장치

　㉠ 모터를 일정 속도로 구동하여 필라멘트를 균일한 속도로 공급시키는 역할을 수행

　㉡ 이상증상

　　• 필라멘트에 걸리는 장력이 약하여 익스트루더 모터가 회전은 하지만 필라멘트가 제대로 공급되지 않아 모터 끝단에 연결된 기어가 헛돌거나 간헐적 회전을 함 → 불연속적인 기계음 발생

　　• 결과 : 3D 프린팅 출력이 중간에 끊김

　　• 대 책

　　　- 공급 장치의 교체, 또는 수리

　　　- 필라멘트를 밀어내는 간격을 적절히 조임

④ 베드 수평도

　㉠ 베드의 수평도가 맞지 않으면 심각한 출력 불량이 발생할 수 있음

　㉡ 베드 자체의 절대적인 수평도보다 노즐 끝단과의 상대적인 수평도가 중요

　㉢ 이상증상 : 노즐과 적층이 서로 일정한 간격을 유지하지 않아 정상적으로 적층되지 않음

　㉣ 대 책

　　• 수평 조절 장치를 이용하여 베드의 수평을 맞춤

　　• 시험 출력을 통해 노즐과 베드의 간격을 맞춤

　　• 자동 수평 맞춤 장치 이용

⑤ 노즐과 베드 사이의 간격

　㉠ 노즐 끝단과 베드 간의 상대적인 수평도를 위해 노즐 끝단과 베드 간의 간격을 점검

　㉡ 최대 허용치는 노즐로부터 압출되는 소재의 직경(통상적으로 0.4mm) 만큼

　　※ 초기 출력 층(Layer) 소재 직경보다는 조금 작게

⑥ 베드 온도

　㉠ 압출필라멘트의 베드 안착을 위해 적절한 베드 온도 유지가 필요함

　㉡ 융점이 높은 ABS의 경우 미가열 베드에 출력물이 안착되지 않는 현상

⑦ 3축 구동부

　㉠ 3D 프린터는 X, Y축의 평면운동, Z방향의 상하운동의 3축 운동으로 구동

　㉡ 각 축의 구동은 모터와 풀리에 벨트를 걸어 구동하거나 LM가이드(Linear Motion Guide) 등의 선형 구동 장치를 사용

　㉢ 각 축의 구동부가 주어진 신호대로 정확한 정밀도로 구동이 되어야 프린팅 출력물이 원하는 형상대로 출력이 되므로 해상도 및 정밀도에 대한 성능 검증 필요

⑧ 3D 프린터 검사 항목 선정 체크리스트 작성

㉠ 체크리스트 양식 작성(예시)

3D 프린터 성능 검사 항목 체크리스트	
외형 크기(mm)	가로 : 세로 : 높이 :
출력물 크기(mm)	가로 : 세로 : 높이 :
구동 방식	□ XY 테이블 방식 □ 델타봇(병렬기구) 방식
사용 필라멘트	□ PLV (출력 온도 : 180~230℃) □ ABS (출력 온도 : 210~260℃) □ PA12 (출력 온도 : 235~270℃) □ PC (출력 온도 : 270~300℃) □ PEI (출력 온도 : 300~350℃) (기타 :)
노즐 온도(℃)	최소 온도 : 최대 온도 :
베드 가열 사용 여부	□ 미사용 □ 사용 (가열 온도 : ~ ℃)
체임버 가열 사용 여부	□ 미사용 □ 사용 (가열 온도 : ~ ℃)
프린팅 속도(mm/s)	최소 속도 : 최대 속도 :
적층 두께(mm)	최소 두께 : 최대 두께 :
슬라이싱 S/W	□ 자체 개발 □ 개방형 소스(Open Source) 사용
베드 수평 유지	□ 수동 조절 □ 자동 조절
기 타	
	20 . . . 담당자 인)

㉡ 체크리스트 항목 표기

- 치수/크기를 선정 : 출력물의 최대 크기를 우선적으로 선정하고, 이를 감안하여 주요 부품의 치수를 고려한 프린터의 크기를 결정
- 사용 필라멘트 선택 : 출력 온도를 고려하여 대상 프린터에서 출력하고자 하는 필라멘트의 종류를 선택
- 노즐 온도 설정 : 사용 소재(필라멘트)의 출력 온도 범위를 지원할 수 있도록 설정
- 베드/체임버의 가열 여부
  - 필라멘트 ABS, PA12 이상일 경우 : 베드 가열을 사용하는 것이 좋으며, 100℃ 이상 유지해 주는 것이 좋음
  - PC, PEI일 경우 : 체임버 가열까지 적용하는 것이 좋으며, 체임버 온도는 150℃ 이상 유지

[핵심예제]

1-1. ME 방식 3D 프린터에서 필라멘트가 압출되지 않는 문제 발생 시 해결 방법으로 가장 거리가 먼 것은? [2018년 1회]

① 노즐 온도가 소재의 용융온도보다 높기 때문에 발생하므로 노즐 온도를 소재의 용융온도보다 낮게 설정한다.

② 노즐/베드 간 간격의 문제이므로 노즐/베드 간 간격이 조금 더 벌어지도록 조정한다.

③ 모터의 토크가 부족한 경우에 발생하므로 모터에 인가되는 전류를 증가시켜 토크를 증가시킨다.

④ 필라멘트에 걸리는 장력이 부족한 경우에 발생하므로 해당 부위의 체결을 강화하여 장력을 증가시켜 준다.

정답 ①

1-2. ME 방식의 3D 프린터에서 필라멘트에 걸리는 장력이 약할 경우 익스트루더 모터가 회전하더라도 기어가 헛돌거나 출력물이 중간에 끊기는 현상이 발생할 때 점검해야 할 부분은? [2018년 1회]

① 노즐 온도

② 베드 수평도

③ XYZ축 구동부

④ 필라멘트 공급 장치

정답 ④

1-3. 3D 프린터 성능 검사 항목 체크리스트 작성 시 포함되어야 할 사항과 거리가 먼 것은? [2018년 1회], [2019년 4회]

① 실외 온도   ② 적층 두께

③ 프린팅 속도   ④ 사용 필라멘트

정답 ①

해설

1-1

온도가 낮은 경우 소재가 굳어 소재가 잘 압출되지 않거나 노즐이 막힐 수 있어 용융 온도를 확인하여야 한다.

1-2

이상증상

- 필라멘트에 걸리는 장력이 약하여 익스트루더 모터가 회전은 하지만 필라멘트가 제대로 공급되지 않아 모터 끝단에 연결된 기어가 헛돌거나 간헐적 회전을 한다. → 불연속적인 기계음 발생
- 결과 : 3D 프린팅 출력이 중간에 끊김
- 대 책
  - 공급 장치의 교체 또는 수리
  - 필라멘트를 밀어내는 기어와 장력 볼트 사이의 간격을 적절히 조인다.

1-3

실외 온도는 성능 검사 대상은 아니며, 통제 불가능 변수이다.

핵심이론 02 **성능 검사 방법**

① 노즐 온도 검사

　ⓐ ME 3D 프린터 익스트루더 핫엔드 구성
　　(2과목 핵심이론 01 참조)

　　• 노즐부 온도 상승을 위한 Heating Block

　　• 노 즐

　　• 냉각을 위한 Cooling Fan

　ⓑ 노즐부 온도 측정

　　• 접촉식 또는 적외선 비접촉식 디지털 온도계 사용하여 측정

　　• 접촉식 온도계

　　　- 측온 저항체, 서미스터, 바이메탈, IC 센서 등
　　　- 1,000℃ 이하의 온도 측정에 용이하며 정밀도가 높음

　　• 비접촉식 온도계

　　　- 초전형 온도 센서, 적외선 온도계 사용
　　　- 방사된 열 측정, 고온 측정이 가능하며 응답이 빠름
　　　- 적외선 온도계
　　　　ⓐ 적외선 레이저로 타깃을 비추고 반사되는 에너지를 감지
　　　　ⓑ 사용 범위가 넓고 방사율에 따라 측정 환경이 다름
　　　　ⓒ 방사율이 낮거나 에너지를 100% 반사시키는 물체, 표면이 매끄러운 금속, 투명한 재료 등은 측정이 어려움

② 필라멘트 공급 성능 검사

　ⓐ 프린팅 출력상태로 확인 : 프린팅 중 끊김, 과도한 공급 등

　ⓑ 공급부의 소음 발생 시 확인 : 육안으로 확인 또는 프린팅 중 필라멘트 노출부에 마킹을 하여 공급속도를 측정하여 확인

③ 베드 수평도 측정 및 조정

　ⓐ 베드 영점조정

　　• 베드와 노즐 끝단이 접촉되지 않도록 함

　　• 간격은 압출 필라멘트의 직경(0.4mm 정도, 명함 한 장 정도)보다 작은 거리를 유지할 수 있도록 설정

　　• 수동식 : 수동 조절 기구를 이용(일반적으로 나사 수동 회전식 볼트를 이용)

　　• 전동식 : 제어 화면에 적절한 높이값을 입력하여 높이를 조절하며 실제 입력값만큼 조절되는지 확인(전동식 높이 조절 기구 자체의 오류 확인 필요)

　ⓑ 베드 수평도 조정

　　• 압출 헤드를 베드의 다양한 위치로 이동시켜 가며 노즐과 베드와의 간격을 측정

　　• 4점 측정(200 × 200mm 이내), 9점 측정(그 이상)

　　• 간격이 불균일할 경우 수평도 조정 기능을 이용하여 조정

　　　- 제작사별 대책이 다름
　　　- 간혹 세밀한 수평도 조정 기능을 제공해 주지 않기도 함

　ⓒ 구동부 위치정밀도 검사

　　• 익스트루더(Extruder) XY 테이블 구조[갠트리(Gantry) 구조를 많이 사용]

　　• 익스트루더는 X-Y 방향으로 구동, 베드는 Z 방향으로 구동

　　• 델타형 프린터는 X-Y 방향 구동은 병렬 기구를 이용하여 위치선정을 하고, Z 방향은 베드로 구동

　　• 각 기구의 구조에 따라 적절한 방법으로 위치 정밀도 측정을 위한 시험 구동을 위해 임의의 신호를 입력하고 정확히 이동하였는지를 측정

④ Torture Test를 통한 출력 성능 검사

　ⓐ 성능을 종합적으로 판단하기 위해 3D 프린터의 일명 'Torture Test'라는 테스트 모델을 사용

　ⓑ Torture Test(가혹조건 시험법) : 출력 시 불량이 발생하기 쉬운 다양한 형상을 정의하여 출력하고, 출력물의 품질을 통해 프린터의 성능을 시험

　ⓒ Torture Test Model 예시

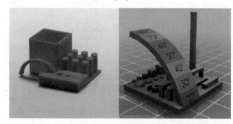

　ⓓ 평가 요소

　　• 다양한 벽 두께 형상 : 원하는 두께로 출력되는지 확인

　　• 여러 개의 원기둥 형상 : 기둥의 출력 간격, 출력 시 잔여물, 토출 정도, 토출 시점의 정확성 확인

　　• 다양한 형태와 크기의 구멍 형상 : 원하는 형상으로 출력되는지 확인

- 측면부 아치 형상 : 지지대 등의 정확성
- 바닥면 외팔보 형상 : 형상의 외팔보는 정상적인 출력이 어려운 모델 중 하나로 휨 발생, 적층량의 정확성 등을 통해 토출량의 정확성, 토출속도, 고형속도 등을 확인할 수 있음
- 그 외 작성 속도, 위치 정밀성, 수평도 등의 평가 가능

[**핵심예제**]

2-1. 3D 프린터 출력 품질 및 성능을 높이기 위해 고려해야 할 사항으로 거리가 먼 것은? [2018년 1회]

① 출력물의 형상과 규모, 사용하는 소프트웨어, 용도에 따라 다양한 설정이 존재할 수 있다.

② 출력 속도에 따라 압출 구멍이 막힐 수도 있기 때문에 재료와 관계없이 속도를 느리게 설정해 주어야 한다.

③ 노즐과 베드의 간격이 너무 가까우면 베드면에 노즐이 막힐 수 있기 때문에 노즐과 베드 사이에 적정한 간격 유지가 필요하다.

④ 3D 프린터에서 비용, 시간, 품질 등은 서로 Trade Off 관계이며, 모든 요구를 만족시키는 세팅은 존재하지 않는다.

정답 ②

2-2. 일종의 가혹조건 시험법으로 3D 프린터 출력 시 불량이 발생하기 쉬운 다양한 형상을 정의하여 출력하고 그 품질을 평가하는 성능 검사 방법은? [2018년 1회]

① Bed Test

② Torture Test

③ Support Test

④ Extrusion Test

정답 ②

해설

2-1

재료에 따라 출력속도를 느리게 하면 압출 구멍이 막힐 수도 있다.

2-2

Torture Test를 통한 출력 성능 검사

- 성능을 종합적으로 판단하기 위해 3D 프린터의 일명 'Torture Test'라는 테스트 모델을 사용
- Torture Test(가혹조건 시험법) : 출력 시 불량이 발생하기 쉬운 다양한 형상을 정의하여 출력하고, 출력물의 품질을 통해 프린터의 성능을 시험

핵심이론 03 3D 프린터 작동상 문제점 개선

① 문제점(불량)의 주요 유형
  ㉠ 출력물이 바닥에 잘 붙지 않는 경우
    • 출력 중 출력물이 바닥에서 분리되어 이후 출력 부위에 문제가 발생할 수 있음
    • 원 인
      - 베드의 수평이 맞지 않음
      - 노즐과 베드 간격이 큼
    • 해결책
      - 베드의 영점/수평도 조정 및 온도를 높여 해결
      - 베드 표면에 접착제를 도포 또는 접착테이프 등을 부착하여 보완
  ㉡ 필라멘트 토출 문제 발생
    • 원 인
      - 프린터 노즐의 문제(막힘 또는 잔여물 존재)
      - 노즐의 온도가 낮아 필라멘트가 연화되지 않음
      - 익스트루더의 장력 부족
    • 해결책
      - 노즐의 설정 온도를 높임
      - 노즐 청소
      - 익스트루더의 장력 점검(㉢ 참조)
  ㉢ 익스트루더의 장력 부족
    • 원 인
      - 기어기구의 물리적 결함
      - 익스트루더의 장력 조절 볼트가 제대로 조여지지 않은 경우
    • 해결책
      - 공급 장치의 교체 또는 수리
      - 필라멘트를 밀어내는 기어와 장력 볼트 사이의 간격을 적절히 조임
      ※ 너무 세게 조이는 경우 관련 부품이 파손이 될 수 있으므로 유의
  ㉣ 구조물 사이 잔여물 발생
    • 원 인
      노즐의 온도가 사용하는 필라멘트의 특성에 비해 너무 높게 설정된 경우
    • 대 책
      - 추천 온도범위 내로 설정 조정
      - Retraction 기능을 설정

② 문제점의 세부유형 1 – 필라멘트 공급 문제 발생 시 개선 방안
  ㉠ 익스트루더 모터가 회전하지 않는 경우
    • 원 인
      - 필라멘트 공급 압력보다 모터의 토크가 부족한 경우
      - 노즐이 막힌 경우
    • 대 책
      - 모터에 인가되는 전류를 증가시켜 토크를 증가시킴
      - 노즐 온도를 용융점 이상으로 높인 후 수동으로 필라멘트를 밀어내어 막힘 제거
  ㉡ 익스트루더 모터는 회전하나 필라멘트가 공급되지 않는 경우
    • 원 인
      - 필라멘트에 걸리는 장력이 부족한 경우 발생
      - 주로 익스트루더 쿨엔드 부위의 조립이 헐겁게 되었을 때 발생
    • 증상 : 기어가 헛돌며 간헐적인 기계음을 발생
    • 대책 : 해당 부위의 체결을 강화(예 아이들러 장력 볼트 조정 등)하여 장력을 증가
    ※ 단, 과도하게 조이면 부품이 파손되는 경우가 있으므로 유의

③ 문제점의 세부유형 2 – 전기적/소프트웨어적 문제
  ㉠ COM 포트 인식이 안 되는 경우(연결 불량)
    • 원 인
      - CPU 보드의 드라이버 미설치 혹은 설치 오류가 있는 경우
      - 보드 자체의 손상(보드에 LED 미점등 등 반응이 전혀 없는 경우)
    • 대 책
      - 드라이버를 재설치하여 해결
      - 보드 교체
  ㉡ 연결은 정상적이나 프린터 반응이 없는 경우
    • 보드의 냉각 팬이 돌지 않는 경우 : 전원부 문제 점검
    • 냉각 팬이 제대로 작동하는 경우 : Software의 설정을 확인하여 수정(예 속도 및 포트번호 확인 및 수정)
  ㉢ 소프트웨어에서 출력 중으로 표시되나 반응이 없는 경우
    • 충분한 시간이 지나도 프린팅이 시작되지 않는 경우의 원인

– 노즐/베드의 가열부(히터)의 문제

– 온도 센서 문제

– 노즐, 베드, 센서를 점검하여 현상에 따라 개선

④ 문제점의 세부유형 3 – 출력물 불량

  ㉠ 원 인

- 재료의 과도한 수축 발생
- 출력물의 잔류응력에 의한 휨 발생
- 휨 발생으로 출력물의 형상 정밀도 저하
- 이미 휜 출력물을 출력한 다음 레이어 적층 시 출력 오류 발생

  ※ 노즐 끝단과 접촉하는 경우 노즐 손상 발생 우려

  ㉡ 대 책

- 사용 소재에 따른 수축 특성을 감안한 설계 개선
- 수축 휨 불량 출력 온도가 높을수록 심함
- PLA(압출 온도 190~230℃)보다 ABS(압출 온도 220~270℃)에서 많이 발생
- ABS보다 용융온도가 더 높은 PC(Polycarbonate 융점 약 270~300℃), PA(Polyamide, Nylon, 융점 약 235~270℃)의 경우 체임버를 사용하여 내부온도를 올려주는 것이 좋음
- 히팅 베드를 사용하지 않는 경우 많이 발생. 히팅 베드 사용 필요
- 출력물이 커질수록 심함

⑤ 문제점의 세부유형 4 – 베드 위치 정밀도

  ㉠ 증 상

- 간격이 지나치게 큰 경우 : 초기 레이어가 베드부에 잘 안착되지 않음
- 간격이 지나치게 작은 경우 : 노즐이 소재를 과도하게 압착하게 되어 출력물의 분리가 어려움

  ㉡ 조정방안

- 베드 간격 자동 조절 기능 탑재
- 적정 간격을 조정할 수 있는 Leveling Sheet 제공
- 위치 정밀도(영점) 수동 조정(매뉴얼 필요)

  ㉢ 베드 수평도 개선 방법

- Auto Leveling : 자동 유지 기능 적용 시 다양한 위치에서의 노즐 – 베드 간 간격을 측정하여 보정(Calibration)해 주는 작업이 필요
- 수동 조절 : 자동 조절 기능이 없는 프린터의 경우 매뉴얼 제공을 통해 오류의 발생 가능성을 최소화

⑥ 성능개선 보고서

  ㉠ 성능시험 문제점 현상 기술

- 성능시험 결과 발견된 문제점의 현상에 대해 기술
- 출력물 불량 발생 부위의 사진을 찍어 보고서에 첨부
- 문제점이 여러 건 발생된 경우에는 건별로 구분하여 기술

  ㉡ 성능시험 문제점 원인 분석

  출력물 불량의 원인 분석 : 관련 부품의 성능 검사 (예 노즐부 온도, 베드부 수평도 등)

  ㉢ 성능시험 문제점 개선 방안 도출 및 검증

  문제점의 원인 도출 → 개선방안 도출, 적용 → 문제점을 개선 → 개선점 비교 분석 → 완전치 않은 경우 문제점 원인 추가 분석, 추가 개선 방안 도출 및 검증을 반복

  ㉣ 개선 결과를 적용 계획 수립

- 부품의 교체가 필요한 경우

  – 부품 교체로 인한 추가 설계 변경 계획을 수립

  – 그에 따른 개발 단가 변경에 대해 분석

  – 부품의 교체 없이 단순한 성능 조정만으로 개선이 가능한 경우는 개선 사항이 매뉴얼에 반영될 수 있도록 함

[핵심예제]

3-1. 출력물 불량 발생 시 개선 방법에 대한 설명으로 틀린 것은?

[2019년 4회]

① 출력물에 잔류 응력이 발생되어 출력물이 휘게 된다. 이는 출력물의 형상 정밀도 저하를 초래하고 출력 오류와 노즐 손상까지도 발생할 수 있어 개발 시 유의해야 한다.

② 수축에 의한 휨 불량은 재료의 출력 온도가 낮을수록 더욱 심해지는데, 일반적으로 기계적 강도가 낮은 재료일수록 출력 온도가 낮아야 하므로 유의해야 한다.

③ 출력물의 수축은 소재의 경우 PLA < ABS, 출력물의 경우 크기가 커질수록 많이 발생한다.

④ PC, PA 재료를 출력하기 위해서는 체임버를 사용하여 체임버 내부의 온도를 일정 온도 이상으로 제어해 주는 기능이 추가적으로 필요하다.

정답 ②

3-2. 성능 개선 보고서 작성요소 중 가장 거리가 먼 것은?

[2019년 4회]

① 성능시험 문제점 현상 기술
② 성능시험 문제점 원인 분석
③ 성능시험 문제점 개선 방안 도출 및 검증
④ 성능시험 문제점 개선 결과 적용 보고서 작성

정답 ④

3-3. 다음 중 FDM 방식 3D 프린터의 경우 익스트루더에 반드시 필요한 센서는?

[2019년 4회]

① 습도 센서
② 온도 센서
③ 이미지 센서
④ 초음파 센서

정답 ②

해설

3-1

문제점의 세부유형 – 출력물 불량

• 원 인
  - 재료의 과도한 수축 발생
  - 출력물의 잔류응력에 의한 휨 발생
  - 휨 발생으로 출력물의 형상 정밀도 저하
  - 휜 기출력물 다음 레이어 적층 시 출력 오류 발생
  ※ 노즐 끝단과 접촉하는 경우 노즐 손상 발생 우려

• 대 책
  - 사용 소재에 따른 수축 특성을 감안한 설계 개선
  - 수축 휨 불량 출력 온도가 높을수록 심함
  - PLA(압출 온도 190~230℃)보다 ABS(압출 온도 220~270℃)에서 많이 발생
  - ABS보다 용융 온도가 더 높은 PC(Polycarbonate 융점 약 270~300℃), PA(Polyamide, Nylon, 융점 약 235~270℃)의 경우 체임버를 사용하여 내부온도를 올려주는 것이 좋음
  - 히팅 베드를 사용하지 않는 경우 많이 발생. 히팅 베드의 사용이 필요함
  - 출력물이 커질수록 심함

3-2

성능 개선 보고서

• 성능시험 문제점 현상 기술
• 성능시험 문제점 원인 분석
• 성능시험 문제점 개선 방안 도출 및 검증
• 개선 결과를 적용 계획 수립

3-3

압출을 담당하는 익스트루더에는 핫 엔드와 핫 블록, 방열판 등 온도에 예민한 요소들이 존재하여 자동화, 또는 장비 보전을 위해서는 온도 센싱이 필요하다.

핵심이론 04 | 장비 판단 척도 – 신뢰성, 보전성, 유용성

① 장비 판단을 위해 신뢰성, 보전성을 고려하여 유용성이라는 개념을 사용
② 신뢰성
　㉠ 시스템의 효율성을 결정짓는 하나의 속성
　㉡ 시스템이 어떤 특정 환경과 운전조건하에서 어느 주어진 시간 동안 명시된 특정기능을 성공적으로 수행할 수 있는지의 확률
　㉢ 신뢰성 평가 척도 : 고장률, 평균고장간격(MTBF), 평균고장시간(MTTF)
③ 보전성
　㉠ 보전에 대한 용이성을 나타내는 성질. 보전도로 표현
　㉡ 보전 횟수, 보전 시간 – 작업자 시간, 보전 비용, 보전 품질로 표시
　㉢ 보전이 규정된 절차와 주어진 자원을 가지고 행해질 때 어떤 부품이나 시스템이 어떤 주어진 시간 이내에서 지정된 상태를 유지 또는 회복할 수 있는 확률
　㉣ 설비가 적정 기술을 가지고 있는 사람에 의하여 규정된 절차에 따라 운전될 때 보전이 주어진 기간 내에서 주어진 횟수 이상으로 요구되지 않을 확률
　㉤ 설비가 규정된 절차에 따라 운전 및 보전될 때 설비에 대한 보전 비용이 주어진 기간 동안 어느 비용 이상 비싸지지 않을 확률
　㉥ 보전도

$$M(t) = 1 - e^{-\mu t}$$

　　[μ : 수리율, t : 보전작업시간,
　　$1/\mu$: MTTR(Mean Time To Repair, 평균고장시간)]

④ 보전도에서 사용되는 시간, 시간 간의 관계
　㉠ 시간 가동률(Availability) : 부하시간에 대해 설비의 정지시간을 제외한 가동시간의 비율
　㉡ 부하시간(= 가동시간 + 비가동시간) : 조업시간에서 생산 계획상의 휴지시간, 계획보전을 위한 휴지시간, 관리상 필요한 조회시간, 기타 돌발적 상황에 의한 휴지시간 등의 관리 외 제외 시간을 뺀 것
　㉢ 조업시간 : 1일 근무시간을 기초로, 가동일수 등을 고려하여 설비 가동 가능시간으로 연단위 계획에 의한 휴지시간은 제외

　㉣ 가동시간(Up Time) : 고장, 품목변경에 의한 작업 준비, 금형교체, 예방 보전 등의 시간을 뺀 실제 설비가 작동된 시간
　㉤ 정지시간(Down Time) : 고장, 준비, 조정, 공구 교환 등으로 정지된 시간
　㉥ 정미 가동시간 : 가동시간에서 속도 LOSS를 뺀 것

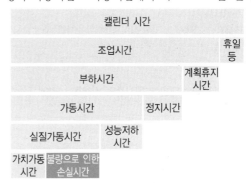

[설비 손실시간 측정을 위한 시간 정의]

⑤ 유용성
　㉠ 신뢰도와 보전도를 종합한 평가 척도
　㉡ 어느 특정한 시간에 기능을 유지하고 있을 확률
　㉢ 설비 유효 가동률 = 시간 가동률 × 속도 가동률

　　• 시간 가동률(유용성 A) = $\dfrac{가동시간}{가동시간 + 비가동시간}$

　　• 속도 가동률 = $\dfrac{표준가동시간}{실제가동시간}$

　㉣ 시스템 정상상태에서 유용성(ASS ; Availability at Steady State)

$$ASS = \dfrac{MTBF}{MTBF + MTTR}$$

　　• 유용성을 높이려면 고장률을 낮추고 고장시간을 줄임

[핵심예제]

4-1. 다음 중 유용성을 설명한 것은?

① 어느 특정 순간에 기능을 유지하고 있는 확률
② 일정 조건하에서 일정 시간 동안 기능을 고장 없이 수행할 확률
③ 어떤 신뢰성의 대상물에 대해 전 고장 수에 대한 전 사용시간의 비
④ 규정된 조건에서 보전이 실시될 때 규정시간 내에 보전이 종료되는 확률

정답 ①

4-2. 부하시간에 대한 가동시간의 비율을 나타낸 것은?

① 속도 가동률
② 실질 가동률
③ 성능 가동률
④ 시간 가동률

정답 ④

4-3. 고장, 품목변경에 의한 작업 준비, 금형교체, 예방 보전 등의 시간을 뺀 실제 설비가 작동된 시간을 의미하는 것을 무엇이라 하는가?

① 조정시간
② 가동시간
③ 휴지시간
④ 캘린더 시간

정답 ②

해설

4-1

유용성

신뢰도와 보전도를 종합한 평가 척도로 어느 특정한 시간에 기능을 유지하고 있을 확률을 의미한다. 유용성을 평가하는 척도 중 설비 유효가동률이 있다.

4-2

• 시간 가동률(Availability) : 부하시간에 대해 설비의 정지시간을 제외한 가동시간의 비율
• 부하시간 = 가동시간 + 비가동시간 : 조업 시간에서 생산 계획상의 휴지시간, 계획보전을 위한 휴지시간, 관리상 필요한 조회 시간, 기타 돌발적 상황에 의한 휴지시간 등의 관리 외 제외시간을 뺀 것
• 가동시간(Up Time) : 고장, 품목변경에 의한 작업 준비, 금형교체, 예방 보전 등의 시간을 뺀 실제 설비가 작동된 시간

4-3

가동시간 : 실제 가동된 시간. 고장, 품목변경에 의한 작업 준비, 금형교체, 예방 보전 등의 시간을 뺀 실제 설비가 작동된 시간

핵심이론 05 | 신뢰도

① 신뢰도
  ㉠ 설비의 효율성을 결정짓는 하나의 속성
  ㉡ 시스템이 어떤 특정 환경과 운전조건하에서 어느 주어진 시간 동안 명시된 특정기능을 성공적으로 수행할 수 있는 확률
  ㉢ 아이템이 주어진 조건에서 규정의 기간 중 요구된 기능을 완수하는 것이 가능한 성질
  ㉣ 제품이 주어진 사용조건 아래에서 의도하는 기간 동안 정해진 기능을 성공적으로 수행하는 능력

② 신뢰도 평가 척도
  ㉠ 고장률
    • 일정 기간 중 발생하는 단위 시간당 고장횟수. 보통 1,000시간당 백분율로 나타냄

$$고장률 = \frac{고장 \ 횟수}{가동시간}$$

    • 순간 고장률과 평균 고장률을 구분하나, 일반적인 용어로 고장률이라고 할 경우 순간 고장률을 가리킴. 위의 식은 평균 고장률 산출식
    • 순간 고장률
      – 시간 t까지 고장이 발생하지 않은 제품 모집단에 대한 고장의 순간 발생률
      – 재해률(Hazard Rate)라고도 하며, $h(t)$로 표현
  ㉡ 평균고장간격(MTBF ; Mean Time Between Failure)
    • 수리 완료에서 다음 고장까지, 즉 고장에서 고장까지 제품이 머무르는 동작시간
    • 수리가 가능한 제품/시스템의 평균 고장 시간을 산출할 때 사용
    • 고장 간격은 시간으로 나타냄
    • 일정 기간 중 전체 가동시간을 고장 횟수로 나타내면 시간으로 평균고장간격이 나타나며 이는 결국 고장률의 역수가 됨

$$평균고장간격 = \frac{전체 \ 가동시간}{고장 \ 횟수} = \frac{1}{고장률}$$

ⓒ 평균고장시간, 고장까지의 평균시간(MTTF ; Mean Time To Failure)

$$평균고장시간 = \frac{장비가동시간}{특정한\ 시간부터\ 발생한\ 고장\ 횟수}$$

- 고장이 나면 수명이 없어지는 제품은 평균고장시간이 평균수명이기도 함
- 수리 불가능한 제품의 평균고장시간을 산출할 때 사용

ⓔ 둘 다 신뢰도를 설명하는 중요한 척도

ⓜ 최초 고장시간, 최초 고장까지의 평균시간(MTTFF ; Mean Time To First Failure)

ⓗ 평균수리시간(MTTR ; Mean Time To Repair)
- 고장난 후 시스템이나 제품이 제 기능을 발휘하지 않는 시간부터 수리가 완료될 때까지의 소요시간의 평균
- 제품에 고장이 발생한 경우 고장에서 수리되는 데까지 소요되는 시간을 의미
- MTTR = MTBF - MTTF

③ 설비의 신뢰성

ⓐ 고유 신뢰성 : 사용자 변인이 들어가지 않은 설비 자체의 신뢰성으로 부품 재료의 성질이나 상태가 30% 정도 반영되고, 보전성 설계를 포함한 설비의 설계 기술이 40% 정도 반영되고, 설비의 제조 방식이나 메이커 등을 고려한 제조 기술이 10% 정도 반영된 신뢰성

ⓑ 사용 신뢰성 : 나머지 20% 정도를 반영하는 사용의 조건이 반영된 신뢰성으로 사용조건, 환경 적합성, 조업 기술, 보전 기술 등이 반영된 신뢰성

④ 신뢰성과 관련된 척도

ⓐ 유용성을 표현하는 척도

$$설비\ 가동률 = \frac{정미가동시간}{부하시간} \times 100\%$$

ⓑ 신뢰성을 표현하는 척도

$$고장\ 도수율 = \frac{고장\ 횟수}{부하시간} \times 100\%$$

ⓒ 보전성을 표현하는 척도

$$고장\ 강도율 = \frac{고장정지시간}{부하시간} \times 100\%$$

⑤ 신뢰성 관련 개념 및 용어

ⓐ 디버깅(Debugging) : 초기 고장을 경감하기 위해 아이템을 사용 개시 전 또는 사용 개시 후의 초기에 동작시켜 결점을 검출·제거하여 바로 잡는 것

ⓑ 번인(Burn-in) : 아이템(구성품)의 친숙감을 좋게 하거나, 특성을 안정시키는 것 등을 위하여 사용 전에 일정한 시간 동작을 시키는 것이며, 길들이기라고도 함

ⓒ 스크리닝(Screening) : 고장 메커니즘에 입각한 시험에 의해서 잠재적인 결점을 포함한 요소를 제거하는 것이며, 비파괴적인 수단에 의한 전수 검사 실시

[핵심예제]

5-1. 설비의 신뢰성 평가 척도 중 하나로 일정 기간 중 발생하는 단위 시간당 고장 횟수를 무엇이라고 하는가?

① 고장률
② 보전율
③ 평균고장간격
④ 평균고장시간

정답 ①

5-2. 설비의 신뢰성을 평가하는 척도로 옳지 않은 것은?

① 고장률
② 고장 형태
③ 평균고장간격
④ 평균고장시간

정답 ②

5-3. 안전성 검사 수행과 신뢰성 확보를 위한 시험에 관한 설명으로 틀린 것은?　　　　　　　　　　　[2019년 4회]

① 스크리닝 시험은 재료의 열화로 인한 제품고장이 그 대상이다.
② 고장률 시험은 제품의 안전기에 있는 고장률 또는 평균수명을 구하는 시험이다.
③ 초기 고장을 제거하기 위해 실시하는 시험을 스크리닝 시험이라고도 한다.
④ 고장률 시험은 사용 환경 스트레스와 파국고장을 일으키기 쉬운 요인에 의해 고장 발생을 시험한다.

정답 ①

해설

5-1

고장률 : 일정 기간 중 발생하는 단위 시간당 고장 횟수. 보통 1,000시간당 백분율로 나타냄

$$고장률 = \frac{고장\ 횟수}{가동시간}$$

5-2
신뢰성 평가 척도는 고장률, 평균고장간격(MTBF), 평균고장시간(MTTF)이 있다.

5-3
스크리닝 시험은 잠재적 결함 요소를 제거하기 위한 시험으로 결함을 선별해 내기 위한 검사이다.

핵심이론 **06**　　신뢰성 시험

① 신뢰성 시험 필요성
　㉠ 제품의 기능이 다양해지고 복잡해져 사용 중 고장 발생 가능성 높음. 초기 품질은 우수하나 내구성이 저하되는 경우가 많음
　㉡ 예상 불량 조기 검출과 초기 고장 기간부터 마모 고장 단계까지 시장 불량률의 감소를 꾀하기 위하여 신뢰성 시험이 요구됨
　㉢ 새로운 소재가 출현하고 기술 개발속도가 빨라짐에 따라 기존의 품질관리 기법으로는 제품의 품질을 보장하는 데 한계가 있음

② 신뢰성 예측 방법 : MTTF, MTBF, MTTR 등을 사용 (핵심이론 05 참조)

③ 신뢰성 시험의 종류
　㉠ 시험 목적에 따른 종류
　　• 적합시험 : 품목의 특성(성질)이 규정된 요구 사항에 적합한지를 판정하기 위한 시험이며, 통계적으로 검정에 해당됨
　　• 결정시험 : 품목의 특성(성질)을 확인하기 위한 시험이며, 통계적으로 추정에 해당됨
　㉡ 개발 단계에 따른 종류
　　개발–성장시험, 보증시험, 양산 신뢰성 보증시험, 번인 (또는 ESS) 등
　㉢ 시험 장소에 따른 종류
　　• 실험실 시험 : 제어되는 규정된 조건에서 수행되는 시험
　　• 현장시험 : 운용, 환경, 보전 및 측정조건이 기록되는 현장에서 수행되는 시험
　㉣ 가속 여부에 따른 종류
　　• 가속시험 : 시험 기간을 단축하기 위하여 기준 조건보다 가혹한 스트레스를 인가하는 시험
　　• 정상시험 : 실사용 조건에서 인가되는 스트레스에서 수행되는 시험
　㉤ 정형과 비정형 여부에 따른 종류
　　• 정형시험 : IEC, ISO, KS 등에 규정된 표준화된 시험
　　• 비정형시험 : 신규성이 높고 고장 메커니즘이 불분명하며, 필드 정보가 충분하지 않은 시험

④ 신뢰성 시험 항목

　※ 아직 KS 등의 인증을 필수로 요구하지 않기 때문에 신뢰성 시험이 더 필요함

　㉠ 온도 관련 시험

　　• 고온시험 : 고온상태에서 기능상의 내성을 평가하는 시험(절연 불량, 기계적 고장, 열변형에 의한 구동 불량 등)

　　• 저온시험 : 저온상태에서 기능상의 내성을 평가하는 시험(취약화, 결빙, 기계적 고장, 열변형에 의한 구동 불량 등)

　　• 온도 사이클(열 충격) 시험 : 온도변화가 주기적으로 반복될 경우 제품의 기능상 내성을 평가하는 시험(기계적 고정, 누설 발생 등)

　㉡ 습도 관련 시험

　　• 고온 고습 시험 : 고온/고습 상태에서 사용될 때 기능상의 내성을 평가하는 시험(수분 흡수, 팽창, 절연 불량, 기계적 고장, 화학 반응 등)

　　• 온습도 사이클 시험 : 높은 습도하에서 온도 변화가 반복되었을 때 제품 표면에 수분이 응결하여 누전이 발생할 가능성 평가

　㉢ 진동 관련 시험

　　• 정현파 진동 시험 : 운송 또는 사용 중 주기적인 특성을 갖는 진동에 노출되는 경우의 내성을 평가하기 위한 시험

　　• 광대역 랜덤 진동 시험 : 형태가 비주기적이고 일정하지 않게 무작위적으로 발생하는 진동에 노출되는 경우의 내성을 평가하기 위한 시험

　　• 충격 시험 : 운송 또는 사용 중 빈도가 적고 반복이 없는 충격에 적정한 내성을 갖는지 평가하기 위한 시험

⑤ 신뢰성 시험 검사 계획 수립 시 유의 사항

　㉠ 신뢰성 시험은 많은 비용과 시간이 소요되므로 기획 단계에서 시험의 목적, 방법, 일정 등을 규정한 신뢰성 시험 계획이 수립되어야 함

　㉡ 과거의 경험 및 데이터, 기술 정보 등을 충분히 검토, 분석하여 다음 항목을 사전에 결정하여야 함

🔍 더 알아보기!

신뢰성 시험 계획 수립 시 사전 결정 항목

① 신뢰성 고장의 정의, 시험 실시 항목

② 환경 스트레스의 종류, 시험 수준 수

　㉠ 스트레스의 성격 상 분류

　　• 정성적 스트레스
　　하나의 가혹한 스트레스 수준이나 몇 개의 스트레스 조합, 또는 시간에 따라 변하는 스트레스(스트레스 사이클링) 아래 소수의 샘플

　　• 정량적 스트레스
　　－ 제품의 수명 특성이나 고장률 등 신뢰도에 관한 정량적 정보를 얻을 수 있음
　　－ 사용률 가속 : 실제 사용 시 연속적으로 사용되지는 않는 제품을 연속 가동하여 고장시간을 단축시키는 방법
　　－ 고스트레스 가속 : 사용조건보다 높은 스트레스를 가하여 제품 수명을 단축시키는 방법

　㉡ 스트레스의 적용 방법상 분류

　　• 일정 스트레스
　　－ 몇 개의 스트레스 수준을 선택하여 각 스트레스 수준에 적합한 시험품 수량을 할당하여 시험
　　－ 서로 다른 수준의 스트레스를 고장날 때까지 부여

　　• 계단형 스트레스
　　－ 일정 간격마다 스트레스를 추가 부여하고 일정 시간 후 고장이 없으면 다시 추가 부여
　　－ 주기적으로 스트레스를 증가시켜 모든 샘플이 고장날 때까지 부여

　　• 점진적 스트레스
　　－ 시간에 따라 연속적으로 증가하는 스트레스
　　－ 일반적으로 선형적으로 증가

　　• 주기형 스트레스
　　부여하는 스트레스를 주기적으로 변화시키는 스트레스

③ 표본 수(제품 개수), 시험 시간 및 비용

④ 검사 방법 및 검사 장비

⑤ 자체 검사 및 외부 의뢰 여부

⑥ 고장 분석 결과의 피드백 방법

핵심예제

6-1. 3D 프린터의 신뢰성 시험이 필요한 이유는? [2019년 4회]

① 제품의 기능이 날로 단순해진다.
② 인증서를 요구하는 기관이 많아지고 있다.
③ 예상되는 불량을 조기에 검출할 필요는 없다.
④ 새로운 소재가 출현하고 기술 개발속도가 빨라짐에 따라 기존의 품질관리 기법으로는 제품의 품질을 보장하는데 한계가 있다.

정답 ④

6-2. 시험기간을 단축하기 위하여 기준 조건보다 가혹한 스트레스를 인가하는 신뢰성 시험은? [2018년 1회], [2019년 4회]

① 가속시험
② 통계시험
③ 정형시험
④ 현장시험

정답 ①

6-3. 점진적 스트레스에 관한 설명으로 옳은 것은? [2019년 4회]

① 계단식 스트레스처럼 단계적으로 스트레스 강도를 높이는 것이 아닌, 연속적으로 스트레스 강도를 증가시키는 방식
② 스트레스 강도를 시간에 따라 그래프로 나타낼 때 사인 곡선 모양으로 나타나게 되며, 금속피로시험에 적용하는 방식
③ 일정 시간 내에 일정 스트레스를 부과하고, 일정 시간 내에도 고장이 발생하지 않는 표본에는 좀 더 강도가 높은 스트레스를 부과하여 시험을 반복 진행하는 방식
④ 정해 놓은 일정 수준의 스트레스를 지속적으로 부과하는 방식으로 가장 대표적으로 사용되기 때문에 신뢰성 추정을 위한 자료 분석법으로 사용되는 방식

정답 ①

6-4. 3D 프린터 신뢰성시험검사 중 온도변화가 주기적으로 반복될 경우 제품의 기능상 내성을 평가하는 시험은?
[2018년 1회]

① 고온시험
② 저온시험
③ 온습도 사이클 시험
④ 온도 사이클(열 충격) 시험

정답 ④

6-5. 신뢰성 검사 계획 수립 시 유의 사항이 아닌 것은?
[2019년 4회]

① 제품의 외부 반출 여부
② 자체 검사 및 외부 의뢰 여부
③ 신뢰성 고장의 정의 및 시험 실시 항목
④ 표본 개수(제품 개수)와 시험 시간 및 비용

정답 ①

해설

6-1

신뢰성 시험 필요성
• 제품의 기능이 다양해지고 복잡해져 사용 중 고장 발생 가능성 높음
 - 초기 품질은 우수하나 내구성이 저하되는 경우가 많음
• 예상 불량 조기검출과 초기 고장 기간부터 마모 고장 단계까지 시장 불량률의 감소를 꾀하기 위하여 신뢰성 시험이 요구됨
• 새로운 소재가 출현하고 기술 개발속도가 빨라짐에 따라 기존의 품질관리 기법으로는 제품의 품질을 보장하는 데 한계가 있음

6-2

신뢰성 시험의 가속 여부에 따른 종류
• 가속시험 : 시험 기간을 단축하기 위하여 기준 조건보다 가혹한 스트레스를 인가하는 시험
• 정상시험 : 실사용 조건에서 인가되는 스트레스에서 수행되는 시험

6-3

② 주기형 스트레스에 대한 설명
③ 계단형 스트레스에 대한 설명
④ 일정 스트레스에 대한 설명

6-4

온도 관련 시험
• 고온시험 : 고온상태에서 기능상의 내성을 평가하는 시험(절연 불량, 기계적 고장, 열변형에 의한 구동 불량 등)
• 저온시험 : 저온상태에서 기능상의 내성을 평가하는 시험(취약화, 결빙, 기계적 고장, 열변형에 의한 구동 불량 등)
• 온도 사이클(열 충격) 시험 : 온도변화가 주기적으로 반복될 경우 제품의 기능상의 내성을 평가하는 시험(기계적 고정, 누설 발생 등)

6-5

신뢰성시험검사 계획 수립 시 유의 사항
• 신뢰성 시험은 많은 비용과 시간이 소요됨으로 기획 단계에서 시험의 목적, 방법, 일정 등을 규정한 신뢰성 시험 계획이 수립되어야 함
• 과거의 경험 및 데이터, 기술 정보 등을 충분히 검토, 분석하여 다음 항목을 사전에 결정하여야 함

핵심이론 07 고장의 정의와 구분

① 고장의 정의
- ㉠ 설비 또는 그 일부가 규정의 기능을 상실하거나 기능이 불만족스러운 상태
- ㉡ 제품, 시스템, 부품 등이 요구 기능을 수행하지 못하는 사건
  - 요구 기능을 수행하지 못함 : 특정 기능을 수행할 수 없는 경우 뿐만 아니라 기능은 수행하지만 성능이 요구 수준을 만족하지 못하는 경우도 포함
- ㉢ 기능형 고장이 곧 올 것을 예시하는 물리적 상태
  - 기능형 고장 : 어떤 부품 또는 그것을 포함한 시스템이 기대수준을 만족시키지 못하는 능력 부족의 상태
- ㉣ 시스템의 일부 기관 또는 부품의 형질 변경을 가져오는 상태
- ㉤ 고장의 결과 : 돌발적으로 발생하며 심각한 결과 또는 파국적 결과, 허용오차를 벗어나는 결과를 가져옴

② 고장의 유형 : 손상, 파손, 절단, 파열, 조립 및 설치 결함
- ㉠ 손상 : 사용 가능하지만 신품 상태에 비해 형질 변경이 된 상태
- ㉡ 파손 : 금이나 흠이 시작된 상태
- ㉢ 절단 : 파손의 일종으로 두 조각 또는 그 이상으로 분리된 상태(단선 포함)
- ㉣ 파열 : 찢어지거나 갈라진 상태(늘어남 포함)
- ㉤ 조립 및 설치 결함 : 운송 중 떨어뜨림, 충돌, 밀치기 등에 의한 변경, 조립, 설치 시 무리한 작업, 설계상 조립 상황을 고려하지 못한 오류 등에 의한 결함

③ 고장 형태의 구분
- ㉠ 유관 고장(Relevant Failure)
  - 결정된 시험조건과 환경조건상 발생할 수 있는 외부 조건에 기인한 고장
  - 시험 대상의 성능에 직접적으로 영향을 주는 고장
- ㉡ 무관 고장(Non-relevant Failure)
  - 시험조건 중의 고장
  - 운용하는 상황에서는 발생될 수 없는 외부조건에 기인한 고장
  - 시험 대상의 성능에 직접적으로 영향을 주지 않는 고장
  - 시험실 내의 부적당한 시설에 기인한 고장
  - 시험 장비나 모니터 장비의 고장에 기인한 고장
  - 장비를 시험하거나 조정할 때 시험자의 잘못된 조작에 기인한 고장
  - 규정된 교체 기간이 지난 후 사용 중에 발생한 고장
  - 타 장비의 운용, 정비 또는 수리 절차의 잘못에 기인한 고장
  - 시험 절차의 잘못에 기인한 고장
  - 동일한 유닛 내에서 간헐적으로 나타나는 2번 이상의 고장
  - 고장 발견 수리 중, 초기 고장 배제 시험 중, 셋업 중 발생한 고장
  - 시험 규격을 초과하는 과부하로 인하여 발생한 고장
  - 잘못 교체된 부품에 의한 고장
- ㉢ 간헐 고장
  - 짧은 기간 동안 일부의 기능이 상실되었다가 즉시 정상으로 복구되는 고장
  - ※ 같은 요소에서 동일한 고장이 간헐적으로 발생하는 경우
    - 처음 발생하였을 때에는 유관 고장으로 계산
    - 그 후 발생된 고장은 무관 고장으로 취급
- ㉣ 중복 고장
  - 2개 이상의 고장이 독립적으로 동시에 발생하는 것
  - 어느 한 부품의 고장으로 인하여 다른 부품이 고장난 경우의 종속 고장은 원인이 된 고장만 독립된 유관 고장으로 처리
- ㉤ BIT(Built-In Test) 중 발생한 고장
  장비나 측정 장비가 구성되어 제품의 자체 진단 기능으로 고장 관측이 가능한 상태에서 발생한 고장
- ㉥ 소모성 부품에 기인한 고장의 유·무관 고장 구분
  - 수명이 한정된 소모성 부품(예 배터리)을 사용한 경우
  - 부품의 수명이 다하기 전에 고장이 발생하면 유관 고장으로 처리
  - 수명이 다한 후에 발생한 고장은 무관 고장으로 처리
- ㉦ 입증된 고장
  - 하드웨어 설계 및 제조 결함에 기인한 고장
  - 소프트웨어의 잘못에 기인한 고장
  - ※ 단, 시험 중에 시정 및 확인이 가능하면 무관 고장으로 처리

◎ 입증되지 않은 고장
- 조사 중인 고장
- 중복되지 않는 고장 중 아직 그 원인을 알 수 없는 고장

④ **결함의 종류**

㉠ 치명도에 따라
- 치명 결함 : 인체 손상·물적 손상 또는 받아들일 수 없는 결과를 초래할 것으로 기대되는 결함
- 비치명 결함 : 인체 손상·물적 손상 또는 받아들일 수 없는 결과를 초래하지 않을 것으로 기대되는 결함

㉡ 중요도에 따라
- 중결함 : 중요하다고 여겨지는 기능에 영향을 주는 결함
- 경결함 : 중요하다고 여겨지는 어떤 기능에도 영향을 주지 않는 결함

㉢ 사용상 결함
- 오용 결함 : 사용 중 시스템의 규정된 능력을 초과하는 스트레스에 의한 결함
- 취급 부주의 결함 : 시스템의 부적절한 취급 또는 부주의에 의한 결함

㉣ 취약 원인에 따라
- 취약 결함 : 시스템이 규정된 성능 이내의 스트레스에 있더라도 시스템 내의 취약점에 의한 결함
- 설계 결함 : 시스템의 부적절한 설계에 의한 결함

㉤ 결함 발생 시점에 따라
- 제조 결함 : 제조 과정에서 시스템의 설계 또는 제조 공정과의 불일치에 의한 결함
- 노화·마모 결함 : 시스템의 고유 고장 메커니즘의 결과로 발생확률이 시간에 따라 증가하는 결함

㉥ 민감도 범위에 따라
- 프로그램 민감 결함 : 어떤 제어 명령 등을 특정한 순서로 수행한 결과로 나타나는 결함
- 데이터 민감 결함 : 특정한 데이터를 처리한 결과로 나타나는 결함

㉦ 결함의 정도에 따라
- 완전 결함, 기능방해 결함 : 시스템의 모든 요구 기능을 완전히 수행할 수 없게 하는 결함
- 부분 결함 : 시스템의 요구 기능 중 일부를 수행할 수 없게 하는 결함

㉧ 지속성에 따라
- 지속 결함 : 개량보전이 수행될 때까지 지속되는 시스템 결함
- 간헐 결함 : 보전 없이 시스템이 요구 기능을 수행하는 능력을 회복한 후 제한된 기간 동안 지속되는 시스템의 결함

㉨ 확정성에 따라
- 확정 결함 : 동종의 시스템에서 모든 작용에 대해 같은 반응을 나타내는 결함
- 불확정 결함 : 동종의 시스템에서 특정오차의 작용에 의존하는 결함

㉩ 발현여부에 따라
- 잠재 결함 : 존재하지만 인식되지 않은 결함
- 발현된 결함

핵심예제

7-1. 다음 설명에 해당되는 고장 형태는?
[2018년 1회]

시험조건 및 운용상 발생될 수 없는 외부조건에 기인한 것이라고 판단되는 고장으로, 시험대상의 성능에 직접적으로 영향을 주지 않는 고장이다.

① 간헐고장
② 무관고장
③ 유관고장
④ 중복고장

정답 ②

7-2. 자체 진단 기능으로 고장을 관측할 수 있음을 의미하는 고장 형태는?
[2019년 4회]

① 중복 고장
② 무관 고장
③ 간헐 고장
④ BIT(Build-In Test) 중 발생한 고장

정답 ④

7-3. 결함 정도에 따른 구분으로 시스템의 요구 기능 중 일부를 수행할 수 없게 하는 결함은?

① 기능방해 결함
② 완전 결함
③ 간헐 결함
④ 부분 결함

정답 ④

해설

7-1

유관 고장(Relevant Failure)
- 결정된 시험조건과 환경조건상 발생할 수 있는 외부조건에 기인한 고장
- 시험 대상의 성능에 직접적으로 영향을 주는 고장

무관 고장(Non-relevant Failure)
- 시험조건 중의 고장
- 운용하는 상황에서는 발생될 수 없는 외부조건에 기인한 고장
- 시험 대상의 성능에 직접적으로 영향을 주지 않는 고장
- 시험실 내의 부적당한 시설에 기인한 고장
- 시험 장비나 모니터 장비의 고장에 기인한 고장
- 장비를 시험하거나 조정할 때 시험자의 잘못된 조작에 기인한 고장
- 규정된 교체 기간이 지난 후 사용 중에 발생한 고장
- 타 장비의 운용, 정비 또는 수리 절차의 잘못에 기인한 고장
- 시험 절차의 잘못에 기인한 고장
- 동일한 유닛 내에서 간헐적으로 나타나는 2번 이상의 고장
- 고장 발견 수리 중, 초기 고장 배제 시험 중, 셋업 중에 발생한 고장
- 시험 규격을 초과하는 과부하로 인하여 발생한 고장
- 잘못 교체된 부품에 의한 고장

7-2

BIT(Built-In Test) 중 발생한 고장
장비나 측정 장비가 구성되어 제품의 자체 진단 기능으로 고장 관측이 가능한 가운데 발생한 고장

7-3

결함의 정도에 따른 결함의 구분
- 완전 결함, 기능방해 결함 : 시스템의 모든 요구 기능을 완전히 수행할 수 없게 하는 결함
- 부분 결함 : 시스템의 요구 기능 중 일부를 수행할 수 없게 하는 결함

핵심이론 08 **고장 분석 방법**

① 고장 분석의 필요성

신뢰성, 보전성, 경제성을 향상시키고자 함

② 고장 분석 방법

㉠ 상황 분석법 : 고장을 일으키는 문제의 상황이나 상태를
여러 요소로 분리하여 우선 해결 가능한 요소를 선정,
적정한 해결방안을 찾는 방법

• 파레토 차트(Pareto Chart)

- 문제를 일으키는 요소들이 여러 가지일 때 그 요소
들을 분리하고, 이 요소들이 전체에 미치는 영향을
살펴보고자 도식화한 차트

- 사용 목적 : 개선 항목의 우선순위를 결정하고, 문제
점의 원인을 파악하며 개선효과를 확인하기 위하여

- 특징 : 어느 항목이 가장 문제가 되는지, 문제 항목
의 크기, 비중, 순위를 시각화함

- 작성절차

ⓐ 조사 대상을 결정

ⓑ 데이터 수집, 데이터 분류, 항목 정렬

ⓒ 점유율 계산

ⓓ 그래프 작성

ⓔ 누적 곡선 작성 및 필요 사항 기재

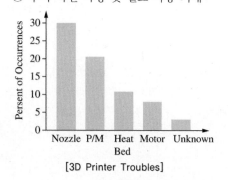

[3D Printer Troubles]

• 플로 차트(Flow Chart) : 고장의 원인 규명을 위해
과정 간 상호관계를 도식화하는 방법

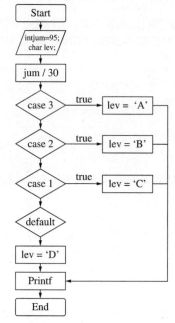

㉡ 특성요인 분석법

• 고장원인 분석과 해석에 가장 많이 쓰이는 방법 중
하나

• 설비 또는 시스템의 고장 원인 규명을 위해 생선뼈
(Fishbone) 모양의 특성요인도를 그림으로 분석하는
방법

• 유용한 경우

- 문제 상황 파악이 잘 안 될 때

- 문제의 순위를 파악할 때

- 개선사항을 행동으로 옮겨야 할 때

- 원인 규명 자체가 문제해결에 도움이 될 때

• 오른쪽 방향의 수평 직선에 문제의 원인이 될 만한
요인을 위 아래로 그려 넣고 계속 가지를 치는 식으로
그림

• 가장 많이 쓰는 4요인[4M : 사람(Men), 기계(Machine), 재료(Material), 방법(Method)]을 그림과 같이 배치하고 가지를 쳐서 그림

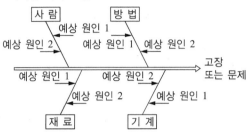

ⓒ 고장유형, 영향 분석(FMEA), 영향 및 심각도 분석(FMECA)
  • FMECA(Failure Mode, Effect & Criticality Analysis)
    – 시스템의 잠재적 결함을 조직적으로 규명하고 조사하는 설계 기법의 하나
    – 설비 사용자에게 설비의 끊임없는 평가와 개선을 실시할 수 있게 하는 방법
    – 장 점 : 잠재고장의 제거, 위험 평가 가능, 설비의 잠재적 행위 예측 가능

ⓔ QFD(Quality Function Deployment)
    – 고객의 요구를 제품 개발 과정으로 통합시키기 위한 구조적 접근 방법
    – 소비자의 요구 사항을 제품의 설계 특성으로 변환하고, 이를 다시 부품 특성, 공정 특성, 최종적인 생산을 위한 시방으로 변환하는 것
    – QFD 구조의 핵심은 고객의 요구가 무엇인지(What)와 고객의 요구를 충족시키기 위해서 제품과 서비스를 어떻게(How) 설계하고 개선할 것인지에 대해 목적과 수단을 서로 관련시켜 나타내 주는 매트릭스를 이용하여 구조화하는 것
    – 목적–수단 매트릭스를 이용하여 고객의 요구(목적)와 기술적 특성(수단) 및 경쟁력 평가를 나타낸 품질의 집(HOQ ; House Of Quality)이라 불리는 품질표를 구성
    – HOQ를 바탕으로 설계단계, 부품 단계, 공정 단계, 생산 단계로 나누어 품질 개선을 위한 기능 전개

③ 고장 분석 후 대책
  ㉠ 강도, 내력의 향상 : 재질, 방법의 변경
  ㉡ 응력(應力, Stress)의 분산 : 형상 설계에 반영
  ㉢ 안전율 향상 : 치수 설계 시 반영
  ㉣ 환경 개선 : 온도, 습도 등

㉤ 치공구의 개선 : 작업에 적절한 치공구로의 변경
㉥ 작업 방법 및 작업조건 개선
㉦ 검사 방법 및 검사 주기 개선
㉧ 모니터링 : 측정 가능 항목 중 고장과 연계된 대표 항목을 모니터링

[핵심예제]

8-1. 파레토 차트의 활용에 대한 설명으로 틀린 것은?

[2018년 1회]

① 문제점의 원인을 파악하고 개선효과를 확인하기 위하여 사용된다.
② 조사 대상 결정, 점유율 계산, 그래프 작성 및 필요 사항 기재로 이루어진다.
③ 어느 항목이 가장 문제가 되는지 찾아낼 수 있고, 문제 항목의 크기, 순위를 한눈에 알 수 있다.
④ 제품 및 프로세서의 발생 가능한 문제점 및 원인들을 사전에 예측하고 위험도를 평가하여 사전 예방이 가능하도록 한다.

정답 ④

8-2. 다음 설명하는 고장 분석 방법은?

• 시스템의 잠재적 결함을 조직적으로 규명하고 조사하는 설계 기법의 하나
• 설비 사용자에게 설비의 끊임없는 평가와 개선을 실시할 수 있게 하는 방법
• 장점 : 잠재고장의 제거, 위험 평가 가능, 설비의 잠재적 행위 예측 가능

① 파레토 차트
② 플로 차트
③ 특성요인 분석
④ FMECA

정답 ④

해설

8-1

파레토 차트(Pareto Chart)
• 문제를 일으키는 요소들이 여러 가지일 때 그 요소들을 분리하고, 이 요소들이 전체에 미치는 영향을 살펴보고자 도식화한 차트
• 사용 목적 : 개선 항목의 우선순위를 결정하고, 문제점의 원인을 파악하고, 개선효과를 확인하기 위하여
• 특징 : 어느 항목이 가장 문제가 되는지, 문제 항목의 크기, 비중, 순위를 시각화함
• 작성절차
  - 조사 대상을 결정
  - 데이터 수집, 데이터 분류, 항목 정렬
  - 점유율 계산
  - 그래프 작성
  - 누적 곡선 작성 및 필요 사항기재

8-2

고장유형, 영향 분석(FMEA), 영향 및 심각도 분석(FMECA)
• FMECA(Failure Mode, Effect & Criticality Analysis)
  - 시스템의 잠재적 결함을 조직적으로 규명하고 조사하는 설계 기법의 하나
  - 설비 사용자에게 설비의 끊임없는 평가와 개선을 실시할 수 있게 하는 방법
  - 장점 : 잠재고장의 제거, 위험 평가 가능, 설비의 잠재적 행위 예측 가능

핵심이론 09 │ 시험 규격에 따른 시험 방법

① 신뢰성 시험 계획
  ㉠ 신뢰성 시험을 실시하기 전에 어느 단계에서 어떤 시험을 실시할 것인지를 계획함
  ㉡ 계획을 통해 불필요한 중복시험을 피하고 효과적으로 수행
  ㉢ 사용조건에서 문제가 되는 고장 모드와 메커니즘, 고장에 영향을 주는 스트레스와 수준을 고려하여 시험 항목과 조건을 결정하는 것이 필요

② 시험 항목과 조건 결정
  ㉠ 시험 항목 결정
   • 소비자가 요구하는 시험 항목은 우선적으로 계획에 반영
   • 유사제품의 필드 데이터를 이용 가능한 경우
     - 고장 모드와 메커니즘별로 분류한 후 신뢰도 분석을 실시
     - 주요 고장 모드와 메커니즘을 파악하여 이를 검증하기 위한 시험 항목을 결정
  ㉡ 시험조건 결정
   • 사용조건 : 대푯값, 최고 온도, 최저 온도 등의 가혹조건 상황을 설정
   • 환경조건
     - 환경조건은 제품 고장의 원인이 될 수 있음. 자연환경과 인공환경으로 구분
     - 자연 환경 : 온도, 습도, 고도, 태양열, 기압 등
     - 인공 환경 : 진동, 충격, 가속도, 전압, 전류 등
  ㉢ 내구성 시험조건 결정
   • 내구성 시험은 설계 시에 고려된 또는 통상적으로 의도되는 사용조건에서 시험대상이 요구 기능을 수행할 수 있는 기간(시간, 주행 거리, 횟수 등)을 실증적이고 통계적인 방법에 의해 예측하기 위한 것
   • 내구성 시험조건
     - 사용조건에서 문제가 되는 고장 모드
     - 메커니즘에 관한 정보
     - 운용 및 환경요소의 종류
     - 가혹도
     - 환경요소의 조합과 순서에 따른 영향 등

③ 시험 및 계측 장비의 준비
  ㉠ 장비의 신뢰성 확보
    신뢰성 시험에서 장비도 가혹한 스트레스 상태에 놓이게 되어 신뢰성 필요
  ㉡ 장비의 안전성 확보
    • 고장 안전 설계 실시
    • 수리와 점검이 용이한 보전성 설계 기법을 활용하여 시험 장비 및 지그를 설계해야 함
    • 단자, 리드, 커넥터, 인쇄 회로, 기판 등 부품, 재료의 내환경성 검토
  ㉢ 장비의 소음 제거
    • 전자관이나 저항 등 소자는 열을 발생시켜 열에 의한 소음
    • 샘플 수와 배치에 따라 온도의 분포가 균일하지 않아 생기는 소음
    • 소자의 경우 기생 발진(Parasitic Oscillation, 寄生 振動) 여부 확인
  ㉣ 장비의 보호 기능
    • 시험 샘플에 돌발적으로 단락, 개방, 스파크 등의 고장이 발생한 경우 다른 샘플에 영향이 없도록 또는 영향을 알 수 있도록 설계
④ 측정의 정밀도 및 정확도 확보
  ㉠ 측정기의 검교정 : 규정된 기간이 되면 검교정을 실시
  ㉡ 측정의 오차 수정 : 계측기의 검교정을 했다 하더라도 계측기간의 오차와 사람 간의 오차에 의하여 측정값의 변동이 생기므로 이를 측정하여 오차를 수정. 계측기의 오차는 반복성에, 측정자 간의 오차는 재현성에 영향을 미치게 됨
⑤ 시험의 균일성 확보
  ㉠ 온도의 균일성 확보 : 체임버 내 시료의 위치별로 온도 센서를 부착하여 안정화되는 시간 및 온도 분포를 측정하여 변동이 유의 수준에 있는지를 확인
  ㉡ 진동의 균일성 확보
    • 체임버 내 시료의 위치별로 진동 센서를 부착하여 반응하는 진동값을 측정
    • 진동이 정확하게 가해지는 반응값 및 위치별로 진동의 차이가 없는지를 측정
    • 그 외 압력, 먼지, 습도 등 많은 파라미터들에 대해 예비 시험을 통하여 균일성을 확보

[핵심예제]

내구성 시험조건으로 적절한 것만 모두 골라 묶은 것은?

ㄱ. 운용 및 환경요소의 종류
ㄴ. 가혹도
ㄷ. 환경요소의 조합과 순서에 따른 영향 등

① ㄱ, ㄴ
② ㄱ, ㄷ
③ ㄴ, ㄷ
④ ㄱ, ㄴ, ㄷ

정답 ④

해설
내구성 시험조건
• 사용조건에서 문제가 되는 고장 모드
• 메커니즘에 관한 정보
• 운용 및 환경요소의 종류
• 가혹도
• 환경요소의 조합과 순서에 따른 영향 등

핵심이론 10 외부 시험 의뢰 시 참고 사항

① 공인 신뢰성 시험기관

　㉠ 한국시험표준원(https://www.ctsi.kr) : KOLAS 공인 시험기관으로 정보통신, 가전, 의료 및 산업기계류 제품 전반에 대한 규격인증시험을 하는 회사. 수원 삼성전자 본사 근처에 위치

　㉡ 한국신뢰성인증센터(https://www.koras-krc.or.kr) : 한국신뢰성학회 산하 사단법인으로 운영되며 민간인증 업무를 위해 세운 회사. 분당 서현역 근처에 위치

　㉢ 한국전자기술연구원 내 신뢰성연구센터(https://www.keti.re.kr) : 전자부품 연구분야 신뢰성 업무를 수행함. 신뢰성 평가, 신뢰성 시험, 고장 분석, 공인인증 업무 수행하는 단체. 분당 야탑동에 위치

　㉣ 한국기계연구원 내 신뢰성 평가 센터(https://www.kimm.re.kr) : 기계류 부품 신뢰성인증기관으로 기계요소 부품, 공유압 부품, 파워트레인, 내환경시험 등의 업무수행. 대전 유성 소재

② 신뢰성(환경) 시험표준

신뢰성 시험표준은 시험 항목에 따라 KS 표준이나 국제전기표준위원회(IEC) 표준 등을 따라 수행하며 주요 수행표준을 나열함

IEC 60068-2-1	저온시험	KS C 0220	저온시험
IEC 60068-2-2	고온시험	KS C 0221	고온시험
IEC 60068-2-14	온도 변화 시험	KS C 0225	온도 변화 시험
IEC 60068-2-3	고온 고습 시험	KS C 0222	고온 고습 시험
IEC 60068-2-30	온습도 사이클 시험	KS C 0227	온습도 사이클 시험
IEC 60068-2-14	온도 변화 시험(열충격)	KS C 0225	온도 변화 시험(열충격)
IEC 60068-2-11	염수 분무 시험	KS C 0223	염수 분무 시험
IEC 60068-2-52	염수 사이클 시험	KS C 0224	염수 사이클 시험
IEC 60068-2-27	충격 시험	KS C 0241	충격 시험
IEC 60068-2-29	내반복 충격 시험	KS C 0242	내반복 충격 시험
IEC 60068-2-6	정현파 진동 시험	KS C 0240	정현파 진동 시험
IEC 60068-2-57	진동 - 시간		
IEC 60068-2-64	랜덤 진동 시험		
IEC 60068-2-65	음향 노이즈 시험		
IEC 60068-2-31	전도 낙하 시험		
IEC 60068-2-32	자유 낙하 시험		
IEC 60068-2-55	바운스 시험		
IEC 60068-2-62	해머 충격 시험		
IEC 60068-2-63	스프링해머 충격 시험		
EN 61000-6-2	산업 환경에서 사용하는 기기류의 전자기기 내성 기준		
EN 61000-6-4	산업 환경에서 사용하는 기기류의 전기자기 장해 기준		
KS C CISPR 22	정보기기의 무선방해 특성에 대한 측정 방법 및 한계값		
KS C CISPR 24	정보기기의 전자기내성 시험 방법 및 측정의 한계값		
KS C IEC 60529	외곽의 밀폐 보호등급 IPXX 코드 시험		

③ 외부시험의뢰 또는 기관 선정 시 고려사항

　㉠ 의뢰하고자 하는 신뢰성 시험의 목적에 따라 시험의 종류를 선택

　㉡ 소비자의 요구를 반영하는 시험인지에 대한 고려

　㉢ 의뢰하고자 하는 신뢰성 검사를 수행할 수 있는 기관인지 선별

　㉣ 공신력을 가진 기관인지 선별

　㉤ 산업표준과 규정에 맞게 검사를 실시하는지 확인

　㉥ 여러 신뢰성 검사를 함께 실시할 수 있는지 고려

　㉦ 필요한 기간 내에 검사가 가능한지에 대한 고려

　㉧ 검사 비용 및 의뢰 경제성에 대한 고려

④ 신뢰성 인증 신청(예시)

신 뢰 성 평 가 신 청 서		처리기간	
		60일 (다만, 시험분석·감정에 소요되는 기간은 제외한다.)	
신 청 인	기 관 명	사 업 자 등록 번호	
	대표자성명	전화 번호	
	소 재 지		
부품·소재명			
시험평가명			

상기 사항과 같이 한국기계연구원 신뢰성평가센터에 신뢰성평가를 신청합니다.

　　　　　　년　　　월　　　일

　　신 청 인　　　　　(서명 또는 인)

한국기계연구원장　귀하

첨 부 서 류	수수료
1. 부품·소재의 설명서(사용환경 및 용도 등을 포함합니다) 2. 부품의 구성도 및 부품을 구성하는 단위부품 목록을 기재한 서류(부품의 경우에 한합니다) 3. 부품소재의 특성을 고려하여 신뢰성평가기관이 당해 부품소재의 신뢰성평가시 필요하다고 미리 공고하는 부품·소재 관련자	부품·소재전문기업등의육성에관한특별조치법시행령 제48조제1항에서 정하는 수수료

신뢰성인증·평가신청서	처리기간
	60일 (다만, 시험분석감정에 소요되는 기간은 제외한다.)

신청인	기 관 명		사업자등록번호	
	대표자성명		대표자주민등록번호	
	소 재 지		전 화 번 호	
	부품·소재명			
	종류 또는 용도			

부품·소재전문기업등의육성에관한특별조치법 제26조제1항
및 동법시행규칙 제17조 제1항의 규정에 의하여
신뢰성인증·평가를 위와 같이 신청합니다.

년   월   일

신청인 :   (서명 또는 인)

한국기계연구원장   귀하

첨 부 서 류	수 수 료
1. 부품·소재 설명서(사용환경 및 용도등을 포함합니다) 2. 부품구성도 및 부품을 구성하는 단위부품목록을 기재한 서류(부품의 경우에 한합니다.) 3. 부품·소재의 특성을 고려하여 신뢰성인증기관이 당해 부품·소재의 신뢰성인증심사시 필요하다고 미리 공고하는 부품·소재 관련자료	부품·소재전문기업등의육성에관한특별조치법시행령제48조제1항에서 정하는 수수료

[출처 : https://www.kimm.re.kr/ '시험평가신청서 양식', '신뢰성인증신청서 양식']

[핵심예제]

외부시험의뢰 또는 기관 선정 시 고려사항으로 적절하지 않은 것은?

① 소비자의 요구를 반영하는 시험을 하면 좋겠다.
② 여러 신뢰성 검사를 함께 실시할 수 있다면 좋겠다.
③ 필요한 기간 내에 검사가 가능하다면 좋겠다.
④ 시험 기관의 자체 표준을 사용하고 있다면 좋겠다.

정답 ④

해설

외부시험의뢰 또는 기관 선정 시 고려사항
• 의뢰하고자 하는 신뢰성 시험의 목적에 따라 시험의 종류를 선택
• 소비자의 요구를 반영하는 시험인지에 대한 고려
• 의뢰하고자 하는 신뢰성 검사를 수행할 수 있는 기관인지 선별
• 공신력을 가진 기관인지 선별
• 산업표준과 규정에 맞게 검사를 실시하는지 확인
• 여러 신뢰성 검사를 함께 실시할 수 있는지 고려
• 필요한 기간 내에 검사가 가능한지에 대한 고려
• 검사 비용 및 의뢰 경제성에 대한 고려

핵심이론 11 규격인증 – 전기용품 및 생활용품 안전관리법
(약칭 : 전기생활용품안전법)

① 전기용품 및 생활용품 안전 관리 제도

    ⊙ 전기용품 안전 인증 제도 : 전기용품 및 생활용품 안전
관리법 제5조의 규정에 따라 안전인증대상제품을 제조
하거나 외국에서 제조하여 대한민국으로 수출하는 자
는 안전인증기관으로부터 제품의 출고 전(국내제조),
통관 전(수입제품)에 안전인증대상전기용품의 모델별
로 안전인증을 받아야 하는 제도

    ⊙ 전기생활용품안전법에서 수준에 따른 인증 분류

      • 안전인증 : 제품시험 및 공장심사를 거쳐 제품의 안전
성을 증명하는 것

      • 안전확인 : 안전확인시험기관으로부터 안전확인시험
을 받아 안전기준에 적합한 것임을 확인하는 것

      • 공급자적합성확인 : 직접 제품시험을 실시하거나 제3
자에게 제품시험을 의뢰하여 해당 제품의 안전기준에
적합한 것임을 스스로 확인하는 것

    ⊙ 안전 인증 제도

      • 필요서류

        – 사업자등록증 사본

        – 대리인신청 시 대리인 지정 확인서류

        – 제품설명서

        – 전기회로 도면 및 부품 명세표(전기용품)

        – 기계설계 또는 전기회로 제작도면 등 기술관련 서
류(기계금속 제품)

        – 공장이 둘 이상이 있는 경우 같은 제품을 생산하는
것을 증명하는 서류

        – 다른 수입업자가 인증받은 모델과 동일 모델을 수
입하는 경우 그 제품의 시험결과서

      • 처리절차

신청서 작성	→	접 수	→	공장심사	→	제품시험 및 결재	안전인증서 작성	안전인증서 발급

    ⊙ 안전확인제도

      • 전기용품 관련 확인사항

        – 제조업자의 제조설비·검사설비·기술능력 및 제
조체제의 평가 : 안전인증을 신청한 전기용품을 제
조하는 공장에 대하여 그 제조설비·검사설비·기
술능력 및 제조·검사업무를 수행하는 인력을 갖추
고 있는지 평가

        – 안전인증대상 전기용품 및 안전확인대상 전기용품
의 안전기준 적합성의 확인

확인면제요건
• 해당 전기용품이 안전인증을 받았거나 안전확인신고 또는 공
급자적합성확인신고를 한 경우
• 해당 전기용품의 부품이 산업표준화법에 따른 제품인증을 받
은 경우
• 국제전기기기인증제도에 따라 인정을 받은 인증기관에서 국
제전기기술위원회(IEC)의 국제표준에 따라 발행한 인증서(시
험성적서가 포함된 경우로 한정한다)로서 국내안전기준에 적
합한 경우
• 안전인증 심사결과 공장심사기준에 합격하였으나 제품시험에
불합격한 경우로서 결과통지서를 받은 날부터 3개월 이내에
해당 제품에 대하여 안전인증을 다시 신청한 경우

      • 생활용품 관련 확인사항

        – 제조업자의 제조설비·검사설비·기술능력 및 제
조체제의 평가 : 안전인증을 신청한 생활용품을 제
조하는 공장에 대하여 그 제조설비·검사설비·기
술능력 및 제조·검사업무를 수행하는 인력을 갖추
고 있는지를 평가

        – 안전인증대상생활용품 및 안전확인대상생활용품
의 안전기준 적합성의 확인

    ⊙ 공급자 적합성 확인 제도 : 전기용품의 제조업자 또는
수입업자가 제품을 출고하거나 통관하기 전에 전자용
품의 모델별로 제품 시험을 실시하거나 제3자에게 시험
을 의뢰하여 해당 전기용품이 안전 기준에 적합한 것임
을 스스로 확인하는 제도

      • 제품설명서(사진을 포함합니다)

      • 시험결과서(정격, 전기회로 도면, 안전관리 부품 및
재질의 목록, 주의 또는 경고문구 등을 포함한 표시사
항, 제품시험 날짜 및 장소, 제품시험자의 성명과 소
속 등이 포함되어야 함)

      • 공급자적합성확인은 국내 제조업자 또는 수입업자가
실시

      • 공급자적합성확인신고를 하려는 자 또는 공급자적합
성확인시험기관은 법 제23조제3항 단서에 따라 안전
기준이 고시되지 아니하거나 고시된 안전기준을 적용
할 수 없는 공급자적합성확인대상제품에 대하여 국가
기술표준원장에게 해당 제품에 적용할 안전기준의 제
정 또는 개정을 신청할 수 있음

② 안전인증표시방법

　㉠ 안전인증, 안전확인신고, 공급자적합성확인 및 어린이보호포장의 표시방법

　　• 도 안

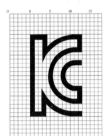

```
안전인증번호:
안전확인신고번호:
어린이보호포장신고확인번호:
```

　㉡ 표시 요령

　　• 안전인증, 안전 확인 신고, 공급자적합성확인 및 어린이보호포장(이하 이 표에서 "안전인증 등"이라 한다)을 표시하는 각각의 도안 크기는 안전관리대상제품의 크기에 따라 조정하되 가로, 세로비율은 가목과 같다.

　　• 안전인증 등의 표시방법은 해당 안전관리대상제품 또는 그 포장에 쉽게 알아볼 수 있도록 표시하고, 떨어지지 않도록 붙이거나 인쇄 또는 각인 등의 방법으로 표시하여야 한다.

　　• 안전인증 등의 표시방법 및 안전기준에 관한 사항, 국가기술표준원장이 정하는 사항은 한글로 표기하여야 한다. 다만, 전기용품의 경우에는 국문 또는 영문 등의 글자로 부기할 수 있다.

　　• 안전인증 등의 도안 색상은 검은색을 원칙으로 하고 보색을 할 수 있다.

　　• 제품의 표면에 안전인증표시를 붙이는 것이 곤란하거나 실수요자가 다량을 구입하여 직접 사용하는 생활용품으로서 시중에 유통될 우려가 없는 경우에는 해당 생활용품의 최소포장마다 붙일 수 있다.

　　• 세부표시사항은 국가기술표준원장이 고시하는 바에 따른다.

③ 안전 규격의 분류

　㉠ 적합성 평가 대상에 따른 분류

　　• 제품 인증 : 인증 대상이 제품인 경우. 목적에 따라 안전 인증과 성능 인증 포함

　　• 시스템 인증

　　　- 인증 대상이 제품이 아닌 회사의 시스템인 경우.

　　　- 품질경영 시스템(QMS), 안전보건 시스템(OHSHAS), 환경경영 시스템(EMS) 등 포함

　㉡ 적합성 평가 주체에 따른 분류

　　• 1차 인증 : 제조자가 스스로 적합성을 평가하는 방법

　　• 2차 인증 : 구매자가 제조자의 제품이나 시스템에 대해 적합성을 평가하는 방법

　　• 3차 인증 : 제조자나 구매자가 아닌 제3자(예. 인증기관)를 통한 인증 방법

　㉢ 강제성 여부에 따른 분류

　　• 강제 인증 : 관련 법규 및 규정에 따라 적합성 평가를 실시하지 않으면 시장에 유통시킬 수 없는 인증

　　• 임의 인증

　　　- 인증 획득 여부가 전적으로 신청자의 의도에 달려 있는 강제성이 없는 인증

　　　- 소비자 신뢰도와 민감하게 연결되어 반강제적으로 신청을 함

　㉣ 지역별 안전 인증의 종류

　　• 안전 인증, 전자파 인증, 환경인증 등으로 구분

　　• 다수의 국가가 안전 인증과 전자파 인증 마크를 동일한 로고로 사용

　　　- 인증서를 확인하여 구분(전자파 인증 비용이 저렴하여 전자파 인증인 경우가 많음)

　　　- 대한민국도 KC마크로 동일한 로고 사용

　　• 주요 국가별 안전 인증 기준

국가명	전화번호	로 고
대한민국	전기용품안전인증(KC)	
미 국	미국 연방정부 안전기준(UL)	
미 국	미국 연방정부 전파인증(FCC)	
유 럽	유럽공동체 안전인증(CE)	
일 본	일본 전기용품 안전인증기준(PSE)	
중 국	중국 안전 및 품질인증(CCC)	

④ 유럽공동체 안전 인증 (CE)

　㉠ CE 마킹 대상 : 교류 50 ~ 1,000V 및 직류 75 ~ 1,500V 의 정격 전압으로 사용하도록 설계된 기기

　㉡ CE 적합성 선언서에 포함되는 내용

　　• 제조자 또는 EU 지역 내의 대리인 명칭

　　• 전기 기기의 설명

　　• 적용 규격의 번호

　　• 해당되는 경우, 적합성 선언 규격번호

　　• 제조자 대신에 서명할 권한을 부여받은 사람의 성명 (대리인)

　　• 적합성 선언 일자

　㉢ CE 인증 프로세스

　　• CE 인증 요구 제품인지 확인

　　　– 저전압 지침 : AC 50 ~ 1,000V, DC 75 ~ 1,500V

　　　– 요구 제품 경우 CE 프로세스 진행

　　　　ⓐ 해당 규격에 따른 시험 진행: 위험 평가 및 적합성 평가 기관에 대한 제품 요구 사항 결정, 제품 평가, 공장 생산 관리 시스템 구축 평가, 타사 검사를 위한 EC 유형 테스트

　　　　ⓑ 기술 문서의 준비

> 기술 파일에 필요한 정보
> • 제품에 대한 기술 정보
> • 기술 도면, 회로도 및 그림
> • 제품에 대한 모든 구성 요소 정보
> • 적합성 선언 사양
> • 제품 테스트 보고서

　　　– 요구 제품이 아닌 경우 자체 프로세스 진행

［ 핵심예제 ］

11-1. 다음 로고가 의미하는 것은?　　[2018년 1회]

① 유럽공동체 안전 인증
② 미국 연방정부 전파인증
③ 중국 안전 및 품질인증
④ 일본 전기용품 안전인증기준

정답 ②

11-2. 전기용품 안전관리 제도를 설명한 내용 중 옳은 것은?　　[2019년 4회]

① 전기용품 안전관리법에 의거 시행되는 강제인증 제도로서 대상 전기용품의 안전인증을 받아야 제조, 판매가 가능하도록 하는 제도이다.
② 전기용품 안전확인제도는 안전관리 절차를 차등 적용하기 위해 도입하여 2015년 1월 1일부터 시행되었다.
③ 공급자 적합성 확인제도는 안전 확인대상 전기용품 중 A/V기기 등 고위험 품목을 우선적으로 적용하였다.
④ 공급자 적합성 확인제도는 제조업자가 공급자 적합성 시험결과서 및 공급자 적합확인서를 작성하여 최종 제조일로부터 2년간 비치해야 한다.

정답 ①

11-3. 전기용품 안전 규격의 분류의 적합성 평가 대상에 따른 분류를 할 때 시스템 인증 EMS의 의미는?

① 품질경영 시스템
② 안전보건 시스템
③ 환경경영 시스템
④ 산업표준경영 시스템

정답 ③

해설

11-1

주요 국가별 안전 인증 기준

국가명	전화번호	로 고
대한민국	전기용품안전인증(KC)	KC
미 국	미국 연방정부 안전기준(UL)	(UL)
미 국	미국 연방정부 전파인증(FCC)	FC
유 럽	유럽공동체 안전인증(CE)	CE
일 본	일본 전기용품 안전인증기준(PSE)	(PSE)
중 국	중국 안전 및 품질인증(CCC)	(CCC)

11-2

② 이 제도는 2009년 1월 1일부터 시행
③ 이 제도는 저위험 품목에 우선 적용
④ 이 제도는 공급자 적합확인서를 5년간 비치하도록 요구

11-3

전기용품 안전 규격의 분류의 적합성 평가 대상에 따른 분류[2019년 4회]
제품 인증 : 인증 대상이 제품인 경우, 목적에 따라 안전 인증과 성능 인증 포함
• 시스템 인증
 - 인증 대상이 제품이 아닌 회사의 시스템인 경우.
 - 품질경영 시스템(QMS), 안전보건 시스템(OHSHAS), 환경경영 시스템(EMS) 등 포함

핵심이론 12 | **시험 규격에 따른 계측 장비 및 설비**

① 계측 장비 및 설비
  ㉠ 전선, 케이블 및 코드류
   • 마이크로미터, 버니어캘리퍼스
   • 더블브리지
   • 내전압 시험기, 절연 저항 시험기, 난연성 시험기
   • 인장 시험기, 저울, 항온조
  ㉡ 스위치/전자개폐기
   • 마이크로미터, 버니어캘리퍼스
   • 전압계, 전류계, 전력계
   • 온도 기록계, 열전대 온도계
   • 전압 조정기, 절연 저항계, 내전압 시험기
  ㉢ 전원용 커패시터 및 전원 필터
   • 마이크로미터, 버니어캘리퍼스
   • 전압계, 전류계
   • 내전압 시험기
  ㉣ 전기 설비용 부속품 및 연결부품
   • 마이크로미터, 버니어캘리퍼스
   • 전압계, 전류계, 전력계
   • 온도 기록계, 열전대 온도계
   • 절연 저항계, 내전압 시험기
  ㉤ 퓨즈 및 퓨즈홀더, 전기 기기용 차단기
   • 마이크로미터, 버니어캘리퍼스
   • 전압계, 전류계
   • 온도 기록계, 열전대 온도계
   • 전압 조정기, 절연 저항계, 절연 내력 시험 장치
   • 퓨즈 용단 시험기(퓨즈에 한함)
  ㉥ 변압기 및 전압 조정기
   • 마이크로미터, 버니어캘리퍼스
   • 전압계, 전류계
   • 온도 기록계, 열전대 온도계
   • 전압 조정기, 절연 저항계, 내전압 시험기
  ㉦ 전기 기기 공통 설비
   • 공통계측장비
    - 마이크로미터, 버니어캘리퍼스
    - 전압계, 전류계, 전력계
    - 온도 기록계, 열전대 온도계
    - 전압 조정기, 내전압 시험기

• 제품별

- 전기다리미 : 3점 지지대

- 전기 탈수기 : Long Test Pin

- 전기 레인지, 주방용 전열 기구 : Long Test Pin, 부하 시험기, 1.8kg 시험 용기

- 전기 세탁기 : 시험용 천, 온수 공급 장치

- 전기 건조기 : 표면 온도 측정기

- 전기 냉장/냉동 기기 : 냉매 측정기

- 전자레인지 : 고압 Probe, 오실로스코프

- 전열기기 : 5kg 추

- 전기 맛사지기 : 90kg 부하

◎ 정보/통신/사무기기

• 마이크로미터, 버니어캘리퍼스

• 전압계, 전류계, 전력계

• 온도 기록계, 열전대 온도계

• 전압 조정기, 내전압 시험기

㉧ 조명기기

• 마이크로미터, 버니어캘리퍼스

• 온도 기록계, 열전대 온도계

• 절연 저항계, 내전압 시험기

• 누설 전류계, 타이머

② 시험 규격에 따른 시험 방법

㉠ 내전압 시험(Withstanding Voltage Test)

• 피측정체(DUT ; Device Under Test)의 절연 성분 사이에 얼마나 높은 전압을 견딜 수 있는지 평가하는 시험

• 내전압 측정장비(Withstanding Voltage Tester)를 사용하여 수행

• 정상 동작전압의 두 배에 1,000V를 더한 전압을 사용하여 시험

(예 120V나 240V에 동작되는 가전제품의 경우, 시험 전압은 보통 1,250~1,500VAC 수준)

• DC 내전압 시험의 전압은 AC 시험전압에 1.414를 곱한 값을 사용하여 시험

• 이중절연제품 시험 전압은 더 높음

(예 120V 사용하는 제품 : 2,500VAC나 4,000VAC로 시험)

• 내전압 시험 안전 및 유의사항

- 고전압이 Off되었다는 것을 확인하기 전에는 피측정체에 어떠한 결선이라도 해서는 안 되며, 피측정체에 테스트 케이블을 연결할 때에는 항상 접지 (−) 클립을 먼저 연결

- 테스트를 시작하기 전에 장비와 결선 등의 설치상태를 확인하고 케이블의 피복상태를 검사

- 테스트 중에는 절대로 피측정체나 연결 부위, 고전압 프로브의 금속 부분을 만지지 않도록 유의하며, 프로브를 잡을 때에는 절연된 부분만 잡을 것

- 테스트가 완전히 끝나면 고전압 출력을 정지. 만약 테스트가 DC 전압으로 하는 것이라면, 명시된 시간 동안 피측정체를 방전

㉡ 누설 전류 시험

• 전기・전자제품이 실제 동작 중 노출된 도체 부분을 사용자가 만졌을 때, 인체를 통해 흐르는 누설 전류가 안전한 값(Safe Level) 이하인가를 평가하는 시험

• 누설 전류의 제한치

- 보통 0.5mA 이하

- 전원 플러그에 접지 단자가 있고 경고 문구 스티커를 붙인 일부 제품은 0.75mA 이하

• 설계나 모델 테스트(Type Test) 단계에 적용

• 의료용 장비의 경우 생산 시 전수 검사

• 제품 동작 중 누설 전류 시험은 접지가 안 되었거나 전원 단자가 거꾸로 연결되었을 때 등 비정상적인 상황에서 테스트

• 테스트 순서 예(표준상태에서 OK 시, 점차 극한상태에서 시험)

- 정상적인 전압 인가상태

- 단자가 바뀐 전원 인가 상태

- 접지를 하지 않은 상태

㉢ 절연 저항 시험

• 전기적으로 절연되어 있는 어느 두 지점 사이의 절연 저항을 측정하는 테스트

• 전류의 흐름을 방해하기 위한 전기적 절연이 얼마나 효과적으로 되어 있는가를 판정

• 제품 생산 직후와 일정 기간 사용 후 절연의 상태를 검사

- 정기적인 절연 저항 시험 실시로 절연 파괴에 의한 사용자 안전사고나 비용이 많이 드는 고장 예방 가능
- 충전(Charge), 유지(Dwell), 측정(Measure), 방전(Discharge)의 4단계를 거침

㉣ 접지 도통 테스트
- 접지 도통 테스트는 접지 경로의 완벽함을 검사
- 접지 도통 테스트는 노출된 금속 표면과 전원 시스템 사이의 경로를 이용할 수 있음을 확인하는 시험
- 25~30A의 높은 전류와 낮은 전압을 이용
- 제품에 문제가 발생했을 때, 전류를 흘려보낼 수 있는 한계가 충분히 높고, 경로의 내부 저항이 충분히 낮은지, 보호회로가 완벽하게 작동하는지 테스트

[핵심예제]

12-1. 3D 프린터 장비의 안전인증테스트에 대한 설명으로 틀린 것은?

① 절연저항 테스트는 제품에 사용된 전기 절연 특성을 측정하는 것이다.
② 내전압 시험 테스트는 제품의 회로와 접지 사이에 고전압을 인가해서 제품이 견디는 능력을 측정하는 것이다.
③ 접지 도통 테스트는 절연된 제품 표면과 Power 시스템 접지 사이의 경로를 점검하는 것이다.
④ 누설 전류 테스트는 AC 전원과 접지 사이에 흐르는 전류가 안전규격을 넘지 않는지를 점검하는 것이다.

정답 ③

12-2. 3D 프린터의 내전압 시험 수행 시 유의 사항으로 틀린 것은?

① 테스트가 완전히 끝나면 고전압 출력을 정지시킨다.
② 테스트를 시작하기 전에 장비와 결선 등의 설치상태를 확인하고 케이블의 피복상태를 검사한다.
③ 테스트 중에는 피측정체나 연결 부위, 고전압 프로브의 금속 부분을 상시 확인하여야 하며, 프로브를 잡을 때에는 전원이 연결된 부분만 잡는다.
④ 고전압이 Off되었다는 것을 확인하기 전에는 피측정체에 어떠한 결선이라도 해서는 안 되며, 피측정체에 테스트 케이블을 연결할 때에는 항상 접지(-)클립을 먼저 연결한다.

정답 ③

12-3. 전기제품을 안정적으로 사용하기 위해서는 접지를 하여야 한다. 접지에 관한 설명으로 틀린 것은? [2018년 1회]

① 접지저항이 크면 클수록 좋다.
② 접지공사의 접지선은 과전류차단기를 시설하여서는 안된다.
③ 접지극의 시설은 부식될 우려가 없는 장소를 선정하여 설치한다.
④ 직접 접지 방식은 계통에 접속된 변압기의 중성점을 금속선으로 직접 접지하는 방식이다.

정답 ①

[핵심예제]

12-4. 3D 프린터 장비의 위해 요소를 파악하기 위한 시험 방법 중 절연저항 시험에 관한 설명이 아닌 것은? [2018년 1회]

① 충전, 유지, 측정, 방전의 4단계를 거친다.

② 전기적으로 결합되어 있는 한 지점의 절연 저항을 측정하는 것이다.

③ 제품이 생산된 직후 뿐만 아니라 일정 기간 사용한 후 절연의 상태를 검사하는데 유용하다.

④ 정기적으로 절연 저항 시험을 실시하면 절연 파괴가 일어나기 전에 절연 불량을 판별해 낼 수 있다.

정답 ②

해설

12-1

접지 도통 테스트는 노출된 금속 표면과 전원 시스템 사이의 경로를 이용할 수 있음을 확인하는 시험이다.

12-2

내전압 시험 안전 및 유의사항

• 고전압이 Off되었다는 것을 확인하기 전에는 피측정체에 어떠한 결선이라도 해서는 안 되며, 피측정체에 테스트 케이블을 연결할 때에는 항상 접지(-) 클립을 먼저 연결한다.

• 테스트를 시작하기 전에 장비와 결선 등의 설치상태를 확인하고 케이블의 피복상태를 검사한다.

• 테스트 중에는 절대로 피측정체나 연결 부위, 고전압 프로브의 금속 부분을 만지지 않도록 유의하며, 프로브를 잡을 때에는 절연된 부분만을 잡는다.

• 테스트가 완전히 끝나면 고전압 출력을 정지시킨다. 만약 테스트가 DC 전압으로 하는 것이라면, 명시된 시간 동안 피측정체를 방전시킨다.

12-3

접지의 목적은 과전류, 충격 전류 발생 시 인체를 보호하기 위함이며, 접지극으로 큰 전류가 잘 빠져 나갈 수 있도록 설치하여야 한다. 따라서 접지저항은 작을수록 좋다.

12-4

절연 저항 시험

• 전기적으로 절연되어 있는 어느 두 지점 사이의 절연 저항을 측정하는 테스트

• 전류의 흐름을 방해하기 위한 전기적 절연이 얼마나 효과적으로 되어 있는가를 판정

• 제품 생산 직후와 일정 기간 사용 후 절연의 상태를 검사

• 정기적인 절연 저항 시험 실시로 절연 파괴에 의한 사용자 안전사고나 비용이 많이 드는 고장 예방 가능

• 충전(Charge), 유지(Dwell), 측정(Measure), 방전(Discharge)의 4단계를 거침

핵심이론 13 **KC 안전인증/안전확인/공급자 적합성 확인 신청**

① 전기용품 안전인증 신청 방법

　㉠ 전기용품 안전인증 처리 절차

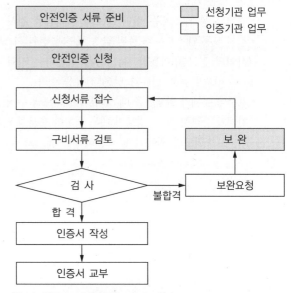

㉡ 전기용품 안전인증 구비 서류

• 안전인증 신청서

• 사업자 등록증 사본

• 제품 설명서(사용 설명서 포함)

• 전기적인 안전에 직접적인 영향을 주는 부품의 명칭 (제조 업체명, 모델, 정격 및 파생 모델명 포함)

• 전기적 특성 등을 기재한 서류

• 절연 재질(온도 특성, 난연성 특성)의 명세서

• 전기 회로 도면

• 대리인임을 증명하는 서류(대리인이 신청하는 경우)

② 전기용품 안전확인 신청 방법

　㉠ 전기용품 안전확인 처리 절차

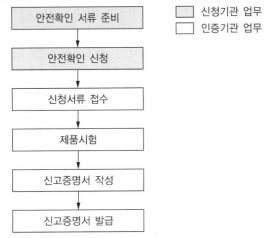

▨	신청기관 업무
☐	인증기관 업무

안전확인 서류 준비
↓
안전확인 신청
↓
신청서류 접수
↓
제품시험
↓
신고증명서 작성
↓
신고증명서 발급

　㉡ 전기용품 안전확인 구비 서류

　　• 사업자 등록증 사본

　　• 제품 설명서(사진 포함)

　　• 안전 확인 시험 결과서

　　• 대리인임을 증명하는 서류(대리인이 신청하는 경우)

[전기용품 안전인증/안전확인 신청 시 확인내용]

신청서류제출확인		
사업자등록증 사본	유 ☐	무 ☐
전기회로도	유 ☐	무 ☐
제품 설명서(사용설명서 포함)	유 ☐	무 ☐
부품 명세표(부품인증서사본) – 전기적인 안전에 직접적인 영향을 주는 부분의 명세표 　(제품명/정격 또는 특성/제조자/인증사항 등)	유 ☐	무 ☐
부품 사양서(모터, 히터, 변압기 등)	유 ☐	무 ☐
절연재질의 명세서(온도, 내압특성 또는 난연성등급 등)	유 ☐	무 ☐
기본모델과 파생모델의 차이점 및 사진(별지양식 참조)	유 ☐	무 ☐
제품표시 라벨	유 ☐	무 ☐
대리인위임장(Authorization Letter) – 안전인증 해외 제조사 접수 시 – 안전확인 해외 제조사 신고 시	유 ☐	무 ☐
인증서/시료처리 확인내용		
우편 및 택배를 원하시는 경우는 받으실 주소, 연락처, 인수자를 정확하게 기입하여 주시고, 이 경우 택배 수수료는 인수자 부담입니다. 단, 택배 불가능한 품목에 대해서는 별도의 운송서비스를 담당자에게 요청하시기 바랍니다.		

인증서/ 시료	☐ 직접 회수 ☐	우편 택배(착불)	주소 : 주소 :	인수자 : 인수자 :	TEL : TEL :

③ 공급자 적합성 확인 신청 방법

　㉠ 공급자 적합성 확인 처리 절차

　　• 제조업자 또는 수입업자가 공급자 적합성 확인 대상 전기용품의 안전 기준 적합 여부를 스스로 확인 혹은 외부 기관에 의뢰하여 확인서 발급 후 사내 비치

　㉡ 공급자 적합성 확인 후 비치 서류

　　• 제품 설명서

　　• 시험 결과서

　　• 공급자 적합성 확인서

④ 공장 심사 절차

　㉠ 초기 공장 심사

　　• 심사 목적 : 안전인증 대상 전기용품을 제조하고자 하는 공장의 제조 설비, 검사 설비, 기술능력 및 제조 체제를 평가하여 안전인증 대상 제품의 안전을 확보할 수 있는지를 확인하기 위함

　　• 심사 내용 : 시험 검사, 검사 설비, 품질 시스템 확인 등

　㉡ 정기 공장 심사

　　• 심사 목적 : 안전인증을 받은 안전인증 대상 전기용품이 계속하여 안전을 유지하고 있는지를 확인하기 위하여 제조 공장의 제조 설비, 검사 설비, 기술능력 및 제조 체제를 연 1회 이상 심사

　　• 심사 내용

　　　– 시험 검사, 검사 설비, 품질 시스템 확인 등

　　　– 전기용품 제조업자 및 제조 공장 변경 여부 확인

　　　– 안전인증서에 기재된 제조 공장에서 전기용품을 생산하는지 여부

　　　– 안전인증서에 첨부된 안전관리 대상 부품 목록과 동일하게 생산하는지 여부

　　　– 안전인증을 받은 전기용품의 안전 기준 및 안전인증 내용의 준수 여부

　㉢ 공장 심사 자료 및 준비 서류

　　• 시험 검사 업무 규정(수입, 중간, 출하, 자체 검사) 및 관련 기록

　　• 보유 검사 설비 관리 대장 및 교정 성적서

　　• 부적합품 관리 규정 및 관련 기록

　　• 고객 불만 처리 규정 및 관련 기록

　　• 공장 심사 보고서

- 초기 공장 검사 설문서
- 검사 설비
- 자체 검사(공정 검사)

ⓔ 공장 심사의 판정
- 종합 판정 방법은 "적합", "부적합"으로 구분
- 모든 평가 항목이 적합("예"로 평가)한 경우 종합 판정을 "적합"으로
- 심사 시 "아니오"로 판정된 평가 항목에 대해서는 부적합 보고서를 작성하고 부적합 개선 조치를 요구
- 신청 품목으로 품질경영 시스템(ISO 9001)을 인증 받은 기업의 품질 경영 평가 항목은 평가를 생략하여 모두 "예"로 판정[단, 생략을 받으려는 인증 기업은 인증신청 시 ISO 인증서 및 문서화된 중요 정보(내부 심사 결과, 경영검토 결과, 부적합시정 조치 결과 등)를 인증기관에 제출]

[핵심예제]

전기용품 안전인증 신청 시 필수적으로 제출하여야 하는 서류인 것은?

[2019년 4회]

① 기업 재무제표
② 부품 사양서
③ 등기부등본
④ 인감증명서

정답 ②

해설

[전기용품 안전인증/안전확인 신청 시 확인내용]

신청서류제출확인		
사업자등록증 사본	유 □	무 □
전기회로도	유 □	무 □
제품 설명서(사용설명서 포함)	유 □	무 □
부품 명세표(부품인증서사본) – 전기적인 안전에 직접적인 영향을 주는 부분의 명세표 (제품명/정격 또는 특성/제조자/인증사항 등)	유 □	무 □
부품 사양서(모터, 히터, 변압기 등)	유 □	무 □
절연재질의 명세서(온도, 내압특성 또는 난연성등급 등)	유 □	무 □
기본모델과 파생모델의 차이점 및 사진(별지양식 참조)	유 □	무 □
제품표시 라벨	유 □	무 □
대리인위임장(Authorization Letter) – 안전인증 해외 제조사 접수 시 – 안전확인 해외 제조사 신고 시	유 □	무 □
인증서/시료처리 확인내용		
우편 및 택배를 원하시는 경우는 받으실 주소, 연락처, 인수자를 정확하게 기입하여 주시고, 이 경우 택배 수수료는 인수자 부담입니다. 단, 택배 불가능한 품목에 대해서는 별도의 운송서비스를 담당자에게 요청하시기 바랍니다.		

인증서/시료	□ 직접 회수	□	우편	주소 :	인수자 :	TEL :
			택배(착불)	주소 :	인수자 :	TEL :

핵심이론 14 성능확보 수정보완

① 성능확보 및 수정 : 시험기준 미달 시, 성능확보 및 인증 마무리 확인 작업

② 전자파 적합성 시험

  ㉠ 전자파 적합성(EMC ; Electro Magnetic Compatibility)

    • 전자파의 영향으로 인해 일어날 수 있는 현상을 방지하고자 만든 검사 규칙

    • EMC 시험 : 전자파로 인한 전자기기의 오동작이나 고장을 방지하기 위한 시험

  ㉡ EMC 시험의 필요성

    • 외부 교란으로 인해 통신망, 무선망 등의 오동작이나 혼신 잡음 방지

    • 원자로나 비행기, 자동차 고장 발생, 혹은 오동작 유발

  ㉢ EMC 시험의 구성

    • 전자파 장애(EMI ; Electro Magnetic Interference) 시험

    • 전자파 내성(EMS ; Electro Magnetic Susceptibility) 시험

    • EMC : EMI, EMS를 총칭하는 개념

    • 해외 인증기관들은 EMC에 대한 부분을 요구

    • 국내 정부 부처별 관련 제품에 대해 판매 전 규격 적합 승인을 받도록 의무화

③ 전자파 장애(EMI)

  ㉠ 시험의 필요성

    • 최근에는 많은 유·무선 기기에서 거의 전 대역의 주파수를 사용하므로 인해 외부에서의 교란 발생 우려

    • EMI 시험 : 외부로부터의 전자파 간섭 또는 교란에 의해 전자 회로의 기능이 악화되거나 동작이 불량해지는지 여부를 평가하는 시험

    • EMI의 규제 목적 : 공중 통신용 주파수를 보호하고 외부 전자파로부터 취약한 전자기기의 오동작을 방지하고자 함

  ㉡ 시험의 구성

    • EMI 잡음

     – 자연잡음 : 낙뢰 등의 기상 변화 시 발생

     – 인공잡음

      ⓐ 사람이 장치를 사용할 때 부수적으로 발생

      ⓑ 방사 잡음과 전도 잡음으로 구분

    • EMI의 시험 항목

     – 전도 잡음(CE ; Conducted Emission) : 기기나 회로 간을 연결하는 신호선이나 제어선, 전원선 등을 통해 전파

     – 방사 잡음(RE ; Radiated Emission)

      ⓐ 대기 중 방사를 통해 전파

      ⓑ 전송케이블이나 무선 통신 단말 등의 통신용 전파에 의한 장애는 물론 전송선의 코로나 방전 등 공간으로 직접 피해 측에 전파됨

④ 전자파 내성(EMS)

  ㉠ 시험의 필요성

    • EMS 시험 : 자연환경조건 혹은 주변 기기 등 외부로부터 유입되는 전자파에 견디는 능력을 여러 가지 방법으로 평가하는 시험

    • 프로세서 내장 기기의 오동작 방지 및 기타 전자 기기의 오동작 방지

  ㉡ 시험의 구성

    • 전자파 환경에 대한 요구 만족을 위해 다음과 같은 여러 영역을 반영

    • 단자유입 방해 : 입출력 단자, 접지(Earth) 단지, 뇌 Surge, 전원 노이즈(Noise)

    • 순간정전(순시정전)/전압강하 또는 저하

    • 유도노이즈(Noise)

    • 정전기 방전(ESD ; Electro Static Discharge)

    • 전기적 빠른 과도현상

    • 전자파 방사, 적외선, 핵 전자파펄스(NEMP)

⑤ 불합격 내용 파악 후 대책마련

  ㉠ 내용 파악을 위해 필요한 자료 : 안전규격서, EMC 시험 결과서, 하드웨어 (전체)설계도, 공정도 및 작업 표준, 검사 기준서, 제품 규격서, 부품 사양서

  ㉡ 내용 파악을 위해 필요한 장비 : 파워서플라이, 오실로스코프, 멀티미터기, 함수발생기, 패턴 발생기, 주파수 카운터, RLC 미터기 등

  ㉢ 유의 사항 및 안전사항

    • 모듈별 입출력 규격 파악 전에는 전원을 인가하면 안 됨

    • 개별 보드의 동작상태 점검을 할 때는 외부 전원을 사용하여 시험

ㄹ 충분한 마진을 확보하지 못하여 EMI 시험 불합격한 경우 대책 수립

- 전원부의 EMI 대책 수립
  - 입력단 인덕턴스와 커패시터의 값을 크게 함
  - 필터의 단수를 증가함
  - 입력 단자로부터 필터까지의 거리를 가능한 짧게 함
  - 입력 필터를 노이즈 발생원으로부터 가능한 멀리 함
  - 출력 정류용 다이오드는 노이즈가 작은 것으로 교체함
  - 출력단 근처에 적절한 콘덴서를 추가하여 전원 노이즈를 최소화함

- 기판부의 EMI 대책 수립
  - Clock Emission을 억제하기 위해 Clock Line을 짧게 함
  - 안전된 Ground층으로 Shielding을 강화함
  - 기판의 기준 전위층의 고주파 임피던스 감소를 위해 나사 등을 사용하여 기판 프레임(FG ; Frame Ground)에 완전히 결합하여 고주파적으로 접지함
  - CPU 및 주변 Chip의 전원 공급 라인에서 Chip 바로 앞에 커플링 콘덴서(Coupling Cap)을 삽입함

- 페라이트 코어(EMC Core) 적용(효과)
  - 직류에서부터 200MHz의 고주파에 이르기까지 투자율이 좋기 때문에 제품 사이의 배선에 통과시키면 그 선에 흐르는 유효한 신호는 잘 통과시키며, 해로운 고주파 및 잡음 성분을 차단함
  - 전선의 인덕턴스를 증가시키고 이로 인해 고주파 성분의 신호 전류는 잘 흐르지 못하게 하고 저주파는 잘 통과시키도록 함

[핵심예제]

14-1. 3D 프린터 사용 중 전기화재가 발생했을 때 원인으로 가장 거리가 먼 것은?   [2018년 1회]

① 합 선   ② 누 선
③ 과전류   ④ 페라이트 코어

정답 ④

14-2. 전자파 적합성(EMC) 시험 항목 중 전자파 내성(EMS) 시험에 해당하지 않는 것은?   [2018년 1회]

① 전압 강하   ② 전자파 방사
③ 정전기 방전   ④ 전도 잡음(CE)

정답 ④

14-3. 외부로부터 전자파 간섭 또는 교란에 의해 전자 회로의 기능이 악화되거나 동작의 불량여부를 평가하는 시험은?
[2018년 1회]

① EMA 시험   ② EMI 시험
③ EMR 시험   ④ EMS 시험

정답 ②

14-4. 전자파 장애(EMI) 시험 불합격 시 전원부의 EMI 대책으로 틀린 것은?   [2019년 4회]

① 입력단에 설치하는 L과 C의 값을 적게 한다.
② 입력단자로부터 필터까지의 거리를 가능하면 짧게 유지한다.
③ 출력용 다이오드는 노이즈가 작은 것으로 교체한다.
④ 출력단 근처에 적절한 콘덴서를 추가하여 전원성 노이즈를 최소화한다.

정답 ①

해설

14-1

충분한 마진을 확보하지 못하여 EMI 시험 불합격한 경우 대책 수립의 방법 중 페라이트 코어(EMC Core) 적용이 있다. 이를 적용하면 직류에서부터 200MHz의 고주파에 이르기까지 투자율이 좋기 때문에 제품 사이의 배선에 통과시키면 그 선에 흐르는 유효한 신호는 잘 통과시키며, 해로운 고주파 및 잡음 성분을 차단하고 전선의 인덕턴스를 증가시키고 이로 인해 고주파 성분의 신호 전류는 잘 흐르지 못하게 하고 저주파는 잘 통과시키도록 한다.

14-2

전도 잡음은 EMI 시험 항목이다.

14-3

전자파 장애(EMI)

• 시험의 필요성
 - 최근에는 많은 유·무선 기기에서 거의 전 대역의 주파수를 사용하므로 인해 외부에서의 교란 발생 우려
 - EMI 시험 : 외부로부터의 전자파 간섭 또는 교란에 의해 전자 회로의 기능이 악화되거나 동작이 불량해지는지 여부를 평가하는 시험
 - EMI의 규제 목적 : 공중 통신용 주파수를 보호하고 외부 전자파로부터 취약한 전자기기의 오동작을 방지하고자 함

14-4

전원부의 EMI 대책 수립

• 입력단 인덕턴스와 커패시터의 값을 크게 함
• 필터의 단수를 증가함
• 입력 단자로부터 필터까지의 거리를 가능한 짧게 함
• 입력 필터를 노이즈 발생원으로부터 가능한 멀리 함
• 출력 정류용 다이오드를 노이즈가 작은 것으로 교체 함
• 출력단 근처에 적절한 콘덴서를 추가하여 전원 노이즈를 최소화함

핵심이론 15 **삼차원프린팅산업 진흥법, 시행령, 시행규칙 (주요 발췌)**

① **목적(법 제1조)**

이 법은 삼차원프린팅산업의 진흥에 필요한 사항을 정함으로써 삼차원프린팅산업 발전의 기반을 조성하고 국민생활의 향상과 국가경제의 발전에 이바지함을 목적으로 한다.

② **기술 및 서비스 품질인증(법 제10조)**

㉠ 정부는 삼차원프린팅산업 관련 품질 확보를 위하여 삼차원프린팅 관련 기술 및 서비스에 관한 품질인증을 실시할 수 있다.

㉡ 정부는 ㉠항에 따른 품질인증을 실시하기 위하여 인증기관을 지정할 수 있다.

> **인증기관의 지정(삼차원프린팅산업 진흥법 시행령 제4조)**
>
> ㉠ 소관 중앙행정기관의 장은 다음의 요건을 모두 갖춘 기관을 법 제10조㉡항에 따른 인증기관(이하 "인증기관"이라 한다)으로 지정할 수 있다. 이 경우 소관 중앙행정기관의 장은 과학기술정보통신부장관과 협의하여야 한다.
> • 법 제10조㉠항에 따른 품질인증(이하 "품질인증"이라 한다) 업무에 필요한 조직 및 인력을 갖출 것
> • 품질인증 업무에 필요한 설비와 그 설비의 작동에 필요한 환경을 갖출 것
> • 품질인증 실시를 위한 평가절차를 갖출 것
> ㉡ 소관 중앙행정기관의 장은 법 제10조㉡항 또는 ㉤항에 따라 인증기관을 지정하거나 지정을 취소한 경우 그 사실을 소관 중앙행정기관의 인터넷 홈페이지에 게시하여야 한다.
> ㉢ ㉠항 및 ㉡항에서 규정한 사항 외에 인증기관의 지정 및 지정 취소에 필요한 세부사항은 품질인증 대상 분야별로 소관 중앙행정기관의 장이 정하여 고시한다. 이 경우 소관 중앙행정기관의 장은 과학기술정보통신부장관과 협의하여야 한다.

㉢ ㉡항에 따라 지정받은 인증기관은 품질인증의 신청을 받은 경우 대통령령으로 정하는 품질기준에 맞다고 인정하면 품질인증을 하여야 한다.

품질인증의 절차 등(삼차원프린팅산업 진흥법 시행령 제5조)

㉠ 법 제10조㉠항에 따라 품질인증을 받으려는 자는 품질인증을 실시하는 소관 중앙행정기관의 장이 정하여 고시하는 품질인증 신청서를 작성하여 인증기관의 장에게 제출하여야 한다. 이 경우 품질인증 신청서에는 다음의 사항이 포함되어야 한다.
- 신청인의 성명(법인인 경우에는 법인의 명칭 및 대표자의 성명을 말한다)
- 사무실의 주소 및 연락처
- 품질인증 대상의 명칭 및 모델명

㉡ 법 제10조㉡항에서 "대통령령으로 정하는 품질기준"이란 다음의 구분에 따른 기준을 말한다.
- 삼차원프린팅 장비 : 삼차원 도면을 제작하거나 삼차원 형상을 구현하는 기능을 정확하게 실행할 것
- 삼차원프린팅 소재 : 삼차원 형상을 정확하게 구현하는 특성을 갖출 것
- 삼차원프린팅 소프트웨어
  - 기능을 정확하게 실행할 것
  - 신뢰성, 효율성, 사용과 유지·보수의 편의성 및 이식의 용이성이 과학기술정보통신부장관이 정하여 고시하는 수준 이상일 것

㉢ 인증기관의 장은 품질인증을 하거나 품질인증을 취소한 경우 그 사실을 인증기관의 인터넷 홈페이지에 게시하여야 한다.

㉣ ㉡항에 따라 지정받은 인증기관은 품질인증을 받은 자가 다음의 어느 하나에 해당하는 경우 그 품질인증을 취소하여야 한다.
- 거짓이나 그 밖의 부정한 방법으로 품질인증을 받은 경우
- 품질기준에 미달하게 된 경우

㉤ 정부는 ㉡항에 따라 인증기관으로 지정받은 자가 다음의 어느 하나에 해당하게 된 때에는 그 지정을 취소할 수 있다.
- 거짓이나 그 밖의 부정한 방법으로 지정받은 경우
- 대통령령으로 정하는 지정 요건에 계속하여 3개월 이상 미달한 경우
- 인증기준에 맞지 아니한 제품에 대하여 품질인증을 한 경우

㉥ ㉡항에 따른 인증기관의 지정 요건, ㉢항에 따른 품질인증의 절차, ㉣항에 따른 품질인증의 취소 및 ㉤항에 따른 인증기관 지정 취소 등에 필요한 사항은 대통령령으로 정한다.

③ 안전교육(법 제18조)

㉠ 삼차원프린팅서비스사업의 대표자는 삼차원프린팅 관련 기술 및 제품과 관련한 안전교육을 받아야 한다.

㉡ 삼차원프린팅서비스사업의 대표자는 삼차원프린팅 장비 및 소재 등을 이용하여 조형물을 제작하는 종업원에게 ㉠항에 따른 안전교육을 받도록 하여야 한다.

안전교육의 내용 및 방법 등(삼차원프린팅산업 진흥법 시행규칙 제3조)

㉠ 삼차원프린팅산업 진흥법(이하 "법"이라 한다) 제18조 ㉠항 및 ㉡항에 따른 안전교육의 내용은 다음과 같다.
- 삼차원프린팅 기술 및 제품 관련 법령 및 제도
- 삼차원프린팅 장비·소재 등의 제작 환경 관리
- 근로자의 건강 및 안전관리
- 유형별 위험상황에 대한 비상 대처 방안
- 그 밖에 과학기술정보통신부장관이 정하여 고시하는 내용

㉡ 삼차원프린팅서비스사업의 대표자 및 종업원에 대한 안전교육은 다음의 방법으로 실시할 수 있다.
- 집합교육
- 현장교육
- 그 밖에 과학기술정보통신부장관이 정하여 고시하는 교육 방법

㉢ 삼차원프린팅서비스사업의 대표자 및 조형물을 제작하는 종업원은 다음의 구분에 따라 안전교육을 받아야 한다.
- 삼차원프린팅서비스사업의 대표자
  - 신규교육 : 8시간 이상
  - 보수교육 : 2년마다 6시간 이상
- 조형물을 제작하는 종업원
  - 신규교육 : 16시간 이상
  - 보수교육 : 1년마다 6시간 이상

㉢ 과학기술정보통신부장관은 대통령령으로 정하는 요건을 갖춘 기관 또는 단체에 안전교육에 관한 업무를 위탁할 수 있다.

㉣ ㉠항 및 ㉡항에 따른 교육의 내용·방법, 교육시간 및 교육비 부담 등에 필요한 사항은 과학기술정보통신부령으로 정한다.

④ 이용자 보호(법 제19조)

　㉠ 삼차원프린팅사업자는 이용자가 안전하게 삼차원프린팅 관련 제품을 이용할 수 있도록 제품의 포장, 제품설명서 및 인터넷 홈페이지 등을 활용하여 정보를 제공하여야 함

　㉡ 과학기술정보통신부장관은 삼차원프린팅 제품의 안전한 이용을 위한 지침(이하 "이용자 보호지침"이라 한다)을 마련하여야 하며, 삼차원프린팅사업자에게 이용자 보호지침을 준수하도록 권고할 수 있다.

[핵심예제]

15-1. 삼차원프린팅산업 진흥법의 시행령에 명시된 품질인증 신청서에 들어갈 내용으로 필요 없는 것은?

① 신청인
② 사무실 주소
③ 품질인증 대상
④ 전년도 세금신고내역

정답 ④

15-2. 삼차원프린팅산업 진흥법의 시행규칙에 따른 안전교육 내용으로 적절하지 않은 것은?

① 삼차원프린팅 기술 및 제품 관련 법령 및 제도
② 삼차원프린팅 장비·소재 등의 제작 환경 관리
③ 사업자의 건강 및 안전관리
④ 유형별 위험상황에 대한 비상 대처 방안

정답 ③

해설

15-1

품질인증의 절차 등(삼차원프린팅산업 진흥법 시행령 제5조)

㉠ 법 제10조㉡항에 따라 품질인증을 받으려는 자는 품질인증을 실시하는 소관 중앙행정기관의 장이 정하여 고시하는 품질인증 신청서를 작성하여 인증기관의 장에게 제출하여야 한다. 이 경우 품질인증 신청서에는 다음의 사항이 포함되어야 한다.

• 신청인의 성명(법인인 경우에는 법인의 명칭 및 대표자의 성명을 말한다)
• 사무실의 주소 및 연락처
• 품질인증 대상의 명칭 및 모델명

15-2

안전교육의 내용 및 방법 등(삼차원프린팅산업 진흥법 시행규칙 제3조)

㉠ 삼차원프린팅산업 진흥법(이하 "법"이라 한다) 제18조㉠항 및 ㉡항에 따른 안전교육의 내용은 다음과 같다.

• 삼차원프린팅 기술 및 제품 관련 법령 및 제도
• 삼차원프린팅 장비·소재 등의 제작 환경 관리
• 근로자의 건강 및 안전관리
• 유형별 위험상황에 대한 비상 대처 방안
• 그 밖에 과학기술정보통신부장관이 정하여 고시하는 내용

핵심이론 16 삼차원프린팅제품의 안전한 이용을 위한 지침(주요 발췌)

① 목적(행정규칙 제1조)

이 지침은 삼차원프린팅산업 진흥법(이하 "법"이라 한다) 제19조에 따라 이용자가 안전하게 삼차원프린팅 제품을 이용할 수 있도록 삼차원프린팅사업자(이하 "사업자"라 한다)가 자율적으로 준수할 내용을 정하는 데 그 목적이 있다.

② 삼차원프린팅 관련 제품의 안전한 이용을 위한 조치 등(행정규칙 제15조)

㉠ 사업자는 삼차원프린팅 관련 제품 등으로 인하여 이용자에게 생명·신체 또는 재산에 대한 피해가 발생하지 않도록 삼차원프린팅 관련 제품의 안전한 이용에 필요한 사항을 공지하여야 한다.

㉡ 사업자는 삼차원프린팅제품의 이용에서 발생하는 이용자의 불만 또는 피해구제요청을 적절하게 처리할 수 있도록 필요한 절차를 구비하여 이용자에게 제공하여야 한다.

㉢ 사업자는 동일 또는 유사한 이용자피해가 계속하여 발생하고 있는 경우에는 추가적인 이용자피해를 예방하기 위하여 홈페이지의 초기화면 등에서 그 피해발생 사실과 피해예방을 위한 이용자의 조치사항에 대하여 공지하여야 한다.

㉣ 사업자는 ㉢항에서 발생하는 피해에 대해 재발방지 대책을 수립하여야 한다.

[예시] 이용자피해 발생 시 조치 등(㉢항 관련)

• 삼차원프린팅 관련 제품의 하자 또는 결함 등에 의하여 이용자피해가 발생한 경우 사업자는 홈페이지의 초기화면 등 또는 이용자의 전자우편주소나 휴대전화 문자메시지로 이 사실을 공지 또는 통지

• 제3자의 불법적인 해킹 등에 의하여 삼차원프린팅 관련 제품의 콘텐츠가 소프트웨어가 오작동할 우려가 있는 경우 사업자는 홈페이지의 초기화면 등 또는 이용자의 전자우편주소로 이 사실을 공지 또는 통지하고, 추가적인 피해를 방지하기 위하여 사업자가 제공하는 패치파일 등을 사용할 것을 이용자에게 알림

③ 안전한 이용을 위한 정보제공 등(행정규칙 제16조)

사업자는 다음의 사항을 삼차원프린팅 관련 제품을 공급하기 이전에 이용자에게 제공하여야 한다.

㉠ 제7조(사전 정보제공)에서 규정한 삼차원프린팅 관련 제품의 규격 및 사양 등에 관한 사항

㉡ 설치 및 운영 등 사용 환경에 관한 사항

㉢ 소재의 유해성 및 제조공정상의 유해·위험성, 소재별 출력물의 유해성에 관한 사항

㉣ 유해위험별 보호구 종류 등 이용자의 건강 및 안전한 작업 환경관리에 관한 사항

㉤ 응급상황발생 시 비상대응 방법에 관한 사항

㉥ 후처리(가공) 시 사용되는 화학약품의 취급 주의사항, 유해·위험성에 관한 사항

㉦ 지정폐기물 처리에 관한 사항(폐기물 관리법 시행규칙 제14조 "폐기물 처리 등의 구체적인 기준, 방법" 참조)

㉧ 그 밖의 안전에 관한 사항

[예시] 삼차원프린팅 관련 제품의 정보제공사항

• 해당 제품에 적용된 삼차원프린팅 관련 기술 방식, 설치 및 이용환경 등에 관한 정보

• 해당 제품에 권장되는 소재와 소재의 사용에 따른 위험성에 관한 사항

  – 예 열가소성 합성수지(PLA, ABS) 등을 소재로 사용하는 FFF(Fused Filament Fabrication) 방식이나, 레이저 방식 등에서 화상, 시력손상 및 미세먼지 방출 등

  – 예 분말소재 사용 시 접착제의 인체유해성, 가공 시 중금속 노출 위험 등

• 일반 안전에 관한 사항

  – 예 일부 부품과 소재가 고온에서 작동하므로 작동 시는 물론 출력 후에도 화상 주의

  – 예 상해를 일으킬 수 있는 부품을 포함하고 있으므로 프린터 작동 시 끼임에 의한 상해 주의

• 화기금지, 유해물질경고, 레이저광선경고, 고압전기경고, 고온경고, 보안경 미 안전장갑 착용 등 기타 안전에 관한 사항

※ 안전 보건 표지 및 국제표준(ISO 7010)의 안전표지 활용(산업안전보건법 시행규칙 제38조 별표 6)

구 분	화기금지	급성독성 물질 경고	보안경 착용	안전장갑 착용
산업안전 표지 예시	레이저광선 경고	고압전기 경고	고온 경고	낙하물 경고

④ 삼차원프린팅 관련 제품 이용자의 숙지사항(행정규칙 제17조)
이용자는 삼차원프린팅 관련 제품에 대해서 사업자가 제공
하는 다음의 사항을 숙지하여야 한다.

㉠ 환기 또는 공기정화시설이 있는 장소에 설치 및 이용에
관한 사항

㉡ 장비의 종류별 제작공정상의 유해·위험성 및 안전한
작업 방법에 관한 사항

㉢ 소재 및 소재별 출력물의 유해·위험요소에 관한 사항

㉣ 유해·위험 유형에 따른 보안경, 보호구 착용 등 건강
및 작업 환경관리에 관한 사항

㉤ 삼차원프린팅 관련 장비 관리, 출력물 세척 등에 사용되는
화학약품 취급 시 주의사항

㉥ 소재 및 출력물 처리 등 지정폐기물 처리에 관한 사항
(폐기물 관리법 시행규칙 제14조 "폐기물 처리 등의
구체적인 기준, 방법"을 따름)

㉦ 끼임, 감전, 화상, 폭발, 유해가스 유출 등 유해·위험
유형별 응급상황에 대한 대응 방법

◎ 그 밖의 삼차원프린팅 관련 제품 이용 시 안전에 관한
사항

[예시] 삼차원프린팅 관련 제품 이용자의 숙지사항(제 3호 관련) – ISO/ASTM 52900 분류참조

※ 삼차원프린팅에 사용되는 소재에 따라 액상, 분말, 고형기반 3가지 방식으로 구분, 각 방식별로 SLA, SLS, FFF, LOM 기술이 대표적이며 기타 여러 가지 방식이 사용될 수 있음

방 식	대표기술	원 리	숙지사항
액 상	SLA, DLP	액체수지를 레이저로 경화	• 사용된 수지 및 수조에 남은 재료는 환경오염 가능성이 있으므로 폐기물 처리 전용 방식으로 처리해야 함 • 액체 또는 경화되지 않은 상태에서는 유해 가능성이 있으므로 나이트릴장갑과 같은 특수장갑 사용 • 두통이나 메슥거림을 유발하는 악취에 유의해야 하므로 가정 내 설치 및 사용은 권장하지 않음 • 레이저 사출구에 대한 안전장치 제공 등
분 말	SLS	분말을 레이저로 소결	• 분말입자는 20~100 μm • 제작 시 방출되는 소미세입자는 폐에 침투될 수 있으므로 흡입하면 안됨 • 제품 해체 시 보호마스크 착용 필수
고 형	FFF	필라멘트형 원료를 녹여 적층	• ABS, PLA 등 필라멘트형 원료는 가열될 때 냄새가 심하고 독성물질 배출 위험성이 있으므로 실내 환기 또는 공기정화필터 등 필수 • 후처리(가공) 작업 등에서 사용되는 아세톤 등 화학물질 독성위험 주의
	LOM	칼/레이저로 오린 종이판 레이어를 적층 접착	적층 접착 시 사용되는 순간접착제에 포함된 화학물질의 독성위험 주의

[핵심예제]

16-1. 삼차원프린팅 관련 제품 이용자의 숙지사항(제3호 관련) 중 다음 기술하는 내용의 대상 기술은?

> 적층 접착 시 사용되는 순간접착제에 포함된 화학물질의 독성위험 주의

① SLA   ② SLS
③ FFF   ④ LOM

정답 ④

16-2. ABS 소재의 필라멘트를 사용하여 장시간 작업할 경우 주의해야 할 사항으로 옳은 것은? [2018년 1회]

① 융점이 기타 재질에 비해 높으므로 냉방기를 가동하여 작업한다.
② 작업 시 냄새가 심하므로 작업장의 환기를 적절히 실시한다.
③ 옥수수 전분 기반 생분해성 재질이므로 특별히 주의해야 할 사항은 없다.
④ 물에 용해되는 재질이므로 수분이 닿지 않도록 주의해야 한다.

정답 ②

해설

16-1
• SLA
 – 사용된 수지 및 수조에 남은 재료는 환경오염 가능성이 있으므로 폐기물 처리 전용 방식으로 처리해야 한다.
 – 액체 또는 경화되지 않은 상태에서는 유해 가능성이 있으므로 나이트릴 장갑과 같은 특수장갑을 사용한다.
 – 두통이나 메슥거림을 유발하는 악취에 유의해야 하므로 가정 내 설치 및 사용은 권장하지 않는다.
 – 레이저 사출구에 대한 안전장치 제공 등
• SLS
 – 분말입자는 20~100μm
 – 제작 시 방출되는 소미세입자는 폐에 침투될 수 있으므로 흡입하면 안 된다.
 – 제품 해체 시 보호마스크 착용 필수
• FFF
 – ABS, PLA 등 필라멘트형 원료는 가열될 때 냄새가 심하고 독성물질 배출 위험성이 있으므로 실내 환기 또는 공기정화필터 등 필수
 – 후처리(가공) 작업 등에서 사용되는 아세톤 등 화학물질 독성위험에 주의해야 한다.

16-2
ABS, PLA 등 필라멘트형 원료는 가열될 때 냄새가 심하고 독성물질 배출 위험성이 있으므로 실내 환기 또는 공기정화필터 등 필수

핵심이론 17   **3D프린팅 장비의 유해 요소**

① 장비의 위해 요소
 ㉠ 이송용 모터에 의한 위해 요소
  • 신체 일부 또는 이물질 끼임에 의한 비정상 작동 시 위험
  • 모터의 이상 과속에 의한 비정상 작동 시 위험
  • 인가된 전원으로 인해 의도치 않은 작동 시 위험
 ㉡ 열에 의한 위해 요소
  • 노즐의 과열로 인한 발열, 화상, 화재
  • 히팅베드 등의 고열 장치에 의한 화상
  • 이상 작동 반복에 의한 과열 화재
  • 과열 소재의 유출에 의한 화상, 전선의 합선
 ㉢ 불완전 결합된 프린터에 의한 위해 요소
  • 이송 중 떨어뜨림에 의한 신체 사고
  • 작동 중 부속의 이탈에 의한 신체 사고
  • 수리 중 부속의 이탈에 의한 신체 사고
 ㉣ 고에너지 기계요소에 의한 위해 요소
  • 적외선 작동에 의한 고열 화상
  • 자외선(UV) 직접 노출에 의한 눈 등의 부상
  • 의도치 않은 공압 작동에 대한 타박 등 부상
  • 높은 광원에 의한 신체 부상, 눈 등의 부상

② 장비 사용 시 안전 대책
 ㉠ 전기/전자 장치 사용 시 정격제품의 사용
 ㉡ 회전 부품의 작동 시 접근 주의 및 회전 부품 취급 시 비섬유질 절연 장갑 사용
 ㉢ 작동하는 기기 조작 금지
 ㉣ 노즐부 청결상태 및 정상 작동상태 유지
 ㉤ 작동 중 모니터 실시(이상 작동 시 즉시 정지)
 ㉥ 이송, 작동 전 제품의 조립 및 장착 상태 확인
 ㉦ 보안경 착용 및 방호복 착용 습관화
 ㉧ 고에너지 기계요소 작동 시 안전 거리 확보
 ㉨ 정비 시 전원 완전 분리 후 정비

③ 전기에 의한 위해 요소
 ㉠ 감전에 의한 위해 요소
 ㉡ 과열에 의한 위해 요소
 ㉢ 부적격 전압/전류 사용에 의한 고장 및 과열
 ㉣ 안전작업 시간 이상의 작업에 따른 과열 및 누전

ⓜ 부적절한 접지에 따른 정전(停電)에 의한 쇼크, 쇼크에 의한 2차 위험

④ 전기 취급 시 안전대책
　　㉠ 작업 전 전원차단
　　㉡ 보호구 착용
　　㉢ 전원 인가 담당자 사전 지정
　　㉣ 단락 접지 실시
　　㉤ 작업 중 전원 급차단 및 급인가 금지
　　㉥ 50V 이상 또는 250W 이상의 제품 사용 시 작업 계획서 작성
　　㉦ 작동 중 신체 직접 접촉 주의
　　㉧ 물기가 묻은 손으로 작업금지
　　㉨ 사용전력(전류량)에 적합한 피복전선 사용

⑤ 일반 안전수칙
　　㉠ 전기사고 시 전원을 차단하며, 가급적 주전원을 차단
　　㉡ 전기사고 시 피해자의 몸에 바로 손을 대면 함께 감전될 위험이 있음
　　㉢ 기계작업 시 회전체가 있는 작업에서는 장갑을 끼지 않을 것
　　㉣ 전원장치에는 동력차단장치가 필요
　　㉤ 공작물을 장착할 때는 주축 정지 상태를 정확하게 확인
　　㉥ 공구의 장착 상태, 장착 위치 등을 확인

[핵심예제]

17-1. 3D 프린터 작업 중 감전사 방지를 위한 기본적인 대책이 아닌 것은?　　　[2018년 1회]

① 보전, 수리, 점검 등은 관련 전문가에게 맡긴다.
② 전류가 흐르는 부분 등으로부터 인체와의 접촉을 방지한다.
③ 전선 등을 배선해야 될 경우 손에 물기를 제거한 후 한다.
④ 사용 전류에 상관없이 절연피복이 얇은 것을 사용한다.

정답 ④

17-2. 3D 프린터의 위해 요소에 대한 설명으로 적절하지 않은 것은?　　　[2019년 4회]

① 고열 장비 : 노즐, 베드 등 프린터 장비 내 다수의 고발열 장비 주의
② 고전력 장비 : UV 장비, 전기제어 장비 등 다수의 고전력 장비주의
③ UV 복사 : UV 장비 작동 중 안구에 직접 노출이 되어도 상관이 없으나 주기적인 노출 주의
④ 구동장비 : 3D 프린터는 모터와 기어로 구성되어 있는 기계 장비로 장비 내 모터와 기어 사이 혹은 기어와 기어 사이에 주의

정답 ③

해설

17-1
전기 취급 시 안전대책
• 작업 전 전원차단
• 보호구 착용
• 전원 인가 담당자 사전 지정
• 단락 접지 실시
• 작업 중 전원 급차단 및 급인가 금지
• 50V 이상 또는 250W 이상의 제품 사용 시 작업 계획서 작성
• 작동 중 신체 직접 접촉 주의
• 물기가 묻은 손으로 작업금지
• 사용전력(전류량)에 적합한 피복전선 사용

17-2
자외선이 안구에 직접 노출되면 치명적인 부상을 입을 수 있다.

핵심이론 18 **3D 프린팅 소재의 위해 요소**

① 사용 소재에 의한 위해 요소

  ㉠ 휘발성 유기화합물에 의한 주변 대기오염

  ㉡ 분진에 의한 대기오염 및 호흡기 위해

  ㉢ 소음에 의한 정서적, 신체적 위해

  ㉣ 발암성 물질에 의한 호흡기 위해 및 정서적 위해

  ㉤ 함께 사용하는 화학물질에 의한 주변 대기오염

② 사용 단계별 발생 가능한 유해

  ㉠ 작동 전

   • 3D 프린팅 사용 재료 취급 시 주의

    – 니켈 등 금속은 알레르기성 피부염, 비염, 천식 유발 가능

    – 초미세분진은 가연성으로 불꽃과 결합 시 화상 유발 가능

   • 대 책

    – 방호도구(보안경, 산업용 마스크)와 방호장갑을 착용하고 작업

    – 작업 전 청결상태 및 안전상태 유지

  ㉡ 작동 중

   • 재료압출(Material Extrusion) : ABS 및 PLA 수지가 사용 시 재료 및 온도에 따라 상당량의 나노물질 및 기체 방출 위험. 나노물질에 노출되면 폐 등에 염증성 반응을 유발 가능성

   • 분말적층용융(Powder Bed Fusion) : 조형물 세정 단계에서 분진 등에 노출 우려

   • 액층 광중합(Vat Photopolymerization) : 레진으로 만들어진 조형물과 접촉 시 알러지성 피부염 유발 가능, 완성물 세정 시 사용 용제 및 미경화된 조형물에 노출 시 잠재적 유해

   • 대 책

    – 방호도구 및 방호장갑 착용

    – 작동 중 모니터링 실시 및 적정 거리 유지

    – 작업 공간 분리를 위한 투명 격리 커버 또는 보호 덮개 설치

    – 제품은 완전 경화 이후 작동 종료

    – 작업 종료 후 제품별 안전지침에 따른 충분한 냉각 후 후작업 실시

    – 배기 시설이 된 곳에서 작업

  ㉢ 작동 후

   • 세정 및 지지구조물의 제거 : 완성 조형물 세정 시 사용 화학물질은 피부, 안구 및 호흡기에 염증을 유발 및 용제 등은 중추신경계에 영향을 줄 수 있음

   • 조형물의 연삭작업(Sanding) : 연삭작업 시 발생하는 분진은 염증을 일으킬 수 있음

   • 표면처리 : 조형물의 표면처리 시 금속 및 화학물 표면처리 시 일반적 안전관리 방법에 따라 관리 필요

   • 대 책

    – 방호도구(보안경, 마스크) 및 방호장갑 착용

    – 작동 후 충분한 경화 및 냉각시간을 부여한 후 후작업 실시

    – 작업 커버 제거 후 충분한 환기 실시

    – 배기 시설이 된 곳에서 작업

③ 위험물 취급 안전관리자 점검 항목(위험물안전관리법 시행규칙)

  ㉠ 종사자교육

   위험물 취급에 따른 안전수칙 교육 여부

  ㉡ 위험물 취급 감독

   • 위험물 취급 시 입회 여부

   • 위험물 저장 및 취급 시 작업지시 및 감독

  ㉢ 응급조치 및 연락업무

   • 화재 등 비상시 응급조치

   • 소방관서 및 유관기관 등 연락업무

  ㉣ 시설의 안정성

   • 위험물시설 및 소방시설의 건전성

   • 불필요한 가연물방지 등 위험요소 제한 여부

   • 계측장치, 제어장치, 안전장치 등의 적정한 유지 관리

  ㉤ 기 타

   • 방화환경표시(주의, 경고, 금연표시)

   • 외인 출입통제의 적절성

  ㉥ 특이사항(공사정비사항 등)

④ 폐기물 처리에 관한 구체적인 기준 및 방법(폐기물관리법 시행규칙 제14조 별표 5)에 따라 폐기물을 처리

  각종 폐기물의 수집, 이동, 운반, 보관, 처리에 관한 내용을 제시함

[핵심예제]

3D 프린팅 작동 전 사용 재료 취급 시 주의사항이 다음과 같을 때 대책으로 적절하지 않은 것은?

- 니켈 등 금속은 알러지성 피부염, 비염, 천식 유발 가능
- 초미세분진은 가연성으로 불꽃과 결합 시 화상 유발 가능

① 보안경 착용
② 방호장갑 착용
③ 작업 전 청결상태 유지
④ 작업 전 동전, 목걸이 등 금속물질 분리

정답 ④

해설

작동 전

- 3D 프린팅 사용 재료 취급 시 주의
  - 니켈 등 금속은 알러지성 피부염, 비염, 천식 유발 가능
  - 초미세분진은 가연성으로 불꽃과 결합 시 화상 유발 가능
- 대 책
  - 방호도구(보안경, 산업용 마스크)와 방호장갑을 착용하고 작업
  - 작업 전 청결상태 및 안전상태 유지

핵심이론 19 | 화재 위험 예방

① 화재의 분류

㉠ A급 화재(일반화재) : 목재, 종이, 천 등 고체 가연물의 화재이며, 연소가 표면 및 깊은 곳에 도달해 가는 것

㉡ B급 화재(기름화재) : 인화성 액체 및 고체의 유지류 등의 화재

㉢ C급 화재(전기화재) : 전기가 통하는 곳의 전기설비의 화재이며, 고전압이 흐르는 까닭에 지락, 단락, 감전 등에 대한 특별한 배려가 요망

㉣ D급 화재(금속화재) : 마그네슘, 나트륨, 칼륨, 지르코늄과 같은 금속화재

② 금속 3D 프린터의 안전관리

㉠ 미세분말 금속을 사용할 때 자연발화 및 폭발의 위험이 존재

㉡ 접지를 실시하여 정전기에 의한 스파크가 발생하지 않도록 관리

㉢ 용융금속 취급 시 고열에 의한 화상이 발생하지 않도록 관리

※ 완전 고형 및 냉각이 될 때까지 촉수 금지

㉣ 고에너지원을 사용하므로 과열 발생 요소가 생기지 않도록 관리

㉤ D급 화재 진압용 소화기를 상비하여 유사시 대처 준비

㉥ 스프링클러 등 자동소화장치의 상태 점검

㉦ 작은 화재 발생 시 초기에 D급 화재 진압용 소화기를 사용하여 진압

㉧ 금속 화재는 폭발 위험과 함께 진압이 어렵고 위험하므로 화재 확산 방지를 위해 금속 분말을 격리 후 긴급히 119에 신고하고 대피

③ 플라스틱 소재 사용 시 화재 예방

㉠ 플라스틱 소재는 자연발화되지는 않으나 고열 · 과열에 의한 화재 발생 시 타는 재료가 됨

㉡ 플라스틱 소재의 연소 시 부연 유독가스의 발생으로 시야 확보와 접근이 어려움

㉢ 스프링클러 등 자동소화장치의 상태 점검

㉣ 산소 차단형 소화기를 상비하여 유사시 대처 준비

④ 정전기 및 스파크 방지 대책

㉠ 완전한 접지 실시

㉡ 정전기 방지 매트를 깔고 작업대에 프린터를 설치

ⓒ 재료가 장착된 상태에서 정비 시 스파크 방지처리가 된 도구를 사용

ⓔ 재료의 분진 및 기화재가 발생하지 않도록 배기 대책 실시

[핵심예제]

전기화재의 분류는?

① A급   ② B급

③ C급   ④ D급

정답 ③

해설

화재의 분류

- A급 화재(일반화재) : 목재, 종이, 천 등 고체 가연물의 화재이며, 연소가 표면 및 깊은 곳에 도달해 가는 것을 말한다.
- B급 화재(기름화재) : 인화성 액체 및 고체의 유지류 등의 화재를 말한다.
- C급 화재(전기화재) : 전기가 통하는 곳의 전기설비의 화재이며, 고전압이 흐르는 까닭에 지락, 단락, 감전 등에 대한 특별한 배려가 요망된다.
- D급 화재(금속화재) : 마그네슘, 나트륨, 칼륨, 지르코늄과 같은 금속화재이다.

핵심이론 20 일반 안전관리 및 인체 유해 방지

① 작업환경 관리 방법

  ㉠ 실내 작업현장 온습도 관리 : 평균 15~25℃, 습도 40~60% 유지

  ㉡ 밀폐형 장비 또는 장비 내 필터가 장착된 3D 프린터 사용

  ㉢ 환기장치를 이용한 환기 실시

    • 실내 공간면적을 고려하여 적정 용량의 실내용 환풍기 사용

    • 환풍기는 3D 프린터 작동 전 가동하고 3D 프린터 완료 후에도 최소 1시간 이상 가동

    • 환풍기 작동 중 출입문을 완전 밀폐하지 말고 약간 열어둠

    • 환풍기 사용은 자연환기와 함께 실시

  ㉣ 자연환기 실시

    • 실내 온도가 목표 온도에 유지되는 조건에서 창문을 일부 개방하여 환기조건을 유지

    • 여름 및 겨울에도 3D 프린터 작동 직후 창문을 일부 개방하여 환기를 실시, 작동 중이라도 1시간 단위로 5분 이상 환기 필요

      – 3D 프린터 종료 후 프린터 도어를 개방하여 30분 이상 환기

      – 주변 환경 및 대기상태를 고려하여 자연환기 실시

  ㉤ 설치 위치

    • 환기가 잘되는 위치에 설치

    • 주변에 연소의 재료가 없는 곳에 설치

    • 벽과의 일정 공간을 유지할 수 있는 곳에 설치

    • 전원 관리를 쉽게 할 수 있는 곳에 설치

    • 에어컨 및 선풍기 가동 시 환풍기 반대편 또는 환기가 잘되는 곳에 설치

  ㉥ 청결상태 유지

    • 작업 완료 후 프린터 내 잔류물 제거 및 찌꺼기 제거

    • 작업 공간의 청결상태 유지

② 유해 환경 대책

  ㉠ 밀폐형 장비 또는 장비 내 필터(유해물질 제거장치)가 장착된 3D 프린터 사용

  ㉡ 환풍기 및 국소배기장치를 설치하여 작업

  ㉢ 개방형 프린터 사용 시 작업공간을 밀폐할 수 있는 부스 설치

  ㉣ 안전보호구 착용(보안경, 산업용마스크, 비섬유질 내열 보호장갑)

  ㉤ 친환경 소재 사용

  ㉥ 산업용 소재 사용 시 피부접촉을 하지 않도록 함

  ㉦ 화학물질의 보관대책 수립

  ㉧ 고에너지 광선 사용 시 인체에 직접 노출되지 않도록 함

  ㉨ 실내 온습도를 유지하는 범위 내에서 자주 환기를 실시

  ㉩ 작업자가 밀폐된 환경에서 장시간 장비와 함께 노출되지 않도록 주의

  ㉪ 분말 및 소재 장착 시 반드시 필터 마스크 착용

③ 일반 안전관리 대책

  ㉠ 장비를 점검할 때는 반드시 전원과 분리하여 점검 실시

  ㉡ 장비를 분해, 조립, 수리를 실시할 때 주변의 청결상태 유지, 소재의 완전 분리

  ㉢ 작업 특성에 맞는 안전관리수칙을 작성, 잘 보이는 곳에 부착하고 준수

  ㉣ 사용하는 프린터의 특성을 기재하여 사용자가 주의할 수 있도록 부착 및 교육

  ㉤ 사용하는 프린팅 소재의 특성을 기재하여 사용자가 주의할 수 있도록 부착 및 교육

④ 무재해 운동의 3원칙

  ㉠ 무의 원칙 : 직장 내에 모든 잠재 위험요인을 적극적으로 사전에 발견, 파악, 해결함으로써 뿌리에서부터 산업재해를 제거하는 것(모든 잠재 위험요인을 제거하는 것)

  ㉡ 참가의 원칙 : 무재해를 달성하기 위해서는 전원, 모든 구성원이 참가하여야 한다는 것

  ㉢ 선취의 원칙 : 작업 환경의 잠재 위험요인을 미리미리 찾아내고 사전에 제거하여 사고를 예방하는 것

⑤ 예방 보전

  ㉠ 예방 보전의 절차

    • 보전 대상이 되는 중점설비를 결정

    • 대상이 된 설비의 정기 점검 포인트를 지정

    • 정기 점검의 주기를 결정

    • 정기 점검 주기를 연간 작업계획에 반영

    • 예방 보전을 실시하기 위한 조직을 지정(조직이 적절치 않으면 신설)

ⓛ 예방 보전의 효과
  • 점검대상의 상태는 항상 파악됨
  • 중요한 수리의 횟수와 비용이 감소
  • 이에 따라 전체 투자비가 감소
  • 계획적인 수리가 가능
  • 고장 발생 시 원인을 구분할 수 있음
  • 전반적인 생산성이 향상
ⓒ 시간 기준 보전과 상태 기준 보전
  • 시간 기준 보전(TBM ; Time Based Maintenance)
    – 정기 보전 중심
    – 설비가 열화에 도달하는 변수(생산대수, 사용일수 등)로 보전주기를 결정하고 주기까지 사용하면 무조건으로 수리를 하는 방식
    – 점검이 체계적이고 적은 고장 발생률을 보이나 보전비가 증가
  • 상태 기준 보전(CBM ; Condition Based Maintenance)
    – 예방 보전 중심
    – 설비의 열화상태를 모니터링에 의해 측정
    – 데이터 및 해석에 의해 열화 기준치에 달하면 수리 실시
    – 보전비를 절약할 수 있으나 모니터링 장비가 요구됨

[핵심예제]

20-1. 무재해 운동의 기본이념 3원칙 중 다음 설명으로 옳은 것은?
[2019년 4회]

직장 내에 모든 잠재위험요인을 적극적으로 사전에 발견, 파악, 해결함으로써 뿌리에서부터 산업재해를 제거하는 것

① 무의 원칙
② 선취의 원칙
③ 참가의 원칙
④ 확인의 원칙

정답 ①

20-2. 3D 프린터 안전 점검 항목으로 거리가 먼 것은?
[2019년 4회]

① 화학물질의 보관 방법
② 신속한 작업을 위한 편안한 복장
③ 사용하는 물질 및 화학물질 안전 정보
④ 안전수칙에 의한 개인용 보호구 사용여부

정답 ②

해설
20-1
무재해 운동의 3원칙
• 무의 원칙 : 직장 내에 모든 잠재위험요인을 적극적으로 사전에 발견, 파악, 해결함으로써 뿌리에서부터 산업재해를 제거하는 것. 모든 잠재위험요인을 제거하는 것
• 참가의 원칙 : 무재해를 달성하기 위해서는 전원, 모든 구성원이 참가하여야 한다는 것
• 선취의 원칙 : 작업 환경의 잠재위험요인을 미리미리 찾아내고 사전에 제거하여 사고를 예방하는 것
20-2
3D 프린팅 유해 환경 대책
• 밀폐형 장비 또는 장비 내 필터(유해물질 제거장치)가 장착된 3D 프린터 사용
• 환풍기 및 국소배기장치를 설치하여 작업
• 개방형 프린터 사용 시 작업공간을 밀폐할 수 있는 부스 설치
• 안전보호구 착용(보안경, 산업용마스크, 비섬유질 내열보호장갑)
• 친환경 소재 사용
• 산업용 소재 사용 시 피부접촉을 하지 않도록 함
• 화학물질의 보관대책 수립
• 고에너지 광선 사용 시 인체에 직접 노출되지 않도록 함
• 실내 온습도를 유지하는 범위 내에서 자주 환기를 실시
• 작업자가 밀폐된 환경에서 장시간 장비와 함께 노출되지 않도록 주의
• 분말 및 소재 장착 시 반드시 필터 마스크 착용

합격의 공식(Win-Q)하라!

Win-Q^

3D프린터개발산업기사

2018년　과년도 기출문제
2019년　과년도 기출문제
2020년　최근 기출복원문제

제 **2** 편

과년도 + 최근
기출복원문제

3D 프린터 회로 및 기구

01 멀티미터의 사용법에 대한 설명으로 틀린 것은?

① 전압 측정을 위해서는 대상과 병렬로 프로브를 연결한다.

② 전류 측정을 위해서는 대상과 직렬로 프로브를 연결한다.

③ 전류 측정 시 프로브를 병렬로 연결하면 쇼트현상이 발생할 수 있다.

④ 저항 측정을 위해서는 회로에 연결된 상태에서 측정한다.

해설

저항에 전류가 흐르고 있을 때 테스터의 프로브를 연결하면 정확한 측정이 불가능하다.

02 트랜지스터의 설명으로 틀린 것은?

① 바이폴라 트랜지스터(BJT)는 NPN형만 존재한다.

② 트랜지스터를 증폭기로 사용할 때의 동작 영역은 활성 영역이다.

③ 전계효과 트랜지스터(FET)는 BJT보다 열 영향이 적고 잡음에 강하다.

④ 트랜지스터를 스위치로 사용할 때는 포화 영역과 차단 영역을 사용한다.

해설

일반 접합 트랜지스터를 BJT(Bipolar Junction Transistor)라 부르며 N형 반도체와 P형 반도체를 3겹 붙여 제작하며, 이미터 전류의 흐름에 따라 PNP형, NPN형으로 제작한다.

03 부품을 실장하기 위해 사용하는 납땜에 대한 설명으로 틀린 것은?

① 기판과 와이어 사이에 공간이 없게 납땜한다.

② 기판과 소자 사이의 공간이 최소화되게 납땜한다.

③ 동기판에 비해 은기판과 금기판이 전기전도율이 높다.

④ 무연납의 경우 녹는점이 낮아서 초보자가 사용하기 쉽다.

해설

무연납의 경우 녹는점이 높아 전용 인두기를 사용하지 않으면 납땜이 쉽지 않고, 납땜하고 난 뒤에도 깨끗하지 못하므로 초보자가 사용하기에 적합하지 않다.

04 다음 기하공차 기호의 종류는?

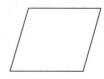

① 원통도 공차　　② 진원도 공차

③ 진직도 공차　　④ 평면도 공차

해설

원통도	진원도	진직도
⌀	○	——

05 신뢰성 평가에 사용하는 용어의 설명으로 틀린 것은?

① MTBR : 고장 수리 후 다음 고장 수리까지의 시간

② MTBF : 고장에서 다음 고장까지의 시간으로 시스템의 평균고장시간 산출

③ MTTR : 제품에 고장이 발생한 경우 고장에서 수리되는 데까지 소요되는 시간

④ MTTF : 고장평균시간으로 주어진 시간에서 고장 발생까지의 시간으로 수리 후 다음 고장까지의 시간

해설

MTBR(Mean Time Between Replacements)
평균 교체 간격으로 두 개의 연속 교체 사이의 평균 시간을 말한다.

06 키르히호프의 법칙에 대한 설명으로 틀린 것은?

① 하나의 폐회로를 따라 모든 전압을 대수적으로 합하면 0이다.

② 노드에 들어오는 전류는 나가는 전류의 2배가 된다.

③ 노드에 들어오고 나가는 모든 전류의 대수적인 합은 0이다.

④ 하나의 폐회로를 따라 모든 전압강하의 합은 전체 전원 전압의 합과 같다.

해설

②와 ③이 서로 상치되는 말이어서 둘 중 하나가 답임을 알 수 있다. 노드에 들어오고 나가는 모든 전류의 대수적 합은 0이다.

07 온도가 증가하면 저항이 감소하는 음(−)의 온도계수를 갖고 있어 온도감지 센서로 응용할 수 있는 부품은?

① 광전도 셀   ② 서미스터

③ 광 다이오드   ④ 버랙터 다이오드

해설

서미스터
저항체의 저항값이 온도에 따라 변화하는 것을 이용한 센서. 온도가 상승하면 저항값이 증가하는 정특성(PTC), 온도가 상승하면 저항값이 감소하는 부특성(NTC), 특정 온도에서 저항이 급변하는 특성 저항(CTR) 특성을 갖고 있다.

08 직렬연결된 두 저항에 직류 전원이 가해진 다음 회로에서 전류가 I = 100mA일 때 저항 R의 전력 규격으로 적절한 것은?

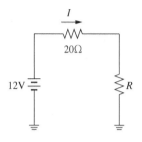

① $\frac{1}{8}$ W   ② $\frac{1}{4}$ W

③ $\frac{1}{2}$ W   ④ 1W

해설

전류 I = 0.1A는 변함이 없고, 20Ω에서 $2V(= IR = 0.1 \times 20)$의 전압강하가 일어났으므로 R에서 10V의 전압강하가 일어날 것이다.
W = $V \times I$ = 10V × 0.1A = 1W

09 다음 달링턴 회로에서 전류 I_C의 값은?

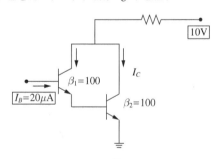

① 10mA   ② 20mA

③ 100mA   ④ 200mA

해설

I_B는 달링턴 회로를 거쳐 $\beta_D = \beta_1 \cdot \beta_2$ = 100 × 100 = 10,000의 이득을 얻으므로,
$I_C = I_B \cdot \beta_D$ = 0.2A = 200mA의 증폭된 전류를 얻는다.

10 스테핑모터의 회전속도를 나타내는 단위는?

① pps   ② lps

③ cpm   ④ spm

해설

회전속도 : 모터에서 속도는 rpm을 사용하며, 스테핑모터는 pps(pulse per second)로 나타내는 사양을 사용한다.

11 3D 프린터로 출력하고자 하는 대상 제품에 따른 소재선정 시 검토해야 할 항목으로 거리가 먼 것은?

① 출력물의 강도

② 출력물의 연성

③ 출력물의 체결성

④ 출력물의 해상도

해설

보기 중 가장 거리가 먼 고려대상은 체결성이다. 체결성은 제품의 성질을 표현하기에 적절한 성질이 아니며, 강도나 표면 정도 등으로 대체하여 표현이 가능한 임의의 성질이다.

12 전기기구/전자제품 안정성 테스트(UL 인증 기준)에서 플라스틱 소재의 필수적인 평가 항목이 아닌 것은?

① 난연성

② 착화온도

③ 전기적 특성

④ 장기적 내열 특성

해설

전기기구/전자제품 안전성 테스트 주요 항목
• 난연성 평가
• 전기적 특성 평가
• 내열 특성 평가

13 회전운동을 직선운동으로 바꾸어 주는 3D 프린터 구동부 부품은?

① 레이저   ② 익스트루더

③ 리니어모터   ④ 마이크로프로세서

해설

리니어모터
• 직선으로 직접 구동되는 모터
• 일렬로 배열된 자석 사이에 위치한 코일에 전류를 흐르게 함으로 운동
• 구조 간단하고 공간 차지가 작으며, 비접촉식이어서 소음 및 마모가 작다.
• 강성에 약하며 고가이다.
※ 리니어모터도 회전운동을 직선운동으로 바꾸는 부품이 아니므로 해당 문제는 답이 될 수 있는 보기가 없어 전항정답 처리되었습니다.

14 3D 프린터 구성에서 토출부에 해당하는 부품이 아닌 것은?

① 핫엔드   ② 콜드엔드

③ 제팅 헤드   ④ 리밋 스위치

해설

리밋 스위치는 입력 장치이고 기계적인 작동으로 신호를 발생시키는 데 사용한다.
익스트루더(Extruder)
• 핫엔드(Hot-End, 압출성형부)
  - 공급되는 필라멘트를 가열하여 반액상의 용융재(鎔融材)로 만드는 역할
  - 노즐(Nozzle), 히트블록(Heat Block), 배럴(Barrel), 방열판(Heat sink), 홀더(Holder)로 구성
  - 용융된 필라멘트의 열팽창과 밀어 넣는 압력을 통해 용융 필라멘트를 압출하는 역할
  - 용융 필라멘트가 압출 전에 고형화되거나 압출속도가 일정하지 않은 문제가 없도록 주의
• 콜드엔드(Cold-End)
  - 필라멘트를 핫엔드로 보내주는 역할을 하는 부분
  - 모터와 기어를 이용하여 구성
• 제팅 헤드(Jetting Head)
  용융 적층 방식이 아닌 압출 분사 방식을 사용하는 프린터의 익스트루더 역할을 하는 부분

15 SLS 방식 3D 프린터 가공 시 공기와 반응하여 폭발 가능성이 높아 단일 금속으로 사용하기 어려운 것은?

① 철
② 구 리
③ 백 금
④ 마그네슘

해설
보기 중 폭발성이 있는 금속은 마그네슘(Mg)이다. 금속 재료를 사용하는 3D 프린터에서는 주로 합금이나 가볍고 강성이 좋은 재료, 용융점이 낮은 재료를 사용하며, 철(Fe)은 녹는점이 높고 무거워서 3D 프린팅 재료로서 단일 금속 사용 시 구리나 백금보다 좋지는 않지만 폭발성을 갖고 있지는 않다.

16 3D 프린터 방식 중 Material Jetting에 포함되는 적층기술이 아닌 것은?

① Polyjet
② SLS
③ Inkjet
④ Thermojet

해설
SLS는 분말소결 방식이며, MJ 방식은 Jetting 방식을 사용한다.

17 열가소성 수지의 특징으로 틀린 것은?

① 열안정성이 우수하여 강성이 필요한 곳에 많이 사용된다.
② 여러 번 재가열에 의해 성형이 가능한 수지이다.
③ 용융점이 존재하며 용융점에 이르면 급격한 부피 변화가 나타난다.
④ 결정 구조에 따라 결정성 수지와 비결정성 수지로 구분된다.

해설
열가소성 수지는 열을 받으면 다시 변형이 일어나 열안정성이 낮다.
열가소성 수지
사슬(Chain)구조로 되어 있어 성형 후 재가열을 하면 재성형할 수 있는 수지로서, 성형성이 우수하고 가공이 용이하여 압출성형, 사출성형 등에 사용된다. 대부분의 3D 프린트용 플라스틱 수지는 열가소성 수지를 사용하나, 제품을 고온에서 사용하여야 하는 경우 주의가 필요하다.

18 플라스틱 소재의 변형거동에 관한 설명이 틀린 것은?

① 탄성변형은 하중을 제거하면 원래 상태로 되돌아오는 변형이다.
② 소성변형은 하중을 제거해도 원래 상태로 되돌아오지 않고 영구변형된다.
③ 연성 재료는 소성변형이 큰 재료로 항복응력 이후 특정 부위가 얇아진다.
④ 취성 재료는 탄성변형이 거의 없고 소성변형을 천천히 지속하다 파단이 발생한다.

해설
취성 재료는 소성변형이 거의 일어나지 않고 임계점 이상의 충격력 작용 시 깨진다.

19 동일 측정자가 해당 측정 제품을 동일한 방법과 장치, 장소에서 동작을 하여 측정하였을 때 차이가 나는 정도를 시험하는 것은?

① 반복정밀도 시험
② 위치정밀도 시험
③ 넘어짐 안정성 시험
④ 사용 환경 안정성 시험

해설
② 위치정밀도 : 제품에 대한 모터의 위치, 베드의 높이, 나사의 구멍 등 위치정밀도가 일정한지 측정하는 시험
③ 넘어짐 : 제품의 형상에 따라 수직력, 수평력에 의해 넘어지지 않는지를 측정하는 항목
④ 사용 환경 : 온도, 습도, 조도 등의 사용 환경에 대한 안정성을 규정. 온도시험 등을 실시

20 다음 그림과 같이 정교하게 가공된 직선형 레일을 접촉점이 한 점으로 된 볼이 구르면서 블록을 직선으로 이송시키는 장치는?

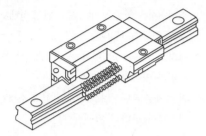

① 서포터   ② 커플링
③ LM 가이드   ④ 타이밍 벨트

해설

직선 이송 가이드
• 모터가 발생시킨 동력을 직선 이송으로 나타내기 위해 직선 가이드를 사용한다.
• 이송 대상의 경로를 만들고 무게를 지탱하며 정밀도를 유지
• 단면의 모양은 다양하며 볼을 사용하기도 하고 직접 접촉식을 사용하기도 한다.

해설

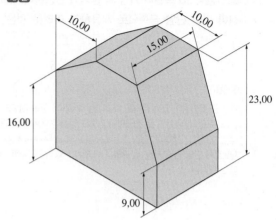

제2과목   **3D 프린터 장치**

21 다음 도면에서 *A*의 치수는?

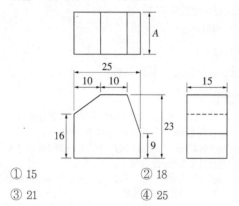

① 15   ② 18
③ 21   ④ 25

22 FDM과 DP를 이용한 하이브리드 3D 프린터에 관한 설명으로 틀린 것은?

① 복합화할 때 각 헤드를 1개 이상씩 다수 설치할 수 있다.
② 복합화된 FDM은 ABS 등 기존의 FDM 소재를 이용할 수 없다.
③ 복합화된 DP 공정에 바이오 잉크를 사용할 경우 조직공학 등 의료 분야에 응용할 수 있다.
④ 복합화된 DP 공정에 전도성 잉크를 사용할 경우 PCB 등의 기관 대용품을 제조할 수 있다.

해설

FDM에서는 열가소성 재료를, DP에서는 유동성이면서 열경화성 재료를 사용한다.

23 SLA 방식 3D 프린터에서 광 전달 순서가 올바르게 나열된 것은?

> ㄱ. 광 원
> ㄴ. 주사 장치
> ㄷ. 수지 표면
> ㄹ. 광학계/집광 장치

① ㄱ → ㄴ → ㄷ → ㄹ
② ㄱ → ㄴ → ㄹ → ㄷ
③ ㄱ → ㄹ → ㄴ → ㄷ
④ ㄱ → ㄹ → ㄷ → ㄴ

[해설]
광조형 3D 프린터 광 전달 순서
광원 → 집광 장치/광학계 → 주사 장치를 통한 주사 → 수지의 광경화

24 3D 프린터 노즐에 대한 설명으로 틀린 것은?

① 노즐은 단면적 크기가 변화하면서 유체 유속을 증가하게 하는 장치로 보통 파이프나 튜브형상이다.
② 노즐 팁의 길이가 길어지면 상대적으로 균일하지 않은 온도분포가 발생해서 온도제어가 쉽지 않다.
③ 노즐은 유체의 속도가 감소하며 압력이 증가하는데 사용하는 장치로 고속의 유체를 저속으로 바꾸면서 다양한 목적으로 사용된다.
④ 노즐 팁의 직경이 작을수록 정밀한 필라멘트를 토출할 수 있으나, 단위 면적을 가공하는 데 있어서는 상대적으로 성형시간이 길어진다.

[해설]
노즐은 단면적의 크기가 좁게 변화하면서 유체의 유속이 증가하게 하는 장치이다.

25 SLA 방식 3D 프린터에서 소재의 재사용에 대한 설명으로 틀린 것은?

① 일반적으로 가공 시 경화되지 않은 재료는 특별한 절차 없이 재사용이 가능하다.
② 이미 사용하여 경화된 재료도 액화시켜 다시 사용 가능하다.
③ 점도가 상승된 경우에는 새로운 수지를 혼합하여 활용이 가능하다.
④ 수지가 오랜 시간 외부 공기와 빛에 노출될 경우 서서히 경화되므로 보관상 주의하여 사용한다.

[해설]
광경화 수지가 열경화 수지로 조형된 재료는 재사용이 불가능하다.

26 다음 측정 방식에서 사용되는 변위 센서는?

> • 삼각측량법
> • 공초점 측정법
> • 모아레 측정법

① 광학식 변위 센서
② 초음파 변위 센서
③ 인덕턴스 변위 센서
④ 정전용량 변위 센서

[해설]
광학식 변위 센서(Optical Displacement Sensor)
• 비접촉 변위 측정에서 가장 많이 쓰이는 센서
• 다른 센서에 비해서 측정시간이 빠르며, $1\mu m$ 이하의 높은 해상도
• 종류 : 삼각측량법, 광위상 간섭법, 백색광 주사 간섭법, 공초점 측정법, 모아레 측정법

27

SLA 방식 3D 프린터 광학계 중 재료 표면에서 레이저 빔의 직경을 작게 하는 것들로 올바르게 묶인 것은?

a. 마스크
b. 초점렌즈
c. 반사경
d. 빔 익스팬더

① a, b   ② b, c
③ b, d   ④ c, d

해설
• 레이저의 파장대가 짧고, 초점 거리가 짧으며, 레이저 광의 직경이 크면 클수록 집광된 광의 빔의 크기(W_0)는 작아진다.
• 초점렌즈의 종류에 따라 초점 거리가 달라진다.
• 빔 익스팬더를 이용하여 레이저 광 직경을 크게 할 수 있다.
• 반사경은 레이저 빔의 직진성에 관련된다.

28

다음 하이브리드 3D 프린터에 관한 설명 중 ( ) 안에 들어갈 용어로 알맞은 것은?

(A)은(는) 금속 박판을 초음파 에너지를 이용하여 기판과 접합시키고 가공을 거쳐 3차원으로 성형하는 공정이다. 이 공정은 접합된 박판 아래층에 가공된 재료가 없을 경우 처짐현상이 발생한다. 따라서 (B) 공정을 이용하여 빈 공간에 서포터 형상을 제작하여 상호 보완한 하이브리드 3D 프린터가 있다.

① A : DMLS, B : CNC
② A : FDM, B : DP(Direct Print)
③ A : DP(Direct Print), B : 광경화
④ A : UC(Ultrasonic Consolidation), B : FDM

해설
A에 들어갈 적당한 용어는 UC이다. Ultrasonic은 초음파라는 의미이다.

29

폐루프제어 방식으로 위치 피드백이 가능한 모터는?

① 서보모터   ② BLDC 모터
③ 스테핑모터   ④ 리니어 펄스모터

해설
서보모터
• 서보제어를 수행하기 위한 모터
• 전체 동력을 발생하기보다는 제한된 구성 안에서 제한된 동작으로 메인 구동을 보정하는 역할을 수행한다.
• 보정이 필요한 폐쇄 제어, 반폐쇄제어에 적합하다.
• 신속성과 고유 응답성이 우수해야 한다.

30

수평 인식 장치에 사용되는 접촉식 변위 센서는?

① 인덕턴스 변위 센서
② 자기 저항식 변위 센서
③ 정전용량형 변위 센서
④ LVDT(Linear Variable Differential Transformer)

해설
LVDT(Linear Variable Differential Transformer)
• 솔레노이드 코일과 자석을 이용하여 전기 신호를 감지하여 거리를 측정하는 방식
• 원리 : 직선운동이 가능한 철심을 장착하고 철심이 이동하면 2차 코일이 상호 유도현상에 따라 변압되도록 설계

31

액적(Droplet)을 생성하여 연속적인 분사에 의해 원하는 단면형상을 제작하는 제팅 방식의 노즐 기술이 아닌 것은?

① 압전 제팅   ② 버블 제팅
③ 열팽창 제팅   ④ 파우더 제팅

해설
파우더는 액적을 생성한 상태가 아니다.
제팅에는 열팽창에 의한 방식, 압전 액추에이터 이용 방식, 바인더(Binder) Jetting이 있다. 버블 제팅은 열팽창 방식에 속한다.

32 초점면에서의 레이저 빔의 크기(W)와 레이저의 파장(a), 광학계로 입사하기 전의 레이저 빔의 직경(D) 및 광학계의 초점 거리(F) 간의 상관관계식으로 옳은 것은?

① $W = \left(\dfrac{4\pi}{a} \times \dfrac{F}{D}\right)^2$

② $W = \left(\dfrac{4\pi}{a} \times \dfrac{D}{F}\right)^2$

③ $W = \left(\dfrac{4a}{\pi} \times \dfrac{F}{D}\right) \times \dfrac{1}{2}$

④ $W = \left(\dfrac{4a}{\pi} \times \dfrac{D}{F}\right) \times \dfrac{1}{2}$

해설

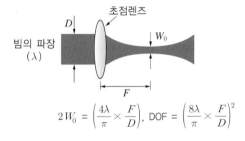

$2W_0 = \left(\dfrac{4\lambda}{\pi} \times \dfrac{F}{D}\right)$, $\mathrm{DOF} = \left(\dfrac{8\lambda}{\pi} \times \dfrac{F}{D}\right)^2$

33 로봇 기반 하이브리드 3D 프린터의 특징으로 틀린 것은?

① 유연성이 낮아 특정한 제품의 제조에만 활용이 가능하다.
② 로봇이 절삭 공구 등을 활용할 경우 후처리 등도 가능하다.
③ 로봇은 부품의 이송, 중간 조립 등 다양한 용도로 활용할 수 있다.
④ 툴 매거진(Tool Magazine) 등을 이용하여 CNC 공작기계와 같이 헤드를 교환할 수 있다.

해설

로봇 기반을 사용하는 이유로 Pick & Place 방식으로 여러 방식의 3D 프린팅을 접목할 수 있게 하기 위함이다.

34 3D 프린터 방식 중 구동 장치의 X, Y축 동시 이송제어가 필요한 것은?

① DLP　　② FDM
③ SLA　　④ SLS

해설

DLP(Digital Light Processing) : 광학 방식으로 이송제어가 아니라 렌즈를 이용한 빛의 전달이 필요
SLA(Stereo Lithography Apparatus), SLS(Selective Laser Sintering) : 광학 방식으로 하며, 구조에 따라 평면상 한 축과 평면의 Z축의 이송만 필요
※ 광조형 방식에서 레이저 주사 장치를 X, Y축으로 동시 이송하도록 설계할 수도 있으나, 답안 중 확실히 이송이 필요한 FDM 방식이 있으므로 ②번이 답이 된다.

35 광학모듈 설계 시 고려해야 할 사항으로 틀린 것은?

① 주사 방식에서는 전 영역에 고르게 초점이 생성될 수 있도록 초점렌즈를 사용한다.
② 가공 전체 영역에서 초점면을 재료 표면과 일치시키기 위해서 특수 렌즈를 사용한다.
③ 액상 소재 성형을 위한 광학모듈 설계에서 광원의 파장대는 액상 소재의 광 개시제의 파장보다 커야 한다.
④ 전사 방식의 광원은 램프 광을 많이 사용하고 광의 파장대가 넓으면 넓을수록 광의 오차가 많이 발생한다.

해설

광원의 파장대는 사용한 재료의 광 개시제의 반응 파장대 내에 있어야 한다.

36

SLS 방식 3D 프린터에 사용한 소재를 재사용하기 위해 필요한 핵심 장치를 모두 고른 것은?

> a. 필라멘트 압출기
> b. 필라멘트 수집 장치
> c. 진공펌프 및 집진 장치
> d. 교반 장치 및 필터

① a, c　　　　　② a, d
③ b, c　　　　　④ c, d

해설

SLS 방식에서 소재 재사용을 위한 핵심부품
- 진공 펌프 : 메인 가공 체임버에 남아 있는 소결되지 않은 재료를 수거. 진공압의 크기는 재료의 밀도와 부피에 따라 다르다.
- 집진 장치 : 재료들을 수거해서 교반기로 이송. 체임버의 크기는 재료의 밀도와 부피에 따라 다르다.
- 교반 장치 : 교반 장치와 거름 장치는 보통 함께 구성되고 경사축에 대해 회전하는 것이 유리하다. 사용한 재료와 새 재료를 적절한 배율로 섞는데 사용된다.
- 필터 : 메시 사이즈가 큰 것에서부터 작은 것으로 순차적으로 사용한다.

37

다음 그림과 같이 회전축에 있는 슬릿을 이용하여 측정하는 방식의 인코더는?

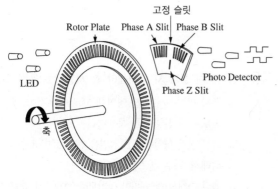

① 광학식 인코더　　　② 기계식 인코더
③ 자기식 인코더　　　④ 정전용량식 인코더

해설

로터리 인코더는 틈새로 나오는 광 신호를 이용하여 회전 위치를 검출하므로 광학식으로 분류한다.
그림의 구성도에 보면 판(Plate) 앞쪽으로 LED, 뒤쪽으로 Photo Detector가 보인다.

38

PBF 및 DED의 출력물의 표면 거칠기 한계를 극복하기 위해 CNC 공작기계와 결합하여 만들어진 3D 프린터는?

① FDM과 DP(Direct Print)를 이용한 하이브리드 3D 프린터
② DP와 CNC 공작기계를 이용한 하이브리드 3D 프린터
③ SLA와 CNC 공작기계를 이용한 하이브리드 3D 프린터
④ DMLS와 CNC 공작기계를 이용한 하이브리드 3D 프린터

해설

PBF(Powder Bed Fusion)와 DED(Directed Energy Deposition)은 금속 등의 분말(Powder)을 사용한다.
※ DMLS + CNC 머시닝
- DMLS(Direct Metal Laser Sintering : 금속 파우더를 이용하는 SLS) 공정 후 CNC 머시닝을 병행한다.
- 금속 파우더를 이용하는 경우 표면 정도의 약점을 극복하기 위하여 머시닝 가공을 결합한 개념이다.
- 다양한 레이저 기술을 활용해서 성형 중인 가공품에 대해서 템퍼링, 담금질 등의 열처리가 가능하다.
- 실시간 가공 중 모니터링하며 오차 발생 시 수정가공이 가능하다.
- 절 차

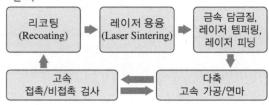

39

노즐을 통과하는 유체의 입구유속(V_{in})과 출구유속(V_{out}) 사이의 관계로 옳은 것은?

① $V_{in} = V_{out}$　　　② $V_{in} \geq V_{out}$
③ $V_{in} > V_{out}$　　　④ $V_{in} < V_{out}$

해설

노즐은 단면적의 크기가 좁게 변화하면서 유체의 유속을 증가시켜 재료를 분사, 또는 토출할 수 있게 하는 기구이다. 따라서 노즐 입구의 유속보다 노즐 출구의 유속이 더 빠르다.

40 DLP 방식 3D 프린터에서 광학계 평가 항목으로 가장 적절한 것은?

① 주사 장치의 정밀도
② 광 패턴의 정밀도
③ 레이저 빔의 모양
④ 광원 초점의 크기

해설

DLP(Digital Lighting Processing)은 전사 방식을 사용하며 전사 방식 공정의 평가 항목은 다음과 같다.
• 광 패턴의 정밀도 : 광 패턴이 원하는 대로 결상되었는지를 평가
• 광 패턴 파워 : 전 영역에 대해 빔 파워가 일정한지를 평가

42 CAD와 CAM에 대한 설명으로 틀린 것은?

① CAD는 설계 단계, CAM은 제조 단계에서 주로 사용된다.
② CAD로 설계도면을 작성한 후 바로 CAM으로 연결되어 제조 공정을 거치게 된다.
③ 공장에서 로봇을 작동하기 위한 소프트웨어나 데이터 등이 필요하며 이러한 작업을 실행시켜 주는 것이 CAD이다.
④ CAD는 컴퓨터를 활용함으로써 오류 범위를 줄였으며, CAM은 컴퓨터를 이용하여 제조공정을 운영하는 것으로 생산성 향상을 기대한다.

해설

공장에서 로봇을 작동하기 위한 소프트웨어나 데이터 등이 필요한데, 이러한 작업을 실행시켜 주는 것을 CAM이라 할 수 있다.

제3과목　**3D 프린터 프로그램**

41 3D 프린터 하드웨어에 대한 설명으로 틀린 것은?

① 제어 프로그래머 관점에서 직접적으로 연관된 하드웨어는 메인 컨트롤러와 모션 하드웨어 부분이다.
② 제어 컨트롤 보드는 명령어를 수행하여 프린팅을 주관하는 명령자의 역할을 수행한다.
③ 모션 하드웨어는 직접적인 프린팅을 수행하는 수행자의 역할을 한다.
④ 모터는 처리속도, 프로그램 언어 및 환경 등의 전반적인 프로세스가 결정되는 핵심 하드웨어라고 할 수 있다.

해설

컨트롤 보드는 처리속도 및 프로그램 언어 및 환경 등 여러 가지 하드웨어에 의해 정해진 환경에 따라 프린터의 운영 프로세서를 결정하는 핵심 하드웨어

43 다음 G코드 명령어의 의미로 옳은 것은?

> G1 X100 Y100 Z100 E10

① X, Y, Z축에 100, 100, 100 위치로 직선 이동시키고 10초간 잠시 멈춤
② X, Y, Z축에 100, 100, 100 위치로 직선 이동시키고 노즐의 온도를 10℃로 조정
③ X, Y, Z축에 100, 100, 100 위치로 직선 이동시키고 오차범위는 10% 이내
④ X, Y, Z축에 100, 100, 100 위치로 직선 이동시키고 재료를 10mm까지 직선분사

해설

G1 X100 Y100 Z100에 대한 해석은 보기 넷이 같으므로 E10의 해석에 관한 문제이다.
접두어 E는 FDM 기준으로 토출 재료길이에 대한 명령이다.

44 온도, 압력, 전압 등 연속적으로 측정되는 수치를 디지털 값으로 입력 받는 포트는?

① I/O 포트　　　　　② A/D 포트

③ TXD 포트　　　　④ PWM 포트

해설

자연상태의 연속되는 신호를 Analog 신호라 하며, 이를 Digital 신호로 변환하여 A/D 포트에 입력 받는다.

45 I/O 포트의 구동 원리로 옳은 것은?

① 전자 회로에서 전기 신호의 기본적인 동작인 On/Off 기능을 구현하는 포트이다.

② AVR MCU의 ADC는 기본전압을 내부에서 사용되는 기준전압으로 변환하여 작동되는 포트이다.

③ 펄스폭 변조를 발생시켜 0과 1의 디지털 신호를 아날로 그 신호인 것처럼 출력하는 포트이다.

④ 기준전압에 의해 일정 범위의 디지털 값으로 변경한 수치를 입력 받는 포트이다.

해설

②, ④ A/D 포트에 대한 설명이다.

③ D/A 포트에 대한 설명이다.

46 원시 프로그램을 다른 기계에 적합한 기계어로 번역하는 프로그래밍 언어는?

① 어셈블리어　　　　② 인터프리터

③ 프리프로세서　　　④ 크로스 컴파일러

해설

① 어셈블리어 : 컴퓨터가 직접 사용하는 기계어는 사람이 알아볼 수 없으므로 좀 더 알아보기 쉬운 니모닉 기호(Mnemonic Symbol) 를 정해서 사람이 쉽게 사용할 수 있도록 한 언어

② 인터프리터 : 원시 프로그램의 의미를 직접 수행함으로써 결과를 도출하는 언어

③ 프리프로세서 : 중심적인 처리를 행하는 프로그램의 조건에 맞추기 위한 사전 처리나 사전 준비적인 계산 또는 편성을 행하는 프로그램

47 자바와 자바스크립트의 차이에 대한 설명으로 옳은 것은?

① 자바스크립트는 상속성이나 클래스가 존재한다.

② 객체에 대한 참조가 자바스크립트는 실행 시에만 가능 하지만 자바는 컴파일 시에 객체에 대한 참조가 이루어 진다.

③ 두 언어 모두 안전하지만 자바스크립트의 경우 HTML 코드에 직접 연결하여 사용하기에 보안성이 있다.

④ 자바 언어로 작성된 프로그램은 특정 머신(기종)에 의 존적으로 실행된다.

해설

① 자바에 상속성이나 클래스가 존재한다.

③ 자바스크립트는 보안성이 없다.

④ 특정 기종에 의존적으로 실행되는 언어는 어셈블리어이다.

48 프로그래밍 언어를 마이크로프로세서가 인식하도록 목적 코드(Object 파일)로 변환하는 작업을 무엇이라 하는가?

① 링 크　　　　　　② 빌 드

③ 어셈블　　　　　④ 컴파일

해설

컴파일러(Compiler)가 고급 프로그래밍 언어를 목적 코드(Object File)로 변환한다.

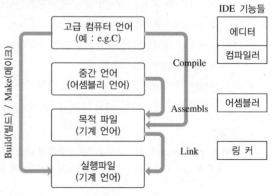

49 FDM 방식 3D 프린터 출력을 위한 슬라이서 소프트웨어의 설정에 대한 설명으로 틀린 것은?

① 출력물의 효율적인 출력을 위해 회전, 대칭 등을 설정하여 재배치할 수 있다.

② 출력 시간을 단축하기 위해 내부 채움(Infill) 속도를 별도로 지정해 줄 수 있다.

③ 출력 품질을 향상시키기 위해 Brim, Raft 등의 서포터에 대한 세부 설정을 할 수 있다.

④ 출력 중 오류가 생길 경우 이를 멈추기 위해 Pause 기능을 사용하고, 재시작 시 Retraction 기능을 사용할 수 있다.

[해설]
슬라이서 프로그램에 따라 다르겠지만, 재시작은 영역(英譯)하여도 Restart일 것이다.
Retraction은 String 현상(마치 거미줄처럼 노즐의 공간 경로에 소재가 늘어짐)을 방지하기 위해 토출을 멈추고 이동할 때는 약간의 역회전을 넣어 오므리는 작업을 의미한다.

50 다음 프로그램 개발 과정에서 (가)에 들어갈 내용으로 적절한 것은?

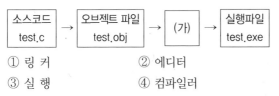

① 링 커
② 에디터
③ 실 행
④ 컴파일러

[해설]

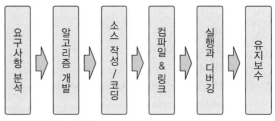

단계별 생성되는 결과
• 요구사항을 분석하여 분석 결과를 바탕으로 알고리즘을 개발 : 플로 차트
• 소스 작성, 코딩 : 소스파일(확장자. C)
• 컴파일 : 오브젝트 파일 생성(test.c → test.obj), 컴파일 오류 시 소스 수정
• 링크 : 실행파일 생성
• 실행 : 히스토리가 생성되며 오류 시 디버깅

51 사용자 인터페이스 디자인에 대한 설명으로 틀린 것은?

① 사용자와 컴퓨터 간의 정보를 주고받기 위하여 프로그램이 상호작용하는 것이다.

② 프로그램을 사용하는 데 불편함이 없도록 기존의 프로그램과 차이를 많이 두지 않는 것이 좋다.

③ 프로그램에서 우선적으로 File 메뉴를 위치선정하는 이유는 사용자들이 가장 익숙해져 있기 때문이다.

④ 키보드 입력을 통해서 프로그램에 명령을 하달하는 것을 메뉴 방식 인터페이스라고 한다.

[해설]
키보드 입력을 통해서 프로그램에 명령을 하달하는 것을 커맨드 방식 인터페이스라고 한다.

52 다음의 프로그램(O0100)에서 보조 프로그램(O2500)이 몇 번 반복되는가?

```
O0100;
G90G80G40G49G00;
T10M06;
G57G90X-5.00Y-5.00S2500M03;
G43Z50.0H10;
Z5.0M08;
M98P2500L5;
M98P1111;
G80G00Z50.0;
G91G28Z0;
M30;

O2500;
M98P1111;
G91X110.0Y-10.0L0;
G90M99;
```

① 1회   ② 3회

③ 5회   ④ 8회

해설

보조 프로그램 2500을 부르는 명령은 M98P2500L5; 이며, L5가 5회 반복하라는 명령이다.

53 PWM 제어는 디지털 신호(HIGH와 LOW) 상태의 지속시간을 변화시켜 전압을 변환하여 전압 5V, 지원포트(핀) DP 256(0부터 255까지)의 범위값을 출력할 수 있다. 다음 analogWrite 함수에서 출력 전압(V)은?

```
analogWrite(3, 255*0.15);
```

① 0.75   ② 15

③ 38   ④ 38.25

해설

Value는 255*0.15이며, 5V의 15%이므로 0.75V가 출력된다.

54 베드 온도를 60℃로 설정하고 제어권을 즉시 호스트로 넘기는 명령은?

① M109 S60   ② M140 S60

③ M141 S60   ④ M109 S60 R100

해설

M 코드는 보조 명령이므로 제어권을 넘겨준다기보다 설정권을 갖고 있다고 보는 것이 적절할 것 같다. 베드 온도 설정은 M140이며, S 코드 위의 숫자가 섭씨 온도이다.

55 출력물이 베드에 잘 안착하기 위해 조정이 필요한 설정 값은?

① Wall Speed

② Infill Speed

③ Travel Speed

④ Initial Layer Speed

해설

답 ④는 초기 적층 속도이다. 베드와 소재가 처음 만나도록 하는 속도를 너무 빠르게 하면 베드에 안착되지 않은 상황에 노즐이 이송될 수 있다. 처음 사용하는 소재와 베드의 경우 베드의 성질을 파악하기 위해 시행착오법을 이용하여 적절한 안착 속도를 찾을 필요가 있다.

56 다음 중 필라멘트를 가장 많이 사용하게 될 품질 설정은?

Infill : 80;
Support Type : ㉠;
Build Plate Type : ㉡;
Shell : ㉢;

① ㉠ Grid, ㉡ Raft, ㉢ 0.8
② ㉠ Line, ㉡ Brim, ㉢ 0.8
③ ㉠ Grid, ㉡ Skirt, ㉢ 0.7
④ ㉠ Line, ㉡ Brim, ㉢ 0.7

해설
㉠ 지지대의 형태는 Line보다 Grid(격자) 모양으로 설정하면 더 촘촘하게 형성된다.
㉡ 기초면은 Raft를 설정하면 전체 기초면을 따로 만들겠다는 것이다.
㉢ 작성되는 면은 0.7보다는 0.8이 더 두껍게 설정되었다.
출력품질 설정을 실시한다.
• 지지대(Support) 설정 : 영역(없음, 부분, 전체), 형태(Line, Grid, 채움)
• 본체의 내부 채움(Infill) 정도
• 기초면(Platform, Build Plate) 설정 : 없음(None), 간격을 둔 테두리 출력(Skirt), 접지면 증량(Brim), 기초 생성(Raft)
• 적층값 : 한 번에 쌓는 재료의 양
• 면(Surface) 두께 지정
• 그 외 Advanced 지정

57 스테핑모터의 구동 성능이 100pulse/1reverse이며, 구동축 Z의 Pitch가 2mm일 경우 구동정밀도는?

① 0.01mm/pulse
② 0.02mm/pulse
③ 0.1mm/pulse
④ 0.2mm/pulse

해설
100번 펄스에 한번 리버스가 발생하는 정밀도이면 Pitch의 100분의 1이 정밀도가 된다.

58 분말 기반 방식의 3D 프린터가 아닌 것은?

① Binder Jetting
② Powder Bed Fusion
③ Photopolymerization
④ Direct Energy Deposition

해설
Photopolymerization은 광경화 방식으로 광에 반응하는 액상 수지를 이용한다.

59 3D 프린터의 제어 프로세스에 대한 설명으로 틀린 것은?

① 노즐의 온도나 프로세서의 진행 상태 등 시스템 상태를 독립적으로 모니터링할 수 없다.
② 제어 프로그램 수행 시 제어코드 저장 및 시스템 초기화 → 제어코드 라인별 명령어 수행 → 시스템 상태 모니터링 및 업데이트 단계를 거친다.
③ 툴 패스를 따라 노즐이 이동할 수 있도록 3D 프린터의 각 축 모터부가 추종할 명령어 생성 과정이 제어코드 생성 과정이다.
④ 전송받은 제어 명령어 코드를 전달받으면 프린터는 노즐 및 프린팅 베드의 가열 등 여러 가지 초기화 동작을 수행하게 된다.

해설
3D 프린터의 자체 디스플레이를 통해 독립적으로 노즐 온도, 재료 잔량, 작업 진행상태 등을 표시한다.

60 다음 G코드 내용의 의미가 틀린 것은?

M98 ⎡ P□□□□ ○○○○ F△△△△;
    ⎣ P○○○○ L□□□□ ;

① P○○○○ : 보조 프로그램 번호
② M98 : 보조 프로그램 호출 코드
③ F△△△△ : 이송속도
④ P□□□□ ○○○○ : Fanuc 1 시리즈 호출 방식

해설
Fanuc사의 CNC 제품 중 시리즈 0등 M98 P101001으로 기재하면 1001번 프로그램을 10번 호출하라고 읽는 제품군이 있고, 반복 횟수를 구분하여 M98 P1001 L10과 같이 기재하는 제품군이 있다.
Fanuc series 1은 다른 제품군(PLC)이다.

3D 프린터 교정 및 유지보수

61 다음 설명에 해당되는 고장 형태는?

> 시험조건 및 운용상 발생될 수 없는 외부조건에 기인한 것이라고 판단되는 고장으로, 시험대상의 성능에 직접적으로 영향을 주지 않는 고장이다.

① 간헐 고장 ② 무관 고장
③ 유관 고장 ④ 중복 고장

해설

유관 고장(Relevant Failure)
• 결정된 시험조건과 환경조건상 발생할 수 있는 외부조건에 기인한 고장
• 시험 대상의 성능에 직접적으로 영향을 주는 고장
무관 고장(Non-relevant Failure)
• 시험조건 중의 고장
• 운용하는 상황에서는 발생될 수 없는 외부조건에 기인한 고장
• 시험 대상의 성능에 직접적으로 영향을 주지 않는 고장
• 시험실 내의 부적당한 시설에 기인한 고장
• 시험 장비나 모니터 장비의 고장에 기인한 고장
• 장비를 시험하거나 조정할 때 시험자의 잘못된 조작에 기인한 고장
• 규정된 교체 기간이 지난 후 사용 중에 발생한 고장
• 타 장비의 운용, 정비 또는 수리 절차의 잘못에 기인한 고장
• 시험 절차의 잘못에 기인한 고장
• 동일한 유닛 내에서 간헐적으로 나타나는 2번 이상의 고장
• 고장 발견 수리 중, 초기 고장 배제 시험 중, 셋 업 중 발생한 고장
• 시험 규격을 초과하는 과부하로 인하여 발생한 고장
• 잘못 교체된 부품에 의한 고장

62 3D 프린터 작업 중 감전사고 방지를 위한 기본적인 대책이 아닌 것은?

① 보전, 수리, 점검 등은 관련 전문가에게 맡긴다.
② 전류가 흐르는 부분 등으로부터 인체와의 접촉을 방지한다.
③ 전선 등을 배선해야 될 경우 손에 물기를 제거한 후 한다.
④ 사용 전류에 상관없이 절연피복이 얇은 것을 사용한다.

해설

전기 취급 시 안전대책
• 작업 전 전원차단
• 보호구 착용
• 전원 인가 담당자 사전 지정
• 단락 접지 실시
• 작업 중 전원 급차단 및 급인가 금지
• 50V 이상 또는 250W 이상의 제품 사용 시 작업계획서 작성
• 작동 중 신체 직접 접촉 주의
• 물기가 묻은 손으로 작업금지
• 사용전력(전류량)에 적합한 피복전선 사용

63 ME 방식 3D 프린터에서 필라멘트가 압출되지 않는 문제 발생 시 해결 방법으로 가장 거리가 먼 것은?

① 노즐 온도가 소재의 용융 온도보다 높기 때문에 발생하므로 노즐 온도를 소재의 용융 온도보다 낮게 설정한다.
② 노즐/베드 간 간격의 문제이므로 노즐/베드 간 간격이 조금 더 벌어지도록 조정한다.
③ 모터의 토크가 부족한 경우에 발생하므로 모터에 인가되는 전류를 증가시켜 토크를 증가시킨다.
④ 필라멘트에 걸리는 장력이 부족한 경우에 발생하므로 해당 부위의 체결을 강화하여 장력을 증가시켜 준다.

해설

온도가 낮은 경우 소재가 굳어 소재가 잘 압출되지 않거나 노즐이 막힐 수 있어 용융 온도를 확인하여야 한다.

64 3D 프린터 사용 중 전기화재가 발생했을 때 원인으로 가장 거리가 먼 것은?

① 합 선 ② 누 선
③ 과전류 ④ 페라이트 코어

해설

충분한 마진을 확보하지 못하여 EMI 시험에 불합격한 경우 대책 수립의 방법 중 페라이트 코어(EMC Core) 적용이 있다. 이를 적용하면 직류에서부터 200MHz의 고주파에 이르기까지 투자율이 좋기 때문에 제품 사이의 배선에 통과시키면 그 선에 흐르는 유효한 신호는 잘 통과시키며, 해로운 고주파 및 잡음 성분을 차단하고 전선의 인덕턴스를 증가시키고 이로 인해 고주파 성분의 신호 전류는 잘 흐르지 못하게 하고 저주파는 잘 통과시키도록 한다.

65 ABS 소재의 필라멘트를 사용하여 장시간 작업할 경우 주의해야 할 사항으로 옳은 것은?

① 융점이 기타 재질에 비해 높으므로 냉방기를 가동하여 작업한다.

② 작업 시 냄새가 심하므로 작업장의 환기를 적절히 실시한다.

③ 옥수수 전분 기반 생분해성 재질이므로 특별히 주의해야 할 사항은 없다.

④ 물에 용해되는 재질이므로 수분이 닿지 않도록 주의해야 한다.

해설

ABS, PLA 등 필라멘트형 원료는 가열될 때 냄새가 심하고 독성물질의 배출 위험성이 있으므로 실내 환기 또는 공기정화 필터 등은 필수

67 3D 프린터 장비의 안전인증 테스트에 대한 설명으로 틀린 것은?

① 절연저항 테스트는 제품에 사용된 전기 절연 특성을 측정하는 것이다.

② 내전압 시험 테스트는 제품의 회로와 접지 사이에 고전압을 인가해서 제품이 견디는 능력을 측정하는 것이다.

③ 접지 도통 테스트는 절연된 제품 표면과 Power 시스템 접지 사이의 경로를 점검하는 것이다.

④ 누설 전류 테스트는 AC 전원과 접지 사이에 흐르는 전류가 안전규격을 넘지 않는지를 점검하는 것이다.

해설

접지 도통 테스트는 절연된 제품 표면이 아닌 노출된 금속 표면과 전원 시스템 사이의 경로를 이용할 수 있음을 확인하는 시험이다.

66 ME 방식의 3D 프린터에서 필라멘트에 걸리는 장력이 약할 경우 익스트루더 모터가 회전하더라도 기어가 헛돌거나 출력물이 중간에 끊기는 현상이 발생할 때 점검해야 할 부분은?

① 노즐 온도   ② 베드 수평도
③ XYZ축 구동부   ④ 필라멘트 공급 장치

해설

이상증상
• 필라멘트에 걸리는 장력이 약하여 익스트루더 모터가 회전은 하지만 필라멘트가 제대로 공급되지 않아 모터 끝단에 연결된 기어가 헛돌거나 간헐적 회전을 함
 → 불연속적인 기계음 발생
• 결과 : 3D 프린팅 출력이 중간에 끊김
• 대책
 – 공급 장치의 교체 또는 수리
 – 필라멘트를 밀어내는 기어와 장력 볼트 사이의 간격을 적절히 조임

68 전자파 적합성(EMC) 시험 항목 중 전자파 내성(EMS) 시험에 해당하지 않는 것은?

① 전압 강하   ② 전자파 방사
③ 정전기 방전   ④ 전도 잡음(CE)

해설

전도 잡음은 EMI 시험 항목이다.

69 시험기간을 단축하기 위하여 기준 조건보다 가혹한 스트레스를 인가하는 신뢰성 시험은?

① 가속시험　　　　② 통계시험
③ 정형시험　　　　④ 현장시험

해설
신뢰성 시험의 가속 여부에 따른 종류
• 가속시험 : 시험 기간을 단축하기 위하여 기준 조건보다 가혹한 스트레스를 인가하는 시험
• 정상시험 : 실사용 조건에서 인가되는 스트레스에서 수행되는 시험

71 스테핑모터의 공진현상에 대한 대책 방법으로 옳지 않은 것은?

① 진동 방지 댐퍼를 설치한다.
② 스테핑모터 드라이버를 교체한다.
③ 스테핑모터 드라이버의 전압을 조절한다.
④ 스테핑모터와 연결된 벨트 장력을 올려 준다.

해설
공진현상이란 진동이 발생하는 기계요소의 고유진동수와 강제진동수가 일치하여 진폭이 증폭되는 현상이다. 공진현상의 대책은 기계요소와 강제 진동이 발생하는 요소 중 하나 이상의 진동을 감쇠하도록 하는 것이다. 스테핑모터에 연결된 벨트는 별도의 기계요소이어서 스테핑모터의 공진과 직접 관련이 없다.

70 3D 프린터 신뢰성 시험 검사 중 온도 변화가 주기적으로 반복될 경우 제품의 기능상의 내성을 평가하는 시험은?

① 고온시험
② 저온시험
③ 온습도 사이클 시험
④ 온도 사이클(열 충격) 시험

해설
온도 관련 시험
• 고온시험 : 고온 상태에서 기능상의 내성을 평가하는 시험(절연 불량, 기계적 고장, 열변형에 의한 구동 불량 등)
• 저온시험 : 저온 상태에서 기능상의 내성을 평가하는 시험(취약화, 결빙, 기계적 고장, 열변형에 의한 구동 불량 등)
• 온도 사이클(열충격) 시험 : 온도 변화가 주기적으로 반복될 경우 제품의 기능상의 내성을 평가하는 시험(기계적 고정, 누설 발생 등)

72 3D 프린터의 내전압 시험 수행 시 유의사항으로 틀린 것은?

① 테스트가 완전히 끝나면 고전압 출력을 정지시킨다.
② 테스트를 시작하기 전에 장비와 결선 등의 설치상태를 확인하고 케이블의 피복상태를 검사한다.
③ 테스트 중에는 피측정체나 연결부위, 고전압 프로브의 금속 부분을 상시 확인하여야 하며, 프로브를 잡을 때에는 전원이 연결된 부분만 잡는다.
④ 고전압이 Off되었다는 것을 확인하기 전에는 피측정체에 어떠한 결선이라도 해서는 안 되며, 피측정체에 테스트 케이블을 연결할 때에는 항상 접지(-) 클립을 먼저 연결한다.

해설
내전압 시험 안전 및 유의사항
• 고전압이 Off되었다는 것을 확인하기 전에는 피측정체에 어떠한 결선이라도 해서는 안 되며, 피측정체에 테스트 케이블을 연결할 때에는 항상 접지(-) 클립을 먼저 연결한다.
• 테스트를 시작하기 전에 장비와 결선 등의 설치상태를 확인하고 케이블의 피복상태를 검사한다.
• 테스트 중에는 절대로 피측정체나 연결부위, 고전압 프로브의 금속 부분을 만지지 않도록 유의하며, 프로브를 잡을 때에는 절연된 부분만을 잡는다.
• 테스트가 완전히 끝나면 고전압 출력을 정지시킨다. 만약 테스트가 DC 전압으로 하는 것이라면 명시된 시간 동안 피측정체를 방전시킨다.

73 전기제품을 안정적으로 사용하기 위해서는 접지를 하여야 한다. 접지에 관한 설명으로 틀린 것은?

① 접지저항이 크면 클수록 좋다.
② 접지공사의 접지선은 과전류 차단기를 시설하여서는 안 된다.
③ 접지극의 시설은 부식될 우려가 없는 장소를 선정하여 설치한다.
④ 직접 접지 방식은 계통에 접속된 변압기의 중성점을 금속선으로 직접 접지하는 방식이다.

해설
접지의 목적은 과전류, 충격 전류 발생 시 인체를 보호하기 위함이며, 접지극으로 큰 전류가 잘 빠져나갈 수 있도록 설치하여야 한다. 따라서 접지 저항은 작을수록 좋다.

74 3D 프린터 장비의 위해 요소를 파악하기 위한 시험방법 중 절연저항 시험에 관한 설명이 아닌 것은?

① 충전, 유지, 측정, 방전의 4단계를 거친다.
② 전기적으로 결합되어 있는 한 지점의 절연저항을 측정하는 것이다.
③ 제품이 생산된 직후뿐만 아니라 일정 기간 사용한 후 절연의 상태를 검사하는데 유용하다.
④ 정기적으로 절연저항 시험을 실시하면 절연 파괴가 일어나기 전에 절연 불량을 판별해 낼 수 있다.

해설
절연저항 시험
• 전기적으로 절연되어 있는 어느 두 지점 사이의 절연저항을 측정하는 테스트
• 전류의 흐름을 방해하기 위한 전기적 절연이 얼마나 효과적으로 되어 있는가를 판정
• 제품 생산 직후와 일정 기간 사용 후 절연의 상태를 검사
• 정기적인 절연저항 시험 실시로 절연 파괴에 의한 사용자 안전사고나 비용이 많이 드는 고장 예방 가능
• 충전(Charge), 유지(Dwell), 측정(Measure) 그리고 방전(Discharge)의 4단계를 거침

75 다음 로고가 의미하는 것은?

① 유럽공동체 안전인증
② 미국 연방정부 전파인증
③ 중국 안전 및 품질인증
④ 일본 전기용품 안전인증 기준

해설
주요 국가별 안전인증 기준

국가명	전화번호	로고
대한민국	전기용품안전인증(KC)	KC
미국	미국 연방정부 안전기준(UL)	UL
미국	미국 연방정부 전파인증(FCC)	FCC
유럽	유럽공동체 안전인증(CE)	CE
일본	일본 전기용품 안전인증기준(PSE)	PSE
중국	중국 안전 및 품질인증(CCC)	CCC

76 3D 프린터 출력 품질 및 성능을 높이기 위해 고려해야 할 사항으로 거리가 먼 것은?

① 출력물의 형상과 규모, 사용하는 소프트웨어, 용도에 따라 다양한 설정이 존재할 수 있다.
② 출력속도에 따라 압출 구멍이 막힐 수도 있기 때문에 재료와 관계없이 속도를 느리게 설정해 주어야 한다.
③ 노즐과 베드의 간격이 너무 가까우면 베드면에 노즐이 막힐 수 있기 때문에 노즐과 베드 사이에 적정한 간격 유지가 필요하다.
④ 3D 프린터에서 비용, 시간, 품질 등은 서로 Trade Off 관계이며, 모든 요구를 만족시키는 세팅은 존재하지 않는다.

해설
재료에 따라 출력속도를 느리게 하면 압출 구멍이 막힐 수도 있다.

77 외부로부터 전자파 간섭 또는 교란에 의해 전자 회로의 기능이 악화되거나 동작의 불량여부를 평가하는 시험은?

① EMA 시험
② EMI 시험
③ EMR 시험
④ EMS 시험

해설
전자파 장애(EMI)
시험의 필요성
• 최근에는 많은 유무선 기기에서 거의 전 대역의 주파수를 사용하므로 인해 외부에서의 교란 발생 우려
• EMI 시험 : 외부로부터의 전자파 간섭 또는 교란에 의해 전자 회로의 기능이 악화되거나 동작이 불량해지는지 여부를 평가하는 시험
• EMI의 규제 목적 : 공중 통신용 주파수를 보호하고 외부 전자파로부터 취약한 전자기기의 오동작을 방지하고자 함

78 파레토 차트의 활용에 대한 설명으로 틀린 것은?

① 문제점의 원인을 파악하고, 개선효과를 확인하기 위하여 사용된다.
② 조사 대상 결정, 점유율 계산, 그래프 작성 및 필요사항 기재로 이루어진다.
③ 어느 항목이 가장 문제가 되는지 찾아낼 수 있고, 문제 항목의 크기, 순위를 한눈에 알 수 있다.
④ 제품 및 프로세서의 발생 가능한 문제점 및 원인들을 사전에 예측하고 위험도를 평가하여 사전 예방이 가능하도록 한다.

해설
파레토 차트(Pareto Chart)
• 문제를 일으키는 요소들이 여러 가지일 때 그 요소들을 분리하고, 그 요소들이 전체에 미치는 영향을 보고자 도식화한 차트
• 사용 목적 : 개선 항목의 우선순위를 결정하고, 문제점의 원인을 파악하고, 개선효과를 확인하기 위하여
• 특징 : 어느 항목이 가장 문제가 되는지, 문제 항목의 크기, 비중, 순위를 시각화
• 작성 절차
  1. 조사 대상을 결정
  2. 데이터 수집, 데이터 분류, 항목 정렬
  3. 점유율 계산
  4. 그래프 작성
  5. 누적 곡선 작성 및 필요 사항기재

79 3D 프린터 성능 검사 항목 체크리스트 작성 시 포함되어야 할 사항과 거리가 먼 것은?

① 실외 온도
② 적층 두께
③ 프린팅 속도
④ 사용 필라멘트

해설
실외 온도는 성능 검사 대상은 아니며 통제 불가능 변수이다.

80 일종의 가혹조건 시험법으로 3D 프린터 출력 시 불량이 발생하기 쉬운 다양한 형상을 정의하여 출력하고 그 품질을 평가하는 성능 검사 방법은?

① Bed Test
② Torture Test
③ Support Test
④ Extrusion Test

해설
Torture Test를 통한 출력 성능 검사
㉠ 성능을 종합적으로 판단하기 위해 3D 프린터의 일명 'Torture Test'라는 테스트 모델을 사용
㉡ Torture Test(가혹조건 시험법) : 출력 시 불량이 발생하기 쉬운 다양한 형상을 정의하여 출력, 출력물의 품질을 통해 프린터의 성능을 시험

제1과목   3D 프린터 회로 및 기구

01 회로 도면에서 수정 발진기(Crystal Oscillator)를 나타내는 부품 기호는?

①   ②

③   ④

해설

① 커패시터
③ 발광다이오드
④ 선택형(2극) 스위치

02 서보모터 시스템의 제어 방식은?

① 아날로그 제어   ② 시퀀스제어
③ 개루프제어   ④ 폐루프제어

해설

서보모터를 이용하여 제어량에 대한 결과를 검출하고 이를 피드백하므로 폐루프 또는 반폐루프회로를 구성한다.
서보모터
제어기의 제어에 따라 제어량을 따르도록 구성된 제어시스템에서 사용하는 모터. 정확한 구동을 위해 큰 가속을 내거나 급정지에 적합하도록 구성한다.

03 초음파 센서에서 초음파의 특징으로 적합하지 않은 것은?

① 초음파의 속도는 전파보다 빠르다.
② 초음파의 파장이 짧다
③ 매질이 다양하다.
④ 사용이 용이하다.

해설

음파는 소리의 속도에 준하고, 전파는 빛의 속도에 준한다.
초음파 변위 센서(Ultrasonic Displacement Sensor)
• 송수신부를 설치하고 초음파를 발사하여 에코(Echo, 메아리) 신호를 받아 검체와의 거리를 산출한다.
• 초음파는 높은 영역일수록 그 지향성이 강하다.
• 초음파 센서는 압전기의 직접효과를 이용한다.
• 검출 대상체의 형태, 색깔, 재질에 무관하게 검출이 가능하다.
• 송신부와 수신부의 위치는 동일하다.
• 측정 방식상 정밀측정이 불가능하고, 고정밀을 요구하는 3D 프린터에는 사용이 부적합하다.

04 다음 회로에 대한 설명으로 틀린 것은?

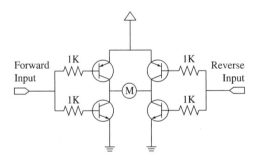

① B-bridge 회로이다.
② DC 모터와 스테핑모터 모두 사용할 수 있다.
③ 정회전, 역회전, 정지 기능을 수행할 수 있다.
④ 작은 전압으로 트랜지스터를 스위칭할 수 있다.

해설

B-bridge 회로가 아니다. 모양을 따서 H-bridge 회로라고 부를 수 있으며, Forward 신호에 정회전, Reverse 신호에 역회전, 무신호에 정지할 수 있는 회로이다.

05 검사용 지그 제작 시 유의사항으로 옳은 것은?

① 모터와 드라이버는 고전압, 고전류에 노출되므로 주의해야 한다.

② 센서는 외부 노이즈에 강하므로 극성만 주의하여 연결한다.

③ 결손의 오류는 전원을 인가하여 동작상태를 확인한 후 수정하면 된다.

④ 온도 센서는 모터의 과열을 측정하기 위해 사용하므로 모터에 부착하여 결선한다.

해설

검사용 지그 제작 시 안전·유의사항
• 모터와 드라이브는 경우에 따라 고전압, 고전류에 노출되므로 안전에 유의해야 한다.
• 결선의 오류 시 심각한 파손 및 화재의 위험이 있으므로 안전에 유의해야 한다.
• 센서류는 외부 노이즈나 충격에 약하므로 취급에 주의를 기울여야 한다.

06 소자의 연결에 대한 설명으로 옳은 것은?

① 두 개의 저항을 직렬연결하면 전체 저항은 감소한다.

② 두 개의 저항을 직렬연결하면 각 저항의 전압은 같다.

③ 두 개의 커패시터를 직렬연결하면 전체 용량은 감소한다.

④ 두 개의 인덕터를 직렬연결하면 전체 인덕턴스는 감소한다.

해설

커패시터는 전하를 축적하므로 전류가 많이 흘러야 많이 담을 수 있는데, 두 개를 직렬로 연결하면 그 회로에는 전류가 적게 흐르기 때문에 용량이 줄어든다.

07 다음 중 도면에서 선이 겹칠 경우 표시하는 우선순위가 가장 높은 선은?

① 숨은선　　　　　② 중심선

③ 무게중심선　　　④ 치수보조선

해설

도면에서 2종류 이상의 선이 같은 장소에서 중복되는 경우
외형선 > 숨은선 > 절단선 > 중심선 > 무게중심선 > 치수보조선 순으로 표시

08 회로에 사용되는 정현파의 주기가 10ms일 때 주파수는 얼마인가?

① 1Hz　　　　　　② 10Hz

③ 100Hz　　　　　④ 1kHz

해설

$$T = \frac{1}{f}[\text{s}], \ f = \frac{1}{T}[\text{Hz}]$$

$$f = \frac{1}{0.01\text{s}} = 100\text{Hz}$$

09 그림과 같은 회로에서 a, b 양단의 전압 V_{ab}는 몇 V인가?

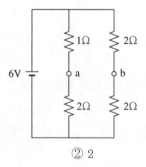

① 1　　　　　　　② 2

③ 3　　　　　　　④ 6

해설

a 지점의 1Ω에 의해 강하되고 남은 전압은 4V
b 지점의 2Ω에 의해 강하되고 남은 전압은 3V
따라서, V_{ab}는 1V

10 측정자가 눈금을 잘못 읽었거나 기록자가 잘못 기록하여 일어나는 경우 등 측정자의 부주의에 의해 발생하는 오차는?

① 과실오차　　② 이론오차
③ 기기오차　　④ 우연오차

해설
주요 오차의 종류
• 계통오차
 – 계기오차(기기오차) : 계기의 불완전성으로 인해 생기는 오차. 측정기기도 기본적으로 공차를 가지고 있으며 사용에 따라 여러 측정 오류 요소를 갖게 된다.
 – 환경오차 : 온도나 습도, 압력 등에 따라 측정기에 영향을 주거나 대상물이 영향을 받게 되면 참값과 오차가 발생한다.
 – 개인오차 : 개인이 갖고 있는 신체적 특징, 습관이나 선입견 등에 생기는 오차

11 다음 중 각각의 용어에 대한 설명으로 틀린 것은?

① 수지는 초기의 고분자 재료가 식물이나 나무에서 추출된 것에 기인한 용어이다.
② 포화 탄화수소는 탄소와 수소가 결합된 형태로 공유결합에 의해 결합되어 있다.
③ 불포화 탄화수소는 포화 탄화수소에서 인접한 수소원자 중 일부가 빠져나가고 대신 탄소원자 간에 4중 또는 5중 결합을 갖는 경우에 해당된다.
④ 고분자는 일반적으로 분자량이 10,000 이상인 큰 분자를 말하며, 분자량이 낮은 단량체가 분자결합으로 수없이 많이 연결되어 이루어진 높은 분자량의 분자를 의미한다.

해설
포화 탄화수소에서 인접한 수소원자 중 일부가 빠져나가고 대신 탄소원자 간에 2중 또는 3중 결합을 갖는 경우(C_nH_{2n}형 혹은 C_nH_n형)에 해당

12 바인더 제팅 공정과 유사한 별도의 서포트 재료가 없는 공정은 무엇인가?

① SLA 방식 공정　　② FDM 방식 공정
③ SLS 방식 공정　　④ 압전 제팅 방식 공정

해설
선택적 레이저 소결(SLS ; Selected Laser Sintering)
• 금속 분말 융접, 비금속 분말 융접으로 구분이 가능하다.
• 금속이나 세라믹 분말을 이용한 제품의 성형, 다양한 열원의 사용, 다양한 형태의 분말 재료의 융접 등이 가능한 형태로 발전하였다.
• 서포터가 필요하지 않은 방식(금속 분말은 팽창/수축에 대비하여 서포터 필요)이다.

13 3D 프린팅 소재의 물성시험을 결정하기 위한 주요 표준에 해당되지 않는 것은?

① DIN(독일표준규격)
② ISO(국제표준화협회)
③ IEC(국제전기기술위원회)
④ ASTM(미국재료시험협회)

해설
IEC 국제전기기술위원회에서는 전기 전자 장치 및 시스템을 설계, 제조, 설치, 테스트/인증, 유지 관리하기 위한 표준을 제공하며 재료의 물성에 대한 지침을 제공하지는 않는다.

14 3D 프린터용 플라스틱 소재 중 PLA(Polylactic Acid)에 대한 설명으로 틀린 것은?

① 옥수수 전분을 기반으로 한 바이오 플라스틱(생분해성)으로 인체에 무해하다.
② 3D 프린터 소재 중 융점이 가장 낮다.
③ 열 수축 현상이 작아 큰 사이즈 출력물에도 적합하다.
④ 인장강도, 내마모성, 내열성이 우수하다.

해설
PLA(Polylactic Acid) : 옥수수나 사탕수수에서 추출한 생분해성 플라스틱 소재로서, DLP 방식, FDM 방식에서 모두 사용 가능하다. 셀룰로스, 리그닌, 전분, 알긴산, 바이오 폴리에스터, 폴리아민산, 폴리카프로락탐, 지방족 폴리에스터 등이 쓰이며, 출력 시 냄새가 적고 베드에 접착이 잘되며 내수축성이 좋다.

15 제어 신호의 흐름에서 신호처리 과정을 순서대로 바르게 나타낸 것은?

① 입력부 → 제어신호변환기 → 제어부 → 출력부
② 입력부 → 제어부 → 제어신호변환기 → 출력부
③ 제어부 → 입력부 → 출력부 → 제어신호변환기
④ 제어부 → 입력부 → 제어신호변환기 → 출력부

해설

입력부에서 받은 신호를 변환기에서 디지털신호로 전환한 후 제어(Processing)하여 출력한다.

16 제1각법과 제3각법의 설명으로 틀린 것은?

① 제1각법은 투상면의 앞쪽에 물체를 놓고 투상한다.
② 제3각법은 투상면의 뒤쪽에 물체를 놓고 투상한다.
③ 제3각법은 정면도를 기준으로 하여 평면도를 정면도의 위쪽에 배치한다.
④ 제1각법은 정면도를 기준으로 하여 우측면도를 정면도의 우측에 배치한다.

해설

제1각법은 정면도 기준으로 우측면도를 반대쪽 왼쪽에 배치한다.

17 3D 프린터의 주요 부품 중 다음 그림에 해당하는 부품은?

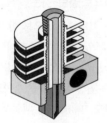

① 감속 장치
② 익스트루더
③ 스테핑모터
④ 핫엔드 노즐

해설

핫엔드는 압출성형부로 고형 필라멘트를 반용융하여 배출하고 성형하는 역할을 담당한다.

18 다음 설명에 해당되는 플라스틱 종류는?

- 착색, 광택 처리, UV 코팅 등이 가능
- 열 수축현상 때문에 정밀한 조형 모델 구현 곤란
- 표면조도를 개선하려면 후처리가 필요하며 가열 시 냄새가 남

① PC
② ABS
③ PVA
④ HDPE

해설

ABS(Acrylonitrile Butadiene Styrene)
아크릴로나이트릴(Acrylonitrile), 뷰타다이엔(Butadiene), 스타이렌(Styrene) 세 성분으로 이루어진 스타이렌 수지이다. 내충격성과 인성이 좋고 압출, 사출 등에 적합하여 FDM 식을 포함한 여러 3D 프린터에 적용하여 사용한다. 착색과 광택이 가능하나 가열 시 냄새가 나며, 열수축이 있다.

19 다음 검사용 장비 중 자석이나 기계 장치 내부의 자력을 측정하는 장비는?

① 가우스미터
② 암페어미터
③ 벨트텐션미터
④ 마이크로미터

해설

② 암페어미터 : 전류량 측정
③ 벨트텐션미터 : 장력 측정
④ 마이크로미터 : 길이 측정

20 3D 프린터 하드웨어 구성에서 Electronics Part에 속하지 않는 것은?

① Controller
② End Stops
③ Firmware
④ Heated Sensor

해설

Firmware는 하드웨어(주로 보드)에 장착되는 프로그램을 의미

15 ① 16 ④ 17 ④ 18 ② 19 ① 20 ③ 정답

제2과목 **3D 프린터 장치**

21 다음에서 설명하는 3D 프린터 방식은?

> ( )은(는) 디지털 광학 기술을 응용하여 광경화성 수지를 사용하며, 단면을 한 번에 경화시켜서 출력속도가 상대적으로 빠른 방식으로 정밀도가 높은 제품 제작이 가능하여 보석, 보청기, 의료기기 등에 적용되는 방식이다.

① DLP

② FDM

③ MJM

④ SLS

해설

DLP(Digital Light Processing) : 광경화성 수지를 면(面) 단위로 경화, 적층. UV 사용, 보석, 보청기, 의료기기 등에 사용한다.

22 광학렌즈의 초점거리가 50mm이고, 렌즈로부터 물체까지의 거리가 1m일 때, 렌즈로부터 이미지가 맺히는 거리는 약 얼마인가?

① 47.6mm

② 50mm

③ 52.6mm

④ 100mm

해설

다른 조건을 고려하지 않고 일반적인 얇은 렌즈라고 간주하고 물체와의 거리(O), 이미지와의 거리(i), 초점거리(f)의 관계를 얇은 렌즈 공식에 수식적으로 대입하면

$\dfrac{1}{O} + \dfrac{1}{i} = \dfrac{1}{f}$ (물체와 초점이 서로 렌즈 반대쪽에 있으므로)

$\dfrac{1}{1,000} + \dfrac{1}{i} = \dfrac{1}{50}$, $i = \dfrac{1,000}{19} \fallingdotseq 52.6$

23 Photopolymerization 방식(a)과 Power Bed Fusion 방식(b) 3D 프린터에 주로 사용되는 광원의 파장 영역은?

① a : 자외선, b : 자외선

② a : 자외선, b : 적외선

③ a : 적외선, b : 자외선

④ a : 적외선, b : 적외선

해설

Photopolymerization은 광조형 방식으로 주로 자외선 레이저를 사용하고, Power Bed Fusion은 레이저 열을 이용하여 용융 조형하므로 적외선을 사용한다.

24 별도의 후처리 공정을 통하여 사용한 재료의 재사용이 가능한 방식으로 묶인 것은?

① SLA, FDM

② SLA, CJP

③ SLS, FDM

④ SLA, SLS

해설

SLA 방식은 광경화 수지를 사용하고 광경화 수지가 열경화 수지로 조형된 재료는 재사용이 불가능하다.

• 선택적 소결공정(SLS) : 고분자 파우더(Polymer Powder)를 사용하므로 남은 파우더의 재사용이 가능하다.

• FDM 방식에서 열가소성 재료는 제작된 형상도 가열하여 재사용 가능하고, 남은 스풀의 재료도 재사용 가능하다.

• CJP(Color Jet Printing) : 제팅 방식의 하나로, 제팅 방식은 광경화성 재료를 사용하며, 제팅된 2차원 단면형상이 자외선램프로 경화되고 열경화성 수지이므로 조형된 부분은 재사용이 불가능하다.

25 FDM과 DP(Direct Print)를 결합한 하이브리드 3D 프린터에 대한 설명이 아닌 것은?

① DP(Direct Print) 공정으로 PCB의 전극을 형성할 수 있다.

② 고강도 플라스틱 기판과 실버잉크로 전극을 제작할 수 있다.

③ FDM 공정으로 상하층에 성형을 하고 초음파를 이용하여 결합할 수 있다.

④ 열가소성 수지와 열경화설 수지를 동시에 성형할 수 있다.

해설

FDM + DP

• FDM에서는 열가소성 재료를 사용하고 DP에서는 유동성이면서 열경화성 재료를 사용한다.
• FDM에서는 기계적 우수한 구조물, DP에서는 다양한 복합재를 사용하여 한 번에 만들기 어려운 성형재를 성형한다.
• 예 플라스틱 기판에 전극이 달린 제품성형 가능

해설

DMLS + CNC 머시닝

• DMLS(Direct Metal Laser Sintering : 금속 파우더를 이용하는 SLS) 공정 후 CNC 머시닝을 병행한다.
• 금속 파우더를 이용하는 경우 표면 정도의 약점을 극복하기 위하여 머시닝 가공을 결합한 개념이다.
• 다양한 레이저 기술을 활용해서 성형 중인 가공품에 대해서 템퍼링, 담금질 등의 열처리가 가능하다.
• 실시간 가공 중 모니터링하며 오차 발생 시 수정가공이 가능하다.
• 절 차

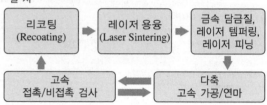

26 DMLS와 CNC 공작기계를 이용한 하이브리드 3D 프린터에 관한 설명으로 틀린 것은?

① DMLS는 분말에 접착제를 분사하는 공정이다.

② CNC 공작기계 가공은 매층 혹은 수 층마다 가공될 수 있다.

③ 담금질이나 템퍼링 등 열처리도 함께 복합화할 수 있다.

④ DMLS로 제조된 부품의 표면을 매끄럽게 가공하기 위하여 CNC 공작기계 가공이 필요하다.

27 하이브리드 3D 프린터의 빌드 장치 설계 시 설계 규격서에 포함될 항목으로 가장 거리가 먼 것은?

① 이송 거리   ② 최대 토크
③ 예상 수명시간   ④ 최대 가공속도

해설

하이브리드형 빌드 장치 설계 규격서 항목

• 성 능
• 이송 거리
• 최대 가공속도
• 최대 토크/힘
• 공구 교환속도(Tool Change Speed)
• 그 외 : 윤활유, 사용 전압, 작업 환경, 유지 관리에 관한 정보를 포함하여 기술

28 광학모듈 설계에서 가우스 분포를 가진 레이저 빔의 초점 심도(Depth of Focus)에 대한 설명으로 틀린 것은?

① 레이저의 파장에 반비례한다.
② 광학계의 초점 거리의 제곱에 비례한다.
③ 광학계의 입사하는 레이저 빔의 직경의 제곱에 반비례한다.
④ 초점심도는 빔의 직진 방향에서 초점이 생성되는 구간을 의미한다.

해설

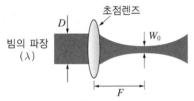

$$DOF = \left(\frac{8\lambda}{\pi} \times \frac{F}{D}\right)^2$$ 의 관계식을 가지고, 파장 λ와는 제곱에 비례하는 관계를 가진다.

29 다음 3D 프린터 방식 중 빌드 장치와 조형 받침대의 직접적인 수평맞춤 공정이 필요 없는 것들로 묶인 것은?

① CJP, FDM
② CJP, SLA
③ FDM, SLA
④ SLA, SLS

해설
광조형 방식에서는 수평이 맞지 않아도 충분할 만큼의 지지대가 형성되고, 액상 수지가 자중에 의해 재료 표면이 평탄하게 됨에 따라 별도의 수평맞춤 공정이 필요 없다.

30 다음 중 빠른 위치제어를 위한 주사 장치의 성능을 결정하는 구성요소가 아닌 것은?

① 회전속도
② 가감속 제어
③ 모터의 정밀도
④ 레이저 빔의 위치

해설
레이저 빔의 위치보다는 빔의 모양이 성능을 결정한다.
광학계 평가 항목 중 주사 방식 공정에 대해
• 레이저 빔 초점의 크기 : 최소 가공 크기와 정밀도를 가늠함
• 레이저 빔의 모양
• 전 영역에 대한 레이저 빔의 파워(출력)
• 주사 장치의 정밀도
• 주사 장치의 속도 : 주사 미러의 회전속도 및 가속도가 가공속도에 직접적인 영향을 끼침

31 3D 프린터의 이송 장치 부품에 해당하지 않는 것은?

① 인코더
② 기어, 벨트
③ 볼 스크루
④ 필라멘트 압출기

해설
필라멘트 압출기는 FDM 프린터의 노즐에서 필라멘트를 녹여서 교반하고 재료를 압출하는 장치이다.

32 FDM 방식 3D 프린터의 부품 중 노즐에 관한 설명으로 옳은 것은?

① 액체상태의 재료를 사용할 수 있다.
② 재료의 액적을 형성하여 분사시킨다.
③ 토출 후 UV 광선을 이용하여 경화시킨다.
④ 열가소성 수지를 용융시켜 밀어서 토출한다.

해설
①, ②, ③의 방식은 Jetting Nozzle 방식에서 사용한다.

33 다음 부품으로 구성되는 FDM 방식 3D 프린터의 장치는?

> • 호 퍼
> • 스크루
> • 모 터
> • 온도 제어기

① 교반 장치
② 집진 장치
③ 필라멘트 압출기
④ 필라멘트 수집 장치

해설

FDM에서 소재 재사용을 위한 핵심부품
• 필라멘트 압출기
　– 호퍼(Hopper) : 재료를 공급
　– 스크루와 구동모터 및 모터 : 재료를 녹여서 잘 교반
　– 모터 및 온도 제어기
　– 냉각팬 : 압출기 끝에 설치하여 변형방지를 위한 급랭
• 필라멘트 수집 장치
　– 위치검출센서 : 압출기를 통해서 생성된 필라멘트는 스풀을 거치며 압출기의 압출속도에 맞게 스풀의 회전속도가 비례해야 하므로 위치검출 센서를 사용
　– 위치검출 센서로 필라멘트가 검출이 되지 않으면 와인더에 신호를 보내 필라멘트가 다시 센서의 검출 영역으로 돌아오게 함

34 서로 다른 공정들을 복합화한 하이브리드 3D 프린터의 구성 목적으로 가장 거리가 먼 것은?

① 여러 색상의 재료를 동시에 사용
② 절삭, 연삭 등 전혀 다른 가공 기술과의 복합화
③ 한 공정의 단점을 보완하기 위한 다른 공정을 추가
④ 기존의 3D 프린팅 공정으로는 불가능한 부품을 제작

해설

멀티 노즐을 사용하면 하이브리드 프린터를 사용할 필요 없이 간단하게 여러 색상의 재료를 동시에 사용할 수 있다.

35 전사 방식 3D 프린터의 광학계에서 미세한 마이크로미러가 특정 방향으로 회전하면서 빛의 반사 경로를 제어하는 패턴 생성기를 무엇이라고 하는가?

① CCD
② DMD
③ LCD
④ LMD

해설

전사식 광학계 패턴 생성기
• LCD(Liquid Crystal Display)와 DMD(Digital Micromirror Device)로 분류한다.
• LCD는 액정들의 배치를 제어해서 특정 셀에서 빛을 투과시키거나 막아서 광 패턴을 형성한다.
• DMD는 마이크로미러(Micromirror)가 특정 방향으로 회전하며, 빛의 반사 경로를 제어한다.

36 이송 장치의 구성요소 중 동력전달 장치와 직접적인 관련이 없는 것은?

① 볼 스크루
② 선형 인코더
③ 기어벨트 조합
④ 직선 이송 가이드

해설

선형 인코더(Linear Encoder)는 이송 방향으로 이송축의 커버 등 외부 구조물에 부착된 미세한 자(리니어 스케일, Linear Scale)를 광학, 자기, 정전용량 방식 등으로 읽어내는 것으로 감지 장치에 해당한다.

37 FDM 방식 3D 프린터 동작 중 수평 맞춤이 안 되었을 때의 고장 증상으로 볼 수 없는 것은?

① 노즐이 베드와 거리가 멀어서 필라멘트가 토출이 되지 않는 증상
② 노즐 팁이 조형 받침대에 충돌하여 부러지거나 긁히는 증상
③ 필라멘트가 가공 진행 방향 대비 측면 방향으로 찌그러지는 증상
④ 일부 영역은 가공이 되지만 허용 가능 가공 높이를 초과하는 영역에서는 필라멘트가 조형 받침대에 부착되지 않는 증상

해설

노즐이 베드와 거리가 가까워서 토출된 필라멘트가 옆으로 밀려나거나 잠시 노즐 입구에 뭉쳐 있는 증상이 나타날 수 있다.

38 FDM 방식 3D 프린터에서 설계된 노즐을 평가하기 위한 항목이 아닌 것은?

① 노즐 온도
② 노즐의 치수
③ 재료의 토출속도
④ 노즐의 동작 주파수

해설
노즐의 동작 주파수는 성능에 큰 영향을 미치지 않는다.

39 이송 장치에서 한 번의 단위 신호로 움직일 수 있는 최소 이송 거리를 무엇이라 하는가?

① 백래시
② 반복정밀도
③ 이송 분해능
④ 이송 정밀도

해설
이송 분해능(Resolution)
• 한번 단위 신호로 움직일 수 있는 최소 이송 거리. 해상도라고도 한다.
• 분해능이 높을수록 정밀 이송이 가능하다.
• 분해능만큼 신호 입력은 가능하나, 다른 정밀도 요소를 함께 고려하여 성능을 판단한다.

40 다음 중 FDM 방식 3D 프린터에 관련된 장치가 아닌 것은?

① 핫엔드
② 노즐 팁
③ 히팅 롤러
④ 재료 공급 장치

해설
히팅 롤러는 SLS 방식에서 사용한다.

제3과목 **3D 프린터 프로그램**

41 위치 P1에서 위치 P2로 이동하기 위한 G코드 이동 명령 프로그램으로 옳은 것은?

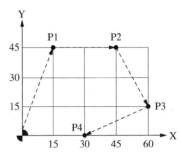

① G90 G00 X30.0 Y0.0
② G91 G00 X30.0 Y0.0
③ G90 G00 X30.0 Y45.0
④ G91 G00 X45.0 Y45.0

해설
P2의 위치는 절대위치로 (45.0, 45.0)이고, P2의 P1에서의 상대위치는 (30.0, 0.0)이다.
G90은 절대위치, G91은 상대위치이므로 G90 G00 X45.0 Y45.0 또는 G91 G00 X30.0 Y0.0이다.

42 슬라이스 프로그램에 대한 설명으로 틀린 것은?

① 3D 모델을 물리적으로 번역한 것이다.
② 슬라이스 프로그램의 성능에 따른 출력물의 품질 차이는 없다.
③ 무료로 배포되고 있는 Cura와 같은 소프트웨어가 많이 사용되고 있다.
④ 사용되는 원료의 쌓는 경로와 속도, 압출량 등을 계산해서 G코드를 만들어 낸다.

해설
슬라이싱 성능에 따라 출력물의 정밀도에 차이가 난다.

43 다음 시리얼 통신 방식에서 풀 듀플렉스(Full-Duplex)의 특징으로 틀린 것은?

① 스마트폰의 통신 방식이 풀 듀플렉스이다.

② 풀 듀플렉스 방식은 전이중 통신이라고 불린다.

③ 풀 듀플렉스 방식은 단방향으로 순서에 따라 송신만 가능하다.

④ 반환시간이 필요 없으므로 두 통신기기 사이에 매우 빠른 속도로 통신이 가능하다.

해설

- 전이중 통신(Full-Duplex)
  - 양방향 동시 송수신이 가능하다.
  - 반환시간이 필요 없어 두 통신기기 사이에 매우 빠른 속도로 통신이 가능하다.
- 반이중통신(Half-Duplex)
  - 신호를 양방향으로 전송할 수 있으나 동시에 양방향으로 통신은 불가능하다.
  - 한쪽이 송신하는 동안에 다른 한쪽에서는 송신이 불가능하고 수신만 가능하다.

44 노즐의 온도를 190℃로 설정하는 G 코드는?

① M104 S190

② M106 S190

③ M109 S190

④ M140 S190

해설

M104	압출기 온도 설정
M106	냉각팬 On
M109	압출기 온도 설정 후 대기
M140	베드 온도 설정

45 사용자와 컴퓨터 간의 정보를 주고받기 위하여 프로그램이 상호작용하는 것을 뜻하는 것은?

① 코 딩

② 컨버터

③ 인터페이스

④ 인터프리터

해설

인터페이스 : 사용자와 컴퓨터 간의 정보를 주고받기 위한 물리적, 가상적 수단

46 3D 프린터에 설치된 모터를 구동하여 노즐이 툴 패스를 따라 이동할 수 있도록 명령어를 생성하는 코드명은?

① C코드

② N코드

③ G코드

④ Z코드

해설

모델링 데이터를 수치를 이용한 위치제어를 위해 G-code로 변환한다. G-code란 여러 코드 중 하나가 아니라 수치제어로 위치제어를 하는 프로그램명을 G-code라 붙인 것이다.

47 3D 프린터의 노즐과 프린팅 베드의 위치가 정확히 제어되도록 처리하는 수치제어용 프로그램 언어의 규칙은?

① RS-232

② RS-274

③ RS-485

④ IEEE-1284

해설

G-code, 수치제어 프로그래밍 언어, RS 274 규격이라는 명칭을 혼용하여 부른다.

48 3D 프린터에서 원하는 값에 도달하기 위한 기초적인 자동 피드백 제어 방법은?

① PID

② PAM

③ PWM

④ SMPS

해설

PID 제어 : 제어계에서 비례·적분·미분제어를 모두 적용한 제어로 정밀도와 성능이 뛰어나다. 피드백 제어 설계에서 많이 사용한다.

49 3D 프린터 제어용 마이크로프로세서에 대한 설명으로 틀린 것은?

① 마이크로프로세서에서 처리하는 프로그램 명령어는 기계코드이다.
② 명령 사이클(Instruction Cycle)은 페치 사이클(Fetch Cycle)과 실행 사이클(Execution Cycle)로 구성된다.
③ 페치 사이클은 명령 해독 결과에 따라 명령에서 정해진 타이밍 및 제어 신호를 순차적으로 발생하여 주어진 명령을 실행하는 단계이다.
④ 3D 프린터 제어 프로그래밍은 프로그램이 개발되는 환경과 실행되는 환경이 다른 크로스 플랫폼 개발환경(Cross-platform Development Environment)이다.

해설
패치 사이클(Fetch Cycle)은 실행할 명령을 메모리에서 내부 명령 레지스터까지 인출하고 이를 명령 해독기에서 해독하기까지의 단계이며, 명령의 실행은 실행 사이클에서 한다.

51 재료분사(MJ) 방식에 대한 설명으로 옳은 것은?

① 프린터 제팅 헤드에 있는 미세 노즐에서 재료를 분사하면서 자외선으로 경화시켜 형상을 제작한다.
② 얇은 필름 형태의 재료나 얇은 두께의 종이, 롤 상태의 라미네이트 등과 같은 재료를 사용한다.
③ 특수 시트에 도포한 광경화성 수지에 프로젝터를 이용해 출력할 영상 데이터를 면(Plane) 단위로 조사하여 경화한다.
④ 베드에 분말을 얇고 편평하게 적층하는 방식과 잉크젯으로 접착제를 분사하는 방식이 상호 결합한 기술 방식이다.

해설
② 판재성형 적층식(Sheet Lamination)에 대한 설명
③ DLP(Digital Light Processing, 면 경화 방식)에 대한 설명
④ 접착제 분사(Binder Jetting)에 대한 설명

50 인터프리터 언어의 특징이 아닌 것은?

① 프로그래밍을 대화식으로 할 수 있다.
② 고급 프로그램을 즉시 실행시킬 수 있다.
③ 프로그램의 개발 단계에서 사용된다.
④ 고급 명령어들을 직접 기계어로 번역하지 않고 실행시킬 수 있다.

해설
④ 번역을 하지 않는 것은 아니다.
인터프리터(Interpreter)
• 소스코드, 원시 프로그램을 그대로 수행하는 프로그램 또는 환경
• 원시 프로그램의 의미를 직접 수행하여 결과를 도출
• 소스코드를 한 줄씩 읽어 들여 번역하며 수행
• 실행파일이 따로 존재하지 않음

52 다음 중 3차원 모델의 형상 정보를 담고 있는 CAD 설계 데이터로 3D 프린터 슬라이서 프로그램에서 주로 사용하는 파일 포맷은?

① dwg ② 3ds
③ stl ④ obj

해설
stl(StereoLithography)
• 3D Systems의 조형 CAD 소프트웨어 기본파일 형식
• 초기 3D 프린팅 시스템 제작 판매사들에 의해 인정된 3D 프린팅의 표준입력파일 포맷
• 폴리곤 모델링 방식으로 저장
① dwg : DraWinG 그림 파일에 활용
③ 3ds : 3d studio 프로그램 전용 확장자
④ obj(OBJect) : 3D 애니메이션 Wavefront Technologies에 의해 개발한 파일

53 다음 중 FDM 방식 3D 프린터의 경우 익스트루더에 반드시 필요한 센서는?

① 습도 센서　　② 온도 센서
③ 이미지 센서　　④ 초음파 센서

해설
압출을 담당하는 익스트루더에는 핫엔드와 핫블록, 방열판 등 온도에 예민한 요소들이 존재하여 자동화 또는 장비 보전을 위해서는 온도센싱이 필요하다.

54 컴퓨터로 문제를 해결할 경우 알고리즘 형식으로 프로그램을 작성하는데 이러한 알고리즘의 조건으로 틀린 것은?

① 입력 : 외부로부터 제공되는 자료이다.
② 출력 : 절대적으로 한 가지 이상의 결과가 발생한다.
③ 명백성 : 수행하는 명령들은 명백하고 수행 가능한 것이어야 한다.
④ 유한성 : 알고리즘 수행 후 한정된 단계를 거쳐 처리된 후에 알고리즘은 종료된다.

해설
알고리즘 조건
• 입력 : 외부로부터 제공되는 자료
• 출력 : 절대적으로 한 가지 이상의 결과가 발생한다.
• 명백성 : 명령들은 각각 명백해야 한다.
• 유한성 : 알고리즘 수행 후 한정된 단계를 거쳐 처리된 후에 알고리즘은 종료된다.
• 효과성 : 수행하는 명령들은 명백하고 수행 가능한 것이어야 한다.

55 송신기에서 ASCII코드 11001101에 이븐(Even) 패리티를 사용하여 전송할 경우에 알맞은 데이터는?

① 11001010　　② 11001011
③ 11100100　　④ 11100101

해설
이븐(짝수) 패리티는 마지막에 패리티를 하나 더하여 1의 개수를 짝수를 만드는 형태로 오류를 검증하는 것으로 11001101에서 "1"의 개수가 네 개, 짝수이므로 마지막에 0을 더하여 11001010으로 전송한다.

56 4세대 언어의 특징이 아닌 것은?

① EDP 전문가가 사용할 시 유지가 편리하다.
② 컴파일러 언어와 같이 습득이 어렵지 않은 간이 언어이다.
③ 복잡한 EDPS를 용이하게 개발할 수 있는 고급 언어이다.
④ 고급 언어는 호환성이 없고 전문적인 지식이 없으면 이해하기 힘들다.

해설
4세대 언어의 특징
• 컴파일러 언어와 같이 습득이 어렵지 않은 간이 언어이다.
• 처리 절차가 간단하다(비절차형 언어).
• 일반인이 사용하기에도 쉬운 언어이다.
• 복잡한 EDPS를 용이하게 개발할 수 있는 고급 언어이다.
• EDPS의 개발에 이용할 수 있는 범용 언어이다.
• EDP 전문가가 사용할 시 생산성을 향상시킨다.
• EDP 전문가가 사용할 시 유지가 편리하다.
• EDP 전문가가 사용할 시 환경 독립성을 지니고 있어 이익 창출에 용이하다.

57 G코드와 M코드에 대한 설명으로 틀린 것은?

① G코드의 지령 숫자는 1에서 99까지이며, 지령 숫자에 따라서 의미가 다르다.
② G코드는 기능에 따라서 연속 유효 G코드와 1회 유효 G코드로 분류할 수 있다.
③ 공구의 이동이나 가공, 기계의 움직임 등의 제어를 위해 준비하는 중요한 기능을 G 기능이라고 한다.
④ 프로그램 제어 및 NC 기계의 보조 장치 On/Off 작동을 수행하는 보조 기능을 M 기능이라 한다.

해설
G코드에는 G00 명령이 있으니 1번은 답이 될 수 없다.

58 다음 그림에서 레지스터의 동작을 입력이나 출력으로 결정하는 것은?

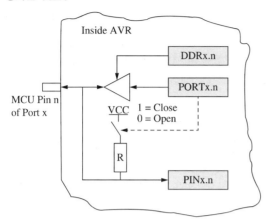

① DDRx.n
② PORTx.n
③ VCC
④ PINx.n

해설
• DDRx 레지스터 : 입출력 방향을 결정
• PORTx 레지스터 : 출력 데이터를 설정, 1이면 출력핀을 VCC 전원과 연결하고, 0이면 VCC 전원을 개방
• PINx 레지스터 : PIN을 통해 데이터가 입력되면 비교기를 이용하여 HIGH/LOW를 판단

59 3D 프린터를 이용하여 프린팅 작업을 하기 전에 가장 기초가 되는 항목은?

① 툴 패스
② 제어코드
③ 3D 캐드모델
④ 슬라이싱 파일

해설
답지 네 개가 모두 프린팅 작업 전 기초자료가 될 수 있지만 가장 기초가 되는 것은 3D 모델이라고 볼 수 있다. 이미 기출문제로 확정되었기 때문에 확정된 답안이 있는 기출문제는 그대로 존중하여 학습한다.

60 다음 중 리눅스 커널(Kernel)에 대한 설명으로 옳은 것은?

① 여러 가지의 내장 명령어를 가지고 있다.
② 사용자와 터미널을 통한 인터페이스를 지원한다.
③ 하드웨어 제어를 위한 디바이스 드라이버를 포함한다.
④ 사용자 명령을 입력받아 시스템 기능을 수행하는 명령어 해석기이다.

해설
커널 자체가 인터페이스여서 ①, ②는 답이 될 수 없으며, 커널은 사용자가 관리하지 않는다.
Linux 커널
• Linux OS의 주요 구성요소
• 컴퓨터 하드웨어와 프로세서를 연결해 주는 핵심 인터페이스
• 컴퓨터 유형에 관계없이 하드웨어의 모든 주요 기능을 제어
• 기능 : 메모리 관리, 프로세스 관리, 장치 드라이버, 시스템 호출 및 보안
• 사용자가 볼 수 없고 스스로 일한다.

제4과목 **3D 프린터 교정 및 유지보수**

61 3D 프린터 체크리스트 항목이 아닌 것은?

① 노즐 온도를 설정
② 치수/크기를 선정
③ 베드/체임버의 가열 여부
④ 인터넷 연결 상태를 확인

해설
기종에 따라 다르겠지만, 대부분의 경우 프린터의 네트워크 연결상태를 체크리스트에 넣지는 않는다.

62 안전성 검사 수행과 신뢰성 확보를 위한 시험에 관한 설명으로 틀린 것은?

① 스크리닝 시험은 재료의 열화로 인한 제품고장이 그 대상이다.

② 고장률 시험은 제품의 안전기에 있는 고장률 또는 평균 수명을 구하는 시험이다.

③ 초기 고장을 제거하기 위해 실시하는 시험을 스크리닝 시험이라고도 한다.

④ 고장률 시험은 사용환경 스트레스와 파국 고장을 일으키기 쉬운 요인에 의해 고장 발생을 시험한다.

해설
스크리닝 시험은 잠재적 결함요소를 제거하기 위한 시험으로 결함을 선별해 내기 위한 검사이다.

63 3D 프린터의 위해 요소에 대한 설명으로 적절하지 않은 것은?

① 고열 장비 : 노즐, 베드 등 프린터 장비 내 다수의 고발열 장비 주의

② 고전력 장비 : UV 장비, 전기제어 장비 등 다수의 고전력 장비주의

③ UV 복사 : UV 장비 작동 중 안구에 직접 노출이 되어도 상관이 없으나 주기적인 노출 주의

④ 구동 장비 : 3D 프린터는 모터와 기어로 구성되어 있는 기계 장비로 장비 내 모터와 기어 사이 혹은 기어와 기어 사이에 주의

해설
자외선이 안구에 직접 노출되면 치명적인 부상을 입을 수 있다.

64 3D 프린터의 본체를 구성하는 주요 부품이 아닌 것은?

① 베 드   ② 구동 모듈

③ 필라멘트   ④ 익스트루더

해설
필라멘트는 프린팅 대상물을 구성하는 원료로 외부에서 따로 공급한다.

65 점진적 스트레스에 관한 설명으로 옳은 것은?

① 계단식 스트레스처럼 단계적으로 스트레스 강도를 높이는 것이 아니라 연속적으로 스트레스 강도를 증가시키는 방식

② 스트레스 강도를 시간에 따라 그래프로 나타낼 때 사인(Sine) 곡선 모양으로 나타나게 되며, 금속 피로시험에 적용하는 방식

③ 일정 시간 내에 일정 스트레스를 부과하고, 일정 시간 내에도 고장이 발생하지 않은 표본에는 좀 더 강도가 높은 스트레스를 부과하여 시험을 반복 진행하는 방식

④ 정해 놓은 일정 수준의 스트레스를 지속적으로 부과하는 방식으로 가장 대표적으로 사용되기 때문에 신뢰성 추정을 위한 자료 분석법으로 사용되는 방식

해설
② 주기형 스트레스에 대한 설명
③ 계단형 스트레스에 대한 설명
④ 일정 스트레스에 대한 설명

66 자체 진단 기능으로 고장을 관측할 수 있음을 의미하는 고장 형태는?

① 중복 고장

② 무관 고장

③ 간헐 고장

④ BIT(Build-In Test) 중 발생한 고장

해설
BIT(Built-In Test) 중 발생한 고장
장비나 측정 장비가 구성되어 제품의 자체 진단 기능으로 고장 관측이 가능한 가운데 발생한 고장

67 전기용품 안전인증 신청 시 필수적으로 제출하여야 하는 서류인 것은?

① 기업 재무제표   ② 부품 사양서
③ 등기부등본   ④ 인감증명서

해설

[전기용품 안전인증/안전확인 신청 시 확인내용]

신청서류제출확인		
사업자등록증 사본	유 □	무 □
전기회로도	유 □	무 □
제품 설명서(사용설명서 포함)	유 □	무 □
부품 명세표(부품인증서사본) – 전기적인 안전에 직접적인 영향을 주는 부분의 명세표 　(제품명/정격 또는 특성/제조자/인증사항 등)	유 □	무 □
부품 사양서(모터, 히터, 변압기 등)	유 □	무 □
절연재질의 명세서(온도, 내압특성 또는 난연성등급 등)	유 □	무 □
기본모델과 파생모델의 차이점 및 사진(별지양식참조)	유 □	무 □
제품표시 라벨	유 □	무 □
대리인위임장(Authorization Letter) – 안전인증 해외 제조사 접수 시 – 안전확인 해외 제조사 신고 시	유 □	무 □
인증서/시료처리 확인내용		

우편 및 택배를 원하시는 경우는 받으실 주소, 연락처, 인수자를 정확하게 기입하여 주시고, 이 경우 택배 수수료는 인수자 부담입니다. 단, 택배 불가능한 품목에 대해서는 별도의 운송서비스를 담당자에게 요청하시기 바랍니다.

인증서/ 시료	□ 직접 회수	□	우편 택배(착불)	주소 : 주소 :	인수자 : 인수자 :	TEL : TEL :

68 전자파 장애(EMI) 시험 불합격 시 전원부의 EMI 대책으로 틀린 것은?

① 입력단에 설치하는 L과 C의 값을 작게 한다.
② 입력 단자로부터 필터까지의 거리를 가능하면 짧게 유지한다.
③ 출력용 다이오드는 노이즈가 작은 것으로 교체한다.
④ 출력단 근처에 적절한 콘덴서를 추가하여 전원성 노이즈를 최소화한다.

해설

전원부의 EMI 대책 수립
• 입력단 인덕턴스와 커패시터의 값을 크게 함
• 필터의 단수를 증가함

69 신뢰성 검사 계획 수립 시 유의사항이 아닌 것은?

① 제품의 외부 반출 여부
② 자체 검사 및 외부 의뢰 여부
③ 신뢰성 고장의 정의 및 시험 실시 항목
④ 표본 개수(제품 개수)와 시험시간 및 비용

해설

신뢰성 시험 검사 계획 수립 시 유의 사항
• 신뢰성 시험은 많은 비용과 시간이 소요됨으로 기획 단계에서 시험의 목적, 방법, 일정 등을 규정한 신뢰성 시험 계획이 수립되어야 함
• 과거의 경험 및 데이터, 기술 정보 등을 충분히 검토, 분석하여 다음 항목을 사전에 결정하여야 함

70 출력물 불량 발생 시 개선 방법에 대한 설명으로 틀린 것은?

① 출력물에 잔류응력이 발생되어 출력물이 휘게 된다. 이는 출력물의 형상정밀도 저하를 초래하고 출력 오류와 노즐 손상까지도 발생할 수 있어 개발 시 유의해야 한다.
② 수축에 의한 휨 불량은 재료의 출력 온도가 낮을수록 더욱 심해지는데, 일반적으로 기계적 강도가 낮은 재료일수록 출력 온도가 낮아야 하므로 유의해야 한다.
③ 출력물의 수축은 소재의 경우 PLA < ABS, 출력물의 경우 크기가 커질수록 많이 발생한다.
④ PC, PA 재료를 출력하기 위해서는 체임버를 사용하여 체임버 내부의 온도를 일정 온도 이상으로 제어해 주는 기능이 추가적으로 필요하다.

해설

문제점의 세부유형 – 출력물 불량
• 원 인
– 재료의 과도한 수축 발생
– 출력물의 잔류응력에 의한 휨 발생
– 휨 발생으로 출력물의 형상정밀도 저하
– 휜 기출력물 다음 레이어 적층 시 출력 오류 발생
※ 노즐 끝단과 접촉하는 경우 노즐 손상 발생 우려
• 대 책
– 사용 소재에 따른 수축 특성을 감안한 설계 개선
– 수축 휨 불량 출력 온도가 높을수록 심함
– PLA(압출 온도 190~230℃)보다 ABS(압출 온도 220~270℃)에서 많이 발생
– ABS보다 용융 온도가 더 높은 PC(Polycarbonate 융점 약 270~300℃), PA(Polyamide, Nylon, 융점 약 235~270℃)의 경우 체임버를 사용하여 내부 온도를 올려 주는 것이 좋음
– 히팅 베드를 사용하지 않는 경우 많이 발생하며, 히팅 베드의 사용이 필요함
– 출력물이 커질수록 심함

71 무재해 운동의 기본이념 3원칙 중 다음 설명으로 옳은 것은?

> 직장 내에 모든 잠재위험요인을 적극적으로 사전에 발견, 파악, 해결함으로써 뿌리에서부터 산업재해를 제거하는 것

① 무의 원칙　　　　② 선취의 원칙

③ 참가의 원칙　　　　④ 확인의 원칙

해설

무재해 운동의 3원칙

• 무의 원칙 : 직장 내에 모든 잠재위험요인을 적극적으로 사전에 발견, 파악, 해결함으로써 뿌리에서부터 산업재해를 제거하는 것. 모든 잠재위험요인을 제거하는 것

• 참가의 원칙 : 무재해를 달성하기 위해서는 전원, 모든 구성원이 참가하여야 한다는 것

• 선취의 원칙 : 작업환경의 잠재위험요인을 미리미리 찾아내고 사전에 제거하여 사고를 예방하는 것

72 성능개선 보고서 작성요소 중 가장 거리가 먼 것은?

① 성능시험 문제점 현상 기술

② 성능시험 문제점 원인 분석

③ 성능시험 문제점 개선 방안 도출 및 검증

④ 성능시험 문제점 개선 결과 적용 보고서 작성

해설

성능개선 보고서

• 성능시험 문제점 현상 기술

• 성능시험 문제점 원인 분석

• 성능시험 문제점 개선 방안 도출 및 검증

• 개선 결과를 적용 계획 수립

73 3D 프린터 장비의 유지 보수 관리를 위한 기술조사 방법에 관한 설명으로 틀린 것은?

① 횡단조사는 특정한 표본이 가지고 있는 특성에 따른 집단을 분류한 표본을 활용하여 정보를 수집하는 조사 방법이다.

② 인과조사는 특정 현상의 원인과 결과를 구체적으로 이해하거나 예측하고자 하는 경우에 사용하는 조사기법이다.

③ 종단조사는 조사 대상의 변화를 측정하는 것으로 일정한 간격을 두고 측정하여 동일한 표본을 일정한 시간으로 설정한 후 반복적으로 조사하는 기법이다.

④ 현장조사는 변수들 간의 인과관계를 명확하게 규명하여 변수들 간의 관계를 파악하는데 이용하는 조사기법이다.

해설

※ 이 종목의 시험 범위에 해당되는지 의문이 있어 본문 구성을 하지 않았지만, 기출된 문제는 존중하여 학습할 필요가 있다.

조사의 종류

• 조사의 목적에 따라

  - 탐색조사 : 본격적 조사에 앞서 실시되는 탐색적 성격의 조사

  - 기술조사 : 현상에 대해 수치나 통계를 이용하여 설명이 가능하도록 정확한 파악을 목적으로 하는 조사

  - 인과조사 : 관련 변수들 간의 상관관계, 인과관계를 알아보기 위한 조사

• 자료 성격에 따라

  - 1차 조사 : 이전에 없던 새로운 자료를 수집하는 행위

  - 2차 조사 : 기존에 있는 2차 자료를 수집하고 분석하는 행위

• 조사 횟수에 따라

  - 횡단조사 : 특정 주제에 대해 조사 대상을 선정하여 1회 조사 실시(단면 및 현상을 보는 조사)

  - 종단조사 : 동일한 조사 대상을 일정한 시간을 두고 반복적, 연속적 실시(변화를 보는 조사)

• 조사 시점에 따라

  - 사전조사 : 특정 사건과 액션의 발생 이전에 실시하는 조사

  - 사후조사 : 사건과 행동이 발생된 이후에 실시하는 조사

• 조사 방법에 따라

  - 양적조사 : 조사 대상에 대해 통계적으로 의미 있는 수치를 발견하기 위한 조사(표본 수가 중요)

  - 질적조사 : 조사 대상의 심층적 동기나 의견을 조사(의미 있는 해석이 중요)

• 조사 규모에 따라

  - 전수조사 : 모집단 전체를 대상으로 조사

  - 표본조사 : 모집단 일부를 추출하여 샘플링 조사

74 3D 프린팅 회사의 장비 생산공정에서 작업자의 불안전한 행동을 유발하는 상황이 자주 발생하고 있다. 이를 해결하기 위한 개선 ECRS가 아닌 것은?

① Combine ② Standard
③ Eliminate ④ Rearrange

해설

표준화는 ECRS에 속하지 않는다.
※ 문제 73번과 마찬가지로 이 종목의 시험범위에 속하는지 의문이 있어 본문에 구성하지는 않았으며, 기출문제로서 문제 자체에 대한 존중과 학습을 할 필요가 있다.
ECRS
공정개선의 기법으로 소실(낭비)이 발생하는 현장에서 이를 줄이기 위한 방법적 접근
• 배제의 원칙(Eliminate) : 불필요한 공정이나 작업을 배제하여 개선
• 결합/분리의 원칙(Combine) : 공정이나 소재를 결합하여 보거나 분리하여 보면서 낭비를 줄이기 위한 접근
• 재편성의 원칙(Rearrane) : 공정 또는 작업을 변경 또는 재배열해 보면서 낭비를 제거해 보는 것
• 단순화(Simplify) : 공정 또는 작업을 방법, 동선 등의 개선을 통해 단순화해 보는 것

75 3D 프린터의 신뢰성 시험이 필요한 이유는?

① 제품의 기능이 날로 단순해진다.
② 인증서를 요구하는 기관이 많아지고 있다.
③ 예상되는 불량을 조기에 검출할 필요는 없다.
④ 새로운 소재가 출현하고 기술 개발 속도가 빨라짐에 따라 기존의 품질관리 기법으로는 제품의 품질을 보장하는데 한계가 있다.

해설

신뢰성 시험 필요성
• 제품의 기능이 다양해지고 복잡해져 사용 중 고장 발생 가능성이 높다.
 – 초기 품질은 우수하나 내구성이 저하되는 경우가 많다.
• 예상 불량 조기 검출과 초기 고장 기간부터 마모 고장 단계까지 시장 불량률의 감소를 꾀하기 위하여 신뢰성 시험이 요구된다.
• 새로운 소재가 출현하고 기술 개발속도가 빨라짐에 따라 기존의 품질관리 기법으로는 제품의 품질을 보장하는 데 한계가 있다.

76 3D 프린터 안전점검 항목으로 거리가 먼 것은?

① 화학물질의 보관 방법
② 신속한 작업을 위한 편안한 복장
③ 사용하는 물질 및 화학물질 안전 정보
④ 안전수칙에 의한 개인용 보호구 사용 여부

해설

3D 프린팅 유해 환경 대책
• 밀폐형 장비 또는 장비 내 필터(유해물질 제거 장치)가 장착된 3D 프린터 사용
• 환풍기 및 국소배기 장치를 설치하여 작업
• 개방형 프린터 사용 시 작업 공간을 밀폐할 수 있는 부스 설치
• 안전 보호구 착용(보안경, 산업용 마스크, 비섬유질 내열보호장갑)
• 친환경 소재 사용
• 산업용 소재 사용 시 피부 접촉을 하지 않도록 한다.
• 화학물질의 보관 대책 수립
• 고에너지 광선 사용 시 인체에 직접 노출되지 않도록 한다.
• 실내 온습도를 유지하는 범위 내에서 자주 환기를 실시한다.
• 작업자가 밀폐된 환경에서 장시간 장비와 함께 노출되지 않도록 주의
• 분말 및 소재 장착 시 반드시 필터 마스크 착용

77 출력 시 냄새가 거의 나지 않는 것이 특징이고, Heating Bed가 아니더라도 Bed에 접착이 잘되어 수축에 강한 소재는?

① PLA ② ABS
③ 유 리 ④ 나무 소재

해설

PLA(Polylactic Acid) : 옥수수나 사탕수수에서 추출한 생분해성 플라스틱 소재로서, DLP 방식, FDM 방식에서 모두 사용이 가능하다. 셀룰로스, 리그닌, 전분, 알긴산, 바이오 폴리에스터, 폴리아민산, 폴리카프로락탐, 지방족 폴리에스터 등이 쓰이며 출력 시 냄새가 적고 베드에 접착이 잘되며 내수축성이 좋다.

78 전기용품 안전관리제도를 설명한 내용 중 옳은 것은?

① 전기용품 및 생활용품 안전관리법에 의거 시행되는 강제인증제도로서 대상 전기용품의 안전인증을 받아야 제조, 판매가 가능하도록 하는 제도이다.

② 전기용품 안전확인제도는 안전관리 절차를 차등 적용하기 위해 도입하여 2015년 1월 1일부터 시행되었다.

③ 공급자 적합성 확인제도는 안전확인대상 전기용품 중 A/V 기기 등 고위험 품목을 우선적으로 적용하였다.

④ 공급자 적합성 확인제도는 제조업자가 공급자 적합성 시험결과서 및 공급자 적합확인서를 작성하여 최종 제조일로부터 2년간 비치해야 한다.

해설
② 이 제도는 2009년 1월 1일부터 시행
③ 이 제도는 저위험 품목에 우선 적용
④ 이 제도는 공급자 적합확인서를 5년간 비치하도록 규정

79 3D 프린터 관련 신뢰성 시험 항목이 아닌 것은?

① 시험기간을 단축하기 위해 사용조건보다 가혹한 조건에서 수행하는 가속수명시험

② 운송 또는 사용 중 빈도가 적고 반복이 없는 충격에 적정한 내성을 갖는지 평가하기 위한 시험

③ 온도 변화가 주기적으로 반복될 경우 제품의 기능상의 내성을 평가하는 시험

④ 고온·고습상태에서 사용될 때 기능상의 내성을 평가하는 시험

해설
신뢰성 시험은 온도, 습도, 진동 관련 시험을 하며 가속시험은 일반적인 신뢰성 시험의 분류를 가속 기준으로 나눌 때 분류되며, 3D 프린터에 들어가는 필수 항목은 아니다.

80 3D 프린팅 작업환경에 대한 설명으로 틀린 것은?

① 3D 프린팅 작업장 내에서는 식사, 음료 섭취가 없어야 한다.

② 모든 표면 작업은 산도가 높은 휘발성 물질로 습식 청소를 해야 한다.

③ 사용되는 자재에 따라 다양한 종류의 화학증기가 발생할 수 있다.

④ 일반적으로 PLA 소재가 ABS 소재보다 위험성이 적다.

해설
모든 경우에 습식 청소를 해야 하거나 산도가 높은 휘발성 물질을 사용하지는 않는다.

※ 2020년부터는 CBT(컴퓨터 기반 시험)로 진행되어 수험자의 기억에 의해 복원하였습니다. 실제 시행문제와 일부 상이할 수 있음을 알려드립니다.

제1과목 **3D 프린터 회로 및 기구**

01 3D 프린터 구동에 대한 설명으로 옳지 않은 것은?

① 공간 이동을 위해 최소 3개 이상의 구동축이 필요하다.
② 노즐이 프린팅될 부분으로 이동한다.
③ 각 층에서 2차원 평면운동을 할 수 있는 구조여야 한다.
④ 일반적인 2차원 평면운동은 γ, θ축을 사용한다.

해설
3D 프린터의 일반적인 구동은 Z축의 상하운동과 카테시안 좌푯값을 이용하여 모델링되고 2차원 평면운동을 하게 된다.

02 3D 프린터에 적용하고 있는 모션 구동 방식으로 옳지 않은 것은?

① 벨트 구동 구조
② 볼 스크루 구동 구조
③ 리니어모터
④ 직렬 로봇

해설
3D 프린터에 적용하고 있는 모션 구동 방식의 예시로 벨트 구동 구조, 볼 스크루 구동 구조, 리니어모터, 병렬 로봇이 있다.

03 스테핑모터의 사양에 관한 설명 중 바르게 설명한 것은?

① 여자상태 정지 중 출력축에 가해지는 외부 토크를 자기동 토크라 한다.
② 풀인 특성에서의 주파수와 모터 회전을 맞추어 얻어지는 최대 토크를 최대 정지 토크라 한다.
③ 무여자상태 정지 중 출력축에 가해지는 외부 토크에 대한 최대 토크를 풀아웃 토크라 한다.
④ 무부하상태에서 모터가 입력 신호에 동기되어 운동할 수 있는 최대 부하를 풀인 토크라 한다.

해설
• 최대 정지 토크(홀딩 토크, Holding Torque) : 여자상태 정지 중 출력축에 가해지는 외부 토크에 대한 최대 토크
• 자기동 토크(풀인 토크, Pull-in Torque) : 무부하상태에서 모터가 입력 신호에 동기되어 운동할 수 있는 최대 부하
• 부하 토크(풀아웃 토크, Pull-out Torque) : 풀인 특성에서의 주파수와 모터 회전을 맞추어 얻어지는 최대 토크
• 디텐트 토크(Detent Torque) : 무여자상태 정지 중 출력축에 가해지는 외부 토크에 대한 최대 토크

04 다음 그림에서 i_1 = 5mA, i_2 = 7mA , i_3 = 3mA 라면 i_4의 값은?

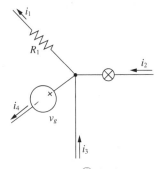

① 3mA
② 4mA
③ 5mA
④ 12mA

해설

$i_1 + i_4 = i_2 + i_3$

5mA $+ i_4 =$ 7mA + 3mA

$i_4 =$ 10mA $-$ 5mA = 5mA

$\therefore i_4 =$ 5mA

06 다음 중 정전압 회로에 주로 사용되는 소자로 바이어스 전류 – 전압 특성을 가지고 있으며, 다음 그림의 기호와 같이 표시되는 다이오드는?

① 반도체 접합 다이오드

② 제너 다이오드

③ 포토 다이오드

④ 바랙터 다이오드

해설

정전압(Zener) 다이오드

• 낮고 일정한 항복전압 특성

• 역방향으로 일정값 이상의 항복전압이 가해졌을 때 전류가 흐른다.

05 다음 그림에서 R에 걸리는 테브난 전압은?

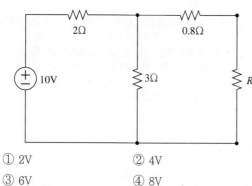

① 2V ② 4V

③ 6V ④ 8V

해설

테브난 전압(V_{th})은 R이 개방되었다고 생각하고 계산을 한다.

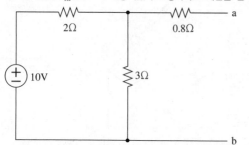

$V_{th} = V_{ab}$이고, 이 등가 회로에서 0.8Ω은 사용되지 않고, 3Ω에는 6V가 걸리므로

$V_{th} =$ 6V

07 전계효과 트랜지스터(FET)의 특징 중 틀린 것은?

① 입출력 임피던스가 높다.

② 다수 캐리어만으로 동작한다.

③ 동특성이 열적으로 불안정하다.

④ 트랜지스터보다 잡음면에서 유리하다.

해설

FET의 특징

• 트랜지스터의 Emitter-Collector 사이와 달리 Source와 Drain이 도통(道通)되어 있다. 따라서 잡음에 대한 특성이 좋다.

• 전자 또는 정공의 축적률이 높고 임피던스가 높다.

• 유니폴라(Unipolar)여서 다수 캐리어(多數 Carrier)만으로 흐름이 생긴다.

• 동특성이 TR에 비해 개선되었다.

08 DC/DC 변환된 전압이 정전압 회로를 거쳐 안정적인 출력 전원을 공급하며 기존 리니어 전원 공급 장치와 비교하여 효율이 높고 장치의 크기가 작으며 다양한 크기의 전원을 함께 모아 제작하기 용이한 전원 공급 장치는?

① 정전류원　　② 정교류원
③ Power Supply　　④ SMPS

해설
SMPS(Switching Mode Power Supply)
• 기본 구성 : 정류 회로, DC/DC 컨버터, Feedback 제어 회로
• 특징
　- DC/DC 변환된 전압이 정전압 회로를 거쳐 안정적인 출력 전원 공급
　- 기존 리니어 전원 공급 장치와 비교하여 효율이 높고 장치의 크기가 작으며 다양한 크기의 전원을 함께 모아 제작하기 용이
• 고주파 변압기의 유무에 따라 절연형 SMPS, 비절연형 SMPS로 구분
　- 절연형 SMPS : 고전압, 누설에서 사용자 보호를 위해 입출력 간 절연한 것으로 회로 구성에 따라 Flyback, Half-bridge, Full-bridge, Push-pull로 구분
　- 비절연형 SMPS : 저전압에 사용되는 것으로, 회로 구성에 따라 Buck[강압형(Step-down)], Boost[승압형(Step-up)], Buck-boost[승압-강압(Up-down)]로 구분

09 저항 측정에 대한 설명으로 옳지 않은 것은?

① 저항은 전압을 인가하여 전류로 측정한다.
② 저항 측정 시 저항 단독으로 연결한다.
③ 저항에 전류가 흐르고 있을 때 테스터의 프로브를 연결하면 정확한 측정이 어렵다.
④ 회로에 연결된 저항은 전원을 연결하지 않은 상태면 정확한 측정이 가능하다.

해설
회로에 연결된 저항은 전원이 연결되어 있지 않더라도 다른 부품의 저항값이 간섭을 일으켜 정확한 측정이 불가능하다.

10 지그의 3요소가 아닌 것은?

① 위치결정면　　② 위치결정구
③ 클램프　　④ 부 시

해설
지그의 3요소
• 위치결정면
• 위치결정구(Locator)
• 클램프(Clamp)

11 다음에서 설명하는 동력전달 부품은?

• 모터의 회전운동을 직선운동으로 바꿈
• 나사산이 달려 있는 회전축이 회전하면서 너트 모양의 운동체를 직선운동
• 고정밀도 직선운동 가능

① 운동용 볼트　　② 볼 스크루
③ 베어링　　④ 기 어

해설
볼 스크루/리드 스크루
• 모터의 회전운동을 직선운동으로 바꾼다.
• 나사산이 달려 있는 회전축이 회전하면서 너트 모양의 운동체가 직선운동한다.
• 고정밀도 직선운동 가능
• 리드 스크루에 나사 사이에 볼을 넣어 고속, 저마찰 운동이 가능하게 한 것이 볼 스크루

12 광경화 액체 수지를 담아 놓고 상부에서 레이저를 투사하여 층별로 경화시켜 적층하는 방법은?

① Material Jetting
② Material Extrusion
③ Binding Jetting
④ Vat Photopolymerization

해설
광중합방식(Vat Photopolymerization)은 광경화 액체 수지를 담아 놓고 상부에서 레이저를 투사하여 층별로 경화시켜 적층하는 방법으로, 높은 정밀도와 높은 표면조도를 가지나 제품의 비용이 비싸고 보강대를 제거하는 작업이 필요하다.

13 소재 압출 방식에 대한 설명으로 옳지 않은 것은?

① 대표적으로 FDM, FFF 방식이 있다.

② 열에 용융되거나 반용융되는 소재가 필요하다.

③ 제품이 고가이나 제작속도가 빠르다.

④ 일반 사용자를 위한 프린터로 많이 개발되었다.

해설

사용자가 많고 보급 · 대중화되어 가격이 저렴해졌으나 제품 제작에 시간이 많이 걸린다.

14 다음 중 IR 히터가 필요한 3D 프린팅 방식은?

① FDM　　　　　② SLA

③ DLP　　　　　④ SLS

해설

SLS는 분말 융접 방식이어서 적외선 히팅이 필요하다.

15 그림과 같은 입체도에서 화살표 방향이 정면일 때 평면도로 가장 적합한 것은?

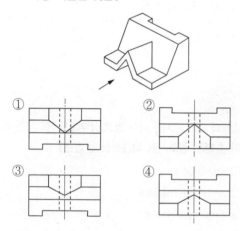

해설

평면도는 화살표 방향의 위에서 본 투상도이다. 우선 ①과 ③은 뚫린 부분이 하단이어서 제외하고, ②와 ④의 차이는 가운데에 모서리 5개가 만나느냐 만나지 않느냐로 구분하여야 한다.

도형을 우측에서 보면 기울어져 있고, ∧자 부분이 중간에서 돌출되어 있으므로 모서리가 만나지 않는다.

16 3D 형상 모델링 방식 중 면을 생성하여 모델을 표현하여, 선으로 표현할 수 없는 기하학적인 형상을 표현할 수 있는 방식은?

① Wire Frame Model　　② Surface Model

③ Solid Model　　　　　④ Engineering Model

해설

서피스 모델링(Surface Modeling)

• 면을 생성하여 모델을 표현

• 선으로 표현할 수 없는 기하학적인 형상을 표현할 수 있다.

• 면을 적층하여 모델을 표현하므로 면 단위 3차원 작업(3D 프린팅, NC 가공)에 유리

• 작업속도가 상대적으로 높고 적은 용량 차지

17 초기 3D 프린팅 시스템 제작 판매사들에 의해 인정된 파일 포맷이며 폴리곤 모델링 방식으로 저장하는 파일 형식은?

① stl　　　　　② ply

③ step　　　　④ f3d

해설

*.stl(StereoLithography)

• 3D Systems의 조형 CAD 소프트웨어 기본파일 형식

• 초기 3D 프린팅 시스템 제작 판매사들에 의해 인정된 3D 프린팅의 표준 입력 파일 포맷

• 폴리곤 모델링 방식으로 저장

18 다음 설명하는 플라스틱 재료는?

• 열경화성 수지 중 망 구조가 약한 것

• 상온에서 높은 탄성 보유, 합성고무

• PDMS, 폴리우레탄 등

① PET　　　　　　② 반결정성 수지

③ 단량 불포화탄화수소　④ 엘라스토머

해설

엘라스토머(Elastnmer)

• 열경화성 수지 중 망 구조가 약한 것을 엘라스토머(Elastomer)로 구분

• 상온에서 높은 탄성 보유, 합성고무

• PDMS, 폴리우레탄 등

19 금속 프린팅 방법이 옳게 짝지어진 것은?

① 접합제 분사법 – 액체 결합제를 이용한 분말 접합
② PBF – 재료 시트를 함께 붙여 적층
③ DED – 파우더 베드에 분말층을 도포한 후 열에너지를 선택적으로 쏘아 용융 적층
④ SL – 보호가스 분위기에서 재료를 적층하여, 열에너지를 집중시켜 즉시 용융 적층

해설

② PBF – 파우더 베드에 분말층을 도포한 후 열에너지를 선택적으로 쏘아 용융 적층
③ DED – 보호가스 분위기에서 열에너지를 재료에 집중시켜 즉시 용융 적층
④ SL – 재료 시트를 함께 붙여 적층

20 10kcal가 공급된 100g의 재료가 처음 온도에 비해 1° 상승했다면 비열은?

① 10kcal/g · ℃
② 100kcal/kg · ℃
③ 10g/kcal · K
④ 0.1kg/kcal · ℃

해설

비열의 단위는 $\frac{kcal}{kg \cdot ℃} = \frac{cal}{g \cdot ℃} = \frac{J}{kg \cdot ℃} = \frac{J}{kg \cdot K}$ 와 같이 표현되며, 0.1kg의 물질에 10kcal가 공급되어 1℃가 올랐으므로(온도 간격은 K와 ℃가 동일) 100kcal/kg · ℃

제2과목 **3D 프린터 장치**

21 다음 중 유량을 나타내는 식으로 옳은 것은?(단, Q : 유량, P : 압력, A : 관의 단면적, V : 유체의 속도이다)

① $Q = P \times A$
② $Q = P \times V$
③ $Q = A \times V$
④ $Q = A / P$

해설

유량은 연속의 법칙을 적용한다.
$Q = AV = A_1 V_1 = A_2 V_2$

22 FDM 방식의 노즐 전후의 재료 공급 및 토출속도에 대한 설명으로 옳은 것은?

① 노즐로 공급되는 재료와 토출되는 재료의 속도는 같다.
② 노즐로 공급되는 재료의 속도가 더 빠르다.
③ 노즐에서 토출되는 재료의 속도가 더 빠르다.
④ 노즐 온도에 따라 토출속도가 더 빠를 수도, 공급속도가 더 빠를 수도 있다.

해설

노즐을 거치면서 재료의 단면적이 줄어들기 때문에 연속의 법칙에 의해 토출속도는 빨라진다.

23 3D 프린팅에서 선택적 소결을 위해 사용하는 광원의 종류는?

① 적외선
② 자외선
③ 가시광선
④ X선

해설

선택적 소결을 위해 열을 집중하며, 열 온도가 높은 적외선 레이저를 사용한다.

24 광학식 3D 프린터 설계 규격서에 비용 기재 시 고려할 사항으로 가장 거리가 먼 것은?

① 전체 비용
② 광원의 비용
③ 광원의 수명
④ 형상공차

해설

형상공차를 높게 하면 제작비용이 올라갈 수는 있겠으나 먼저 고려하지는 않는다. 규격서에 기재된 비용에 따라 제작도를 작성할 때 반영하여 공차를 요구한다. 비용에서 가장 큰 부분을 차지하는 것은 광원이며 전체 비용에서 광원의 비용과 광원의 수명을 고려한다.

25 FDM 방식 노즐 평가 항목만을 묶은 것으로 옳은 것은?

① 노즐의 치수, 동작 주파수, 막힘 여부
② 노즐의 치수, 노즐 온도, 재료 토출속도, 막힘 여부
③ 노즐의 치수, 재료 토출속도, 팁 끝 잔여재료 여부
④ 동작 주파수, 노즐 온도, 재료 토출속도

해설
노즐 평가 항목
• 제팅 방식 : 노즐의 치수, 동작 주파수, 막힘 여부 등
• FDM 방식 : 노즐의 치수, 노즐 온도, 재료 토출속도, 막힘 여부 등
• DP 방식 : 노즐의 치수, 재료 토출속도, 팁 끝 잔여재료 여부 등

26 다음 중 광학식 3D 프린터의 설계 규격의 안전사항에 기재하기에 가장 적당한 것은?

① 배출 방사능 수치 ② 제품의 크기
③ 사용 방법 ④ 주의사항

해설
안전사항 명시 : 높은 에너지 주의, 광원 직접 노출 주의, 보안경, 복장 등 주의사항 기재

27 다음 주사식 광학계에 대한 설명 중 옳지 않은 것은?

① 레이저의 파장대가 짧으면 집광된 광의 빔 크기는 작아진다.
② 초점 거리가 짧으면 집광된 광의 빔 크기는 작아진다.
③ 레이저 광의 직경이 작을수록 집광된 광의 빔의 크기는 작아진다.
④ 집광된 광의 빔 크기는 작아지면 에너지 집중도는 높아진다.

해설
레이저의 파장대가 짧고, 초점 거리가 짧으며, 레이저 광의 직경이 크면 클수록 집광된 광의 빔의 크기(W_0)는 작아진다.

28 광학계의 주요 구성물에 대한 설명으로 옳지 않은 것은?

① 빔 익스팬더를 사용하면 에너지 집중도를 조절할 수 있다.
② 반사경은 빔의 경로를 길게 하거나 변경하는 데 사용한다.
③ 초점 렌즈는 가공 전 영역에서 재료 표면이 초점면과 일치되도록 특수 렌즈를 사용한다.
④ 레이저 빔 에너지 분포는 레이저 빔 주사 위치와는 무관하다.

해설
레이저 빔의 유효 직경 및 에너지 분포
• 레이저 빔의 주사 위치에 따라서 에너지 분포가 달라진다.
• 에너지 분포를 측정하여 빔의 직경 산정이 가능하다.

29 다음 전사 방식의 광학계에 대한 설명으로 옳지 않은 것은?

① 충분히 큰 광이 입사되어야 한다.
② 수은(Mercury)램프를 많이 사용한다.
③ 365nm, 405nm의 파장대를 많이 사용한다.
④ 광원의 파장대는 사용한 재료의 광 개시제의 반응 파장대 밖에 있어야 한다.

해설
• 광원의 파장대는 사용한 재료의 광 개시제의 반응 파장대 내에 있어야 한다.
• 광 패턴 형성기에 광을 입사시켜 광 패턴을 만들기 때문에 광 패턴을 만들기에 충분히 큰 광이 입사되어야 한다.

30 다음 하이브리드 방식 중 Pick and Place 방식에 대한 설명으로 옳은 것은?

① 액상 페이스트를 사용하는 DP 재료를 광경화성 재료를 사용하는 방식

② 기계적 우수 구조물과 다양한 복합재료를 사용하여 한 번에 만들기 어려운 성형재를 성형

③ 로봇 팔을 이용하여 여러 방식의 노즐 앞에 필요에 따라 집어서 내려놓는 방식의 하이브리드 타입

④ 금속 박판을 초음파 에너지를 이용해서 기판 혹은 이전의 층과 접합시키고 CNC를 이용해서 필요 없는 부분을 잘라내면서 3차원으로 성형하는 공정

해설
① DP + 광조형 : 액상 페이스트를 사용하는 DP 재료를 광경화성 재료를 사용하는 방식
② FDM + DP : FDM에서는 기계적 우수한 구조물, DP에서는 다양한 복합재를 사용하여 한 번에 만들기 어려운 성형재를 성형
④ FDM + UC : 금속 박판을 초음파 에너지를 이용해서 기판 혹은 이전의 층과 접합시키고 CNC를 이용해서 필요 없는 부분을 잘라내면서 3차원으로 성형하는 공정

31 하이브리드형 빌드 장치 설계 규격서의 성능에 들어갈 내용으로 적당치 않은 것은?

① 중간 성형품의 정밀도, 속도 등의 정보
② 노즐, 광학계, CNC에 대한 정보
③ CNC의 경우 원하는 표면 거칠기 정보
④ 로봇의 경우 회전축, 직선 이송축 개수

해설
최종 성형품의 정밀도, 속도 등의 정보를 포함해야 한다.

32 다음 레이저의 성질 중 다른 레이저의 성질의 원인이 되는 것은?

① 직진성
② 지향성
③ 고휘도
④ 간섭성

해설
간섭성이 야기하는 레이저의 특징
• 강한 직진성
 – 일반적인 빛은 렌즈를 이용하여 가늘게 만들지만 긴 거리에서는 결국 크게 퍼진다.
 – 레이저는 가늘고 긴 관을 수만 번 왕복한 빛으로 먼 거리까지도 퍼지지 않고 직진 가능하다.
• 단색성
 – 일반적인 빛은 여러 파장의 여러 색의 빛이 섞여 존재한다.
 – 네온 사인의 방전에 의한 빛도 도플러효과에 의한 파장 폭이 존재한다.
 – 레이저는 공명상태의 빛을 방출하므로 단일 파장을 갖는 순수한 빛을 방출한다.
• 지향성
 – 레이저의 파면은 평면 또는 약간의 구면을 하고 있어 다른 방향의 파동은 없다.
 – 레이저의 출력관은 레이저 공진기의 길이 간격으로 등거리에 위치한 수백 개의 렌즈에 의하여 평행광선을 만드는 것과 같다.
 – 지향성은 레이저 광 발산각으로 나타낸다.
 – θ_d(발산각) $\cong \dfrac{\lambda(\text{파장})}{D(\text{레이저 광의 직경})}$
• 고휘도
 – 일반적인 빛은 여러 파장의 짧은 파동이 수없이 모여 있는 형태이다.
 – 레이저는 같은 파장을 갖는 많은 파동이 일제히 겹쳐 있어서 강력한 에너지를 보유하고 있다.
 – 휘도 : 단위 입체각(Solid Angle, Sterad)에서 나오는 빛의 출력밀도(W/m^2 또는 lumens/m$^{2)}$)

33 레이저 기본 구성에 대한 설명으로 옳지 않은 것은?

① 매질은 빛의 유도과정에서 증폭되어 센 빛이 나도록 하는 광 증폭기 역할을 한다.

② 출력광 전송 장치는 밀도 반전 형성 목적으로 외부에서 매질에 에너지를 공급하는 장치이다.

③ 공진기는 원통형 증폭 매질에 마주보게 설치된 한 쌍의 거울이다.

④ 레이저는 열을 유발하며 고열을 조절할 냉각 장치가 필요하다.

해설
출력광 전송 장치는 레이저를 최종 가공물까지 전달하기 위한 장치이다. 밀도 반전 형성 목적으로 외부에서 매질에 에너지를 공급하는 장치는 펌핑 매체이다.

34 IEC 60825-1에 따른 레이저 장치 위험등급 중 반사신경 동작(눈깜빡임 : 0.25s)으로도 위험으로부터 보호될 수 있는 정도는?

① 등급 1   ② 등급 1M

③ 등급 2   ④ 등급 3R

해설

① 등급 1 : 위험수준 가장 낮고 인체에 무해하다.
② 등급 1M : 등급 1과 같지만, 렌즈가 있는 광학기기 사용 시 위험하다.
④ 등급 3R : 레이저 빔이 눈에 들어오면 위험하다. 전력 5mW 이하의 레이저

35 스테핑모터에 대한 설명으로 틀린 것은?

① 특정 주파수에서 진동, 공진현상이 없으며 관성이 있는 부하에 강하다.
② 디지털 신호로 직접 오픈루프제어를 할 수 있고, 시스템 전체가 간단하다.
③ 펄스 신호의 주파수에 비례한 회전속도를 얻을 수 있으므로 속도제어가 광범위하다.
④ 회전각의 검출을 위한 별도의 센서가 필요 없어 제어계가 간단하며, 가격이 상대적으로 저렴하다.

해설

스테핑모터의 단점
• 특정 주파수에서 진동, 공진현상 발생 가능성이 있다.
• 관성이 있는 부하에 취약하다.
• 고속 운전 시에 탈조하기 쉽다.
• 토크의 저하로 DC 모터에 비해 효율이 떨어진다.

36 제팅 방식의 수평 조정에 대한 설명으로 옳은 것은?

① 수평이 맞지 않아도 충분할 만큼의 지지대가 형성된다.
② 별도의 조형 받침대가 존재하지 않아 수평 맞춤이 없다.
③ 헤드와 조형 받침대 사이의 거리가 멀지 않아 조형물이 부딪힐 가능성이 있다.
④ 수평이 제대로 이루어지지 않을 경우 노즐팁이 조형 받침대에 부딪히거나 필라멘트가 받침대에 부착이 안 될 수도 있다.

해설

① SLA 방식의 수평 조정에 대한 설명이다.
② SLS 방식의 수평 조정에 대한 설명이다.
④ FDM 방식의 수평 조정에 대한 설명이다.

37 맞물려 이송하는 물체가 이송시키는 방향의 힘이 제거된 후 힘을 받은 반대 방향으로 움직일 공간에 의해 생기는 위치 오차 현상은?

① 분해능   ② 정밀도

③ 백래시   ④ 탈조현상

해설

문제에서 설명하는 것은 백래시이며, 탈조현상은 이송 관성력에 의해 지정된 위치를 벗어나는 현상을 말한다.

38 이송장치의 분해능이 3D 프린팅에서 가장 큰 영향을 미치는 부분은?

① 내구성   ② 정밀도

③ 작업속도   ④ 안전성

해설

이송 분해능(Resolution)
• 한번 단위 신호로 움직일 수 있는 최소 이송 거리로 해상도라고도 한다.
• 분해능이 높을수록 정밀 이송이 가능하다.
• 분해능만큼 신호 입력은 가능하나, 다른 정밀도 요소를 함께 고려하여 성능을 판단한다.

39 Z축 이송만으로 조형이 가능한 3D 프린팅 방식은?

① FDM   ② DLP

③ MJ   ④ BJ

해설

DLP(Digital Light Processing)
광경화성 수지를 면(面) 단위로 경화, 적층한다. UV를 사용하며, 보석, 보청기, 의료기기 등에 사용하는 방식으로 이와 같은 면 단위 수조경화 방식은 Z축 방향의 이송만으로 충분하다. 단, 끝까지 수조에 재료를 담고 있으므로 비교적 큰 하중을 버틸 수 있어야 한다.

40 그림과 같을 때 $\overline{CH}$의 거리는?

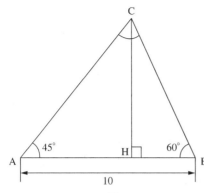

① 6.01
② 6.34
③ 6.67
④ 7

해설

삼각형 내각의 합이 180°인 까닭에 ∠ACB는 75°이므로

$\frac{\sin75°}{10} = \frac{\sin60°}{\overline{AC}}$, $\overline{AC} = \frac{\sin60°}{\sin75°} \times 10 ≒ 8.966$

$\sin45° = \frac{\overline{CH}}{\overline{AC}}$, $\overline{CH} = \overline{AC}\sin45° = 8.966 \times \frac{\sqrt{2}}{2} ≒ 6.34$

제3과목 · 3D 프린터 프로그램

41 3D 프린터 제어프로세스 중 슬라이싱된 각층의 형상을 노즐에서 나오는 재료를 통해 점과 선으로 채우는 경로를 설정하는 단계로 적절한 것은?

① 슬라이싱 파일 생성
② 공구경로 생성
③ 제어코드 생성
④ 명령 수행

해설

슬라이싱된 모델의 윤곽과 형상을 점과 선의 경로를 설정하는 것은 공구경로(Tool Path) 생성 단계이다.

42 3D 프린터가 입력된 명령어 코드에 따라 독립된 수행을 제어하며 헤드 온도조절, 모션 하드웨어 구동을 위한 하드웨어로 적절한 것은?

① 모터 드라이버
② 인코더
③ 메인 컨트롤러
④ Binder Jetting

해설

메인 컨트롤러에 대한 설명이다.

43 프로그램 개발 순서 중 각 단계에 필요한 기능, 상세 요구를 계획하여 플로 차트를 작성하는 단계는?

① 프로그램 개발 환경 결정
② 프로그램 개발 환경 인스톨 및 셋업
③ 프로그램 펑션 차트 프로그램 개발 계획
④ 일정계획

해설

구체적인 프로그래밍이 이루어지는 단계가 프로그램 펑션 차트 프로그램 개발 계획 단계이며, 이때 상세 요구를 반영하여 플로 차트를 작성해 본다.

44 3D 프린터 제어 컨트롤 보드에 내장되어 3D 프린터의 동작과 운영을 총괄하며, 시스템에서 두뇌 역할을 하는 것으로 옳은 것은?

① SP
② 레지스터
③ 마이크로프로세서
④ 메모리

해설

3D 프린터에서 각 부분의 동작과 운영을 총괄하는 것은 마이크로프로세서이다.

45 통신 방식 유형 중 하나로 별도의 타이밍 클록을 두지 않고 신호 내부에 동기값을 포함하여 송수신 장치 양측이 통신 속도를 맞춰 통신하는 방식을 의미하는 것은?

① 반이중 통신　　② 전이중 통신
③ 동기 방식　　　④ 비동기 방식

해설
④ 비동기 방식에 대한 설명이다.

46 마이크로프로세서 제어포트에 대한 설명으로 옳지 않은 것은?

① I/O 포트는 GPIO라고도 하며 데이터의 입출력에 사용된다.
② 펄스폭 변조는 PWM이라고도 하며 펄스폭의 너비를 이용하여 On시간을 조정한다.
③ A/D 포트는 MCU에서 신호를 처리하기 위해 아날로그 신호로 변환시킨다.
④ 입출력 포트를 이용하여 LED를 제어하거나, PWM신호를 이용하여 DC모터를 제어할 수 있다.

해설
③ 아날로그 디지털 컨버터의 출력은 디지털이며, MCU에서는 디지털 신호를 처리한다.

47 A/D 변환의 순서로 가장 올바른 것은?

① 양자화 – 부호화 – 표본화
② 부호화 – 표본화 – 양자화
③ 표본화 – 부호화 – 양자화
④ 표본화 – 양자화 – 부호화

해설
④ 표본화를 통해 샘플링된 진폭데이터가 설계자가 의도한 높이값으로 정리되어 2진 데이터로 변환한다.

48 피드백 제어시스템의 제어동작에 대한 설명으로 옳은 것은?

① 미분동작은 잔류편차를 없애 준다.
② 비례적분동작은 오버슈트량을 줄여 주고 응답 속도가 향상된다.
③ 비례·적분·미분동작은 과도 응답 특성을 개선하고 잔류편차를 없애 주므로 정상 상태 특성을 개선한다.
④ 비례미분동작은 목표차의 변화나 외란에 대해 항상 잔류편차가 발생한다.

해설
• 적분동작은 응답 속도가 느려진다.
• 비례제어(Proportional Control)
 – 가장 단순하며 입력과 출력이 단순 함수관계인 제어
 – 구성비용이 저렴하나 정밀도가 낮다.
 – 안정된 상태에서도 잔류편차가 있다.
 – 이득(Gain)을 조정한다.
• 미분제어(Derivative Control)
 – 입력과 출력과의 관계 속도를 제어
 – 대규모 공장 등의 정밀도보다는 적절한 속도가 중요한 곳에서 사용
 – 응답 속도를 개선한 제어이며, P제어와 함께 사용(속응성)

49 프린터 헤드가 축을 따라 이동할 때 이동 한계점 이상으로 이동하는 것을 감지하기 위한 접촉식 센서로 가장 옳은 것은?

① 인코더
② 온도 센서
③ 리밋 스위치
④ 스테핑모터

해설
③ 리밋 스위치는 한계점 이상으로 이동하는 것을 감지하는 접촉형 기계식 스위치이다.

50 다음은 3D 프린팅 G코드 프로그램의 일부이다. 이에 대한 설명으로 옳은 것은?

```
        ...
ㄱ.   G1 X80.001 Y113.001 Z5.01 F450.0 E2.8800
ㄴ.   G1 X85.254 Y115.550 E3.7850
ㄷ.   G1 X92.053 Y118.100 E5.4088
ㄹ.   G1 X100.125 Y121.524 E7.5414
        ...
```

① ㄱ.에서 노즐 이송속도를 느리게 하였다.
② 작업속도가 점점 느려지고 있다.
③ ㄹ.은 다른 지점보다 높다.
④ 토출량을 점점 늘리고 있다.

해설
① 노즐 이송속도에 대한 명령은 있으나 늘었는지 줄었는지는 알 수 없다.
② 같은 노즐 이송속도로 작업하고 있다.
③ ㄱ.~ㄹ. 의 Z 위치는 같다.
④ E 값이 점점 커지고 있어 토출량을 늘리고 있는 것을 알 수 있다.

51 시리얼(Serial) 통신에 대한 설명으로 옳지 않은 것은?

① 직렬 통신 방식이다.
② 8bit를 한꺼번에 전송 가능하다.
③ 패럴렐 통신에 비해 비용이 저렴하다.
④ 송신측과 수신측이 같은 속도로 통신속도를 설정하는 것이 필요하다.

해설
시리얼 통신은 직렬 통신 방식으로 패럴렐 통신처럼 한꺼번에 데이터 전송은 불가능하다. 그러나 소형화가 가능하고 비용이 저렴하다. 기술의 발달에 따라 빠른 전송이 가능하게 되어 근래에는 시리얼 통신을 주로 사용한다.

52 언어의 수준별 종류 중 컴퓨터가 이행하고 수행하는 하나의 언어는?

① 어셈블리어
② 원시언어
③ C 프로그램
④ 기계어

해설
기계어(Machine Language)
• 컴퓨터가 이해하고 수행하는 단 하나의 언어
• 컴퓨터를 작동시키기 위해서 0과 1로 이루어진 컴퓨터 고유 명령
• 인스트럭션 포맷
  - 컴퓨터가 이해할 수 있는 명령 형식
  - 자료 이동 및 분기 명령, 다수의 입출력 명령, 수치 및 논리 연산 세 가지로 구성
• 기계어의 명령 단위 : 동작을 지시하는 명령 코드부, 데이터 저장 위치를 기억하는 주소부로 나뉜다.
• 기계어로 작성된 파일은 오브젝트 파일(Object File)이라고 불리며 윈도우즈에서는 '.obj'라는 확장자를 가진다.

53 다음 설명하는 언어 세대는?

• 일반인이 프로그래밍 지식이 없더라도 접근할 수 있도록 만든 언어
• 각종 파라미터 언어가 이에 해당
• 보통 비절차 언어 형식을 가지고 있어 논리 과정의 기술을 필요로 하지 않음

① 2세대
② 3세대
③ 4세대
④ 간이세대

해설
언어의 세대별 분류
• 1세대 : 기계어
• 2세대 : 어셈블리어
• 3세대 : FORTRAN, COBOL 등의 순차형 언어이며, 3세대부터의 언어는 고급 언어로 분류
• 간이 언어
  - 일반인이 프로그래밍 지식이 없더라도 접근할 수 있도록 만든 언어
  - 각종 파라미터 언어가 이에 해당된다.
  - 보통 비절차 언어 형식을 가지고 있어 논리 과정의 기술을 필요로 하지 않다.
• 4세대 : 3세대보다 높은 기능의 프로그램 언어를 일반적으로 부르는 통칭이다.

54 알고리즘을 표현하는 방법으로 도형이나 차트를 이용하여 알고리즘을 구성하는 방법은?

① 자연어로 표현한다.

② 순서도로 표현한다.

③ 가상코드로 표현한다.

④ 프로그램 언어로 표현한다.

해설

알고리즘 표현 방법
• 자연어 : 말로 풀어서 표현
• 순서도 : 약속된 차트(Flow Chart)나 도형으로 구성하여 표현
• 가상코드 : Pseudo-code를 이용하여 표현
• 프로그래밍 언어 : 프로그래밍 언어를 이용하여 기술

55 아두이노(Arduino)에 대한 설명으로 옳지 않은 것은?

① 2005년 이탈리아의 디자인 학교 마시모 반지(Massimo Banzi)가 융합 인재 교육을 위해 개발한 임베디드 보드이다.

② 임베디드 지식이 전혀 없는 사람들도 쉽게 배우고 활용할 수 있도록 개발 툴이나 회로도 등을 오픈 소스 형태로 제공하고 있다.

③ 오픈 소스와 8비트 AVR CPU인 Atmel AVR을 기반으로 하는 저사양 마이크로 컨트롤러 보드로 크기가 작고 저전력의 배터리로도 구동이 가능하다.

④ 기존의 데스크탑 PC와 비슷하게 키보드, 마우스 등의 주변 기기와 연결해서 소형 PC로도 사용이 가능하다.

해설

기존의 데스크탑 PC와 비슷하게 키보드, 마우스 등의 주변 기기와 연결해서 소형 PC로도 사용이 가능한 것은 라즈베리 파이이다.

56 3D 프린터용 사용자 인터페이스를 개발할 때 다음과 같이 계열별로 그룹을 구성하고 하위에 명령을 묶어 나열했다면 어떤 방식을 선택한 것인가?

File	Setting	Printer	View	Help

① 커맨드 방식　　　　② 메뉴 방식

③ GUI 방식　　　　　④ Tool Bar

해설

① 커맨드 방식은 키보드를 이용하여 직접 대화하는 인터페이스이다.
③ GUI 방식은 그래픽을 이용하여 선택명령을 나열하는 방식이다.
④ Tool Bar는 메뉴 하단에 사용자 선택한 도구를 Bar 모양으로 묶어 놓은 것이다.

57 한 대의 컴퓨터에 작성된 공작프로그램을 이용해 여러 대의 자동공작기계를 작동하는 시스템은?

① CIM　　　　　　② CAM

③ DNC　　　　　　④ FMS

해설

자동화 용어 설명
• CAE : 컴퓨터를 이용한 공학적 해석을 담당하는 시스템, 장치 또는 프로그램을 의미
• CIM(Computer Integrated Manufacturing) : 컴퓨터를 이용한 통합 생산체제를 말하며 주문, 기획, 설계, 제작, 생산, 포장, 납품에 이르는 전 과정을 컴퓨터를 이용하여 통제하는 생산체제
• DNC(Direct Numerical Control) : 한 대의 컴퓨터에 작성된 공작프로그램을 이용해 여러 대의 자동공작기계를 작동하는 시스템
• FMS(Flexible Manufacturing System) : 자동화된 생산 라인을 이용하여 다품종 소량 생산이 가능하도록 만든 유연생산체제
• LCA(Low Cost Automation) : 저가격・저투자성 자동화는 자동화의 요구는 실현하되 비용절감을 염두에 두고 만든 생산체제

58 컴퓨터 시뮬레이션에 대한 설명으로 옳지 않은 것은?

① 선박, 항공기 등 부피가 크거나 고가의 제품의 실제작
전 성능확인을 위하여 시행한다.
② 수학적, 통계학적 기법을 적용한 함수나 방정식을 조
합한 계량 모델을 사용하여 실험한다.
③ 3D프린터에 사용하는 *.stl 데이터의 빈 메시를 확인
하기 위해 시행한다.
④ 오류의 수정없이 3D프린팅 과정에서 자체 수정이 되도
록 하기 위해 시행한다.

해설
일부 프로그램은 시뮬레이션 시 오류를 수정할 수 있도록 되어 있지만,
시뮬레이션은 실가공, 실제작 전 문제를 발견하여 수정하고자 실시한다.

59 프로그램이 여러 개의 파일로 나누어지는 경우 각 파일을
각각 컴파일하며 이것을 이용하여 각 파일을 하나의 기계
어로 만드는 역할을 하는 것은?

① 컴파일러
② 교차 컴파일러
③ 링 커
④ Hex 파일 컨버터

해설
• 컴파일러 : 고급 언어로 작성된 프로그램을 기계어로 번역하는 소프트
웨어
• 교차 컴파일러(Cross Compiler)
– 컴파일러가 수행되고 있는 컴퓨터의 마이크로프로세서가 아닌
다른 종류의 프로세서의 기계어로 번역하는 컴파일러
– 컴퓨터에서 작성한 프로그램을 컨트롤 보드의 기계어로 프로그램
을 번역하는 것과 같은 경우
• 링커(Linker) : 프로그램이 여러 개의 파일로 나누어지는 경우 각
파일을 각각 컴파일하며 링커를 이용하여 각 파일을 하나의 기계어로
만든다.
• Hex 파일 컨버터 : 링커로 만들어진 기계어 프로그램을 ROM에
전송할 때 Intel-Hex 포맷으로 만들어 준다.
• 디버거(Debugger) : 프로그램 실행 중 여러 변수, 레지스터의 상태
등을 보여 주고, 프로그래머가 문장별로 프로그램 수행 제어를 할
수 있도록 한다.
• ISP(In-System-Programmer) : ISP 포트를 사용하여 Hex 파일을
마이크로컨트롤러의 메모리에 다운로드한다.

60 다음은 슬라이싱 프로그램 사용에 관련한 설명이다. 가장
먼저 시행해야 할 것은?

가) 출력품질을 설정한다.
나) 형상을 분석한다.
다) Move, Copy 등의 작업을 한다.
라) stl 파일로 변환한다.

① 가)
② 나)
③ 다)
④ 라)

해설
모델링 프로그램에서 출력용 데이터로 변환하여 슬라이싱 프로그램에
서 불러올 수 있도록 해야 한다.

제4과목 **3D 프린터 교정 및 유지보수**

61 3D 프린터의 대화창에 온도가 표시됨에도 노즐의 온도를
직접 측정해야 하는 이유는?

① 작동 중 온도가 수시로 변하기 때문에
② 필라멘트가 삽입되면 온도가 변하기 때문에
③ 직접 측정하면서 굳어있는 소재를 녹이기 위해서
④ 대화창의 온도는 실제온도와 다를 수 있기 때문에

해설
노즐의 실제 온도와 설정 온도는 차이가 날 수 있으며 기계마다 표시창
의 온도를 보정할 수 있도록 직접 측정해야 한다. 특히 기계도입 초기에
는 여러 차례 직접 측정이 필요하다.

62 ME 방식 프린터에 히팅블록을 두는 이유는?

① 핫엔드의 열을 콜드엔드에 전달하기 위해서
② 콜드엔드의 열을 핫엔드에 전달하기 위해서
③ 핫엔드의 열을 콜드엔드에 전달하기 않기 위해서
④ 콜드엔드와 핫엔드의 기계적 구역 구분을 위해서

해설

핫엔드의 열을 단절하지 않으면 공급되는 소재에 열이 전달되고 원활한 필라멘트의 공급에 이상을 일으킬 수 있다.

63 베드 수평도 조정에 대한 설명 중 옳지 않은 것은?

① 압출 헤드를 베드의 다양한 위치로 이동시켜 가며 노즐과 베드와의 간격을 측정한다.
② 200×200mm 이내는 4점 측정한다.
③ 300×300mm 이상은 10점 이상 측정한다.
④ 간격이 불균일할 경우 수평도 조정 기능을 이용하여 조정한다.

해설

200×200mm 이내는 4점 측정하고, 그보다 큰 경우는 9점 측정한다.

64 Torture Test를 통한 출력 성능 검사 시 평가요소로 적절하지 않은 것은?

① 다양한 벽 두께 형상
② 여러 개의 원기둥 형상
③ 측면부 아치 형상
④ 소재의 선택 색상

해설

평가요소
• 다양한 벽 두께 형상 : 원하는 두께로 출력되는지 확인
• 여러 개의 원기둥 형상 : 기둥의 출력 간격, 출력 시 잔여물, 토출 정도, 토출 시점의 정확성 확인
• 다양한 형태와 크기의 구멍 형상 : 원하는 형상으로 출력되는지 확인
• 측면부 아치 형상 : 지지대 등의 정확성
• 바닥면 외팔보 형상 : 형상의 외팔보는 정상적인 출력이 어려운 모델 중 하나로 휨 발생, 적층량의 정확성 등을 통해 토출량의 정확성, 토출속도, 고형 속도 등을 확인할 수 있다.
• 그 외 작성 속도, 위치 정밀성, 수평도 등의 평가가 가능하다.

65 출력물이 바닥에 잘 붙지 않는 경우에 대한 설명으로 옳지 않은 것은?

① 베드의 수평이 맞지 않는 것이 원인의 하나이다.
② 노즐과 베드의 간격이 큰 것이 원인의 하나이다.
③ 베드의 온도를 높이는 것이 해결책의 하나이다.
④ 베드 표면을 휘발유로 코팅하는 것이 해결책의 하나이다.

해설

• 출력물 바닥 부착 불량의 원인
  – 베드의 수평이 맞지 않을 때
  – 노즐과 베드 간격이 클 때
• 해결책
  – 베드의 영점/수평도 조정 및 온도를 높여 해결한다.
  – 베드 표면에 접착제를 도포 또는 접착테이프 등을 부착하여 보완한다.

66 FDM 프린팅에서 출력물에 잔류응력이 발생하여 휘는 경우 사용 가능한 대책으로 적절한 것은?

① 소재를 금속 분말로 교체한다.
② 압출온도를 높여 본다.
③ Polycarbonate의 경우 작업실 온도를 낮춰 본다.
④ 히팅 베드를 사용해 본다.

해설

출력물 휨 불량 대책
• 사용 소재에 따른 수축 특성을 감안하여 설계를 개선한다.
• 수축 휨 불량은 출력 온도가 높을수록 심하다.
• ABS보다 용융온도가 더 높은 PC(Polycarbonate 융점 약 270~300℃), PA(Polyamide, Nylon, 융점 약 235~270℃)의 경우 챔버를 사용하여 내부온도를 올려 주는 것이 좋다.
• 히팅 베드를 사용하지 않는 경우 많이 발생하기 때문에 히팅 베드의 사용이 필요하다.
※ FDM에서는 필라멘트 형태의 소재가 사용가능하다.

67 익스트루더의 장력이 부족한 원인으로 가장 적절한 것은?

① 노즐의 높은 온도　② 필라멘트의 부족
③ 기어 기구의 결함　④ 노즐 청소 불량

해설
익스트루더의 장력 부족 원인
• 기어 기구의 물리적 결함
• 익스트루더의 장력 조절 볼트가 제대로 조여지지 않은 경우

68 전기화재의 분류는?

① A급　② B급
③ C급　④ D급

해설
화재의 분류
• A급 화재(일반화재) : 목재, 종이, 천 등 고체 가연물의 화재이며, 연소가 표면 및 깊은 곳에 도달해 가는 것을 말한다.
• B급 화재(기름화재) : 인화성 액체 및 고체의 유지류 등의 화재를 말한다.
• C급 화재(전기화재) : 전기가 통하는 곳의 전기설비의 화재이며, 고전압이 흐르는 까닭에 지락, 단락, 감전 등에 대한 특별한 배려가 요망된다.
• D급 화재(금속화재) : 마그네슘, 나트륨, 칼륨, 지르코늄과 같은 금속 화재이다.

69 고장, 품목변경에 의한 작업 준비, 금형 교체, 예방 보전 등의 시간을 뺀 실제 설비가 작동된 시간을 의미하는 것을 무엇이라 하는가?

① 조정시간　② 가동시간
③ 휴지시간　④ 캘린더시간

해설
가동시간 : 실제 가동된 시간으로, 고장, 품목변경에 의한 작업 준비, 금형 교체, 예방 보전 등의 시간을 뺀 실제 설비가 작동된 시간이다.

70 설비의 신뢰성을 평가하는 척도로 옳지 않은 것은?

① 고장률　② 고장 형태
③ 평균고장간격　④ 평균고장시간

해설
신뢰성 평가 척도는 고장률, 평균고장간격(MTBF), 평균고장시간(MTTF)이 있다.

71 결함 정도에 따른 구분으로 시스템의 요구 기능 중 일부를 수행할 수 없게 하는 결함은?

① 기능방해 결함　② 완전 결함
③ 간헐 결함　④ 부분 결함

해설
결함의 정도에 따른 결함의 구분
• 완전 결함, 기능방해 결함 : 시스템의 모든 요구 기능을 완전히 수행할 수 없게 하는 결함
• 부분 결함 : 시스템의 요구 기능 중 일부를 수행할 수 없게 하는 결함

72 다음에서 설명하는 고장분석 방법은?

• 문제 상황 파악이 잘 안 될 때, 문제의 순위를 파악할 때, 개선사항을 행동으로 옮겨야 할 때, 원인 규명 자체가 문제해결에 도움이 될 때 사용한다.
• 오른쪽 방향 수평 직선에 문제의 원인이 될 만한 요인을 위 아래로 그려 넣고 계속 가지를 치는 식으로 그려본다.
• 가장 많이 쓰는 4요인 [4M : 사람(Men), 기계(Machine), 재료(Material), 방법(Method)]을 배치하고 가지를 쳐서 그려본다.

① 파레토 차트　② 플로 차트
③ 특성요인 분석　④ FMECA

해설

특성요인 분석법
- 고장원인 분석과 해석에 가장 많이 쓰이는 방법 중 하나
- 설비 또는 시스템의 고장의 원인 규명을 위해 생선뼈(Fishbone) 모양의 특성요인도를 그림으로 분석하는 방법
- 유용한 경우
  - 문제 상황 파악이 잘 안 될 때
  - 문제의 순위를 파악할 때
  - 개선을 행동으로 옮겨야 할 때
  - 원인 규명 자체가 문제해결에 도움이 될 때
- 오른쪽 방향 수평 직선에 문제의 원인이 될 만한 요인을 위 아래로 그려 넣고 계속 가지를 치는 식으로 그림
- 가장 많이 쓰는 4요인 [4M : 사람(Men), 기계(Machine), 재료(Material), 방법(Method)]을 그림과 같이 배치하고 가지를 쳐서 그림

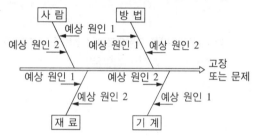

73 내구성 시험조건으로 적절한 것만 모두 골라 묶은 것은?

> ㄱ. 운용 및 환경 요소의 종류
> ㄴ. 가혹도
> ㄷ. 환경 요소의 조합과 순서에 따른 영향 등

① ㄱ, ㄴ   ② ㄱ, ㄷ
③ ㄴ, ㄷ   ④ ㄱ, ㄴ, ㄷ

해설

내구성 시험 조건
- 사용 조건에서 문제가 되는 고장 모드
- 메커니즘에 관한 정보
- 운용 및 환경 요소의 종류
- 가혹도
- 환경 요소의 조합과 순서에 따른 영향 등

74 외부시험의뢰 또는 기관 선정 시 고려사항으로 적절하지 않은 것은?

① 소비자 요구를 반영하는 시험인지 고려한다.
② 여러 신뢰성 검사를 함께 실시할 수 있는지 고려한다.
③ 필요한 기간 내에 검사가 가능한지 고려한다.
④ 시험 기관의 자체 표준을 사용하고 있는지 고려한다.

해설

외부시험의뢰 또는 기관 선정 시 고려사항
- 의뢰하고자 하는 신뢰성 시험의 목적에 따라 시험의 종류를 선택
- 소비자 요구를 반영하는 시험인지에 대한 고려
- 의뢰하고자 하는 신뢰성 검사를 수행할 수 있는 기관인지 선별
- 공신력을 가진 기관인지 선별
- 산업표준과 규정에 맞게 검사를 실시하는 지 확인
- 여러 신뢰성 검사를 함께 실시할 수 있는지 고려
- 필요한 기간 내에 검사가 가능한지에 대한 고려
- 검사 비용 및 의뢰 경제성에 대한 고려

75 다음 로고가 의미하는 것은?

$$C\epsilon$$

① 유럽공동체 안전 인증
② 미국 연방정부 전파인증
③ 중국 안전 및 품질인증
④ 일본 전기용품 안전인증기준

해설

주요 국가별 안전 인증 기준

국가명	전화번호	로 고
대한민국	전기용품안전인증(KC)	KC
미 국	미국 연방정부 안전기준(UL)	UL
미 국	미국 연방정부 전파인증(FCC)	FC
유 럽	유럽공동체 안전인증(CE)	CE
일 본	일본 전기용품 안전인증기준(PSE)	PSE
중 국	중국 안전 및 품질인증(CCC)	CCC

76 스위치/전자개폐기에 필요한 시험 규격에 따른 계측 장비 및 설비로 적당하지 않은 것은?

① 전압계
② 온도 기록계
③ 절연 저항계
④ 인장 시험기

해설

스위치/전자개폐기에 필요한 시험 규격에 따른 계측장비 및 설비
- 마이크로미터, 버니어캘리퍼스
- 전압계, 전류계, 전력계
- 온도 기록계, 열전대 온도계
- 전압 조정기, 절연 저항계, 내전압 시험기

77 다음 중 나머지 셋과 성격이 다른 시험은?

① EMC
② EMS
③ EMI
④ 접지도통시험

해설

①, ②, ③은 전자파 적합성 시험이며 접지도통시험은 전기안전시험이다.

78 삼차원프린팅산업진흥법의 시행령에 명시된 품질인증 신청서에 들어갈 내용으로 필요 없는 것은?

① 신청인
② 사무실 주소
③ 품질인증 대상
④ 전년도 세금신고내역

해설

품질인증의 절차 등(삼차원프린팅산업진흥법 시행령 제5조)
법 제10조제3항에 따라 품질인증을 받으려는 자는 품질인증을 실시하는 소관 중앙행정기관의 장이 정하여 고시하는 품질인증 신청서를 작성하여 인증기관의 장에게 제출하여야 한다. 이 경우 품질인증 신청서에는 다음의 사항이 포함되어야 한다.
- 신청인의 성명(법인인 경우에는 법인의 명칭 및 대표자의 성명을 말한다)
- 사무실의 주소 및 연락처
- 품질인증 대상의 명칭 및 모델명

79 삼차원프린팅산업진흥법의 시행규칙에 따른 안전교육 내용으로 적절하지 않은 것은?

① 삼차원프린팅 기술 및 제품 관련 법령 및 제도
② 삼차원프린팅 장비·소재 등의 제작 환경 관리
③ 사업자의 건강 및 안전관리
④ 유형별 위험상황에 대한 비상 대처 방안

해설

안전교육의 내용 및 방법 등(삼차원프린팅산업진흥법 시행규칙 제3조)
삼차원프린팅산업 진흥법에 따른 안전교육의 내용은 다음과 같다.
- 삼차원프린팅 기술 및 제품 관련 법령 및 제도
- 삼차원프린팅 장비·소재 등의 제작 환경 관리
- 근로자의 건강 및 안전관리
- 유형별 위험상황에 대한 비상 대처 방안
- 그 밖에 과학기술정보통신부장관이 정하여 고시하는 내용

80 삼차원프린팅 관련 제품 이용자의 숙지사항(제3호 관련) 중 다음 기술하는 내용의 대상 기술은?

> 적층 접착 시 사용되는 순간접착제에 포함된 화학물질의 독성위험 주의

① SLA
② SLS
③ FFF
④ LOM

해설

- SLA
  - 사용된 수지 및 수조에 남은 재료는 환경오염 가능성이 있으므로 폐기물 처리 전용 방식으로 처리해야 한다.
  - 액체 또는 경화되지 않은 상태에서는 유해 가능성이 있으므로 나이트릴 장갑과 같은 특수장갑을 사용한다.
  - 두통이나 메스꺼림을 유발하는 악취에 유의해야 하므로 가정 내 설치 및 사용은 권장하지 않는다.
  - 레이저 사출구에 대한 안전장치 제공 등
- SLS
  - 분말입자는 $20\sim100\mu m$
  - 제작 시 방출되는 소미세입자는 폐에 침투될 수 있으므로 흡입하면 안 된다.
  - 제품 해체 시 보호마스크 착용 필수
- FFF
  - ABS, PLA 등 필라멘트형 원료는 가열될 때 냄새가 심하고 독성물질 배출 위험성이 있으므로 실내 환기 또는 공기정화필터 등 필수
  - 후처리(가공) 작업 등에서 사용되는 아세톤 등 화학물질 독성위험에 주의해야 한다.

합격에 윙크(Win-Q)하다!

Win-Q
3D프린터개발산업기사

2021년 최근 기출복원문제

제 3 편

최근
기출복원문제

제1과목
3D 프린터 회로 및 기구

01 3D 프린터 구동에 관한 설명으로 옳지 않은 것은?

① 3축 구동이 필요한 기계이다.
② 모터를 이용하여 벨트를 구동하기도 한다.
③ 볼 스크루를 이용하여 모터를 작동시킨다.
④ 직선으로 직접 구동되는 모터를 리니어모터라고 한다.

해설

3D 프린터는 모터를 이용하여 벨트를 구동하는 방식과 볼 스크루를 구동하는 방식이 있으며, 리니어모터를 이용하여 직선운동을 시키기도 한다.

02 병렬로봇에 대한 설명으로 옳지 않은 것은?

① 엔드 이펙터(End-effector)가 두 개 이상의 다리에 의해 지지된다.
② 회전각 증대를 위해 2개의 다리가 1개의 유니버설 조인트로 이동 플랫폼에 연결된다.
③ 고속, 고가속력이며 자중에 비해 강성이 높고, 고정밀도를 표현한다.
④ 구조가 간단하고 공간을 적게 차지하며, 비접촉식이어서 소음 및 마모가 작다.

해설

구조가 간단하고 공간을 적게 차지하며, 비접촉식이어서 소음 및 마모가 작은 것은 리니어모터에 대한 설명이다.

03 다음에서 설명하는 스테핑모터의 종류는?

- 회전자와 고정자에 극성을 일치시켜 스텝을 형성한다.
- 회전 방향과 전류의 극성은 서로 무관하다.

① 가변 릴럭턴스형
② 영구자석형
③ 하이브리드형
④ 무회전형

해설

스테핑모터의 종류
- 가변 릴럭턴스형[VR(Variable Reluctance) Type] : 회전자와 고정자에 극성을 일치시켜 스텝을 형성하며, 회전 방향과 전류의 극성은 서로 무관하다.
- 영구자석형[PM(Permanent Magnet) Type] : 회전 방향은 전류의 극성에 따르며 회전자에 영구자석을 적용하고 구조가 간단하며 저렴하다.
- 하이브리드형(Hybrid Type) : 가변 릴럭턴스형과 영구자석형의 복합형으로, 회전 방향은 전류의 극성에 따른다. 2극식 구동방식이며, 고정자 영구자석을 8극 배치한다.

04 서보모터 시스템에 대한 설명으로 옳지 않은 것은?

① 리졸버는 서보기구에서 회전각을 검출하는 데 전기적 원리를 사용하여 검출하는 전기기기이다.
② 커플링은 NC 기계의 동력 전달을 위해 서보모터와 볼 스크루축을 직접 연결하여 연결 부위의 백래시 발생을 방지하는 기계요소이다.
③ 퍼텐쇼미터는 전기, 자기, 광학 등 디지털 신호를 발생시켜 위치 및 속도 검출이 가능하도록 하는 기구이다.
④ 태코미터는 회전속도계이며, rpm 등 자동차 내부 계기판에 있는 회전수를 지시하는 계기이다.

해설

- 인코더는 전기, 자기, 광학 등 디지털 신호를 발생시켜 위치 및 속도 검출이 가능하도록 하는 기구이다.
- 퍼텐쇼미터는 회전체의 각도를 검출하는 용도나 볼륨 조절 용도로도 사용하며, 전체 행정거리를 0~10V의 신호전압으로 검출하는 원리를 사용한다. 퍼텐쇼미터의 출력은 아날로그 전압을 출력한다.

05 5상 스테핑모터의 분해능에 관한 설명 중 옳은 것은?

① step당 1.8°의 분해능을 갖고 있다.

② 1회전은 200step이다.

③ 이론 스텝 각도와 실제 측정 각도는 일치한다.

④ 50step을 진행하면 36°를 회전한다.

해설
- 분해능 × 펄스의 수(단, 분해능은 1step당 회전 각도)
- 많이 사용하는 5상과 2상의 분해능
  – 5상 : 0.72°/step(1회전 500step으로 구성)
  – 2상 : 1.8°/step(1회전 200step으로 구성)
- 회전량(°) = 스텝각 × 펄스 수
- 스텝 각도의 정(확)도 : 이론 스텝 각도와 실제 측정 각도의 차이

06 다음 회로의 전류값은?

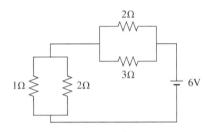

① 1A

② $\frac{6}{11}$ A

③ $\frac{45}{14}$ A

④ $\frac{45}{4}$ A

해설

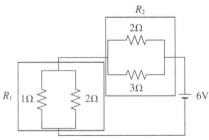

위 그림처럼 왼쪽 병렬 부분의 합성 저항을 R_1 이라 하고, 오른쪽 병렬 부분의 저항을 R_2 라고 할 때 이 회로의 합성 저항은

$$\frac{1}{1} + \frac{1}{2} = \frac{1}{R_1}, \ R_1 = \frac{2}{3}\,\Omega, \ \frac{1}{3} + \frac{1}{2} = \frac{1}{R_2}, \ R_2 = \frac{6}{5}\,\Omega$$

$$R_T = R_1 + R_2 = \left(\frac{2}{3} + \frac{6}{5}\right) = \frac{28}{15}\,\Omega$$

$$I = \frac{V}{R_T} = \frac{6}{\frac{28}{15}} = \frac{6 \times 15}{28} = \frac{45}{14}\,\text{A}$$

07 다음 그림에서 $i_1 = 6\text{mA}$, $i_2 = 8\text{mA}$, $i_3 = 3\text{mA}$라면 i_4의 값은?

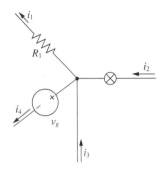

① 3mA
② 4mA
③ 5mA
④ 12mA

해설
키프히호프 제1법칙을 이용한 문제이다.
$$i_1 + i_4 = i_2 + i_3$$
$$6\text{mA} + i_4 = 8\text{mA} + 3\text{mA}$$
$$i_4 = 5\text{mA}$$

08 '닫힌 회로 내에서 모든 전압의 합은 0이다.'라는 이론은?

① 키르히호프 제1법칙

② 키르히호프 제2법칙

③ 테브난의 정리

④ 노턴의 정리

해설
③ 테브난의 정리 : 회로의 임의의 지점에서 전류나 전압을 구하며, 복잡한 회로를 하나의 전원과 하나의 임피던스로 단순화하여 정리한 것이다.
④ 노턴의 정리 : 하나의 전원과 하나의 임피던스로 단순화할 때 임피던스를 R_L 과 병렬로 배치하여 정리한 것이다.
※ 노턴의 정리와 테브난의 정리는 쌍대관계이다.

09 다음 반도체 종류에 대한 설명으로 옳지 않은 것은?

① 쇼트키 배리어 다이오드 : 금속과 반도체가 접촉할 때 생기는 쇼트키 배리어를 이용한다. 상승전압이 낮고 한쪽 단자가 금속이므로, 고속 스위칭이 가능하다.

② Pin 다이오드 : 정전용량의 감소를 목적으로 하며 P형 반도체와 N형 반도체 사이에 진성 반도체를 삽입한다. 고속 스위칭이 가능하다.

③ 터널 다이오드 : 터널효과를 이용하고 부성저항 영역을 가진다. 마이크로파 발생원에 많이 사용한다.

④ 정전압 다이오드 : PN 접합에 역전압을 인가한 경우에 단자 사이의 정전용량이 변화하는 다이오드로 라디오 등의 전자 동조 회로에 많이 사용한다.

해설

가변용량 다이오드
• PN 접합에 역전압을 인가한 경우에 단자 사이의 정전용량이 변화하는 다이오드이다.
• 라디오 등의 전자 동조 회로에 많이 사용한다.

10 검사용 지그에 대한 설명으로 적당한 것은?

① 드릴, 밀링, 선반, 연삭, MCT 작업을 위한 지그

② 측정, 형상, 압력시험, 재료시험 등을 위한 지그

③ 나사 체결, 리벳, 접착, 기능 조정, 프레스 압입 등을 위한 지그

④ 위치 결정용, 자세 유지, 구속용, 회전 포지션, 안내, 비틀림 방지를 위한 지그

해설

• 가공용 지그 : 드릴, 밀링, 선반, 연삭, MCT, CNC, 보링, 기어 절삭, 브로치, 래핑, 평삭, 방전, 레이저 작업 등을 위한 지그
• 조립용 지그 : 나사 체결, 리벳, 접착, 기능 조정, 프레스 압입 등을 위한 지그
• 용접용 지그 : 위치 결정용, 자세 유지, 구속용, 회전 포지션, 안내, 비틀림 방지를 위한 지그
• 검사용 지그 : 측정, 형상, 압력시험, 재료시험 등을 위한 지그

11 다음 그림과 같은 결과가 나오는 정류회로의 명칭은?

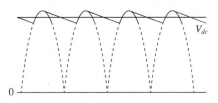

① 반파정류회로

② 전파정류회로

③ H-bridge 정류회로

④ 커패시터 평활회로

해설

커패시터 평활회로
• 정류회로의 부하저항에 커패시터를 병렬로 연결하면 전류가 약해지는 시기에 커패시터가 방전하여 비교적 평활한 전류를 생성한다.

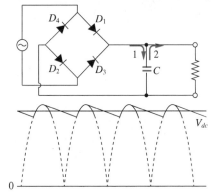

• 전류가 흐를 때 1로 받아뒀다가 흐르지 않을 때 2로 방출하여 그림과 같은 파형이 생성된다.

12 회로 도면에서 수정 발진기(Crystal Oscillator)를 나타내는 부품 기호는?

①
 ③
②
 ④

해설

① 커패시터
③ 발광다이오드
④ 선택형(2극) 스위치

13 3D 프린터의 주요 부품 중 다음 그림에 해당하는 부품은?

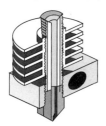

① 감속 장치
② 익스트루더
③ 스테핑모터
④ 핫엔드 노즐

해설
핫엔드는 압출성형부로 고형 필라멘트를 반용융하여 배출하고 성형하는 역할을 담당한다.

14 얼마나 진짜 원에 가까운지를 가상의 완벽한 두 동심원 사이에 원이 존재하도록 배치하여 간격을 표현하는 기하공차의 기호는?

① ——   ② ▱
③ ○   ④ ⌀

해설

기 호	공차의 종류	대략의 의미 및 표현방법
——	진직도	얼마나 진짜 직선에 가까운지를 임의거리의 임의 간격 동심원 안에 있는지로 표현한다.
▱	평면도	얼마나 평평한지를 가상의 완벽한 두 평면 사이에 존재하도록 배치하여 간격을 표현한다.
⌀	원통도	얼마나 진짜 원에 가까운지를 가상의 완벽한 두 원통 사이에 원통이 존재하도록 배치하여 간격을 표현한다.

15 3D 형상모델링 방식 중 면을 생성하여 모델을 표현하여, 선으로 표현할 수 없는 기하학적인 형상을 표현할 수 있는 방식은?

① Wire Frame Model
② Surface Model
③ Solid Model
④ Engineering Model

해설
서피스 모델링(Surface Modeling)
• 면을 생성하여 모델을 표현한다.
• 선으로 표현할 수 없는 기하학적인 형상을 표현할 수 있다.
• 면을 적층하여 모델을 표현하므로 면 단위 3차원 작업(3D 프린팅, NC가공)에 유리하다.
• 작업속도가 상대적으로 높고 적은 용량을 차지한다.

16 출력 시 냄새가 거의 나지 않는 것이 특징이고, Heating Bed가 아니더라도 Bed에 접착이 잘되어 수축에 강한 소재는?

① PLA
② ABS
③ 유 리
④ 나무 소재

해설
PLA(Poly Lactic Acid) : 옥수수나 사탕수수에서 추출한 생분해성 플라스틱 소재로서, DLP 방식과 FDM 방식에서 모두 사용 가능하다. 셀룰로스, 리그닌, 전분, 알긴산, 바이오 폴리에스터, 폴리아민산, 폴리카프로락탐, 지방족 폴리에스터 등이 있으며, 출력 시 냄새가 적고 베드에 접착이 잘되며 내수축성이 좋다.

17 가볍고 고강도이고, 생체 적합성이 우수하며 융점이 1,668℃인 3D 프린팅 금속소재는?

① 타이타늄(Ti)
② 스테인리스 스틸
③ 마레이징 스틸
④ 알루미늄 합금

해설
② 스테인리스(Stainless Steel) : 내식성이 좋고, 견고하다. 융점은 제품별로 다르며, 1,400℃ 이상이다.
③ 마레이징(Maraging Steel) : 전성을 잃지 않으면서 경도, 강도가 좋고 내마모성이 우수하다.
④ 알루미늄 합금 : 가볍고 기계적 특성이 우수하고 열 특성이 좋다.

18 다음에서 설명하는 플라스틱 재료는?

> • 열경화성 수지 중 망구조가 약하다.
> • 상온에서 높은 탄성을 보유한 합성고무이다.
> • PDMS, 폴리우레탄 등이 있다.

① PET
② 반결정성 수지
③ 단량 불포화 탄화수소
④ 엘라스토머

해설
엘라스토머(Elastomer)
• 열경화성 수지 중 망구조가 약한 것을 엘라스토머(Elastomer)로 구분한다.
• 상온에서 높은 탄성을 보유한 합성고무이다.
• PDMS, 폴리우레탄 등이 있다.

19 재료에 안전한 하중이라도 계속적, 지속적으로 반복하여 작용하였을 때 파괴가 일어나는지를 알아보는 시험은?

① 파단시험
② 피로시험
③ 충격시험
④ 경도시험

해설
① 파단시험 : 어떤 경우에 재료에 파단이 일어나는지 시험편을 이용하여 직접 파단을 일으켜 보는 시험
③ 충격시험 : 얼마만큼 큰 충격에 견디는가에 대한 시험
④ 경도시험 : 얼마나 표면이 딱딱한지 알아보는 시험

20 다음에서 설명하는 3D 프린팅 방법은?

> • 수지 분사 단위가 μm로 높은 해상도의 형상 제작이 가능하다.
> • 자동동작 및 높은 정밀도
> • X 방향의 구동축 + 엘리베이터 타입의 Z축
> • MJP(Multi Jet Printing), Polyjet, DoD(Drop on Demand) 등의 방식이 존재한다.

① 소재분사방식
② 광중합방식
③ 분말소결방식
④ 결합제 분사방식

해설
소재분사방식(Material Jetting)
• 잉크젯 프린팅 방식을 광경화성 분말수지를 이용하여 적용한 방법이며, 뿌려진 수지에 층별 빛을 뿌려 경화시킨다.
• 수지 분사 단위가 μm로 높은 해상도의 형상 제작이 가능하다.
• 자동동작 및 높은 정밀도
• X 방향의 구동축 + 엘리베이터 타입의 Z축
• MJP(Multi Jet Printing), Polyjet, DoD(Drop on Demand) 등의 방식이 존재한다.

제2과목 **3D 프린터 장치**

21 다음 그림과 같은 노즐을 통과하는 유체의 입구 유속(V_{in})과 출구 유속(V_{out}) 사이의 관계로 옳은 것은?

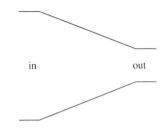

① $V_{in} = V_{out}$
② $V_{in} \geq V_{out}$
③ $V_{in} > V_{out}$
④ $V_{in} < V_{out}$

해설

노즐 : 단면적의 크기가 좁게 변화하면서 유체의 유속이 증가하게 하는 장치이다.

22 노즐의 규격 중 제품의 정밀도에 가장 영향을 주는 것은?

① 팁의 직경
② 팁의 길이
③ 헤드의 무게
④ 헤드의 크기

해설

노즐의 크기 규격 중 노즐 팁의 직경은 분사물의 dpi와 연관이 있어 제품의 정밀도와 가장 연관되어 있다.

23 3D 광학기술의 주사 방식에 대한 설명으로 옳지 않은 것은?

① 집광된 빔을 이용해서 수지 표면을 Scanning하는 방식이다.
② 집광장치가 필요한 방식이다.
③ 광원으로는 주로 레이저를 이용한다.
④ 광원의 파장은 주로 적외선 파장을 사용한다.

해설

주사 방식

• 집광된 레이저 빔을 이용해서 수지 표면을 주사(Scanning) 또는 해칭(Hatching)하여 빛이 닿은 부위의 수지를 광경화시켜 고체 단면을 형성한다.
• 광원 장치, 주사 장치, 집광 장치가 필요하다.
• 광원 : 주로 자외선 레이저 사용한다. 자외선 파장대에서 광경화 반응을 하는 재료를 사용한다.

24 초점면에서의 레이저 빔의 크기(W)와 레이저의 파장(a), 광학계로 입사하기 전의 레이저 빔의 직경(D) 및 광학계의 초점거리(F) 간의 상관관계식으로 옳은 것은?

① $W = \left(\dfrac{4\pi}{a} \times \dfrac{F}{D} \right)^2$
② $W = \left(\dfrac{4\pi}{a} \times \dfrac{D}{F} \right)^2$
③ $W = \left(\dfrac{4a}{\pi} \times \dfrac{F}{D} \right) \times \dfrac{1}{2}$
④ $W = \left(\dfrac{4a}{\pi} \times \dfrac{D}{F} \right) \times \dfrac{1}{2}$

해설

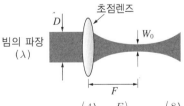

$$2W_0 = \left(\frac{4\lambda}{\pi} \times \frac{F}{D} \right), \ \text{DOF} = \left(\frac{8\lambda}{\pi} \times \frac{F}{D} \right)^2$$

25 광학계 평가 방법에 대한 설명으로 옳지 않은 것은?

① 주사 방식 공정에서는 빔 프로파일러(Beam Profiler) 또는 빔 이미저(Beam Imager) 등으로 레이저 빔 초점의 직경의 크기, 빔의 모양 및 파워를 측정한다.

② 전사 방식 공정에서는 임의의 시편을 제작해서 그 치수 및 오차를 측정하여 광 패턴의 정밀도를 평가한다.

③ 주사 방식 공정은 미리 준비한 시편 모델을 직접 가공하고 그 크기를 다양한 측정 방법으로 측정하여, 간접적으로 레이저 빔에 대한 크기, 모양, 파워 등도 측정할 수 있는 방법이다.

④ 전사 방식 공정에서는 빔 프로파일러를 이용해서 특정 위치에서의 광 패턴의 파워 밀도를 측정한다.

해설
전사 방식 공정에서는 표준 시편을 제작해서 그 치수 및 오차를 측정하여 광 패턴의 정밀도를 평가한다.

26 하이브리드형 빌드 장치 설계의 규격서 중 로봇에 대해 작성해야 하는 항목이 아닌 것은?

① 위치정밀도
② 로봇의 회전축의 개수
③ 직선 이송축의 개수
④ 절삭시간 및 가공속도 정보

해설
절삭시간 및 가공속도 정보는 CNC에 대해 기재해야 하는 정보이다.

27 다음에서 설명하는 하이브리드 방식은?

- 액상 페이스트를 사용하는 DP 재료를 광경화성 재료로 사용하는 방식이다.
- 광학 파이버, 광렌즈를 이용한 집광을 통해 토출된 재료만 경화시켜야 하며, 노즐 안 재료까지 경화되지 않도록 주의한다.

① DMLS + CNC 머시닝
② DP + 광조형
③ FDM + DP
④ FDM + UC(Ultrasonic Consolidation)

해설
① DMLS + CNC 머시닝
- DMLS(Direct Metal Laser Sintering) 금속 파우더를 이용하는 SLS 공정 후 CNC 머시닝을 병행한다.
- 금속 파우더를 이용하는 경우 표면 정도의 약점을 극복하기 위하여 머시닝 가공을 결합한 개념이다.
③ FDM + DP
- FDM에서는 열가소성 재료만 사용하고, DP에서는 유동성이면서 열경화성 재료를 사용한다.
- FDM에서는 기계적 성질이 우수한 구조물을, DP에서는 다양한 복합재를 사용하여 한 번에 만들기 어려운 성형재를 성형한다.
④ FDM + UC(Ultrasonic Consolidation)
- UC : 초음파 에너지를 이용해서 금속 박판을 기판 혹은 이전의 층과 접합시키고, CNC를 이용해서 필요 없는 부분을 잘라내면서 3차원으로 성형하는 공정이다.

28 다음 레이저에 관한 설명 중 유도흡수(Stimulated Absorption)에 관한 설명은?

① 자연방출에 이르지 못하였지만 높은 준위의 에너지를 갖고 있던 광자가 외부의 같은 진동수와 위상을 갖는 광자를 만나면 몇 개의 같은 상황에 있는 전자를 재결합하게 하여 동일 파장의 광자를 방출하는 것

② 원자가 높은 에너지 상태에서 낮은 에너지 상태로 변화하면서 그 차이에 해당하는 빛을 자가적으로 방출하는 것

③ 낮은 준위에 있는 원자에 진동수가 있는 빛을 입사하면 원자는 광자를 흡수하여 높은 준위로 전이할 수 있고, 이렇게 입사광 에너지를 흡수하는 것

④ 방출이 가능한 높은 준위의 원자수를 늘리는 것

[해설]
①은 유도방출, ②는 자발방출, ④는 밀도반전에 관한 설명이다.

29 간섭성이 야기하는 레이저의 특징 중 공명 상태의 빛을 방출하므로 단일 파장을 갖는 순수한 빛을 방출하는 성질은?

① 직진성
② 단색성
③ 지향성
④ 고휘도성

[해설]
단색성
• 일반적인 빛은 여러 파장의, 여러 색의 빛이 섞여 존재한다.
• 네온사인의 방전에 의한 빛도 도플러효과에 의한 파장 폭이 존재한다.
• 레이저는 공명 상태의 빛을 방출하므로 단일 파장을 갖는 순수한 빛을 방출한다.

30 레이저의 특징으로 옳지 않은 것은?

① 빛이 퍼지지 않고 일정한 방향으로 직진한다.
② 파장과 위상이 안정되어 있다.
③ 비접촉 가공이 가능하다.
④ 느린 가공에 적합하다.

[해설]
레이저는 빠른 가공에 적합하다.

31 다음에서 설명하는 레이저는?

• 인류 최초의 레이저 광과 같은 종류이다.
• 파장 694nm의 레이저이다.
• 출력이 작고 냉각시키는 데 시간이 소요된다.

① 루비 레이저
② Nd:유리 레이저
③ Gas Laser
④ He-Ne 레이저

[해설]
고체 레이저
• 인조 루비에 의한 인류 최초의 레이저 광은 고체 레이저이다. 고체 레이저의 매질은 활성 원자를 균일하게 분포한 결정이나 유리질로 구성되며 전자기파를 왕복시키기 위해 투명체여야 한다.
• 들뜸 광원(에너지 준위를 높이도록 하는 광원) : 플래시 램프, 아크램프, 레이저 다이오드 등
• 고체 레이저는 플래시램프 등의 들뜸용 광원과 레이저 매질, 그것을 중간에 끼고 있는 두 장의 반사경(공진기 또는 증폭기)으로 구성되어 있다.

32 레이저의 기본 구성이 아닌 것은?

① 매 질
② 공진기
③ 전원장치
④ 노 즐

해설

레이저의 기본 구성 : 매질, 펌핑 매체, 공진기, 전원장치, 냉각장치, 출력광 전송장치, 레이저 발진장치 등

34 레이저 관련 주의 표시 중 절단 헤드에 설치할 표시로 적당한 것은?

①   ②

③   ④

해설

레이저 관련 경고 및 주의 표시

표 시	내 용	적용 위치
	고전압 위험 경고	• MSC 보호판 • 발진기의 보호커버
	레이저 방사 위험 경고	• 절단 헤드 • 발진기
	반사되거나 산란되는 레이저 빔 경고	• 반사면이 있는 부분 • 레이저 발원부
5.0″	절단 헤드의 초점 길이를 인치 단위로 표시	절단 헤드
	전압 위험 경고	컨트롤 캐비닛
	호흡이 편한 마스크를 착용할 것	집진 장치
	손이 다칠 수 있음을 경고	메인 테이블 내 자재 클램프
	폭발 위험, 열, 화염 접촉 시 폭발 위험 가스 누출로 인한 폭발 위험 경고	가스공급 라인
	• 장비에 열원점화원 접촉 금지 • 집진장치로 인한 화재 위험 경고	집진 장치

33 IEC 60825-1에 따를 때 반사신경 동작(눈 깜빡임 : 0.25s)으로도 위험으로부터 보호될 수 있는 정도의 등급은?

① 등급 1
② 등급 1M
③ 등급 2
④ 등급 2M

해설

• 등급 1 : 위험 수준이 가장 낮고, 인체에 무해함
• 등급 1M : 등급 1과 같지만, 렌즈가 있는 광학기기 사용 시 위험
• 등급 2 : 반사신경 동작(눈 깜빡임 : 0.25s)으로도 위험으로부터 보호될 수 있는 정도
• 등급 2M : 등급 2와 같지만, 렌즈가 있는 광학기기 사용 시 위험

35 인코더 중 점진적으로 증가하는 방식을 쓰는 것으로 인코더가 돌아갈 때 발생되는 파형의 횟수를 측정해 회전축의 회전속도를 측정하는 방식은?

① 인크리멘탈 인코더
② 앱솔루트 인코더
③ 리졸버
④ 리니어 인코더

해설

인크리멘탈 인코더(Incremental Encoder) : 점진적으로 증가하는(더하는) 방식을 쓰는 것으로, 인코더가 돌아갈 때 발생되는 파형의 횟수를 통해 회전축의 회전속도를 측정한다. 일정한 방향으로 회전하는 기기에 사용하기 적합한 방식으로, DC 모터와 같이 돌아가는 기기의 속도를 정밀하게 측정할 때 적합하다.

36 다음에서 설명하는 동력전달장치는?

• 모터가 발생시킨 동력을 직선 이송으로 나타내기 위해 사용한다.
• 이송 대상의 경로를 만들고 무게를 지탱하며 정밀도를 유지한다.
• 단면의 모양은 다양하며 볼을 사용하기도 하고 직접 접촉식을 사용하기도 한다.

① 마찰차　　　　② 로프
③ 기어-벨트　　④ 직선 이송 가이드

해설

직선 이송 가이드
• 모터가 발생시킨 동력을 직선 이송으로 나타내기 위해 직선 가이드를 사용한다.
• 이송 대상의 경로를 만들고 무게를 지탱하며 정밀도를 유지한다.
• 단면의 모양은 다양하며 볼을 사용하기도 하고 직접 접촉식을 사용하기도 한다.

37 이송장치 부품 선정 시 고려사항에 관한 설명으로 옳지 않은 것은?

① 이송 분해능은 한 번 단위 신호로 움직일 수 있는 최대 이송거리로 해상도라고도 한다.
② 이송정밀도는 지정된 위치에 대한 이동 지시에 대한 정밀도로 입력 신호와 실제 이동된 위치와의 오차 정도를 의미한다.
③ 위치오차가 생기더라도 반복적으로 비슷한 크기의 오차를 가지면 반복정밀도가 높다고 한다.
④ 이송 관성력에 의해 지정된 위치를 벗어나는 현상을 탈조현상이라고 한다.

해설

이송 분해능은 한 번 단위 신호로 움직일 수 있는 최소 이송거리로 해상도라고도 한다.

38 조형 방식별 고려 사항이다. 다음에서 설명하는 이송제어 방식은?

• X, Y축을 동시에 제어하지 않는다.
• Z축은 하중을 고려하여 제어한다.
• 산업용 제팅 방식 프린터에서는 비교적 높은 정밀도의 X, Y, Z축이 사용된다.

① X, Y축 동시제어
② X, Y축 개별제어
③ X, Z축 이송 방식
④ Z축 이송 방식

해설

각각의 3D 프린팅에서 그 특징과 필요에 따라 X, Y, Z축(Cartesian 좌표계) 이송 방식은 각 축을 따로 이송하거나 두 축을 연계하여 이송하는 방식을 사용한다. 일반적으로 X, Y축은 평면을 이루는 축이므로 평면에서 함께 이송하고 Z축을 이송하는 방식을 많이 사용하지만, 그 특징에서 따라 X, Y축을 개별 이송하기도 한다. 높은 정밀도를 요청하는 산업용 제팅 방식에서 많이 사용한다.

39 다음 중 접촉식 변위 측정 방식은?

① LVDT

② 자기저항식 변위 센서

③ 정전용량형 변위 센서

④ 초음파 변위 센서

해설

LVDT(Linear Variable Differential Transformer)

• 솔레노이드 코일과 자석을 이용하여 전기 신호를 감지하고, 거리를 측정하는 방식이다.

• 원리 : 직선운동이 가능한 철심을 장착하고 철심이 이동하면 2차 코일이 상호 유도현상에 따라 변압되도록 설계한다.

• 프로브의 접촉에 의해 감지한다.

• 용도상 센서의 일종으로 취급한다.

• 비교적 정밀도가 높으며 반복정밀도 및 재현성이 우수하다.

• 자동차, 항공기, 로봇 분야에서 위치 센서로 많이 사용한다.

• 3차원 프린팅의 수평 인식을 위한 위치 측정에 사용이 가능하다.

40 거리 측정 센서의 분석 시 고려 사항에 대한 설명으로 옳지 않은 것은?

① 가공 중 수평을 맞춰야 하는 경우는 비교적 측정 범위가 넓어야 한다.

② 최소로 읽을 수 있는 센서거리의 단위는 적층 두께보다 훨씬 작아야 한다.

③ 적층 두께 대비 5% 미만의 반복정밀도가 필요하다.

④ 측정한 거리가 직선거리인지 살펴보고 그렇지 않다면 직선거리로의 환산이 필요하다.

해설

거리 측정 센서 분석 시 적층 두께 대비 1% 미만의 반복정밀도가 필요하다.

제3과목 3D 프린터 프로그램

41 슬라이싱 프로그램 사용에 관한 설명으로 옳지 않은 것은?

① 표준화된 *.stl 모델 파일을 불러와서 작업을 시작한다.

② 모델을 가공 프로그램인 G-code로 변환하는 프로그램이다.

③ 슬라이싱 프로그램을 이용하여 가공 품질을 설정할 수 있다.

④ 모델의 복사, 크기 변화, 위치 지정 등은 모델링 프로그램에서 지정된 대로 작업한다.

해설

슬라이싱 프로그램 사용 방법

1. 출력용 데이터(*.stl파일)를 불러온다.

2. 형상을 분석하고 지지대 사용 계획을 수립한다.

3. 정중앙에 배치하고, 모델을 클릭한 후 Move(이동), Copy(복사), Rotate(회전), Scale(비율 확대/축소) 등을 이용하여 모델을 확정한다.

4. 출력 품질 설정을 실시한다.

   • 지지대(Support) 설정 : 영역(없음, 부분, 전체), 형태(Line, Grid, 채움)

   • 본체의 내부채움(Infill) 정도

   • 기초면(Platform, Build Plate) 설정 : 없음(None), 간격을 둔 테두리 출력(Skirt), 접지면 증량(Brim), 기초 생성(Raft)

   • 적층값 : 한 번에 쌓는 재료의 양

   • 면(Surface) 두께 지정

   • 그 외 Advanced 지정

5. 적층값을 활용하여 슬라이싱을 실시한다.

42 3D 프린터 개발에 필요한 소프트웨어에 대한 설명으로 옳지 않은 것은?

① 컴파일러는 기계어로 작성된 프로그램을 고급언어로 번역하는 소프트웨어이다.

② 프로그램이 여러 개의 파일로 나누어지는 경우 각 파일을 각각 컴파일하며, 링커를 이용하여 각 파일을 하나의 기계어로 만드는 프로그램을 링커(Linker)라고 한다.

③ 디버거(Debugger)는 프로그램 실행 중 여러 변수, 레지스터의 상태 등을 보여 주고, 프로그래머가 문장별로 프로그램 수행 제어를 할 수 있도록 한다.

④ 링커로 만들어진 기계어 프로그램을 ROM에 전송할 때 Intel-Hex 포맷으로 만들어 주는 프로그램을 Hex 파일 컨버터라고 한다.

해설

컴파일러는 고급언어로 작성된 프로그램을 기계어로 번역하는 소프트웨어이다.

43 3D 프린터처럼 마이크로프로세서를 이용하여 독립된 운영을 하는 시스템은?

① 레지스터
② 패치사이클
③ 단일 운영 시스템
④ 임베디드 시스템

해설

임베디드 시스템

• 3D 프린터처럼 마이크로프로세서를 이용하여 독립된 운영을 하는 시스템

• 기계나 기타 제어가 필요한 시스템에 대해 제어를 위한 특정 기능을 수행하는 시스템

44 마이크로프로세서 내부에서 제어펄스 신호에 따라 하나씩 카운팅하면서 저장된 프로그램을 순차적으로 불러들이는 역할을 하는 장치는?

① 프로그램 카운터
② 스택포인터
③ 상태레지스터
④ 누산기

해설

② 스택포인터

• 스택 : 서브루틴 또는 인터럽트 처리 완료 후 복귀되는 주소를 임시로 기억하거나 프로그램에서의 지역 변수 또는 임시 데이터를 저장하는 용도로 사용되는 메모리 구조이다.

• 스택포인터 : 스택 구조의 상단 주소를 가리키는 레지스터로, SP로 표시한다.

• 스택 동작 : 데이터 입력의 푸싱(Pushing)과 데이터를 제거하는 팝핑(Popping)으로 구분한다.

③ 상태레지스터(SREG)

• 읽기/쓰기가 가능한 레지스터

• 가장 최근에 실행된 산술연산의 처리 결과에 대한 상태를 나타낸다.

• 조건부 처리 명령에 의해 프로그램의 흐름 제어가 가능하다.

• 인터럽트 처리 과정에 의해 자동 저장 또는 복구되지 않는다.

④ 누산기(ACC) : 중간 산술 논리 장치 결과가 저장되는 레지스터

45 단거리(15m 이내)에서 가장 많이 사용되는 방식으로, 3D 프린터 컨트롤 보드로 많이 사용하는 Atmel 계열의 프로세서에서는 UART에서 통신을 지원하며, 패킷 형태로 통신하는 것은?

① RS-232C
② SCL(Serial CLock, 양방향 제어 신호선)
③ SDA(Serial DAta, 양방향 데이터 신호선)
④ SPI(Serial Peripheral Interface)

해설

I2C

• 프로세서 간 두 가닥의 와이어로만 통신하는 방식으로, TWI(Two Wire Interface)라고도 한다.

– SCL(Serial CLock, 양방향 제어 신호선) : 디바이스 간 신호 동기화에 사용한다.

– SDA(Serial DAta, 양방향 데이터 신호선) : 데이터의 직렬 전송에 사용한다.

SPI(Serial Peripheral Interface)

• 4개의 선을 사용하여 직렬로 통신한다.

• I2C와 비교하여 속도가 빠르다.

• 연결배선이 많아 개발비용이 상승한다.

46 다음 중 재사용이 불가능한 재료는?

① 광경화 수지가 열경화 수지로 조형된 재료
② 형상조형을 마친 열가소성 수지
③ 물에 녹는 성질을 가진 서포트 재료
④ 사용하고 남은 고분자 파우더

해설

열경화성 수지는 열 가공을 한 이후 재사용이 불가능하다.

47 다음 그림에서 레지스터의 동작을 입력이나 출력으로 결정하는 것은?

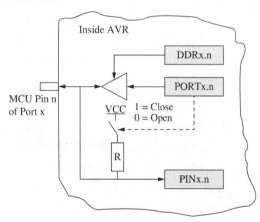

① DDRx.n
② PORTx.n
③ VCC
④ PINx.n

해설

• DDRx 레지스터 : 입출력 방향을 결정한다.
• PORTx 레지스터 : 출력 데이터를 설정한다. 1이면 출력핀을 VCC 전원과 연결하고, 0이면 VCC 전원을 개방한다.
• PINx 레지스터 : PIN을 통해 데이터가 입력되면 비교기를 이용하여 HIGH/LOW를 판단한다.

48 다음 PWM의 듀티 비는?

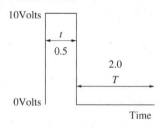

① 0.5
② 2.0
③ 20%
④ 80%

해설

듀티 비(Duty Cycle) : 신호의 한주기 동안 On되어 있는 시간의 비율

$$D = \left(\frac{t}{T+t} \right) \times 100\%$$

49 3번 포트를 사용하고 함수 파라미터 255가 사용될 때 아래 변조를 코드로 나타내면?

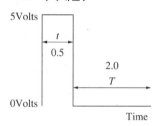

① analogWrite(3, 20)
② analogWrite(3, 51)
③ analogWrite(3, 128)
④ analogWrite(3, 204)

해설

PWM 포트 동작 프로그래밍

• 프로세서에 입력되는 클록 신호를 일정 분주비로 나누어 타이머에서 카운터한다.
• Duty 값과 타이머의 값이 일치하면 포트에서 L을 출력한다.
• 설정해 둔 주기값과 타이머값이 일치하면 타이머값은 0으로 초기화하고 포트에서 H를 출력한다.
• analogWrite(Pin, Value)
  − analogWrite : 함수는 256개의 값을 사용한다.
  − Pin : 포트 번호
  − Value : Duty Cycle
  − analogWrite 함수 파라미터로 255가 사용되면, 5V가 출력(내부전력 5V의 100%)된다.
  − Duty 비가 20%이므로 analogWrite(3, 51)

50 제베크효과를 이용하는 온도 센서는?

① 열전쌍

② 서미스터

③ IR 센서

④ 레이더 센서

해설

열전쌍(熱電雙)

• 이종(異種)금속을 붙여 열전효과를 일으켜 온도를 감지하는 소자이다.

• 제베크효과(Seebeck, 온도에 의한 열기전력 발생효과)를 이용한다.

51 다음 G코드에 대한 설명으로 옳지 않은 것은?

```
1. G1 F1020 X95.200 Y90.200 E249.10458
2. G1 X114.800 Y90.200 E249.75647
3. G1 X114.800 Y109.800 E250.40837
4. G1 X95.200 Y109.800 E251.06027
5. G0 F7800 X95.800 Y109.260
```

① 1번 행에서 이송속도는 1,020mm/min이다.

② 2번 행 위치에서 3번 행 위치는 Y축 방향으로만 19.6mm 이동하였다.

③ 위의 프로그램 내에서 4번 행까지만 필라멘트가 토출된다.

④ 5번 행의 헤드 이동 속도는 7.8m/s이다.

해설

④ G0은 토출 없이 급속이동하라는 명령이며 F7800은 7,800mm/min으로 이동하라는 의미이다.

52 다음 프로그램(O0100)에서 보조 프로그램(O2000)이 몇 번 반복되는가?

```
O0100;
G90G80G40G49G00;
T10M06;
G57G90X-5.00Y-5.00S2500M03;
G43Z50.0H10;
Z5.0M08;
M98P2000L3;
M98P1111;
G80G00Z50.0;
G91G28Z0;
M30;

O2000;
M98P1111;
G91X110.0Y-10.0L0;
G90M99;
```

① 1회

② 3회

③ 5회

④ 8회

해설

보조 프로그램 2000을 부르는 명령은 M98P2000L3;이며, L3가 3회 반복하라는 명령이다.

53 직렬 통신에 대한 설명으로 옳지 않은 것은?

① 다소 시간이 소요되나 통신비용이 저렴하다.

② USART, SPI, I2C, Ethernet, USB, CAN, SATA 등이 있다.

③ 8bit 데이터는 한꺼번에 전송한다.

④ 하나의 신호선을 사용한다.

|해설|

직렬 통신 개요
- 하나의 신호선을 이용하여 일정한 시간 간격으로 데이터를 전송한다.
- 다소 시간이 소요되나 통신비용이 저렴하다.
- 종류 : USART, SPI, I2C, Ethernet, USB, CAN, SATA 등

병렬 통신 개요
- 한 번에 데이터 전송이 가능하도록 병렬로 통신하는 방법이다.
- 예를 들어 8bit의 데이터가 있다면 8bit를 한꺼번에 전송한다.
- 전송은 빠르나 통신비용이 비싸다.

54 컴퓨터가 직접 사용하는 언어는 사람이 알아볼 수 없으므로 좀 더 알아보기 쉬운 니모닉 기호(Mnemonic Symbol)를 정해서 사람이 쉽게 사용할 수 있도록 한 언어는?

① 기계어

② 어셈블리어

③ 원시언어

④ 목적언어

|해설|

어셈블리어(Assembly Language)
- 컴퓨터가 직접 사용하는 기계어는 사람이 알아볼 수 없으므로 좀 더 알아보기 쉬운 니모닉 기호(Mnemonic Symbol)를 정해서 사람이 쉽게 사용할 수 있도록 한 언어이다.
- 어셈블리어의 프로그램을 기계어로 바꿔주는 것을 어셈블러라고 한다.
- 명령 참조를 위한 집단 명칭인 표지부, 연산을 하는 연산부, 데이터가 처리되는 장소인 피연산부로 구성되어 있다.
- 장점 : 수정, 삭제, 추가가 편리하고 프로그램 작성이 용이하다.
- 단점 : 수준이 기계어에 가까워 사용하려면 전문지식이 필요하고, 작성된 기계에서만 사용 가능하다.

55 다음에서 설명하는 언어 변환기는?

- 소스코드, 원시 프로그램을 그대로 수행하는 프로그램 또는 환경이다.
- 원시 프로그램의 의미를 직접 수행하여 결과를 도출한다.
- 소스코드를 한 줄씩 읽어 들여 번역하며 수행한다.
- 실행파일이 따로 존재하지 않는다.
- 개발 시스템이나 교육용 시스템에서는 이것을 사용하는 것이 효율적이다.

① 컴파일러

② 어셈블러

③ 프리프로세서

④ 인터프리터

|해설|

컴파일러(Compiler)
- 고급언어로 작성된 프로그램을 컴퓨터가 이해할 수 있는 언어로 변환하는 역할을 한다.
- 인간과 소통하는 고급언어와 컴퓨터가 사용하는 저급언어(기계어) 사이의 변환기 역할을 한다.
- 크로스 컴파일러(Cross-compiler) : 다른 장치나 기계에 사용하는 기계어로 변환하는 장치
- 어셈블러(Assembler) : 어셈블리어를 기계어로 변환하는 장치

프리프로세서(Preprocessor)
- 중심적인 처리를 행하는 프로그램의 조건에 맞추기 위한 사전처리나 사전 준비적인 계산 또는 편성을 행하는 프로그램
- 매크로 확장, 기호 변환 등의 작업을 수행한다.

56 1969년 취리히 공대에서 개발하였고 ALGOL을 토대로 교육용 언어로 개발하였으며 데이터 구조는 단순형, 구조형, 포인터형으로 구분되는 고급언어는?

① FORTRAN

② COBOL

③ PASCAL

④ JAVA

|해설|

PASCAL
- 1969년 취리히 공대에서 개발하였다. 수학자 파스칼의 이름에서 차용하였으며 ALGOL을 토대로 교육용 언어로 개발하였다.
- 데이터 구조
  - 단순형 : 문자형, 정수형, 논리형, 실수형 등
  - 구조형 : 레코드형, 배열형, 파일형, 세트형 등
  - 포인터형 : 동적 변수를 가림
- 데이터 구성 시 데이터 길이에 제약을 받지 않고 다양한 데이터 형식 및 제어 구조 사용이 가능하다.

57 리눅스에 대한 설명으로 옳지 않은 것은?

① 현재 임베디드 시스템에서 많이 사용된다.

② X 윈도우 같은 유닉스의 표준 GUI 시스템이 지원되어 이식성이 매우 우수하다.

③ 현재 PC환경에서는 가장 많이 사용되는 운영체제이며 95년부터 64bit 체제를 운영한다.

④ 멀티유저(Multi-user) 시스템으로, 멀티프로세스(Multi Process) 시스템과 멀티프로세서(Multi Processor) 시스템을 지원한다.

해설

아직까지 PC 환경에서 가장 많이 사용되는 OS는 Windows이다.
리눅스(Linux)

• 1989년 헬싱키대 리누스 토르발스(Linus Torvalds)가 교육용 유닉스인 미닉스를 사용하며 느낀 불편함을 개선하여 개발하였다.
• PC에서도 사용할 수 있게 공개 운영 체제로 개발하였다.
• 특 징
 – 멀티유저(Multi-user) 시스템으로, 멀티프로세스(Multi Process) 시스템과 멀티프로세서(Multi Processor) 시스템을 지원한다.
 – 임베디드를 지원하는 리눅스 커널 2.6 이후 임베디드 시스템에서 많이 사용한다.
 – 유닉스의 표준 규정인 POSIX(Portable Operating System Interface)를 지원하여 다른 유닉스에서 개발된 애플리케이션도 사용 가능하다.
 – X 윈도우 같은 유닉스의 표준 GUI 시스템이 지원되어 이식성이 매우 우수하다.
 – 유닉스의 네트워크, IPC, 버퍼캐시, 페이징, 스레드 등도 지원한다.
• 구조 : 커널, 디바이스 드라이버, 시스템 라이브러리, 셸, 유틸리티, X윈도우로 구성되어 있다.

58 사용자와 컴퓨터 간의 정보를 주고받기 위한 물리적, 가상적인 수단을 부르는 용어는?

① 운영체제
② 오픈 소스
③ 아두이노
④ 인터페이스

해설

인터페이스 : 사용자와 컴퓨터 간의 정보를 주고받기 위한 물리적, 가상적 수단

※ 인터페이스의 종류
• 커맨드라인 인터페이스 : 키보드로 입력하여 프로그램에 명령을 하달하는 것
• 메뉴 선택 방식 인터페이스
 – 컴퓨터에 명령하고 대화하는 방법을 메뉴에서 선택하여 대화하는 방법을 사용한다.
 – 메뉴 배치 시 사용자가 직관적으로 찾기 편하고, 익숙하도록 배치한다.
• 그래픽 사용자 인터페이스(GUI)
 – 프로그램과 대화하는 방법을 아이콘 등 그래픽을 이용한 방법을 사용한다.

59 다음 제시되는 3D프린터 구성품의 종류는?

• 볼 스크루, 리드 스크루
• 기 어
• 벨트, 벨트풀리

① Feeder
② 동력전달장치
③ 역학적 구조물
④ 전기회로장치

해설

동력전달장치에는 볼 스크루, 리드 스크루, 기어, 벨트, 벨트풀리 등이 있으며 Feeder와 노즐을 이동해 주는 역할을 담당한다.

60 재료압출 방식을 나타내는 약어는?

① ME
② VP
③ BJ
④ SL

해설

3D 프린터 기술에 따른 분류
• 재료압출 방식(ME ; Material Extrusion)
• 재료분사 방식(MJ ; Material Jetting)
• 광수지화 방식(VP ; Vat Photopolymerization)
• 분말소결식, 분말융접(PBF ; Powder Bed Fusion)
• 판재성형 접층식(SL ; Sheet Laminaion)
• 접착제 분사식(BJ ; Binder Jetting)
• 에너지 집중식 퇴적식(DED ; Directed Energy Deposition)

제4과목 3D 프린터 교정 및 유지보수

61 베드의 수평도가 맞지 않을 때 발생하는 이상 증상은?

① Layer의 두께가 두껍게 된다.
② 3D 프린팅의 출력이 중간에 끊긴다.
③ 설정온도와 노즐온도의 차이가 발생한다.
④ 일부가 적층되지 않는 등 정상적인 적층이 되지 않는다.

해설
베드의 수평도가 맞지 않으면 노즐과 적층의 공간이 필요한 공간보다 좁거나 필요 이상 넓어서 토출된 필라멘트가 적층되지 않고 옆으로 밀려나거나 정상적인 적층이 되지 않는다.

62 다음에서 설명하는 노즐 온도 검사 도구는?

> • 레이저로 타깃을 비추고 반사되는 에너지를 감지한다.
> • 사용 범위가 넓고 방사율에 따라 측정 환경이 다르다.
> • 방사율이 낮거나 에너지를 100% 반사시키는 물체, 표면이 매끄러운 금속, 투명한 재료 등은 측정이 어렵다.

① Heating Block
② 측온 저항체
③ 바이메탈
④ 적외선 온도계

해설
적외선 온도계
• 적외선 레이저로 타깃을 비추고 반사되는 에너지를 감지한다.
• 사용 범위가 넓고 방사율에 따라 측정 환경이 다르다.
• 방사율이 낮거나 에너지를 100% 반사시키는 물체, 표면이 매끄러운 금속, 투명한 재료 등은 측정이 어렵다.

63 Torture Test에 대한 설명으로 옳지 않은 것은?

① 출력물의 품질을 통해 프린터를 테스트하는 방법이다.
② 출력 시 불량이 발생하기 쉬운 형상을 정의하여 시험한다.
③ 일반적으로 출력물의 1가지 특징에 대한 성능시험을 목적으로 한다.
④ 형상에 원기둥을 여러 개, 여러 간격으로 배치하고 다양한 벽을 배치하기도 한다.

해설
Torture Test는 종합 출력 품질 테스트로 성능을 종합적으로 시험한다.

64 필라멘트 토출에 문제가 발생했을 때 예측할 수 있는 원인으로 적당하지 않은 것은?

① 노즐 막힘
② 노즐 온도 낮음
③ 익스트루더의 장력 부족
④ 베드의 수평이 맞지 않음

해설
베드의 수평이 맞지 않으면 정착이 되지 않거나 적층이 잘되지 않는다.

65 고장, 품목 변경에 의한 작업 준비, 금형 교체, 예방 보전 등의 시간을 뺀 실제 설비가 작동된 시간을 의미하는 것은?

① 조정시간   ② 가동시간
③ 휴지시간   ④ 캘린더 시간

해설
가동시간 : 실제 가동된 시간. 고장, 품목 변경에 의한 작업 준비, 금형 교체, 예방 보전 등의 시간을 뺀 실제 설비가 작동된 시간

66 평균수리시간에 대한 설명으로 옳지 않은 것은?

① 고장이 난 후 시스템이나 제품이 제 기능을 발휘하지 않는 시간부터 수리가 완료될 때까지의 소요시간의 평균
② 제품에 고장이 발생한 경우 고장에서 수리되는 데까지 소요되는 시간
③ MTTR = MTBF − MTTF
④ 고장 나면 수명이 없어지는 제품은 평균수리시간이 평균수명이기도 하다.

해설
①, ②, ③은 평균수리시간에 대한 설명이고, ④는 평균고장시간에 대한 설명이다.
평균고장시간, 고장까지의 평균시간(MTTF ; Mean Time To Failure)
$$평균고장시간 = \frac{장비가동시간}{특정한\ 시간부터\ 발생한\ 고장\ 횟수}$$
• 고장 나면 수명이 없어지는 제품은 평균고장시간이 평균수명이기도 하다.
• 수리 불가능한 제품의 평균고장시간을 산출할 때 사용한다.

67 초기 고장을 경감하기 위해 아이템을 사용 개시 전 또는 사용 개시 후의 초기에 동작시켜 결점을 검출·제거하여 바로잡는 것을 설명하는 신뢰성에 관련된 용어는?

① 번인(Burn-in)
② 디버깅(Debugging)
③ 스크리닝(Screening)
④ ASS(Availability at Steady State)

해설
신뢰성 관련 개념 및 용어
• 디버깅(Debugging) : 초기 고장을 경감하기 위해 아이템을 사용 개시 전 또는 사용 개시 후의 초기에 동작시켜 결점을 검출·제거하여 바로잡는다.
• 번인(Burn-in) : 아이템(구성품)의 친숙감을 좋게 하거나, 특성을 안정시키는 것 등을 위하여 사용 전에 일정한 시간 동작을 시키는 것으로, 길들이기라고도 한다.
• 스크리닝(Screening) : 고장 메커니즘에 입각한 시험에 의해서 잠재적인 결점을 포함한 요소를 제거하는 것이며, 비파괴적인 수단에 의한 전수 검사를 실시한다.

68 신뢰성 시험을 위한 스트레스 적용 방법 중 일정 간격마다 스트레스를 추가 부여하고 일정 시간 후 고장이 없으면 다시 추가 부여하는 방식은?

① 일정 스트레스
② 계단형 스트레스
③ 점진적 스트레스
④ 주기형 스트레스

해설
스트레스의 적용 방법상 분류
• 일정 스트레스
 – 몇 개의 스트레스 수준을 선택하여 각 스트레스 수준에 적합한 시험품 수량을 할당하여 시험한다.
 – 서로 다른 수준의 스트레스를 고장 날 때까지 부여한다.
• 계단형 스트레스
 – 일정 간격마다 스트레스를 추가 부여하고 일정 시간 후 고장이 없으면 다시 추가 부여한다.
 – 주기적으로 스트레스를 증가시켜 모든 샘플이 고장이 날 때까지 부여한다.
• 점진적 스트레스
 – 시간에 따라 연속적으로 증가하는 스트레스이다.
 – 일반적으로 선형적으로 증가한다.
• 주기형 스트레스
 – 부여하는 스트레스를 주기적으로 변화시키는 스트레스이다.

69 고장의 유형 중 사용 가능하지만 신품 상태에 비해 형질 변경이 된 상태는?

① 손 상　　　　② 파 손
③ 절 단　　　　④ 파 열

해설
고장의 유형
• 손상 : 사용 가능하지만 신품 상태에 비해 형질 변경이 된 상태
• 파손 : 금이나 흠이 시작된 상태
• 절단 : 파손의 일종으로 두 조각 또는 그 이상으로 분리된 상태(단선 포함)
• 파열 : 찢어지거나 갈라진 상태(늘어남 포함)
• 조립 및 설치 결함 : 운송 중 떨어뜨림, 충돌, 밀치기 등에 의한 변경, 조립·설치 시 무리한 작업, 설계상 조립 상황을 고려하지 못한 오류 등에 의한 결함

70 짧은 기간 동안 일부의 기능이 상실되었다가 즉시 정상으로 복구되는 고장은?

① 유관 고장　　　　② 간헐 고장
③ 중복 고장　　　　④ 입증된 고장

해설
① 유관 고장(Relevant Failure)
  • 결정된 시험조건과 환경조건상 발생할 수 있는 외부 조건에 기인한 고장
  • 시험 대상의 성능에 직접적으로 영향을 주는 고장
③ 중복 고장
  • 2개 이상의 고장이 독립적으로 동시에 발생하는 고장
  • 어느 한 부품의 고장으로 인하여 다른 부품이 고장 난 경우의 종속 고장은 원인이 된 고장만 독립된 유관 고장으로 처리한다.
④ 입증된 고장
  • 하드웨어 설계 및 제조 결함에 기인한 고장
  • 소프트웨어의 잘못에 기인한 고장

71 다음에서 설명하는 고장 분석 방법은?

> • 문제를 일으키는 요소들이 여러 가지일 때 그 요소들을 분리하고, 이 요소들이 전체에 미치는 영향을 살펴보고자 도식화한 차트
> • 사용 목적 : 개선 항목의 우선순위를 결정하고, 문제점의 원인을 파악하며 개선효과를 확인하기 위하여
> • 특징 : 어느 항목이 가장 문제가 되는지, 문제 항목의 크기, 비중, 순위를 시각화한다.

① FMECA　　　　② 플로 차트
③ 파레토 차트　　　④ 특성요인 분석법

해설
파레토 차트(Pareto Chart)
• 문제를 일으키는 요소들이 여러 가지일 때 그 요소들을 분리하고, 이 요소들이 전체에 미치는 영향을 살펴보고자 도식화한 차트
• 사용 목적 : 개선 항목의 우선순위를 결정하고, 문제점의 원인을 파악하며 개선효과를 확인하기 위하여
• 특징 : 어느 항목이 가장 문제가 되는지, 문제 항목의 크기, 비중, 순위를 시각화한다.
• 작성 절차
  – 조사 대상을 결정한다.
  – 데이터 수집, 데이터 분류, 항목 정렬
  – 점유율 계산을 한다.
  – 그래프를 작성한다.
  – 누적 곡선 작성 및 필요 사항 기재

72 전기용품 및 안전확인 제도에서 확인 면제 요건에 해당하지 않는 경우는?

① 해당 전기용품의 부품이 산업표준화법에 따른 제품인증을 받은 경우
② 해당 전기용품이 안전인증을 받았거나 안전확인신고 또는 공급자적합성확인신고를 한 경우
③ 국제전기기기인증제도에 따라 인정을 받은 인증기관에서 국제전기기술위원회(IEC)의 국제표준에 따라 발행한 인증서가 있는 모든 경우
④ 안전인증 심사결과 공장심사기준에 합격하였으나 제품시험에 불합격한 경우로서 결과통지서를 받은 날부터 3개월 이내에 해당 제품에 대하여 안전인증을 다시 신청한 경우

해설
확인면제요건
• 해당 전기용품이 안전인증을 받았거나 안전확인신고 또는 공급자적합성확인신고를 한 경우
• 해당 전기용품의 부품이 산업표준화법에 따른 제품인증을 받은 경우
• 국제전기기기인증제도에 따라 인정을 받은 인증기관에서 국제전기기술위원회(IEC)의 국제표준에 따라 발행한 인증서(시험성적서가 포함된 경우로 한정한다)로서 국내안전기준에 적합한 경우
• 안전인증 심사결과 공장심사기준에 합격하였으나 제품시험에 불합격한 경우로서 결과통지서를 받은 날부터 3개월 이내에 해당 제품에 대하여 안전인증을 다시 신청한 경우

73 계측을 위해 인장 시험기가 필요한 기기는?

① 전 선　　　　　② 퓨 즈
③ 스위치　　　　④ 전원용 커패시터

해설

각종 기기의 계측에 필요한 장비

• 전선, 케이블 및 코드류
  - 마이크로미터, 버니어캘리퍼스
  - 더블브리지
  - 내전압 시험기, 절연 저항 시험기, 난연성 시험기
  - 인장 시험기, 저울, 항온조
• 스위치/전자개폐기
  - 마이크로미터, 버니어캘리퍼스
  - 전압계, 전류계, 전력계
  - 온도 기록계, 열전대 온도계
  - 전압 조정기, 절연 저항계, 내전압 시험기
• 전원용 커패시터 및 전원 필터
  - 마이크로미터, 버니어캘리퍼스
  - 전압계, 전류계
  - 내전압 시험기
• 퓨즈 및 퓨즈홀더, 전기기기용 차단기
  - 마이크로미터, 버니어캘리퍼스
  - 전압계, 전류계
  - 온도 기록계, 열전대 온도계
  - 전압 조정기, 절연 저항계, 절연 내력 시험 장치
  - 퓨즈 용단 시험기(퓨즈에 한함)

74 정상 동작전압의 두 배에 1,000V를 더한 전압을 사용하여 시험(예 120V나 240V에 동작되는 가전제품의 경우, 시험전압은 보통 1,250~1,500VAC 수준)하는 방법은?

① 내전압 시험　　　② 누설 전류 시험
③ 절연저항 시험　　④ 접지도통 시험

해설

내전압 시험(Withstanding Voltage Test)

• 피측정체(DUT ; Device Under Test)의 절연 성분 사이에 얼마나 높은 전압을 견딜 수 있는지 평가하는 시험이다.
• 내전압 측정장비(Withstanding Voltage Tester)를 사용하여 수행한다.
• 정상 동작전압의 두 배에 1,000V를 더한 전압을 사용하여 시험한다(예 120V나 240V에 동작되는 가전제품의 경우, 시험전압은 보통 1,250~1,500VAC 수준).
• DC 내전압 시험의 전압은 AC 시험전압에 1.414를 곱한 값을 사용한다.
• 이중절연제품 시험 전압은 더 높다(예 120V 사용하는 제품 : 2,500VAC나 4,000VAC로 시험).

75 전기용품 안전확인 처리 절차 중 인증기관의 업무가 아닌 것은?

① 안전확인 신청
② 제품시험
③ 신고증명서 작성
④ 신고증명서 발급

해설

안전확인 서류의 준비와 신청은 신청기관의 업무이다.

76 전자파 적합성(EMC) 시험 항목 중 전자파 내성(EMS) 시험에 해당하지 않는 것은?

① 전압 강하
② 전자파 방사
③ 정전기 방전
④ 전도 잡음(CE)

해설

전도 잡음은 EMI 시험 항목이다.

77 3D 프린팅의 위해 요소 중 불완전 결합된 프린터에 의한 위해 요소는?

① 모터의 이상 과속
② 노즐 과열에 의한 화상
③ 이송 중 떨어뜨림
④ 높은 광원에 의한 신체 부상

해설

장비의 위해 요소
• 이송용 모터에 의한 위해 요소
  − 신체 일부 또는 이물질 끼임에 의한 비정상 작동 시 위험
  − 모터의 이상 과속에 의한 비정상 작동 시 위험
  − 인가된 전원으로 인해 의도치 않은 작동 시 위험
• 열에 의한 위해 요소
  − 노즐의 과열로 인한 발열, 화상, 화재
  − 히팅베드 등의 고열 장치에 의한 화상
  − 이상 작동 반복에 의한 과열 화재
  − 과열 소재의 유출에 의한 화상, 전선의 합선
• 불완전 결합된 프린터에 의한 위해 요소
  − 이송 중 떨어뜨림에 의한 신체 사고
  − 작동 중 부속의 이탈에 의한 신체 사고
  − 수리 중 부속의 이탈에 의한 신체 사고
• 고에너지 기계요소에 의한 위해 요소
  − 적외선 작동에 의한 고열 화상
  − 자외선(UV) 직접 노출에 의한 눈 등의 부상
  − 의도치 않은 공압 작동에 대한 타박 등 부상
  − 높은 광원에 의한 신체 부상, 눈 등의 부상

78 C급 화재에 대한 설명으로 옳은 것은?

① 금속화재
② 전기 설비의 화재
③ 목재에 의한 화재
④ 인화성 액체 의한 화재

해설

화재의 분류
• A급 화재(일반화재) : 목재, 종이, 천 등 고체 가연물의 화재로, 연소가 표면 및 깊은 곳에 도달해 간다.
• B급 화재(기름화재) : 인화성 액체 및 고체의 유지류 등의 화재
• C급 화재(전기화재) : 전기가 통하는 곳의 전기설비의 화재이며, 고전압이 흐르는 까닭에 지락, 단락, 감전 등에 대한 특별한 배려가 요망된다.
• D급 화재(금속화재) : 마그네슘, 나트륨, 칼륨, 지르코늄과 같은 금속 화재

79 위험물안전관리법 시행규칙에 따른 위험물 취급 안전관리자 점검 항목이 아닌 것은?

① 종사자교육
② 위험물 취급 감독
③ 응급조치 및 연락업무
④ 건물 관리

해설

위험물 취급 안전관리자 점검 항목(위험물안전관리법 시행규칙)
• 종사자교육 : 위험물 취급에 따른 안전수칙 교육 여부
• 위험물 취급 감독
  − 위험물 취급 시 입회 여부
  − 위험물 저장 및 취급 시 작업지시 및 감독
• 응급조치 및 연락업무
  − 화재 등 비상시 응급조치
  − 소방관서 및 유관기관 등 연락업무
• 시설의 안정성
  − 위험물시설 및 소방시설의 건전성
  − 불필요한 가연물방지 등 위험요소 제한 여부
  − 계측장치, 제어장치, 안전장치 등의 적정한 유지 관리
• 기 타
  − 방화환경 표시(주의, 경고, 금연 표시)
  − 외인 출입 통제의 적절성
• 특이사항(공사정비사항 등)

80 작업환경 관리 방법에 대한 설명으로 옳지 않은 것은?

① 실내 작업현장의 적정온도는 평균 15~25℃이다.
② 환풍기는 3D 프린터 작동 전 가동하고 3D 프린터 완료 후에도 최소 1시간 이상 가동해야 한다.
③ 작업 완료 후 프린터 내 잔류물 및 찌꺼기를 제거하여 작업 공간의 청결 상태를 유지하여야 한다.
④ 자연환기 시 여름 및 겨울에도 3D 프린터 작동 직후 창문을 일부 개방하여 환기를 실시하고, 작동 중이라도 1시간 단위로 1분 이상 환기가 필요하다.

해설

자연환기 시 여름 및 겨울에도 3D 프린터 작동 직후 창문을 일부 개방하여 환기를 실시하고, 작동 중이라도 1시간 단위로 5분 이상 환기가 필요하다.

합격에 윙크(Win-Q)하다!

Win-Q
3D프린터개발산업기사

제1회   실전 모의고사

제 **4** 편

⬧

실전 모의고사

01 다음 설명하는 3D 프린터 구동 장치는?

> • 원하는 각도를 조정하는 간단한 원리와 구조의 모터
> • 위치검출기를 사용하지 않고 자체 회전하여 조정
> • 정·역 전환 및 변속이 용이

① 서보모터
② 리니어모터
③ 스테핑 모터
④ DC 모터

해설
위치검출을 위해 서보모터, 리니어모터, DC모터는 위치검출기가 필요하다.
① 서보모터는 제어기의 제어에 따라 제어량을 따르도록 구성된 제어시스템에서 사용하는 모터에 대한 일반적인 명칭이다.
② 리니어모터는 직선 이송에 사용한다.

02 다음 설명하는 3D 프린터 구동 장치는?

> • 직선으로 직접 구동
> • 일렬로 배열된 자석 사이에 위치한 코일에 전류를 흘려 운동
> • 구조가 간단하고 비접촉식으로 구동

① 벨트구동
② 리니어모터
③ 볼스크루 구동
④ 로봇구동

해설
리니어모터
• 직선으로 직접 구동되는 모터
• 일렬로 배열된 자석 사이에 위치한 코일에 전류를 흐르게 함으로 운동
• 구조가 간단하고 공간 차지가 적으며, 비접촉식이어서 소음 및 마모 적음
• 고가이며 강성(强性)에 약점

03 $R_1 = 5\,\Omega$, $R_2 = 10\,\Omega$, $R_3 = 10\,\Omega$, $V = 10$V일 때 다음 회로에 흐르는 전류량 i는?

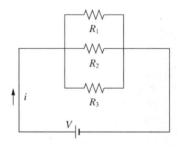

① 1A
② 10A
③ 4A
④ 0.4A

해설
합성저항$\left(\dfrac{1}{R_T}\right) = \dfrac{1}{R_1} + \dfrac{1}{R_2} + \dfrac{1}{R_3} = \dfrac{1}{5} + \dfrac{1}{10} + \dfrac{1}{10} = \dfrac{4}{10}$

$R_T = 2.5\,\Omega$

옴의 법칙에 의해

$i = \dfrac{V}{R} = \dfrac{10}{2.5} = 4$A

04 다음 설명하는 전원은?

- 역방향 항복 전압이 거의 일정하게 유지되는 특성이 있음
- 소비 전력이 낮아, 작은 전압을 안정시킬 때 사용

$$V_0 = V_Z - V_{BE} \approx V_Z$$

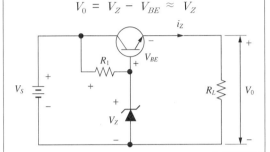

① 제너 다이오드를 이용한 정전압원
② 정전압 IC를 이용한 정전압원
③ 전압 레귤레이터를 이용한 정전류원
④ 연산 증폭기를 이용한 정전류원

해설

문항 보기의 그림과 수식에서 V를 공급하고 있으므로 전압원이며, 그림에서 기호 중 제너 다이오드를 이용하고 있다.

05 PCB 설계 과정 중 각 부품을 배치하고 값을 입력하며 각 부품을 배선하는 단계는?

① 회로도 설계 　　　② 풋 프린팅
③ 넷리스트 생성 　　④ Artwork

해설

PCB 설계과정은 회로도 설계, 풋 프린팅, DRC(디자인 룰 체크), 넷리스트 작성, PCB 레이아웃(Artwork)로 진행하며, 설명하는 과정은 회로도 설계 과정이다.

06 지그를 설계하는 목적으로 적당하지 않은 것은?

① 복잡한 부품을 경제적으로 생산하기 위해
② 제작 시 정밀도를 높이기 위해
③ 제작할 때 부가적인 기능을 넣을 수 있어서
④ 비싼 공구를 사용하지 않기 위해

해설

지그 설계의 목적
- 복잡한 부품을 경제적으로 생산할 수 있다.
- 정밀도를 얻기 위함이다.
- 부가적인 기능 개발이 가능하다.
- 공구 수명을 연장시키기 위한 알맞은 재료의 선정이 필요하다.

07 히트 브레이커를 두는 이유로 적당한 것은?

① 방열판과 노즐을 구분 짓기 위해
② 열을 방출하기 위한 표면적을 넓게 하기 위해
③ 필라멘트 안쪽까지 열이 잘 전달되도록 하기 위해
④ 히트 블록의 열이 필라멘트 상부에 전달되지 않도록 하기 위해

해설

히트브레이커는 방열판 부위와 히트블록 사이에 공간을 두어 상부까지 필라멘트가 필요 이상 용융되지 않게 하기 위해 설치한다.

08 피더(Feeder)에 대한 설명으로 옳지 않은 것은?

① 재료를 공급하는 장치이다.
② 구성품으로 모터와 기어가 있다.
③ 최근 제품은 이송관을 제거해 가는 추세이다.
④ 필라멘트를 보관, 이송, 압입하는 역할을 갖고 있다.

해설

최근 제품에서는 Feeder에 이송관을 별도로 두어 필라멘트를 보호하는 추세이다.

09 3D 프린팅의 일반적인 방법적 분류에 관한 설명으로 옳지 않은 것은?

① 핫엔드를 이용한 반용융재를 선형으로 적층하는 방식을 가장 많이 사용한다.

② 분말을 도포하여 한 점씩 융접하는 방식을 점형 방법으로 분류한다.

③ 소재를 분사하여 적층하는 방식은 원형 프린팅에 해당한다.

④ 단면형상을 제작 후 층층이 붙여 제작하는 판형 방식도 있다.

해설

일반 분류
• 선형(線型) : 3D 프린팅은 현재 핫앤드를 이용한 반용융재를 적층하는 방식으로 가장 많이 사용한다.
• 점형(點型) : 분말을 도포하여 도포된 상태에서 한 점씩 융접하는 방식이다.
• 판형(板型) : 단면 형상을 제작 후 층으로 붙여 제작하는 방식이다.

10 SL(Sheet Lamination) 방식에 대한 설명으로 가장 옳은 것은?

① FDM 방식이 여기에 속한다.

② 광경화 액체수지를 이용할 때 가능하다.

③ 플라스마 아크 등의 에너지를 이용하여 국부 용융 증착한다.

④ 기계적 공작과 적측기술이 결합된 일종의 하이브리드 기술이다.

해설

판재적층 방식(Sheet Lamination)
• 얇은 필름이나 박판, 수지 등을 열이나 접착제로 접착, 적층하는 방식이다.
• 기계적 공작과 적층 기술이 결합된 일종의 Hybrid 기술이다.
• 작업속도는 빠르나 전형적인 3D Printing 기술만을 사용하는 것이 아니어서 많이 개발되지는 않았다.

11 FDM 방식에 사용하지 않은 구성품은?

① 제팅헤드　　② 콜드엔드

③ 배 럴　　　　④ 홀 더

해설

FDM 방식은 필라멘트를 용융하여 적층하는데, 제팅헤드는 용융 적층 방식이 아닌 압출 분사 방식을 사용하는 프린터의 익스트루더 역할을 하는 부분이다.

12 다음 설명하는 3D 프린팅 방식은?

> • 잉크젯 프린터 기술과 광경화 기술을 접목하여 만든 방식
> • 광경화성 액체 재료를 선택적으로 도포하고 파장이 짧고 주파수가 높은 자외선 등으로 경화시키는 방식

① ME　　　　② MJ

③ SLA　　　　④ DLP

해설

재료 분사 방식(Material Jetting)
• 잉크젯 프린터 기술과 광경화 기술을 접목하여 만든 방식이다.
• 광경화성 액체 재료를 선택적으로 도포하고 파장이 짧고 주파수가 높은 자외선 등으로 경화시키는 방식이다.
• 광경화성 액체 수지를 마이크로 단위의 액적으로 만들어 분사
• X, Y축으로 헤드가 선택적으로 움직여 액적을 도포하고 베드가 Z축으로 제품을 이송하는 것이 일반적이다.
• 열에 의해 녹는 서포터 재료나 물에 풀어지는 재료를 서포터로 사용한다.
• 특 징
　- 수조가 필요하지 않고, 평탄화 문제가 발생하지 않아 스위퍼(Sweeper)가 불필요하다.
　- 높은 품질의 3차원 제품 제작이 가능하다.
　- 서포터의 제거가 쉽다.
　- 별도의 수조가 필요하지 않다.
　- 헤드와 플랫폼의 움직임 정밀제어를 위해 시스템이 다소 복잡하다.

13 다음 중 치수공차가 가장 작은 것은?

① 50 ± 0.01
② $50^{+0.01}_{-0.02}$
③ $50^{+0.02}_{-0.01}$
④ $50^{+0.03}_{-0.02}$

해설

치수공차 = 위 치수 공차 − 아래 치수 공차
① $0.01-(-0.01) = 0.02$
② $0.01-(-0.02) = 0.03$
③ $0.02-(-0.01) = 0.03$
④ $0.03-(-0.02) = 0.05$

14 다음 그림에 대한 설명으로 옳은 것은?

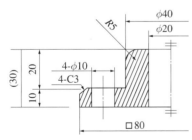

① 참고치수로 기입한 곳이 두 곳 있다.
② 45° 모따기의 크기는 4mm이다.
③ 지름의 10mm인 구멍이 한 개 있다.
④ □80은 한 변의 길이가 80mm인 정사각형이다.

해설

① 참고치수는 (30) 하나만 사용되었다.
② C는 Chamfer 기호로 45° 모따기이며 4-C3, 즉 3mm 모따기 4곳을 하라는 기호이다.
③ 4-ϕ10은 10mm 구멍 4개를 뚫으라는 기호이다.

15 형상 모델링의 방법 중 나머지 셋과 다른 분류의 모델링 종류는?

① 폴리곤 모델링
② 넙스 모델링
③ 서브디비전 서피스 모델링
④ 솔리드 모델링

해설

서피스 모델링(Surface Modeling)
• 면을 생성하여 모델을 표현
• 선으로 표현할 수 없는 기하학적인 형상을 표현할 수 있다.
• 면을 적층하여 모델을 표현하므로 면 단위 3차원 작업(3D 프린팅, NC 가공)에 유리
• 작업속도가 상대적으로 높고 적은 용량을 차지한다.
• 폴리곤 모델링
  − 다각형(삼각 폴리곤)을 연결하여 면을 생성하고 면에 의해 입체 형상을 표현한다.
  − 면을 직관적이고 직접적으로 제어할 수 있다.
  − 폴리곤의 기본요소는 점(Vertex), 모서리(Edge), 면(Face)
  − 곡면을 표현하는 데 한계가 있으며 부드러운 곡선을 만들기 위해서는 훨씬 많은 폴리곤을 사용해야 한다.
• 넙스(NURBS ; Non−Uniform Rational B−Spline) 모델링
  − 조절점 사이사이를 수학적 계산으로 연결하여 부드러운 표현이 가능하다.
  − 점을 정의하기 어렵고 곡면으로 표현(미분해도 곡선인 모델링)
  − 정의된 면이 곡면이어서 곡면 형성에 강점. 곡면을 형성할 때 폴리곤은 많은 면이 필요하지만 넙스에서는 정의된 한 면으로 가능하다.
  − 생성된 면에 추가하여 변형하는 것이 어렵다.
  − MAYA, Alias
• 서브디비전 서피스 모델링(Subdivision Surface Modeling)
  − 폴리곤 타입의 직관적 모델링을 하고 세분해 들어가면 넙스 타입의 부드러운 곡면으로 표현하는 방법이다.

16 다음 중 종류가 다른 CAD 프로그램은?

① CATIA
② CREO
③ NX
④ OrCAD

해설

①, ②, ③은 기구설계 캐드이고 ④는 전자캐드이다.

17 테일러의 원리에 대한 설명으로 옳은 것은?

① 한계 게이지 측정에 적용하는 원리이다.

② 측정하고자 하는 눈금과 위치는 동일선상이어야 한다.

③ 통과 측에서 각각의 치수가 개개로 검사되어야 한다.

④ 정지 측에서는 모든 치수와 결정면이 함께 검사되어야 한다.

해설

테일러의 원리는 허용 한계 측정, 한계 게이지를 이용한 측정에 적용되며, 통과 측에는 모든 치수 또는 결정량이 동시에 검사되고 정지 측에는 각각의 치수가 개개로 검사되어야 한다.

18 3D 프린팅에 사용하는 소재에 대한 설명으로 옳은 것은?

① 플라스틱은 열은 가해 성형하면 변형이 반영구적으로 남는다.

② 고분자란 일반적으로 분자량이 1백만 이상의 분자를 말한다.

③ 인공적으로 합성한 고분자를 천연수지라 한다.

④ 포화 탄화수소에서 인접한 수소 원자 중 일부가 빠져나가고 대신 탄소 원자 간에 2중 또는 3중 결합을 갖는 경우를 고분자 화합물이라 한다.

해설

② 고분자란 일반적으로 분자량이 1만 이상의 분자를 말한다.

③ 인공적으로 합성한 고분자를 합성수지라 한다.

④ 포화탄화수소에서 인접한 수소 원자 중 일부가 빠져 나가고 대신 탄소 원자 간에 2중 또는 3중 결합을 갖는 경우를 불포화 탄화수소라 한다.

19 금속 프린팅 방법에 대한 설명으로 옳은 것은?

① 금속분사법 : 파우더베드에 분말층을 도포한 후 열에너지를 선택적으로 쏘아 용융 적층

② PBF : 보호가스 분위기에서 열에너지를 재료에 집중시켜 즉시 용융 적층

③ DED : 재료 시트를 함께 붙여서 적층

④ Binder Jetting : 액체 결합제를 이용한 분말 접합

해설

① 금속분사법 : 조형 재료를 비말하여 적층

② PBF(Powder Bed Fusion) : 파우더 베드에 분말층을 도포한 후 열에너지를 선택적으로 쏘아 용융 적층

③ DED : 보호가스 분위기에서 열에너지를 재료에 집중시켜 즉시 용융 적층

20 재료에 안전한 하중이라도 계속적·지속적으로 반복하여 작용하였을 때 파괴가 일어나는지를 알아보는 시험법은?

① 인장시험

② 파단시험

③ 피로시험

④ 충격시험

해설

① 인장시험 : 시험편을 연속적이며 가변적인(조금씩 변하는) 힘으로 파단할 때까지 잡아당겨서 응력과 변형률과의 관계를 살펴보는 시험이다.

② 파단시험 : 어떤 경우에 재료가 파단이 일어나는지 시험편을 이용하여 직접 파단을 일으켜 보는 시험이다.

④ 충격시험 : 얼마만큼 큰 충격에 견디는가에 대한 시험이다.

21 그림에서 A_1의 면적이 10cm², A_2의 면적이 3cm²이고 V_1이 1m/s라면 V_2의 속도와 가장 가까운 값은?

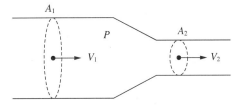

① 0.33m/s ② 1m/s
③ 3m/s ④ 3.33m/s

해설
연속의 법칙
$Q = AV = A_1V_1 = A_2V_2$
$Q = 10cm^2 \times 1m/s = 3cm^2 \times V_2$
∴ $V_2 = 3.33m/s$

22 Jetting 방식의 노즐 설계 파라미터로 적당하지 않은 것은?

① 필라멘트의 점도 ② 해상도
③ 액적 생성속도 ④ 노즐의 개수

해설
필라멘트의 점도는 DP(Direct-Print) 방식의 노즐 설계 파라미터가 될 수 있다.
Jetting 방식 노즐 설계 파라미터
• 노즐의 직경
• 해상도(dot per inch)
• 액적 생성속도
• 노즐의 개수

23 노즐 설계에 대한 일반적인 설명으로 옳지 않은 것은?

① 품질을 우선할 경우 직경이 작은 노즐을 사용한다.
② 제작 속도를 우선할 경우 직경이 큰 노즐을 사용한다.
③ 액적 사이즈가 작으면 표면 거칠기가 나빠진다.
④ FDM 방식의 DPI가 DP 방식의 DPI보다 낮다.

해설
액적 사이즈가 작으면 표면 거칠기 정도(精度)가 상승하여 표면 거칠기가 좋아진다.

24 노즐을 평가하는 방법에 대한 설명으로 적절하지 않은 것은?

① 제팅 방식 : 노즐의 치수, 동작 주파수, 막힘 여부 등
② FDM 방식 : 노즐의 치수, 노즐 온도, 재료 토출속도, 막힘 여부 등
③ DP 방식 : 노즐의 치수, 재료 토출속도, 팁 끝 잔여재료 여부 등
④ SL 방식 : 노즐의 치수, 노즐 온도, 재료 토출속도 등

해설
SL 방식은 노즐을 사용하지 않는다.

25 SLA방식의 광전달 순서로 옳은 것은?

① 광원 → 주사장치 → 수지표면 → 광학계
② 광원 → 주사장치 → 광학계 → 수지표면
③ 광원 → 광학계 → 주사장치 → 수지표면
④ 광원 → 광학계 → 수지표면 → 주사장치

해설
광 전달 순서
광원 → 집광장치/광학계 → 주사장치를 통한 주사 → 수지의 광경화

26 전사방식에 대한 설명으로 옳지 않은 것은?

① 단면을 한꺼번에 경화하는 방식
② 패턴 형성기를 이용하여 생성된 광 패턴을 수지 표면 위에 초점을 이루게 하여 조사
③ 광원, 광학계, 패턴 형성기/초점광학계가 필요
④ 광원은 주로 적외선 레이저를 사용

해설
광원은 주로 자외선 레이저를 사용. 적외선레이저는 광경화반응의 경우보다 광열에너지를 이용할 때 사용한다.

27 광학계에서 레이저 빔의 크기 감소 방안으로 옳지 않은 것은?

① 레이저의 파장대가 짧을수록 유리하다.
② 초점거리가 길수록 유리하다.
③ 레이저 광의 직경이 클수록 집광된 빔의 크기는 작아진다.
④ 레이저 종류가 결정되면 파장대는 변화할 수 없다.

해설
레이저의 파장대가 짧고, 초점 거리가 짧으며, 레이저 광의 직경이 크면 클수록 집광된 광의 빔의 크기는 작아진다. 레이저는 단파장이기 때문에 레이저의 종류가 결정이 되면 파장대는 변화할 수가 없다.

28 빌드 사이즈와 광학계의 관계에 대한 설명으로 옳은 것은?

① 빌드 사이즈와 광학계 설계는 큰 관련이 없다.
② 빔은 입사각에 무관하게 주사면적이 같다.
③ 전 영역에 초점이 생성되도록 초점렌즈를 사용해야 한다.
④ 초점의 이동반경이 20cm이면 40cm × 40cm 사각기둥의 제작이 가능하다.

해설
① 빌드 사이즈와 광학계 설계는 관련성이 높다.
② 입사각이 커지면 주사면은 점점 길쭉한 타원이 된다.
④ 이동 반경이 20cm로는 사각면의 대각선 윗부분을 커버할 수 없다.

29 주사방식에 대한 전사방식의 장점으로 옳은 것은?

① 재료가 절약된다.
② 가공속도가 빠르다.
③ 가공정밀도가 더 높다.
④ 주사면에 도달하는 에너지가 더 높다.

해설
램프를 이용하는 전사 방식에서는 복잡하고 단면적이 큰 경우 주사방식과 비교해 가공속도가 현저히 빠르다. ①, ③, ④의 설명은 주사방식이어도 다른 조건의 영향을 받으므로 장점이라 할 수 없다.

30 광학계 설계의 고려사항으로 적당하지 않은 것은?

① 주사방식을 사용할지 전사방식을 사용할지 고려해야 한다.
② 레이저 개수의 1/2 이상 광학계를 설치해야 한다.
③ 전체 시스템에서 광학계의 비용이 크므로 비용을 고려해야 한다.
④ 빌드 사이즈를 고려하여 광학계의 수량을 설치해야 한다.

해설
레이저 개수만큼 광학계 설치가 필요하다.

31 광학계 재료에 관한 설명으로 옳지 않은 것은?

① 광학계 재료 선정 시 광원의 파장대별 투과율을 고려해야 한다.
② 렌즈의 경우 AR 코팅이 되어 적은 양의 에너지가 통과하도록 해야 한다.
③ 반사경의 경우 전반사가 일어나게 코팅이 되어 있어야 한다.
④ 광학계 재료 선정 시 광원의 반사율을 고려해야 한다.

해설
렌즈의 경우 AR 코팅이 되어 많은 양의 에너지가 통과하도록 해야 한다.

32 다음 설명하는 하이브리드 3D 프린터로 적당한 것은?

> • 금속파우더를 이용하는 경우 표면 정도의 약점을 극복하기 위하여 머시닝 가공을 결합한 개념
> • 다양한 레이저 기술을 활용해서 성형 중인 가공품에 대해서 템퍼링, 담금질 등의 열처리 가능

① DMLS + CNC 머시닝
② DP + 광조형
③ FDM + DP
④ FDM + Ultrasonic Consolidation(UC)

해설
DMLS + CNC 머시닝
• DMLS(Direct Metal Laser Sintering : 금속 파우더를 이용하는 SLS) 공정 후 CNC 머시닝을 병행
• 금속 파우더를 이용하는 경우 표면 정도의 약점을 극복하기 위하여 머시닝 가공을 결합한 개념
• 다양한 레이저 기술을 활용해서 성형 중인 가공품에 대해서 템퍼링, 담금질 등의 열처리 가능
• 실시간 가공 중 모니터링하며 오차 발생 시 수정가공 가능
• 절 차

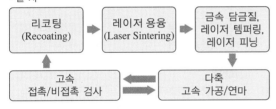

33 FDM 등으로 구조물을 제작하고 Pick-and-place 방식으로 다양한 프린팅을 접목한 방식의 3D 프린팅 방식은?

① FDM + DP
② FDM + Ultrasonic Consolidation(UC)
③ DMLS + CNC 머시닝
④ 로봇기반 3D 프린팅

해설
로봇기반 3차원 프린팅
• 툴 매거진을 로봇의 그리퍼(Gripper)에 장착하여 여러 종류의 헤드를 선택적으로 사용할 수 있도록 하였다.
• 절삭 공구 등을 활용할 경우 후처리가 가능하다.
• FDM 등으로 구조물을 제작하고 Pick-and-place 방식으로 다양한 프린팅을 접목할 수 있다.

34 CNC를 이용한 3D 프린팅 설계 시 고려사항을 모두 골라 묶은 것은?

> ㄱ. CNC 장비 및 로봇의 각 축의 길이 및 이송
> ㄴ. CNC 장비 및 로봇의 최대 가공 속도
> ㄷ. 툴 매거진(Tool Magazine)을 사용하는 경우 공구 교환 속도

① ㄱ, ㄴ   ② ㄱ, ㄷ
③ ㄴ, ㄷ   ④ ㄱ, ㄴ, ㄷ

해설
CNC를 이용한 3D프린팅 설계 시
CNC 장비 및 로봇의 각 축의 길이 및 이송/이동 가능 거리에 대한 정보를 필요로 하며, CNC 장비 및 로봇의 최대 가공/이송속도를 필요로 하고, CNC 장비의 스핀들(Spindle) 회전속도와 최대 토크를 고려하며, 툴 매거진(Tool Magazine)을 사용하는 경우 공구 교환 속도(Tool Change Speed)를 고려한다.

35 다른 빛과 다른, 레이저만의 특징으로 시간이나 공간적으로 예측 가능한 성질을 의미하며, 이로 인해 단색성을 갖게 되는 레이저의 성질은?

① 발 진   ② 지향성
③ 직진성   ④ 간섭성

해설
간섭성
다른 빛과 다른, 레이저만의 특징으로 시간이나 공간적으로 예측 가능한 성질을 의미하며, 이로 인해 직진성, 단색성, 지향성을 갖게 된다.

36 엑시머 원리로 인해 발생되는 광의 종류는?

① 가시광선   ② 적외선
③ 자외선   ④ 방사선

해설
엑시머 원리
플루오린과 크립톤 등 기저상태에서 결합하지 않는 두 원자가 들뜸으로 엑시머 분자로 결합하나 불안정하기 때문에 바로 기저상태로 돌아가려 하고, 이 순간에 자외선 광을 방출하는 원리

37 레이저의 구조 중 원통형 증폭 매질에 마주보게 설치된 한 쌍의 거울로 한쪽은 모두 반사용이고 다른 한쪽은 일부 반사하는 부분 반사경인 것은?

① 공진기　　　　　② 냉각 장치
③ 펌핑 매체　　　　④ 출력광 전송 장치

해설
• 펌핑 매체
 – 밀도반전 형성 목적으로 외부에서 매질에 에너지를 공급하는 장치이다.
 – 높은 에너지 준위를 가진 원자나 분자들의 밀도를 높인다.
• 냉각 장치
 – 레이저는 열을 유발하며 고열을 조절할 냉각 장치가 필요하다.
• 출력광 전송 장치
 – 레이저를 최종 가공물까지 전달하기 위한 장치이다.
 – 광섬유 케이블, 커플링 렌즈 블록, 서보모터제어 파워셔터 등으로 구성된다.

38 IEC 60825-1에 따른 레이저 빔이 눈에 들어오면 위험한 등급이며, 전력 5mW 이하의 레이저에 해당하는 등급은?

① 등급 1　　　　　② 등급 1M
③ 등급 2　　　　　④ 등급 3R

해설
• 등급 1 : 위험수준 가장 낮고 인체에 무해
• 등급 1M : 등급 1과 같지만, 렌즈가 있는 광학기기 사용 시 위험
• 등급 2 : 반사신경동작(눈 깜빡임 : 0.25s)으로도 위험으로부터 보호될 수 있는 정도
• 등급 3R : 레이저 빔이 눈에 들어오면 위험. 전력 5mW 이하의 레이저

39 동력전달장치 중 원통 바깥면에 같은 모듈의 치형을 서로 다르게 설치하여 동력을 전달하는 요소로 동력전달이 정확하고 큰 힘을 전달할 수 있으며 속도비 조절이 용이하나 먼 거리에 사용하기는 힘든 기계요소는?

① 벨 트　　　　　② 기 어
③ 체 인　　　　　④ 마찰차

해설
① 벨트 : 먼 거리 동력 전달에 적절하고 용도와 비용에 따라 다양한 형태의 전달장치 사용이 가능
③ 체인 : 내구성이 낮고 정확도가 떨어지는 벨트와는 달리 스프로킷을 이용하여 큰 힘과 정확도를 높인 원거리 동력전달요소
④ 마찰차 : 마찰력을 이용하여 힘을 전달하고 동력 손실이 많고 정확한 전달이 어려움이 있으나 구조가 간단하며 다양한 방향으로 힘의 전달을 할 수 있다.

40 한번 단위 신호로 움직일 수 있는 최소 이송 거리로 해상도라고도 하는 3D 프린터의 성질은?

① 이송분해능　　　② 이송정밀도
③ 반복정밀도　　　④ 백래시

해설
이송 분해능(Resolution)
• 한번 단위 신호로 움직일 수 있는 최소 이송 거리. 해상도라고도 한다.
• 분해능이 높을수록 정밀 이송이 가능하다.
• 분해능만큼 신호 입력은 가능하나, 다른 정밀도요소를 함께 고려하여 성능을 판단한다.

41 3D 프린터 제어에서 공간 DATA를 제어코드로 바꾸는 단계는?

① 전처리 단계
② 3D 모델링 단계
③ 제어 프로그래밍 단계
④ 제어 동작 단계

해설
3D 모델링 된 제품을 전처리를 통해 공간 DATA로 만들고 이를 제어 프로그래밍하여 제어코드로 만들어 제어동작을 시키는 순서로 3D 프린터를 제어한다.

42 슬라이싱 프로그램으로 가장 적절하지 않은 것은?

① Cura ② Slic3r

③ RepSnapper ④ CREO

해설

슬라이싱 프로그램은 Cura, Slic3r, SuperSkein, RepSnapper, Kisslicer, RadCAd, SFACT 등이 있으며 CREO는 3D CAD/3D 모델링 프로그램이다.

43 3D 프린터의 제어방식에서 센서를 사용하지 않고 구성 가능한 제어는?

① 열린 루프 제어 ② 닫힌 루프 제어

③ 반폐쇄회로 제어 ④ 피드백 제어

해설

열린 루프 제어는 미리 프로그램된 내용을 피드백 없이 제어하는 방식이다.

44 프로그램 개발 순서 중 가장 먼저 해야 할 일은?

① 프로그램 개발 환경 인스톨 및 셋업

② 프로그램 개발 환경 결정

③ 프로그램 펑션 차트 프로그램 개발 계획

④ 일정계획

해설

프로그램 개발 순서

1. 프로그램 개발 환경 결정
2. 프로그램 개발 환경 인스톨 및 셋업
   • 개발용 컴퓨터에 소프트웨어 준비
   • 컨트롤 보드와 개발 환경의 연결 확인(통신 확인)
   • 샘플 프로그램을 이용하여 테스트 구동(컨트롤 보드와 구동부 연결 확인)
3. 프로그램 펑션 차트 프로그램 개발 계획
   • 제어 프로그래밍 대상을 계획
   • 프로그램 설계
     – 프로그램 계획된 상세 프로그램을 설계
     – 각 단계에 필요한 기능, 상세 요구를 계획하여 플로어 차트를 작성
4. 일정계획 : 각 프로그램의 난이도를 고려하여 개발 일정을 계획함

45 프로그램 개발에 필요한 소프트웨어 중 프로그램 실행 중 여러 변수, 레지스터의 상태 등을 보여주고 프로그래머가 문장별로 프로그램 수행 제어를 할 수 있도록 하는 소프트웨어는?

① 컴파일러 ② 링 커

③ Hex 파일 컨버터 ④ 디버거

해설

① 컴파일러 : 고급 언어로 작성된 프로그램을 기계어로 번역하는 소프트웨어
② 링커(Linker) : 프로그램이 여러 개의 파일로 나누어지는 경우 각 파일을 각각 컴파일하며 링커를 이용하여 각 파일을 하나의 기계어로 만드는 소프트웨어
③ Hex 파일 컨버터 : 링커로 만들어진 기계어 프로그램을 ROM에 전송할 때 Intel-Hex 포맷으로 만들어 주는 소프트웨어

46 마이크로프로세서의 구조 중 다음 설명하는 구성품은?

• 메모리처럼 임시 또는 중간 결과를 저장하는데 사용
• 실행속도가 빠르고 명령어 크기가 작아서 데이터를 저장하여 사용함이 우수하나 개수가 한정되어 임시로 저장하는데 사용

① 프로그램 카운터 ② 레지스터

③ 논리연산 장치 ④ 명령해독기

해설

마이크로프로세서는 컴퓨터와 유사한 내부 구조를 가지나 마이크로프로세서 외부에 메모리를 두고 내부에는 레지스터라는 간단한 코드만을 임시저장할 수 있는 레지스터를 보유한 것이 차이이다. 레지스터는 메모리처럼 임시 또는 중간 결과를 저장하는데 사용하고 실행속도가 빠르고 명령어 크기가 작아서 데이터를 저장하여 사용함이 우수하나, 개수가 한정되어 임시로 저장하는데 사용한다. 마이크로프로세서에는 주소레지스터, 스택포인터, 상태레지스터 등 여러 종류의 레지스터들도 사용한다.

47 프로그래밍 언어를 마이크로프로세서가 인식하도록 목적 코드(Object 파일)로 변환하는 작업을 무엇이라 하는가?

① 링크　　　　　　② 빌드
③ 어셈블　　　　　④ 컴파일

해설

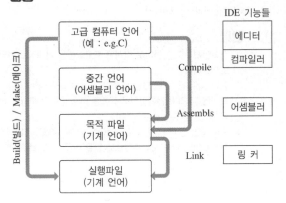

48 데이터 전송 형태에 따른 분류를 할 때 RS232C와 같이 하나의 데이터를 여러 묶음으로 통신하는 방식은?

① 반이중 방식　　　② 동기 방식
③ 병렬 방식　　　　④ 단방향 방식

해설

데이터 통신 분류
• 전송선로에 따른 분류 : 유선, 무선
• 전송 데이터의 신호상태에 따른 분류 : 디지털 신호, 아날로그 신호
• 전송 모드에 따른 분류 : 단방향, 반이중, 전이중
• 데이터 전송 형태에 따른 분류 : 병렬, 직렬
• 신호 타이밍에 따른 분류 : 동기식, 비동기식

49 다음 그림에서 데이터가 입력되면 비교기를 이용하여 HIGH/LOW를 판단하는 것은?

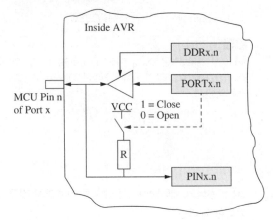

① DDRx.n 레지스터　　② PORTx.n 레지스터
③ VCC　　　　　　　　④ PINx.n 레지스터

해설

④ PINx 레지스터 : PIN을 통해 데이터가 입력되면 비교기를 이용하여 HIGH/LOW를 판단
① DDRx 레지스터 : 입출력 방향을 결정
② PORTx 레지스터 : 출력 데이터를 설정, 1이면 출력 핀을 VCC 전원과 연결, 0이면 VCC 전원을 개방
③ VCC : 레지스터를 Open/Close로 동작 여부를 결정

50 ADC(A/D Converter)에 관한 설명으로 옳지 않은 것은?

① 일반적인 성능 그래프에서 X축은 샘플링 빈도, Y축은 해상도를 표현한다.
② 분해능이 10bit이면 0 ~ 1,023 범위에서 읽을 수 있다.
③ ADC의 사용전압은 내부 마이크로컨트롤러유닛(MCU)의 전압보다 높게 유지해야 한다.
④ 샘플링 간격이 촘촘할수록, 분해능이 높을수록 감지한 아날로그 신호와 가까워진다.

해설

③ ADC의 사용전압은 내부 마이크로컨트롤러유닛(MCU)의 전압이다.

51 다음 설명하는 3D프린터 주변장치로 적당한 것은?

> • 펄스 모양의 전압에 의해 일정 각도를 회전하는 전동기
> • 코일이 감겨있는 스테이터(Stator)와 회전축과 연결된 로터(Rotor)로 구성
> • 스테이터를 순서대로 여자시켜 작동

① 모터 드라이브
② 서보모터
③ 스테핑모터
④ 리니어모터

[해설]

스테핑모터
• 펄스 모양의 전압에 의해 일정 각도를 회전하는 전동기
• 코일이 감겨있는 스테이터(Stator)와 회전축과 연결된 로터(Rotor)로 구성된다.
• 스테이터가 순서대로 여자되면 자기력에 의해 하나의 Step씩 회전하게 된다.

[해설]

S코드 : M코드와 연결하여 온도, 모터로 보내는 전압 명령

종 류	의 미
G	일반적인 기능을 제시함
M	잡다한 부가기능을 제시, 프로그램제어 또는 보조 장치 On/Off 등
T	도구 n번을 선택, 노즐에 관련한 도구 선택
S	파라미터 명령(예 온도, 모터로 보내는 전압)
P	ms 단위 파라미터 명령
X	이동을 위한 X 좌표(정수, 분수)
Y	이동을 위한 Y 좌표(정수, 분수)
Z	이동을 위한 Z 좌표(정수, 분수)
I	파라미터(원호보간 시 X축 Offset)
J	파라미터(원호보간 시 Y축 Offset)
K	파라미터(원호보간 시 Z축 Offset)
D	파라미터(직경에 사용됨)
H	PID제어 세팅 시 히터 번호
F	1분당 Feedrate, mm 단위(프린트 헤드 속도)
R	파라미터(온도)
E	압출형의 길이 mm
N	선 번호, 통신 오류 시 재전송 요청을 위해 사용됨

52 3D 프린팅에 사용하는 G코드의 주요 접두문자와 기능의 연결이 옳지 않은 것은?

① G코드 : 일반적인 기능을 제시
② M코드 : 잡다한 부가기능을 제시, 프로그램제어 또는 보조 장치 On/Off 등
③ S코드 : M코드와 연결하여 시간 파라미터 명령
④ F코드 : 프린트 헤드 속도

53 한 대의 컴퓨터에 작성된 공작프로그램을 이용해 여러 대의 자동공작기계를 작동하는 시스템은?

① CAE
② CNC
③ DNC
④ LCA

[해설]

자동화 용어 설명
• CAE : 컴퓨터를 이용한 공학적 해석을 담당하는 시스템, 장치 또는 프로그램을 의미
• CIM(Computer Integrated Manufacturing) : 컴퓨터를 이용한 통합 생산체제를 말하며 주문, 기획, 설계, 제작, 생산, 포장, 납품에 이르는 전 과정을 컴퓨터를 이용하여 통제하는 생산체제
• DNC(Direct Numerical Control) : 한 대의 컴퓨터에 작성된 공작프로그램을 이용해 여러 대의 자동공작기계를 작동하는 시스템
• FMS(Flexible Manufacturing System) : 자동화된 생산라인을 이용하여 다품종 소량 생산이 가능하도록 만든 유연생산체제
• LCA(Low Cost Automation) : 저가격 · 저투자성 자동화는 자동화의 요구는 실현하되 비용절감을 염두에 두고 만든 생산체제

54 직·병렬 통신에 대한 설명으로 옳지 않은 것은?

① 병렬통신의 통신비용이 더 저렴하다.

② 병렬통신에서는 여러 신호선을 이용하여 데이터를 한 번에 전송한다.

③ 직렬통신에서는 하나의 신호선을 이용하여 일정한 시간 간격으로 데이터를 전송한다.

④ 시리얼 통신을 위해서 송신 측과 수신 측이 같은 속도로 통신속도의 설정이 필요하다.

해설

직렬(Serial) 통신의 특징

• 비용이 저렴하며 소형화와 기술의 발달에 의한 전송속도의 향상으로 많이 사용된다.

• 컴퓨터와 컴퓨터 간 또는 컴퓨터와 주변 장치 간에 데이터를 전송하고 받을 때 사용한다.

• 시리얼 통신을 위해서 송신 측과 수신 측의 같은 통신속도 설정이 필요하다.

55 아두이노에 대한 설명으로 옳지 않은 것은?

① 교육용임을 전제로 소스를 오픈하는 AVR 기반의 보드이다.

② 현재 임베디드 시스템 보드로 많이 사용되고 있다.

③ 코딩능력이 뛰어나지 않아도 제어 프로그램 활용 가능하다.

④ 디버깅 필요시 시리얼 라이브러리를 이용하여 디버깅을 한다.

해설

아두이노

• 최초에는 교육용으로 제작된 AVR 기반의 보드

• 현재는 다양한 제어에 적용하며 3D 프린터 제작에도 널리 사용된다.

• 임베디드 시스템 보드로 많이 사용된다.

• 소프트웨어 개발과 실행코드 업로드도 제공한다.

• 오픈 소스로 운영되고 있어 코딩능력이 뛰어나지 않아도 제어 프로그램 활용이 가능하다.

• 아두이노 디버깅은 특별한 디버깅은 없으나 디버깅이 필요하므로 시리얼 라이브러리를 이용하여 디버깅을 실시한다.

56 컴퓨터가 직접 사용하는 기계어는 사람이 알아볼 수 없기에 좀 더 알아보기 쉬운 니모닉 기호(Mnemonic Symbol)를 정해서 사람이 쉽게 사용할 수 있도록 한 언어는?

① 기계어   ② 어셈블리어

③ 소스 언어   ④ 목적 언어

해설

어셈블리어(Assembly Language)

• 컴퓨터가 직접 사용하는 기계어는 사람이 알아볼 수 없기에 좀 더 알아보기 쉬운 니모닉 기호(Mnemonic Symbol)를 정해서 사람이 쉽게 사용할 수 있도록 한 언어

• 어셈블리어의 프로그램을 기계어로 바꿔주는 것을 어셈블러라 한다.

• 명령 참조를 위한 집단 명칭인 표지부, 연산을 하는 연산부, 데이터가 처리되는 장소인 피연산부로 구성된다.

• 장점 : 수정, 삭제, 추가가 편리하고 프로그램 작성이 용이하다.

• 단점 : 수준이 기계어에 가까워 사용하기 위해 전문지식 필요하고 작성된 기계에서만 사용 가능하다.

57 다음 설명하는 언어 변환기는?

> • 중심적인 처리를 행하는 프로그램의 조건에 맞추기 위한 사전처리나 사전 준비적인 계산 또는 편성을 행하는 프로그램
>
> • 매크로 확장, 기호 변환 등의 작업을 수행

① 컴파일러   ② 어셈블러

③ 프리프로세서   ④ 인터프리터

해설

언어 변환기

• 컴파일러(Compiler)

  – 고급 언어로 작성된 프로그램을 컴퓨터가 이해할 수 있는 언어로 변환하는 역할

  – 인간과 소통하는 고급언어와 컴퓨터가 사용하는 저급언어(기계어) 사이의 변환기 역할

  – 크로스 컴파일러(Cross-compiler) : 다른 장치나 기계에 사용하는 기계어로 변환하는 장치

• 어셈블러(Assembler)

  – 어셈블리어를 기계어로 변환하는 장치

• 인터프리터(Interpreter)

  – 소스코드, 원시프로그램을 그대로 수행하는 프로그램 또는 환경

  – 원시 프로그램의 의미를 직접 수행하여 결과를 도출

  – 소스코드를 한 줄씩 읽어 들여 번역하며 수행

  – 실행파일이 따로 존재하지 않음

  – 개발 시스템이나 교육용 시스템에서는 이것을 사용하는 것이 효율적임

58 4세대 언어의 특징이 아닌 것은?

① EDP 전문가가 사용할 시 유지가 편리하다.
② 컴파일러 언어와 같이 습득이 어렵지 않은 간이 언어이다.
③ 복잡한 EDPS를 용이하게 개발할 수 있는 고급언어이다.
④ 고급 언어는 호환성이 없고 전문적인 지식이 없으면 이해하기 힘들다.

해설

4세대 언어의 특징
• 컴파일러 언어와 같이 습득이 어렵지 않은 간이 언어이다.
• 처리 절차가 간단하다(비절차형 언어).
• 일반인이 사용하기에도 쉬운 언어이다.
• 복잡한 EDPS를 용이하게 개발할 수 있는 고급 언어이다.
• EDPS의 개발에 이용할 수 있는 범용 언어이다.
• EDP 전문가가 사용할 시 생산성을 향상시킨다.
• EDP 전문가가 사용할 시 유지가 편리하다.
• EDP 전문가가 사용할 시 환경 독립성을 지니고 있어 이익 창출에 용이하다.

59 그림의 ㄱ, ㄴ, ㄷ을 바르게 연결한 것은?

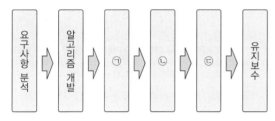

[프로그램 개발 절차]

	ㄱ	ㄴ	ㄷ
①	소스작성/코딩	컴파일&링크	실행과 디버깅
②	소스작성/코딩	실행과 디버깅	컴파일&링크
③	컴파일&링크	소스작성/코딩	실행과 디버깅
④	소스작성/디버깅	코딩&링크	컴파일&실행

해설

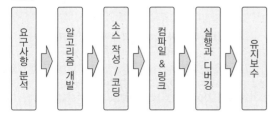

[프로그램 개발 절차]

60 다음 설명하는 운영체제는?

• 멀티유저(Multi-user) 시스템으로 멀티프로세스(Multi Process) 시스템과 멀티프로세서(Multi Processor) 시스템을 지원한다.
• PC에서도 사용할 수 있게 공개 운영 체제로 개발
• 커널 2.6 이후 임베디드 시스템에서 많이 사용
• POSIX(Portable Operating System Interface)를 지원
• 커널, 디바이스 드라이버, 시스템 라이브러리, 셸, 유틸리티, X윈도우로 구성

① DOS　　　　　② Unix
③ Linux　　　　④ Windows

해설

리눅스(Linux)
• 1989년 헬싱키대 리누스 토르발스(Linus Torvalds)가 교육용 유닉스인 미닉스를 사용하며 느낀 불편함을 개선하여 개발
• PC에서도 사용할 수 있게 공개 운영 체제로 개발
• 특 징
　– 멀티유저(Multi-user) 시스템으로 멀티프로세스(Multi Process) 시스템과 멀티프로세서(Multi Processor) 시스템을 지원한다.
　– 임베디드를 지원하는 리눅스 커널 2.6 이후 임베디드 시스템에서 많이 사용
　– 유닉스의 표준 규정인 POSIX(Portable Operating System Interface)를 지원하여 다른 유닉스에서 개발된 애플리케이션 사용 가능
　– X 윈도우 같은 유닉스의 표준 GUI 시스템이 지원되어 이식성이 매우 우수
　– 유닉스의 네트워크, IPC, 버퍼캐시, 페이징, 스레드 등도 지원
• 구조 : 커널, 디바이스 드라이버, 시스템 라이브러리, 셸, 유틸리티, X 윈도우로 구성

61 FDM 방식 프린터에서 ABS를 사용하는 노즐에 적용하는 온도로 적절한 것은?

① 90~140℃　　　② 140~180℃
③ 190~210℃　　　④ 220~240℃

해설

FDM 방식 소재별 노즐의 적정 온도
• PLA 소재 : 190~220℃
• ABS 소재 : 220~240℃

62 FDM 프린터에서 노즐과 적층이 서로 일정한 간격을 유지하지 않아 정상적으로 적층되지 않을 때 대책으로 적절치 않은 것은?

① 노즐의 온도를 올린다.
② 베드의 수평을 맞춘다.
③ 노즐과 베드의 간격을 조정한다.
④ 자동수평맞춤장치를 이용한다.

해설
베드의 수평도가 맞지 않으면 심각한 출력 불량이 발생할 수 있다. 베드 자체의 절대적인 수평도보다 노즐 끝단과의 상대적인 수평도가 중요하며 다음과 같은 대책을 시행한다.
• 수평 조절 장치를 이용하여 베드의 수평을 맞춤
• 시험 출력을 통해 노즐과 베드의 간격을 맞춤
• 자동 수평 맞춤 장치 이용

63 3D 프린터 성능검사 항목 체크리스트 작성 시 포함되어야 할 사항과 거리가 먼 것은?

① 적층 두께　　　② 프린팅 속도
③ 필라멘트 크기　④ 외기 온도

해설

3D 프린터 성능 검사 항목 체크리스트	
외형 크기(mm)	가로 :　　세로 :　　높이 :
출력물 크기(mm)	가로 :　　세로 :　　높이 :
구동 방식	□ XY 테이블 방식 □ 델타봇(병렬기구) 방식
사용 필라멘트	□ PLV　(출력 온도 : 180~230℃) □ ABS　(출력 온도 : 210~260℃) □ PA12　(출력 온도 : 235~270℃) □ PC　(출력 온도 : 270~300℃) □ PEI　(출력 온도 : 300~350℃) (기타 :　　　　　　　　　)
노즐 온도(℃)	최소 온도 :　　최대 온도 :
베드 가열 사용 여부	□ 미사용　□ 사용 (가열 온도 : ~ ℃)
챔버 가열 사용 여부	□ 미사용　□ 사용 (가열 온도 : ~ ℃)
프린팅 속도(mm/s)	최소 속도 :　　최대 속도 :
적층 두께(mm)	최소 두께 :　　최대 두께 :
슬라이싱 S/W	□ 자체 개발 □ 개방형 소스(Open Source) 사용
베드 수평 유지	□ 수동 조절 □ 자동 조절
기 타	
	20　 .　 .　 . 담당자　　　인)

64 베드 수평도 측정 및 조정을 위한 시험에 대한 설명으로 옳지 않은 것은?

① 베드 영점조정 시 전동식에서는 제어 화면에 적절한 높이값을 입력하여 높이를 조절하며 실제 입력값만큼 조절되는지 확인한다.
② 베드 수평도 조정 시 200×200mm 이내는 9점 측정한다.
③ 구동부 위치정밀도 검사에서 익스트루더는 X-Y 방향으로 구동, 베드는 Z 방향으로 구동한다.
④ 구동부 위치정밀도 검사에서 델타형 프린터는 X-Y 방향 구동은 병렬 기구를 이용, 위치선정을 하고 Z 방향은 베드로 구동한다.

해설
베드 수평도 조정
• 압출 헤드를 베드의 다양한 위치로 이동시켜 가며 노즐과 베드와의 간격을 측정
• 4점 측정(200×200mm 이내), 9점 측정(그 이상)
• 간격이 불균일할 경우 수평도 조정 기능을 이용하여 조정

65 3D 프린팅의 문제와 해결책이 올바르게 연결된 것은?

① 출력물이 바닥에 잘 붙지 않는 경우 - 베드의 영점/수평도 조정 및 온도를 높여 해결
② 필라멘트 토출이 잘 안 될 경우 - 노즐의 설정 온도 낮춤
③ 익스트루더의 장력 부족 - 필라멘트를 밀어내는 기어와 장력볼트 사이의 간격을 풀어줌
④ 구조물 사이 잔여물 발생 - Retraction 기능을 제거

해설
필라멘트 토출 문제 발생 시 해결책
• 노즐의 설정 온도를 높임
• 노즐 청소
• 익스트루더의 장력 점검
익스트루더의 장력 부족 시 해결책
• 공급 장치의 교체, 또는 수리
• 필라멘트를 밀어내는 기어와 장력볼트 사이의 간격을 적절히 조임
※ 너무 세게 조이는 경우 관련 부품이 파손이 될 수 있으므로 유의
구조물 사이 잔여물 발생 대책
• 추천 온도범위 내로 설정 조정
• Retraction 기능을 설정

66 장비의 신뢰성 평가 척도로 가장 거리가 먼 것은?

① 고장률　　　　　② MTBF

③ MTTF　　　　　④ 보전도

해설

신뢰성 평가 척도 : 고장률, 평균고장간격(MTBF), 평균고장시간(MTTF) 이외에도 여러 평가 척도가 있으나, 보전도는 장비 신뢰도 척도에서 가장 거리가 멀다.

67 신뢰성 시험의 분류 중 운용, 환경, 보전 및 측정조건이 기록되는 곳에서 수행되는 시험은?

① 보증시험　　　　② 현장시험

③ 정상시험　　　　④ 정형시험

해설

- 시험 장소에 따른 종류
  - 실험실 시험 : 제어되는 규정된 조건에서 수행되는 시험
  - 현장시험 : 운용, 환경, 보전 및 측정조건이 기록되는 현장에서 수행되는 시험
- 개발 단계에 따른 종류
  개발–성장시험, 보증시험, 양산 신뢰성 보증시험, 번인(또는 ESS) 등
- 가속 여부에 따른 종류
  - 가속시험 : 시험 기간을 단축하기 위하여 기준조건보다 가혹한 스트레스를 인가하는 시험
  - 정상시험 : 실사용 조건에서 인가되는 스트레스에서 수행되는 시험
- 정형과 비정형 여부에 따른 종류
  - 정형시험 : IEC, ISO, KS 등에 규정된 표준화 시험
  - 비정형시험 : 신규성이 높고 고장 메커니즘이 불분명하며, 필드 정보가 충분하지 않은 시험

68 다음 설명하는 시험의 스트레스 적용 방법에 따른 종류는?

- 일정 간격마다 스트레스를 추가 부여하고 일정 시간 후 고장이 없으면 다시 추가 부여
- 주기적으로 스트레스를 증가시켜 모든 샘플이 고장 날 때까지 부여

① 일정 스트레스

② 계단형 스트레스

③ 점진적 스트레스

④ 주기형 스트레스

해설

스트레스의 적용 방법상 분류

- 일정 스트레스
  - 몇 개의 스트레스 수준을 선택하여 각 스트레스 수준에 적합한 시험품 수량을 할당하여 시험
  - 서로 다른 수준의 스트레스를 고장날 때까지 부여
- 계단형 스트레스
  - 일정 간격마다 스트레스를 추가 부여하고 일정 시간 후 고장이 없으면 다시 추가 부여
  - 주기적으로 스트레스를 증가시켜 모든 샘플이고장날 때까지 부여
- 점진적 스트레스
  - 시간에 따라 연속적으로 증가하는 스트레스
  - 일반적으로 선형적으로 증가
- 주기형 스트레스
  - 부여하는 스트레스를 주기적으로 변화시키는 스트레스

69 고장의 유형 중 금이나 흠이 시작된 상태의 고장은?

① 손 상　　　　　② 파 손

③ 절 단　　　　　④ 파 열

해설

고장의 유형

손상, 파손, 절단, 파열, 조립 및 설치 결함

- 손상 : 사용 가능하지만 신품 상태에 비해 형질 변경이 된 상태
- 파손 : 금이나 흠이 시작된 상태
- 절단 : 파손의 일종으로 두 조각 또는 그 이상으로 분리된 상태. 단선 포함
- 파열 : 찢어지거나 갈라진 상태. 늘어남 포함
- 조립 및 설치 결함 : 운송 중 떨어뜨림, 충돌, 밀치기 등에 의한 변경, 조립, 설치 시 무리한 작업, 설계상조립 상황을 고려하지 못한 오류 등에 의한 결함

70 고장원인 분석과 해석에 가장 많이 쓰이는 방법 중 하나로 설비 또는 시스템의 고장의 원인 규명을 위해 생선뼈(Fishbone) 모양의 그림으로 분석하는 방법은?

① 파레토 차트
② 특성요인 분석법
③ FMECA
④ QFD

해설

특성요인 분석법
• 고장원인 분석과 해석에 가장 많이 쓰이는 방법 중 하나
• 설비 또는 시스템의 고장의 원인 규명을 위해 생선뼈(Fishbone) 모양의 특성요인도를 그림으로 분석하는 방법
• 유용한 경우
  – 문제 상황 파악이 잘 안 될 때
  – 문제의 순위를 파악할 때
  – 개선을 행동으로 옮겨야 할 때
  – 원인 규명 자체가 문제해결에 도움이 될 때
• 오른쪽 방향 수평 직선에 문제의 원인이 될 만한 요인을 위 아래로 그려 넣고 계속 가지를 치는 식으로 그림
• 가장 많이 쓰는 4요인[4M : 사람(Men), 기계(Machine), 재료(Material), 방법(Method)]을 그림과 같이 배치하고 가지를 쳐서 그림

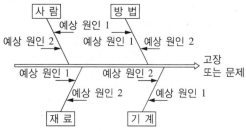

71 내구성 시험조건으로 적절치 않은 것은?

① 정상 운용 조건
② 메커니즘에 관한 정보
③ 운용 및 환경요소의 종류
④ 가혹도

해설

내구성 시험조건 결정
• 내구성 시험은 설계 시에 고려된 또는 통상적으로 의도되는 사용조건에서 시험대상이 요구 기능을 수행할 수 있는 기간(시간, 주행 거리, 횟수 등)을 실증적이고 통계적인 방법에 의해 예측하기 위한 것
• 내구성 시험조건
  – 사용조건에서 문제가 되는 고장 모드
  – 메커니즘에 관한 정보
  – 운용 및 환경요소의 종류
  – 가혹도
  – 환경요소의 조합과 순서에 따른 영향 등

72 전기용품 및 생활용품 안전관리법에 따른 안전인증을 받기 위한 서류로 요구되지 않는 것은?

① 제품설명서
② 사업자등록증 사본
③ 전기회로 도면 및 부품 명세표
④ 공장이 둘 이상이 있는 경우 다른 공장에서는 생산하지 않는다는 것을 증명하는 서류

해설

전기용품 및 생활용품 안전관리법에 따른 안전인증 필요서류
• 사업자등록증 사본
• 대리인신청 시 대리인 지정 확인서류
• 제품설명서
• 전기회로 도면 및 부품 명세표(전기용품)
• 기계설계 또는 전기회로 제작도면 등 기술관련 서류(기계금속 제품)
• 공장이 둘 이상이 있는 경우 같은 제품을 생산하는 것을 증명하는 서류
• 다른 수입업자가 인증 받은 모델과 동일 모델을 수입하는 경우 그 제품의 시험결과서

73 전기 · 전자제품이 실제 동작 중 노출된 도체 부분을 사용자가 만졌을 때, 인체를 통해 흐르는 전류가 안전한 값(Safe Level) 이하인가를 평가하는 시험은?

① 내전류
② 누설 전류 시험
③ 절연 저항 시험
④ 접지 도통 시험

해설

누설 전류 시험
• 전기 · 전자제품이 실제 동작 중 노출된 도체 부분을 사용자가 만졌을 때, 인체를 통해 흐르는 누설 전류가 안전한 값(Safe Level) 이하인가를 평가하는 시험
• 누설 전류의 제한치
  – 보통 0.5mA 이하
  – 전원 플러그에 접지 단자가 있고 경고 문구 스티커를 붙인 일부 제품은 0.75mA 이하
• 설계나 모델 테스트(Type Test) 단계에 적용
• 의료용 장비의 경우 생산 시 전수 검사
• 제품 동작 중 누설 전류 시험은 접지가 안 되었거나 전원 단자가 거꾸로 연결되었을 때 등 비정상적인 상황에서 테스트

74 전자파 장애(EMI) 시험 불합격 시 전원부의 EMI 대책으로 옳지 않은 것은?

① 입력단 인덕턴스와 커패시터의 값을 크게 한다.
② 입력단자로부터 필터까지의 거리를 가능하면 길게 유지한다.
③ 출력용 다이오드는 노이즈가 작은 것으로 교체한다.
④ 출력단 근처에 적절한 콘덴서를 추가하여 전원성 노이즈를 최소화한다.

해설
전원부의 EMI 대책 수립
• 입력단 인덕턴스와 커패시터의 값을 크게 한다.
• 필터의 단수를 증가
• 입력 단자로부터 필터까지의 거리를 가능한 짧게 한다.
• 입력 필터를 노이즈 발생원으로부터 가능한 멀리 한다.
• 출력 정류용 다이오드를 노이즈가 작은 것으로 교체한다.
• 출력단 근처에 적절한 콘덴서를 추가하여 전원 노이즈를 최소화한다.

75 삼차원프린팅산업 진흥법 시행규칙 제3조에 규정하는 삼차원프린팅서비스사업의 대표자 및 조형물을 제작하는 종업원의 안전교육 시간으로 옳은 것은?

① 삼차원프린팅서비스사업의 대표자 신규교육 : 12시간 이상
② 삼차원프린팅서비스사업의 대표자 보수교육 : 매년 8시간 이상
③ 조형물을 제작하는 종업원 신규교육 : 16시간 이상
④ 조형물을 제작하는 종업원 보수교육 : 매년 8시간 이상

해설
삼차원프린팅서비스사업의 대표자 및 조형물을 제작하는 종업원은 다음의 구분에 따라 안전교육을 받아야 한다.
• 삼차원프린팅서비스사업의 대표자
  – 신규교육 : 8시간 이상
  – 보수교육 : 2년마다 6시간 이상
• 조형물을 제작하는 종업원
  – 신규교육 : 16시간 이상
  – 보수교육 : 1년마다 6시간 이상

76 삼차원프린팅제품의 안전한 이용을 위한 지침에 대한 내용으로 옳지 않은 것은?

① 사업자는 삼차원프린팅 관련 제품 등으로 인하여 이용자에게 생명·신체 또는 재산에 대한 피해가 발생하지 않도록 삼차원프린팅 관련 제품의 안전한 이용에 필요한 사항을 공지하여야 한다.
② 사업자는 삼차원프린팅제품의 이용에서 발생하는 이용자의 불만 또는 피해구제요청을 적절하게 처리할 수 있도록 필요한 절차를 구비하여 이용자에게 제공하여야 한다.
③ 사업자는 동일 또는 유사한 이용자피해가 계속하여 발생하고 있는 경우에는 추가적인 이용자피해를 예방하기 위하여 홈페이지의 초기화면 등에서 그 피해발생 사실과 피해예방을 위한 이용자의 조치사항에 대하여 공지하여야 한다.
④ 제3자의 불법적인 해킹 등에 의하여 삼차원프린팅 관련제품의 콘텐츠나 소프트웨어가 오작동할 우려가 있는 경우 사업자는 홈페이지의 초기화면 등 또는 이용자의 전자우편주소로 이 사실을 공지 또는 통지하고 추가적인 피해를 방지하기 위하여 사업자가 제공하는 패치파일 등을 사용할 것을 이용자에게 알려야 한다.

해설
④의 조치는 이용자 피해가 발생했을 경우의 조치 사항으로 안전한 이용을 위한 의무사항은 아니다.

77 전기 취급 시 안전대책으로 옳지 않은 것은?

① 단락 접지 실시

② 전원 인가 담당자 사전 지정

③ 작업 중 전원 급차단 및 급인가

④ 50V 이상 또는 250W 이상의 제품 사용 시 작업계획서 작성

해설

전기 취급 시 안전대책

• 작업 전 전원차단

• 보호구 착용

• 전원 인가 담당자 사전 지정

• 단락 접지 실시

• 작업 중 전원 급차단 및 급인가 금지

• 50V 이상 또는 250W 이상의 제품 사용 시 작업계획서 작성

• 작동 중 신체 직접 접촉 주의

• 물기가 있는 손으로 작업금지

• 사용전력(전류량)에 적합한 피복전선 사용

78 3D 프린터 작동 중 발생 가능한 유해에 대한 설명으로 적당하지 않은 것은?

① ME : ABS 및 PLA 수지가 사용 시 재료 및 온도에 따라 상당량의 나노물질 및 기체 방출 위험

② PBF : 조형물 세정 단계에서 분진 등에 노출 우려

③ 액층 광중합 : 레진으로 만들어진 조형물과 접촉 시 알러지성 피부염 유발 가능

④ FDM : 완성물 세정 시 사용 용제 및 미경화된 조형물에 노출 시 잠재적 유해

해설

FDM 방식은 작업 중 세정을 실시하지 않음

④는 액층 광중합(Vat Photopolymerization)의 유해 관련 설명

79 화재의 분류 중 D급 화재로 적당한 것은?

① 식당에 모아 놓은 돼지기름에 불이 붙었다.

② 집안에서 종이를 태우다 커튼에 옮겨 붙었다.

③ 전기자동차의 차체 강판에 불이 옮겨 붙었다.

④ 고전압이 흐르는 곳에 스파크가 튀어 불이 붙었다.

해설

화재의 분류

• A급 화재(일반화재) : 목재, 종이, 천 등 고체 가연물의 화재이며, 연소가 표면 및 깊은 곳에 도달해 가는 것

• B급 화재(기름화재) : 인화성 액체 및 고체의 유지류 등의 화재

• C급 화재(전기화재) : 전기가 통하는 곳의 전기설비의 화재이며, 고전압이 흐르는 까닭에 지락, 단락, 감전 등에 대한 특별한 배려가 요망

• D급 화재(금속화재) : 마그네슘, 나트륨, 칼륨, 지르코늄과 같은 금속 화재

80 3D 프린팅 작업환경 관리 방법으로 적당한 것은?

① 실내 작업현장은 25~30℃로 유지한다.

② 환풍기는 3D 프린터 가동 중에는 멈춘다.

③ 실내 온도를 유지하는 조건으로 창문을 개방한다.

④ 프린팅 종료 후 프린터 도어를 개방하여 3분 이상 환기한다.

해설

① 실내 작업현장은 15~25℃ 정도로 유지한다.

② 환풍기는 3D 프린터 가동 전에 가동 시작하여 프린팅 후에도 1시간 이상 가동한다.

④ 프린팅 종료 후 프린터 도어를 개방하여 30분 이상 환기한다.

MEMO

참고문헌

- 모터제어, 서울로봇고

- 전기전자회로, 서울로봇고

- [심층분석보고서] 하이브리드 3D프린팅 기술동향, 한국산업기술평가관리원

- 2019년도 3D프린팅산업 진흥 시행계획, 정부관계부처합동 보고

- 3D 프린터에 사용되는 소재의 종류 및 유해물질 특성 연구, 안전보건공단

- 3D 프린팅의 잠재적 유해·위험요인과 작업의 안전상 관리방법, 안전보건 이슈리포트 76호

- Win-Q 생산자동화산업기사, 시대고시기획

- Win-Q 설비보전기사, 시대고시기획

NCS모듈

- 1903110101_15v1_시장분석_1212

- 1903110102_15v1_개발계획수립_1212

- 1903110103_15v1_소재개발_1212

- 1903110104_15v1_회로개발_1212

- 1903110105_15v1_기구개발_1212

- 1903110106_15v1_구동장치개발_1212

- 1903110107_15v1_빌드장치개발_1212

- 1903110108_15v1_제어프로그램_1212

- 1903110109_15v1_응용소프트웨어개발_1212

- 1903110110_15v1_품질보증_1212

- LM1502020201_레이저가공작업준비

관련 법규

- 고압가스 안전관리법, 시행령, 시행규칙

- 삼차원프린팅산업 진흥법, 시행령, 시행규칙

- 액화석유가스의 안전관리 및 사업법, 시행령, 시행규칙

- 전기용품 및 생활용품 안전관리법, 시행령, 시행규칙

제품 매뉴얼 및 제품 안내

- 두산공작기계(www.doosanmachinetools.com)

- 신도리코(www.Sindoh.com)

- 한국미스미(kr.misumi-ec.com)

- Alibaba.com

- Haas Automation Inc.(www.HaasCNC.com)

좋은 책을 만드는 길
독자님과 함께하겠습니다.

도서나 동영상에 궁금한 점, 아쉬운 점, 만족스러운 점이
있으시다면 어떤 의견이라도 말씀해 주세요.
SD에듀는 독자님의 의견을 모아 더 좋은 책으로 보답하겠습니다.

www.sdedu.co.kr

Win-Q 3D프린터개발산업기사 필기

개정1판1쇄 **발행**		2022년 07월 05일 (인쇄 2022년 05월 13일)
초 판 발 행		2021년 07월 05일 (인쇄 2021년 05월 25일)
발 행 인		박영일
책 임 편 집		이해욱
편 저		신원장
편 집 진 행		윤진영, 김진후
표 지 디 자 인		권은경, 길전홍선
편 집 디 자 인		심혜림, 조준영
발 행 처		(주)시대고시기획
출 판 등 록		제10-1521호
주 소		서울시 마포구 큰우물로 75 [도화동 538 성지 B/D] 9F
전 화		1600-3600
팩 스		02-701-8823
홈 페 이 지		www.sdedu.co.kr
I S B N		979-11-383-2575-2(13550)
정 가		27,000원

단기학습을 위한
완전학습서

합격에 윙크(Win-Q)하다!

Win-Q^ 시리즈

기술 자격증 도전에 승리하다

핵심이론	**핵심예제**	**과년도 기출문제**	**최근 기출문제**
핵심만 쉽게 설명하니까	꼭 알아야 할 내용을 다시 한번 짚어 주니까	시험에 나오는 문제유형을 알 수 있으니까	상세한 해설을 담고 있으니까

 NAVER 카페 대자격시대 – 기술자격 학습카페

cafe.naver.com/sidaestudy / 최신기출문제 제공 및 응시료 지원 이벤트

기술직 공무원 전기이론
별판 | 22,000원

기술직 공무원 전기기기
별판 | 22,000원

기술직 공무원 기계일반
별판 | 22,000원

기술직 공무원 환경공학개론
별판 | 21,000원

기술직 공무원 재배학개론+식용작물
별판 | 35,000원

기술직 공무원 기계설계
별판 | 22,000원

기술직 공무원 임업경영
별판 | 20,000원

기술직 공무원 조림
별판 | 20,000원

※도서의 이미지와 가격은 변경될 수 있습니다.